U0290205

住房和城乡建设部2014年科学技术项目计划（软科学研究项目）
（项目号：2014-R2-007）

杨晓光 余建忠 赵华勤 主编

从“千万工程”到“美丽乡村”

浙江省乡村规划的实践与探索

图书在版编目(CIP)数据

从"千万工程"到"美丽乡村":浙江省乡村规划的实践与探索/杨晓光,余建忠,赵华勤主编.—北京:商务印书馆,2018(2023.8 重印)
ISBN 978-7-100-15932-6

Ⅰ.①从… Ⅱ.①杨… ②余… ③赵… Ⅲ.①乡村规划—研究—浙江 Ⅳ.①TU982.295.5

中国版本图书馆 CIP 数据核字(2018)第 044558 号

从"千万工程"到"美丽乡村"
——浙江省乡村规划的实践与探索
杨晓光 余建忠 赵华勤 主编

商 务 印 书 馆 出 版
(北京王府井大街36号 邮政编码100710)
商 务 印 书 馆 发 行
北京中科印刷有限公司印刷
ISBN 978-7-100-15932-6
审 图 号:浙 S(2023)35 号

2018 年 7 月第 1 版 开本 787×1092 1/16
2023 年 8 月北京第 2 次印刷 印张 25¼

定价:169.00 元

参编人员

主编　杨晓光　余建忠　赵华勤

主要参加人员

沙　洋　王淑敏　龚松青　钟卫华　张如林　江　勇
于　敬　蒋跃庭　张建波　张乐益　王　丰　张　静
吴　琳　朱振通　任凌奇　鲁斐栋　叶如博　郑　重
张银银　吴　敏　范嘉诚　柴舟跃　蔡　健　卢新宇
袁子瑶　崔云兰　吕　颖　张艳琼　马　翠　张幼定
赵宇旸　高瑞麟　沈旭晟　汤贤孙　应吉祺　崔慧芬
包　钢　张　琪　姚　敏　林晓晨　邱鹏程　陈礼义

目　录

绪 论

第一节 乡村与乡村规划

传统意义上的乡村是一个封闭的地缘社会，具有与城市不同的独特经济制度，血缘关系是乡村社会结构的主要联系方式。广大的乡村人口密度不高、结构相对松散，在长期的历史进程中传承了丰富的地方文化、宗教文化与民间信仰，保留下来了具有地域特征的历史建筑。

在漫长的历史长河中，乡村地区经历了缓慢发展和变迁，而随着城镇化进程的快速推进，邻近城镇的乡村不断被纳入城镇发展范围。城乡在空间、经济、社会等方面经历了快速变迁，资金、政策、人才等资源长期向城镇倾斜，乡村地区发展滞后，城乡差距突出，乡村地区发展成为制约城乡发展的“瓶颈”。

城乡割裂发展制约了城乡整体发展水平的提升，乡村地区需要重新审视其发展，突出其在促进城乡协调发展、推动城乡可持续发展中的重要作用。通过乡村规划对乡村地区的建设发展提供指导，乡村规划作为综合性的空间规划，具有综合性、全过程、实施性、地域性等特征。

乡村规划通过合理空间布局和科学配置公共基础设施，提高居民生活质量；通过挖掘整合乡村优势资源，推动乡村产业发展；通过对乡村各项建设进行指导，促进乡村集约发展；通过保护传统村落与传统建筑，延续与传承传统文化。乡村规划的制定与实施需要适应乡村的发展需求，符合乡村管理要求，在现行的管理制度与管理模式下最大限度地发挥指导作用。乡村规划是一个促进乡村地区发展的发展性规划，要求协调各方利益，不断调整与完善，推动城镇基础设施向乡村覆盖，公共服务向乡村延伸，经济向乡村辐射，文明向乡村扩散，最终促进乡村地区整体发展，推动城乡协调发展。

第二节 近30年来浙江省的乡村规划

浙江省乡村具有丰富的地域特征，包括山地丘陵、平原水网、滨海海岛等类型的乡村，需要有针对性的指导，浙江省在乡村发展方面进行了一系列的探索。

2003年以来，在省委省政府的号召下，浙江省开展了“千村示范、万村整治”工程，成立了“千村示范、万村整治”领导小组，大力开展村庄整治，努力改善村庄生产生活条件，完善乡村基础设施和公共服务设施，乡村面貌和生产生活条件有了很大改善。2010年，浙江省委省政府制定实施了《浙江省美丽乡村建设行动计划（2011~2015年）》，全面开展美丽乡村建设，浙江着力建设规划科学布局美、村容整洁环境美、创业增收生活美、乡风文明身心美，宜居、宜业、宜游的“四美、三宜”美丽乡村。为响应党的十八大提出的“美丽中国”战略，2014年浙江省启动了“建设美丽浙江、创造美好生活”的“两美浙江”建设，提出把自然、人文、绿色、特色、舒适等元素融入美丽乡村建设，赋予美丽乡村建设更深刻的内涵。从“千万工程”到“美丽乡村”再到“两美浙江”建设，浙江省在乡村建设方面深入持续推进，改善了乡村生产、生活、生态环境，提升了村民的生活质量。

浙江省始终重视村庄规划在改善村庄环境方面的引领作用，制定了村庄规划导则、村庄整治规划指导意见，为村庄规划编制提供了重要的指导标准。规划类型包括村庄布点规划、村庄建设规划、行动计划、历史文化名村与传统村落保护规划等，编制内容不仅包括人居环境建设，还包括历史文化保护、生态环境保护、生态文明倡导等多层面内容；重视村庄布点规划对区域村庄整体建设发展的指导作用，突出村庄总体规划对村庄发展的引领作用，体现村庄建设规划对村庄建设的具体指导；突出项目带动作用，整合涉农项目，以发挥整体效益推动村庄发展；注重改善人居环境，从基础设施、公共服务设施、村庄景观塑造、村民住宅建设等层面全面改善人居环境。随着浙江乡村发展环境的变化，浙江乡村规划也更加突出公众参与、新技术运用，以适应乡村发展的要求。

浙江省乡村规划具有覆盖面广、编制类型丰富、编制技术依据详细、编制内容深入等特点，为乡村环境改善和村民生活品质提升提供了科学的指导，推动了乡村地区可持续发展。

第三节 研究的基本架构

本研究上篇从乡村以及乡村规划基本内涵出发，探讨乡村的特质与乡村治理方式，归纳乡村规划的内涵，理清乡村规划与城市规划、国民经济与社会发展规划、土地利用规划的关系，探讨乡村规划与乡村、乡村建设的关系，结合乡村发展的背景提出编制乡村规划的必要性与迫切性。

在乡村与乡村规划研究的基础上，归纳梳理浙江乡村的主要特点，提出浙江乡村规划的重要基础，按照“千万工程”之前的乡村规划、“千万工程”与乡村规划、美丽乡村与乡村规划，对浙江省乡村规划的探索进行概括，重点从规划背景、规划内容要求、规划实施情况三方面进行提炼，反映改革开放以来浙江省乡村规划的主要探索与实践。

乡村规划的方法体系是乡村规划的核心内容，从乡村规划基本要求出发，包括总体思路、基本原则、基本方法，从村庄布点规划、村庄规划、村庄设计层面归纳乡村规划的框架体系，提出不同地形区域、不同发展类型的乡村规划指引，总结乡村规划现状调查标准、规划用地标准、配套设施标准等技术标准，构建乡村规划的评价体系，形成较为完善的乡村规划方法论。

乡村规划的政策与实施决定了乡村规划的效果，归纳乡村规划的支撑政策体系，对乡村规划的管理进行深入探讨，总结乡村规划的实施方式，结合乡村变革、乡村治理模式变化、新技术运用，对乡村发展以及乡村规划发展产生的影响进行探讨，展望未来的乡村规划。

本研究下篇对优秀村庄规划的案例进行了分析，按照不同的规划类型，对村庄布点规划、村庄规划两个层次的规划进行了探讨，并按照山地丘陵型、平原水乡型、滨海海岛型等不同地形地貌特征，历史文化型、特色产业型、生态保育型等不同特色村庄规划进行了详细分析，探索了具有浙江特色的乡村规划编制方法与理论创新，为其他省市乡村规划编制提供参考与借鉴。

上篇　理论研讨

第一章　对乡村规划的基本认识

第一节　概述

一、乡村规划是推动乡村经济社会协调发展的重要指导

乡村地区是城乡统筹发展的重要区域，乡村规划统筹各项涉农资金的使用，发挥多项资金的合力，整合涉及乡村的优惠政策以落到实处，促进乡村地区整体快速发展，推动城乡协调发展。

二、乡村规划是统筹城乡空间布局的重要手段

城乡是有机联系的整体，城乡空间布局要求在区域层面整体考虑，乡村地区在自身发展的同时往往承载了城乡整体发展要求，如作为城市发展的备用空间、蔬菜副食品基地、旅游游憩场所、生态保护区域等重要的战略功能区域。乡村规划既要落实城乡发展对乡村地区的要求，留足城乡发展空间，又要满足乡村地区自身发展的需要，促进乡村地区持续发展。

三、乡村规划是促进乡村产业发展的重要引导

面对城乡差距大，农业生产出现萎缩，农业资源流向城市，乡村产业发展滞后于城市产业发展的现状，乡村规划通过综合研究乡村资源禀赋，立足于乡村发展优势，因地制宜发展多元化产业，进一步发展轻污染加工型工业、生态农业、乡村旅游业，提升非农产业在农村

经济中的比重，促进乡村经济持续快速发展，为乡村产业发展提供重要的引导。

四、乡村规划是优化乡村空间布局的重要依据

乡村地区是由农居点等建设用地以及农业、林业等非建设用地构成的整体，乡村规划不仅需要对乡村农居点进行合理安排，而且还需要对乡村各类用地进行统筹安排，确定行政村域范围内村庄规模及范围，统筹安排农业生产活动和乡村地区建设活动，合理安排乡村地区交通、居住、生产、休闲等功能。

五、乡村规划是提升乡村服务设施的重要指导

在城乡服务设施存在较大差距，城乡居民生活质量需要同步提升的前提下，乡村规划通过统筹城乡设施布局，促进城镇基础设施向农村延伸，城镇公共服务向农村地区覆盖，提升农村地区整体基础公共服务能力。另外，乡村规划因地制宜提出乡村地区基础设施、公共服务设施改善策略，结合村庄整治建设推动整体优化，提高乡村地区居民生活质量。

六、乡村规划是保障乡村生态安全的技术支撑

乡村地区是重要的城乡生态空间，是保障城乡生态安全的重要屏障。乡村规划通过对乡村地区建设用地进行适宜性评价，提出适宜建设的用地，保障农村人居环境的安全；通过提出保护生态环境的措施，促进受损生态系统的全面恢复；通过控制水、空气等污染物排放，有效改善生态环境，切实提升乡村生态环境质量，保护乡村地区生态安全，促进乡村地区生产、生活、生态空间质量同步提升。

第二节　乡村规划的几个关系

一、概念定义

（一）乡村

袁镜身认为：乡村是相对于城市的包括村庄和集镇等各种规模不同的居民点的一个总的社会区域的概念。费孝通认为：农村地区，凡是有 100 户以上的村子，

划为一个乡；不到100户的村子，则和其他村子联合成为一个乡。美国学者 R.比勒尔等人认为：乡村是指人口稀少，绝对面积不大，比较隔绝，以农业为主要经济基础，人民生活水平基本相似，而与社会其他部分特别是城市有所不同的地方。

（二）乡村规划

乡村规划具有综合性、全过程、实施性、地域性规划特征。

1. 综合性规划

乡村规划要解决涉及具体的乡村生态安全、乡村经济发展、乡村人居环境改善、乡村服务设施提升等问题，是综合性的持续改善型的规划。

2. 全过程规划

乡村规划在规划前需要充分征求村民意见，规划审批需要村民代表大会审议通过，规划过程中需要合理配置各类设施，科学谋划空间布局，规划实施过程中需要进行监督指导，对包括农房建设、市政设施、乡村经营、村庄维护等方面内容进行全程跟踪，保障规划的实施效果，具有全过程规划特征。

3. 实施性规划

乡村规划往往是由于具体的乡村因为建设需要而产生的，主要是为了解决乡村建设发展中如乡村面貌整治、农房建设、设施改造提升、乡村经济发展等具体问题而进行编制的，具有面向实施的规划特征。

4. 地域性规划

乡村在地形地貌、经济发展、历史文化等方面存在差异，乡村规划在编制和实施过程中也要根据相应的乡村特点提出因地制宜的规划引导，具有地域性规划的特点。

二、乡村规划与城镇规划

（一）城乡规划体系

《中华人民共和国城乡规划法》（2007）（以下简称《城乡规划法》）第二条指出，我国城乡规划体系包括“城镇体系规划、城市规划、镇规划、乡规划和村庄规划”，村庄规划是我国城乡规划体系中一种重要的规划类型，具有法定地位。

（二）乡村规划与城镇规划的相同点

1. 具有相同的法律依据

乡村规划与城镇规划的上位法律依据都是《城乡规划法》，《城乡规划法》对城镇规划以及乡村规划的制定、实施、修改、监督检查及法律责任进行了规定，为城镇规划和乡村规划提供了法律依据。

2. 具有相通的方法论和技能要求

乡村规划、城镇规划都是空间规划，空间规划在研究方法、编制方法、规划成果表达方式、规划实施效果评估等方面有相通的技术方法，在规划构思、规划图纸绘制等方面有相通的技能要求，可以相互借鉴。乡村规划可以结合乡村实际情况，在技术方法和规划表达方面参考城镇规划的经验，提出切合乡村实际的规划技术策略。

3. 具有相近的规划理念

城镇规划与乡村规划都关注“集约发展”“可持续发展”“公共利益”“公众参与”等当今社会发展需求，规划理念相近，具有鲜明的时代特征。通过规划实现时代对城乡空间资源安排的具体要求，促进城乡空间的合理高效利用。

4. 具有共通的规划目标

城镇规划与乡村规划作为空间规划，主要目的都是为了合理安排城乡空间，有效配置城乡基础设施和公共服务设施，以更好地满足城乡居民生产、生活等功能需求，最大化城乡居民的公共利益，促进城乡可持续发展；规划目标都是基于城乡居民的根本利益，满足城乡居民的基本需求。

（三）乡村规划与城镇规划的差异

1. 具有不同的规划背景

城镇规划首先要处理好增长过程中各类要素的空间资源配置问题，满足各种城镇功能的空间要求，主要是面对“增长”引发的各类问题。在城镇化过程中，乡村地区各类要素流向城镇，乡村地区增长缓慢。乡村规划需要处理好增长缓慢的乡村地区的空间资源配置问题，城镇规划与乡村规划具有不同的规划背景。

2. 具有不同的规划内容

城镇与乡村承载的主要功能不同。乡村承载的功能相对简单，乡村规划空间布局侧重满足基本的生活、生产功能需求，做好农村居民点布局，安排好农业生产、旅游等生产空间布局。城镇规划需要对多元的功能需求进行配置，合理安排居住、生产、娱乐、商业等功能空间，设施配置要求更加多样化，内容相对复杂。

3. 具有不同的工作方法

城镇人民政府或地方规划管理部门自上而下地根据城镇发展需求，进行相应的规划编制，实现城镇发展需求。因此，城镇规划更多体现了自上而下的工作方法。村民是乡村地区的自治主体，《城乡规划法》提出“乡规划、村庄规划应当从农村实际出发，尊重村民意愿，体现地方和农村特色”。因而，乡村规划应当更多体现村民的意志，满足村民的生产、生活需求，更多体现了自下而上的工作方法。

4. 具有不同的规划管理和实施主体

城镇规划的管理和实施主体是地方规划与建设管理部门，各部门在规划实施中各有分工又相互合作，规划实施后通过动态的规划实施评估，不断改善规划的实施效果。乡村规划的管理和实施主体是村镇建设管理部门与农办，村民自治组织也在乡村规划的实施中发挥着重要作用。

（四）乡村规划在城乡规划体系中的地位和作用

1. 填补了广大乡村地区规划指引缺失的空白

部分乡村地区存在着乡村经济薄弱，风貌缺乏特色，农房建设杂乱，服务设施缺乏，环境脏、乱、差等现象，而且对这些问题缺乏有效的规划指导。乡村规划立足乡村地区特色，合理确定人口和用地规模，推动乡村产业发展，加快乡村地区基础设施建设，科学开展乡村生产、居住、设施等空间布局，保护乡村生态环境，传承乡村传统文化，为乡村地区建设发展提供系统的引导，推动乡村经济、社会、生态可持续发展。

2. 进一步完善了城乡规划体系

《城乡规划法》在原《城市规划法》基础上，提出了编制乡村规划的要求，乡村规划包括乡规划和村庄规划。乡规划和村庄规划的编制进一步完善了城乡规划体系，形成城镇体系规划、城市规划、镇规划、乡规划、村庄规划相对完整的城乡空间规划体系，丰富了城乡规划的层次。

3. 扩大了城乡规划的覆盖范围

原有的城市规划仅针对城市规划区范围内的建设和空间资源的使用提出指导，《城乡规划法》提出了城乡规划区的概念，要求科学利用乡村空间资源，把规划指导覆盖到广大的乡村地区，形成对城乡空间利用指导的全面覆盖，推动城乡空间合理高效利用。

4. 推动城乡规划技术方法的持续改进

原有的城市规划编制存在就城市论城市，忽视乡村规划编制的现象。《城乡规划法》的实施使得乡村规划有了法律地位，推动了城乡规划的统筹编制。规划统筹考虑城乡空间布局以及设施配置，提高了空间利用效率和资源配置效率，推动了城乡统筹发展。

三、乡村规划与土地利用规划

（一）乡村规划与土地利用规划的相同点

1. 都以合理有效利用土地为核心目标

乡村规划合理安排乡村用地规模，对乡村居民点、乡村产业、乡村设施用地等进行合理布局，有效利用土地资源，严格限制土地资源的浪费和低效益，其核心目标是促进土地的集约化和资源化利用。土地利用规划通过优化土地结构、合理安排土地利用区，提高土地的整体利用效益，保障土地的供需平衡，核心目标也是合理有效利用土地，节约和保护土地资源。

2. 都遵循相通的规律与方法

乡村规划与土地利用规划都遵循相通的理论方法，如地租地价理论、土地区位理论、生态经济理论、人地协调理论、景观学理论以及系统工程学理论等，都采用一些共通的研究方法，如系统分析、统计分析、宏观与微观、定性与定量等方法，具有共同的理论和方法论基础。

3. 本质都是部门规划

规划建设部门和国土部门是乡村规划与土地利用规划的管理部门，本质都是部门规划，体现了部门在资源配置方面的计划要求，规划必须遵循更高层次的上位规划，必须与相关的各类专项规划和各类计划相互衔接，乡村规划与土地利用规划之间也需要相互协调。

（二）乡村规划与土地利用规划的差异

1. 规划的出发点不同

乡村规划的出发点是对乡村建设用地的合理利用，通过统筹乡村规划范围内的用地，满足居住、产业、交通、公共服务等用地布局的要求，同时保护生态环境。土地利用规划出发点是对包括建设用地在内的全部土地的合理利用，在保护生态环境的前提下，合理安排各类用途用地的规模，保证耕地数量，保障乡村土地整体利用效益。

2. 规划的主要内容不同

乡村规划侧重于具体的用地和设施的空间布局，如住宅、道路、供水、排水、供电、垃圾收集、畜禽养殖场所等农村生产、生活服务设施的布局。土地利用规划则侧重于用地规模与范围的控制，确定或调整土地利用结构和用地布局，划定允许建设区、限制建设区、禁止建设区，设定土地利用规划，协调土地的总供给与总需求。

3. 规划的时空范围不同

乡村规划针对乡村规划区范围内的土地利用类型和布局进行安排，是局部性规划，各地乡村规划的起始时间与期限不尽一致，没有统一的时间期限。土地利用规划是对行政辖区内的所有土地的利用类型进行统筹安排，是全局性规划，期限与国民经济和社会发展规划相适应，一般为15~20年，近期土地利用期限一般为5年。

4. 规划的技术方法不同

乡村规划对乡村建设用地进行类型细分，包括交通设施、基础设施、公共服务设施、居民点等用地方式；开展针对用地是否适宜建设的用地适宜性评价，包括适宜、基本适宜和不适宜建设。土地利用规划是对包括建设用地在内的土地利用类型进行划分；针对土地某种用途是否适宜开展土地适宜性评价，包括适宜类型、土地适宜等级、土地限制型组成。

5. 规划的技术路线不同

乡村规划一般采用“从上到下”和“从下到上”相结合的工作方法，既要落实上位规划的内容和要求，又要因地制宜地解决乡村建设发展中的实际问题。土地利用总体规划一般采用“从上到下”的规划方法，县级层面的土地利用总体规划按照上一级规划下达的相关指标内容，将其分解和落实到规划区。

6. 规划的管理和实施方式不同

乡村规划通过规划建设主管部门管理和实施，规划实施受到地方财力和执行力度的影响，缺乏必要的评估机制和动态反馈机制。土地利用规划通过国土资源部门管理和实施，土地指标是刚性规划约束，能够得到较好的贯彻和执行，国土部门对规划执行情况尤其是指标落实情况进行动态监控，保障规划的有效执行。

四、乡村规划与国民经济和社会发展规划

（一）乡村规划与国民经济和社会发展规划的相同点

1. 都具有发展型规划特征

乡村规划为乡村生产、生活、生态环境改善提供规划指导，本质是为了促进乡村地区的发展，具有发展规划的特征。国民经济和社会发展规划为乡村地区的发展提供资金和项目支持，根本目的是推动乡村地区社会经济发展，是发展型规划。

2. 都以合理的资源配置为主要目标

乡村规划对规划区内乡村建设发展进行科学引导，对空间资源进行合理配置。国民经济和社会发展规划为乡村地区提供资金与政策安排，对经济、政策等资源进行有效配置，积极推动乡村经济产业发展，促进乡村地区空间、环境、土地、产业等可持续发展。

（二）乡村规划与国民经济和社会发展规划的差异

1. 具有不同的法律地位

国民经济和社会发展规划由《宪法》授权；乡村规划是城乡规划的组成部分，城乡规划由《城乡规划法》授权。《宪法》属于总法，《城乡规划法》为专业法，《宪法》的法律地位高于《城乡规划法》，国民经济和社会发展规划的法律地位也高于城乡规划。

2. 具有不同的规划期限

国民经济和社会发展规划包括中长期计划与年度计划，中期计划一般为5年，长期计划为10年及10年以上。《城乡规划法》未规定乡村规划期限，乡村规划期限一般比国民经济和社会发展规划期限长。

3. 具有不同的规划空间范围

国民经济和社会发展规划的规划范围是行政区所有地域面积，是对县域范围内经济社会发展的整体安排。乡村规划的规划空间范围为广大乡村地区中的规划区，一般为建成区。

4. 具有不同的侧重点

国民经济和社会发展规划注重区域经济、区域发展等方面的综合考虑，是对

乡村地区经济和产业发展的纲领性指导，是宏观的政策引导。乡村规划主要对乡村地区居民点、产业空间、服务设施等进行合理布局，侧重于空间要求的安排和落实，是具体的空间规划。

5. 具有不同的技术方法

国民经济和社会发展规划关注政策、经济、产业、项目，注重运用数理统计、逻辑推理等研究方法，表达方式多采用图表和文字说明，空间表达内容较少。乡村规划重点关注空间内容，主要运用GIS、CAD等空间研究方法，采用图文结合的表达方式，效果图、平面图等图纸内容丰富，空间属性显著。

6. 具有不同的管理方式

发改委负责国民经济和社会发展规划的管理，具有较强的综合协调能力。规划局或建设局负责乡村规划的管理，具有较强的空间控制和管理能力。

7. 具有不同的规划实施保障措施

国民经济和社会发展规划落实中央支持“三农”发展资金和政策，规划实施具有较强的资金和政策保障。乡村规划编制和管理经费受到各地财政状况的影响，缺乏相应的资金和实施保障。

五、乡村规划与乡村建设

（一）乡村规划与乡村建设的关系

1. 乡村规划为乡村建设提供技术指导

乡村规划结合乡村自身的特点，为乡村的各项建设提供切实指导，统筹部署乡村的经济建设、文化建设、人居环境建设、生态建设，推动乡村经济发展，改善乡村生态环境，提升乡村人居风貌，保护乡村历史文化，塑造宜人的乡村生产、生活、生态空间。

2. 乡村建设推动乡村规划不断完善提升

乡村规划的长期性、规划要素的复杂性、规划系统的综合性以及规划设计人员知识能力的局限性，使得乡村规划难以完全适应乡村动态的发展要求，乡村规划实施与规划预测难免存在偏差。乡村建设为乡村规划提供反馈，指出乡村规划存在的问题，通过动态反馈为乡村规划提供改进方向，切实推动乡村规划的动态改进，提升乡村规划的科学性和合理性。

（二）合理引导乡村基础设施建设

根据《村庄整治技术规范》（GB 50445—2008），乡村基础设施指“维持村庄或区域生存的功能系统和对国计民生、村庄防灾有重大影响的供电、供水、供气、交通，以及对抗灾救灾起重要作用的指挥、通信、医疗、消防、物资供应与保障等基础性工程设施系统，也称生命线工程”（表1-1）。

乡村规划通过统筹城乡基础设施建设，合理安排基础设施建设规模与空间布局，考虑基础设施建设运营的可行性，积极推动城镇基础设施向乡村延伸，提升乡村基础设施建设水平。

1. 统筹考虑城乡基础设施建设

在经济技术可行的情况下，考虑把乡村基础设施纳入城镇基础设施系统，促进城镇基础设施向乡村覆盖，推动城乡供水、燃气、网络、电力、公交、污水处理一体化，降低运营维护成本，提升村民生活品质。

2. 合理确定乡村基础设施规模及类型

对乡村基础设施现状和要求进行调研，通过调研深入了解乡村基础设施现状和居民实际要求，从村庄布点规划层面提出各级村庄配置各类设施的原则、类型和标准，积极推动基础设施共建共享，村庄规划层面提出基础设施类型及规模，合理确定乡村基础设施的服务人口及服务半径。

3. 科学安排基础设施的空间布局

乡村规划结合乡村地形地貌和地域特点，科学安排道路交通、给水排水、电力电信、能源利用及节能改造、环境卫生等基础设施的空间布局，确定新建基础设施的空间布局方式，提出原有基础设施的整治方式，尽量结合地形坡度，节约基础设施建设和运营成本，体现地方文化特色。

4. 确定合理的基础设施建设和运营模式

乡村规划结合乡村的经济发展现状，对乡村基础设施的建设模式进行策划，提出基础设施建设的资金、周期、人员等具体的实施保障措施，确保乡村基础设施建设的稳步推进，结合各类基础设施的运营维护特点提出运营维护保障措施，保障乡村基础设施的有效运营。

表 1-1　乡村基础设施主要内容构成及规划要求

内容构成		规划要求
安全防灾设施规划	消防设施	1. 生产和储存易燃易爆物品的工厂、仓库、堆场、储罐等与居住、医疗、教育、集会、娱乐、市场等之间的防火间距不应小于 50m。 2. 5 000 人以上村庄应设置义务消防值班室和义务消防组织，配备通信设备和灭火设施。 3. 防火分隔宜按 30~50 户的要求进行，呈阶梯布局的村寨，应沿坡纵向开辟防火隔离带。防火墙修建应高出建筑物 50cm 以上。 4. 消防通道宽度不宜小于 4m，转弯半径不宜小于 8m
	防洪设施	1. 结合当地江河走向、地势和农田水利设施，布置泄洪沟、防洪堤与蓄洪库等防洪设施。对可能造成滑坡的山体、坡地，应加砌石块护坡或挡土墙。 2. 位于防洪区内的村庄，应在建筑群体中设置具有避洪、救灾功能的公共建筑物，并应采用有利于人员避洪的建筑结构形式，满足避洪疏散要求
	地质灾害	地质灾害危险区内禁止爆破、削坡、进行工程建设以及从事其他可能引发地质灾害的活动
	避灾场所与道路	1. 村庄道路出入口数量不宜少于 2 个，1 000 人以上的村庄与出入口相连的主干道路有效宽度不宜小于 7m，避灾疏散场所内外的避灾疏散主通道的有效宽度不宜小于 4m。 2. 避灾疏散场所与周围易燃建筑等一般火灾危险源之间，应设置宽度不小于 30m 的防火安全带
道路交通设施规划	道路宽度	1. 主要道路路面宽度不宜小于 4m，路面铺装材料应因地制宜，宜采用沥青混凝土路面、水泥混凝土路面、块石路面等形式。 2. 次要道路路面宽度不宜小于 2.5m，路面宽度为单车道时，可根据实际情况设置错车道，路面铺装宜采用沥青混凝土路面、水泥混凝土路面、块石路面及预制混凝土方砖路面等形式。 3. 宅间道路路面宽度不宜大于 2.5m，路面铺装宜采用水泥混凝土路面、石材路面、预制混凝土方砖路面、无机结合料稳定路面及其他适合的地方材料
	交通安全设施	1. 村庄道路通过学校、集市、商店等人流较多路段时，应设置限制速度、注意行人等标志及减速坎、减速丘等减速设施，并配合划定人行横道线，也可设置其他交通安全设施。 2. 村庄道路遇有滨河路及路侧地形陡峭等危险路段时，应设置护栏标志路界，对行驶车辆起到警示和保护作用
	停车场地	村庄中零散分布的空地，可开辟为停车位，供机动车及其他农用车辆停放

续表

内容构成		规划要求
给水设施规划	总体要求	村庄给水设施整治应实现水量满足用水需求，水质达标。整治后生活饮用水水量不应低于40~60L/（人·d），集中式给水工程配水管网的供水水压应满足用户接管点处的最小服务水头
	给水方式	1. 村庄靠近城市或集镇时，应依据经济、安全、实用的原则，优先选择城市或集镇的配水管网延伸供水。 2. 村庄距离城市、集镇较远或无条件时，应建设给水工程，联村、联片供水或单村供水。无条件建设集中式给水工程的村庄，可选择手动泵、引泉池或雨水收集等单户或联户分散式给水方式
	给水水源	应建立水源保护区。保护区内严禁一切有碍水源水质的行为和建设任何可能危害水源水质的设施
	防护距离	给水厂站生产建（构）筑物（含厂外泵房等）周围30m范围内现有的厕所、化粪池和禽畜饲养场应迁出，且不应堆放垃圾、粪便、废渣和铺设污水管渠
排水设施规划	总体要求	村庄应根据自身条件，建设和完善排水收集系统，采用雨污分流或雨污合流方式排水
	排水系统	1. 排水沟渠沿道路敷设，应尽量避免穿越广场、公共绿地等，避免与排洪沟、铁路等障碍物交叉。 2. 污水管道宜依据地形坡度铺设，坡度不应小于0.3%，距离建筑物外墙应大于2.5m，距离树木中心应大于1.5m，管材可选用混凝土管、陶土管、塑料管等多种地方材料。污水管道应设置检查井
	污水处理设施	村庄污水处理站应选址在夏季主导风向下方、村庄水系下游，并应靠近受纳水体或农田灌溉区
生活用能设施规划		1. 城市附近的村庄可就近选择城镇管道燃气。 2. 应因地制宜确定能源利用形式，可采用太阳能、改良的生物质燃料及沼气等实用能源。 3. 居住密集且具有大中型养殖场的村庄，应由村庄或镇建设大中型沼气供气系统，沼气生产厂的选址应位于村庄常年风向的下风向，不应占用基本农田。 4. 距电力系统较远的山区村庄，可采用微水电或小水电进行供电；距电力系统较远的沿海村庄，可采用小型潮汐发电技术进行供电；距电力系统较远，但地热资源丰富的村庄，可采用小型地热发电技术进行供电；已实现供电且地温资源丰富的村庄，可采用热泵技术供应冬季采暖或夏季制冷
环卫设施规划		1. 村庄垃圾应及时收集、清运，保持村庄整洁。 2. 收集点可根据实际需要设置，每个村庄应不少于一个垃圾收集点

资料来源：根据《村庄整治技术规范》（GB 50445—2008）整理。

（三）进一步完善乡村公共服务设施

根据《乡村公共服务设施规划标准》（CECS 354：2013），乡村公共服务设施是指“服务于乡村居民物质生活和精神生活，独建或合建的公共服务建筑设施，包括行政管理、教育机构、文体科技、医疗保健、商业金融、社会福利和集贸市场七类”（表1–2）。

乡村公共服务设施是乡村居民生活品质提升的重要基础。随着乡村居民生活水平的提高和消费观念的变化，对乡村公共服务设施的需求也有变化。乡村规划需要根据乡村的发展水平以及乡村居民的实际需求，合理设置公共服务设施，满足乡村居民需求。

1. 着力推进城乡基本公共服务一体化

乡村规划把城乡基本公共服务一体化作为乡村公共服务发展的基本准则，把乡村义务教育、基本医疗和公共卫生、养老保险、最低生活保障、社会救助、公共就业服务等基本公共服务项目纳入政府绩效考核体系，推动医疗、教育、社保等公共服务向乡村覆盖，逐步缩小城乡基本公共服务差距。

2. 以中心村为支点提供乡村公共服务

乡村规划着眼于本村及周边一般村的发展需要，以推进社区服务中心建设为平台，完善中心村服务项目，引导农业、科技、卫生、人力社保、建设、公交、金融、广电、通信、邮政等部门向中心村延伸服务、设立站点，因地制宜地设立农技推广、就业和社会保障、审批办证、公共教育、公共交通、公共信息、公共卫生、公共文化、公共图书、公共体育、金融服务、法律服务等服务场所或设施，把中心村建设成为农村社区服务中心和城乡基本公共服务均等化的重要平台。

3. 合理确定乡村公共服务设施的类型、规模及服务对象

乡村规划综合考虑村庄的职能等级、发展规模和服务功能，合理确定各级村庄的行政管理、教育、医疗、文体、商业等公共服务设施的级别、层次与规模，为本村服务的乡村公共设施应重点考虑本村居民使用的便利性，兼顾为外村服务的设施要考虑服务设施的服务半径、类型及内容。

4. 科学开展公共服务设施布局

乡村规划根据乡村公共服务设施服务的人口及服务的范围，提出合理的乡村

公共服务设施的建设管理方式，如公共服务设施共建共享等方式；确定乡村公共服务设施的布局方式，如公共服务设施零散分布的点状模式，公共服务设施结合乡村干路布局的线状模式，公共服务设施结合村口、村庄公共空间进行集中布置的面状模式。

表 1-2　村庄公共服务设施内容设置

类　型	内　容
行政管理设施	村委会、经济服务站
教育服务设施	小学、幼儿园、托儿所
文体科技设施	技术培训站、文化活动室、阅览室、健身场地
医疗保健设施	卫生所、计生服务站
社会福利设施	敬老院、养老服务站
商业设施	超市、菜市场等

资料来源：根据《乡村公共服务设施规划标准》（CECS 354：2013）整理。

（四）优化乡村农房风貌

农房是乡村建筑的主体形式，承载了重要的居住、生产、储存等多种功能，是乡村地域文化、民族文化、生活习俗等的综合体现。乡村规划通过对农房建设进行科学选址，合理预测农房规模，引导农房美化、洁化、绿化，为乡村农房建设提供切实有效的指导。

1. 进行合理建设选址及规模预测

乡村规划对农房布局进行选址，选址需要避开滞洪地区、易涝地区、滑坡泥石流地区、采矿塌陷区、干旱风沙严重地区等自然灾害影响地区，确保村庄的安全，兼顾乡村居民生产生活的需求，确保乡村居民生产生活合理的半径。结合区域乡村人口迁移情况，对乡村人口规模进行估算，根据地区农房建设的面积标准，估算农房建设的总体规模。

2. 做好基本住房保障

乡村规划对高山远山区域、地质灾害隐患区域、重点水库库区等区域的农民进行搬迁，以公共服务好、就业机会多的地区为主要迁入地，有计划、有步骤地组织实施农民进行异地搬迁。将危房改造与村庄整治、传统村落保护等工作相结合，全面推进农村危房改造，切实做好农村住房保障工作。

3. 提升农房建设品质

乡村规划从整体风格塑造，村落空间、庭院空间、农房外立面改造，节能改造，污水处理、垃圾处理等多方面进行综合考虑，美化、洁化、绿化农房。对农房外立面、主要景观节点、村落空间、乡村路面、围墙、水渠、挡墙等设施进行改造，以美化农房；对农房节能、污水处理、垃圾处理、公厕、水体等项目进行改造，以洁化农房；对村庄、庭院、山体、水体等进行绿化，以绿化农房，加强整体引导，提升乡村农房品质。

表 1-3　浙江省农房改造建设示范村建设项目

类　别	项　目
美化项目	农房外立面整治改造
	村主要入口及主要节点景观营造
	村落空间整治美化
	路面、围墙、水渠、挡墙等设施提档改造
	传统建筑保护修缮
	其他
洁化项目	农房节能改造
	污水和垃圾处理节能技术应用
	公共厕所改造建设
	水体清淤整治
	其他
绿化项目	村庄绿化
	庭院绿化
	山体、水体等生态修复
	古树名木保护
	其他

资料来源：根据《浙江省人民政府办公厅关于实施农房改造建设示范村工程的意见》整理。

4. 打造特色农房风貌

乡村规划根据乡村的特点，提取传统民居的类型、谱系、特色，总结提炼传统民居的建筑特征和文化脉络，为村居风貌优化提供技术指引。为乡村农房提供详尽的农房建设图集和方案比选，方便村民农房建设。新建及整治农房重点在建筑形式、细部构造、室内外装饰等方面延续民居风格，打造具有地域特征、民族特色、时代风貌的特色农居风貌。

六、乡村规划与乡村建设规划管理

（一）乡村建设规划管理的主要内容

1. 乡村建设规划管理实施乡村建设规划许可证制度

《城乡规划法》第四十一条规定："在乡、村庄规划区内进行乡镇企业、乡村公共设施和公益事业建设的，建设单位或者个人应当向乡、镇人民政府提出申请，由乡、镇人民政府报城市、县人民政府城乡规划主管部门核发乡村建设规划许可证。在乡、村庄规划区内使用原有宅基地进行农村村民住宅建设的规划管理办法，由省、自治区、直辖市制定。"

"在乡、村庄规划区内进行乡镇企业、乡村公共设施和公益事业建设以及农村村民住宅建设，不得占用农用地；确需占用农用地的，应当依照《中华人民共和国土地管理法》有关规定办理农用地转用审批手续后，由城市、县人民政府城乡规划主管部门核发乡村建设规划许可证。"

"建设单位或者个人在取得乡村建设规划许可证后，方可办理用地审批手续。"

由《城乡规划法》可以看出，在乡、村庄集体土地上的有关建设工程，应当办理乡村建设规划许可证。乡村建设规划管理实施乡村建设规划许可证制度。

2. 乡村建设规划管理的适用范围

《住房城乡建设部关于印发〈乡村建设规划许可实施意见〉的通知》（建村［2014］21号）提出："在乡、村庄规划区内，进行农村村民住宅、乡镇企业、乡村公共设施和公益事业建设，依法应当申请乡村建设规划许可的，应按本实施意见要求，申请办理乡村建设规划许可证。"

"确需占用农用地进行农村村民住宅、乡镇企业、乡村公共设施和公益事业建设的，依照《中华人民共和国土地管理法》有关规定办理农用地转批手续后，应按本实施意见要求，申请办理乡村建设规划许可证。"乡村建设规划许可管理主要适用于乡、村庄规划区内农村村民住宅、乡镇企业、乡村公共设施和公益事业建设，以及办理农用地转批手续后的农村村民住宅、乡镇企业、乡村公共设施和公益事业建设行动。

3. 乡村建设规划管理的主体

《城乡规划法》提出："乡、镇人民政府报城市、县人民政府城乡规划主管部门核发乡村建设规划许可证。"可以看出，乡村建设规划管理的主体为城市、县人民政府城乡规划主管部门。

4. 乡村建设规划管理的主要流程

（1）制定许可

《住房城乡建设部关于印发〈乡村建设规划许可实施意见〉的通知》（建村［2014］21号）提出：“城市、县人民政府城乡规划主管部门在其法定职责范围内，依照法律、法规、规章的规定，可以委托乡、镇人民政府实施乡村建设规划许可。”“各地可根据实际情况，对不同类型乡村建设的规划许可内容和深度提出具体要求。要重点加强对建设活动较多、位于城郊及公路沿线、需要加强保护的乡村地区的乡村建设规划许可管理。”

（2）申请

《住房城乡建设部关于印发〈乡村建设规划许可实施意见〉的通知》（建村［2014］21号）提出：“乡、镇人民政府负责接收个人或建设单位的申请材料，报送乡村建设规划许可申请。”乡镇企业、乡村公共设施和公益事业建设、农村村民住宅建设有不同的申请材料的要求。

表 1–4　乡村建设规划许可证申请材料

乡镇企业、乡村公共设施和公益事业建设	农村村民住宅建设
1. 国土部门书面意见；	1. 国土部门书面意见；
2. 建设项目用地范围地形图（1:500 或 1:1 000）、建设工程设计方案等；	2. 房屋用地四至图及房屋设计方案或简要设计说明；
3. 经村民会议讨论同意、村委会签署的意见；	3. 经村民会议讨论同意、村委会签署的意见；
4. 其他应当提供的材料	4. 其他应当提供的材料

资料来源：根据《住房城乡建设部关于印发〈乡村建设规划许可实施意见〉的通知》（建村〔2014〕21号）整理。

（3）审查和决定

《住房城乡建设部关于印发〈乡村建设规划许可实施意见〉的通知》（建村［2014］21号）提出：“城市、县人民政府城乡规划主管部门应自受理乡村建设规划许可申请之日起20个工作日内进行审查并做出决定。对符合法定条件、标准的，应依法做出准予许可的书面决定，并向申请人核发乡村建设规划许可证。对不符合法定条件、标准的，应依法做出不予许可的书面决定，并说明理由。”

（4）变更

《住房城乡建设部关于印发〈乡村建设规划许可实施意见〉的通知》（建村［2014］21号）提出："个人或建设单位应按照乡村建设规划许可证的规定进行建设，不得随意变更。确需变更的，被许可人应向做出乡村建设规划许可决定的行政机关提出申请，依法办理变更手续。"

"因乡村建设规划许可所依据的法律、法规、规章修改或废止，或准予乡村建设规划许可所依据的客观情况发生重大变化的，为了公共利益的需要，可依法变更或撤回已经生效的乡村建设规划许可证。由此给被许可人造成财产损失的，应依法给予补偿。"

（二）乡村规划与乡村建设规划管理的关系

1. 乡村规划是乡村建设管理的前置环节

《住房城乡建设部关于印发〈乡村建设规划许可实施意见〉的通知》（建村［2014］21号）提出"先规划、后许可、再建设"的要求，乡村规划是建设规划管理的前置环节，规划的合理性直接决定了乡村建设规划管理的科学性。因此，乡村规划需要结合乡村的自身特征，编制符合乡村经济发展和人民需求的规划，提高乡村建设规划管理的科学性。

2. 乡村规划是乡村建设规划管理的重要依据

《住房城乡建设部关于印发〈乡村建设规划许可实施意见〉的通知》（建村［2014］21号）提出："乡村建设规划许可证的核发应当依据经依法批准的城乡规划。"乡村规划是乡村建设规划管理制定规划许可的重要依据，为乡村建设规划管理提供技术支撑。

3. 乡村建设规划管理是落实乡村规划的重要手段

建设规划行政主管部门根据乡、村庄规划的要求，向用地单位和个人提供规划设计条件。《住房城乡建设部关于印发〈乡村建设规划许可实施意见〉的通知》（建村［2014］21号）提出："乡村建设规划许可的内容应包括对地块位置、用地范围、用地性质、建筑面积、建筑高度等的要求。根据管理实际需要，乡村建设规划许可的内容也可以包括对建筑风格、外观形象、色彩、建筑安全等的要求。"乡村建设规划管理通过规划许可的方式将规划的要求体现在规划管理中，根据规划设计条件的符合性来办理乡村建设规划许可证，确保乡村规划得到贯彻和实施。

第三节 乡村的特质和治理方式

一、乡村的特质

（一）独特的经济制度

乡村经济制度与社会经济发展紧密联系，早期的乡村以农业经济为主，基本经济关系是人地关系，农民围绕农业开展各类活动，小农经济成为当时乡村经济的主流。在现代社会，随着经济体制改革的推进，乡村社区产业结构发生重大变化，非农化现象非常突出。兼业农户成为现代乡村社区普遍的经济现象（李小建、乔家君，2003）。除农业生产外，农业观光、乡村旅游、乡镇工业等经济也快速发展。

（二）紧密的血缘关系

在传统的农村社会，人们的劳动对象是土地资源，需要足够的劳动力进行共同生产和劳动，以满足生活和生产的需要，以家庭为单位组织结构逐步形成，乡村形成了聚族而居的格局，以血缘关系为联系特征的乡村社会结构逐步形成。血缘在乡村生活中发挥着基础性的作用，在其他条件相同或相近的情况下，血缘关系的亲疏远近成为乡村家庭划分界别的天然准则（冯刚，2004）。

（三）封闭的地缘社会

我国乡村规模较小，与外界联系有限，乡村在很大程度上能够自给自足，表现出封闭的地缘社会特征，形成了鲜明的经济活动特点，如以畜牧业为主的牧村，以渔业为主的渔村，以种植业为主的山村等类型。

（四）松散的空间结构

我国地域面积大，地形地貌复杂，乡村的分布、人口的密度受到耕作面积和耕作半径的影响，居民点广泛分布在农业生产的环境中，乡村人口密度低，结构比较松散，表现出点多面广的特征。

（五）独特的政治结构

在传统农村社会里，以自给自足为特点的自然经济一直占据着国家经济生活的主导地位，农村的社会组织长期是基层行政管理组织（乡、里、保），而且发展得比较完善。虽然传统农村社会基层组织的形式不断变化，但收取赋税、维护社会治安、组织生产等主要职能是基本一致的，更多的是属于政治组织性质。1949年后，乡村社区的基层组织主要是村民委员会，具有完整的行政和党政“两套班子”，与较多尺度行政单元政治功能相似。

（六）丰富的传统文化

在传统的农村社会，农民在长期生产和生活中创造了丰富多彩的地方文化。在物质文化方面，最为典型的是地域特征鲜明的传统地方建筑；在制度文化方面，突出的有宗族文化；在精神文化方面，最具代表性的是民间信仰文化，村庄中的寺、庙、宫、阁等建筑是村民进行信仰活动的场所。

（七）混合的管理模式

我国乡村管理受宗族影响较大，对乡村社区的生存和发展起着显著的制约作用。我国大多数乡村社区属于混合型管理模式，村委会居于管理的核心地位，但家族势力的影响仍然存在。日常生活中，在决定社区公众利益的重大问题方面，村委会居主导地位，家族影响多是精神层面的。随着社会经济的发展，家族的作用逐步淡化，村委会的功能在逐步增强。

二、乡村的治理方式

（一）乡规民约是乡村社会治理的基本方式

广义的乡规民约是指一切乡土社会所具有的国家法律法规之外的公共性准则；狭义的乡规民约是指依照法律法规，适应村民自治要求，由共居一村的村民根据习俗和本村实际共同约定，实现自我教育、自我管理、自我约束的行为规范和利益表达。乡规民约是治理乡土社会、规范村民行为的基本方式，具有教化农民、维护乡村秩序、约束村民行为、促进乡村发展的重要作用。

1. 促进形成积极向上的乡风民俗

传统的乡规民约倡导忠孝、修身为善、乡民友爱、互帮互助等积极因素，通过制定包括传统美德在内的乡规民约，倡导农民热爱国家、孝敬富民、勤劳守信、和睦乡邻，同时制定惩治恶风陋习的乡规民约，规范村民的行为方式，引导形成和谐向上的乡风民俗。

2. 有效维护乡村秩序

乡规民约通过制定维护乡村秩序的规定，保护水利设施、水资源、集体林、田园、村道路等设施，协调村民与政府、村集体、村民之间以及村民家庭成员之间的关系，协调沟通解决家庭或邻里产生的纠纷，维护生产、生活和社会治安等秩序。

3. 整合推动乡村发展

乡规民约具有针对性强、灵活性强的特点，可以根据实际对乡规民约进行修改、补充，制定符合乡村需要的乡规民约，更好地适应社会变迁、城市化进程、村民自治等新的要求，协调乡土内生秩序与国家法律、法规的关系，更好地监督村务，维护村民权益。

（二）法治是乡村治理的重要约束方式

党的十八届四中全会指出："全面推进依法治国，基础在基层，工作重点在基层"，同时明确提出"推进基层治理法治化"的要求。乡村是法治中国建设的基层，是推进国家法律贯彻执行和民主法制建设的关键领域。乡村基层治理法治化对于推进国家治理体系和治理能力现代化，保障乡村发展、规范乡村秩序、保护村民权益、维持和谐稳定都有重要意义。

1. 推进依法治国的重要基础

乡村是基层中最基础的社会单元，也是法治建设相对薄弱的环节。而乡村法治建设水平的高低，直接影响着国家法治化进程。必须加快完善农业、农村法律体系，同步推进城乡法治建设，善于运用法治思维和法治方式做好"三农"工作，进一步加强乡村基层法治建设，提高乡村法治水平。

2. 规范乡村运行秩序的有力保障

乡村法治能够有效规范乡村规划建设，保障乡村建设秩序；规范乡村农产品流通、生产等，保障农产品生产和质量安全；规范市场经营，促进公平交易，切实保障农民权益，维护市场秩序；规范乡村收费、有偿服务等行为，推动形成良好的生产、流通、经营、建设等秩序。

3. 保障乡村发展的现实需要

法治是市场经济有序运转的重要条件，能够有效保障乡村市场经济的发展。乡村法治能够保障农业生产资源不受污染破坏，提供适宜的农业生产环境及放心的农资用品。乡村法治为乡村农业制度创新提供了重要的支持，农村重大改革都要有法可依，为农村经济发展提供了重要的法律保障，推动乡村经济社会的全面可持续发展。

4. 维护村民权益的重要保障

乡村法治维护农民在市场经济中的合法权益，依法打击各种侵害农民权益的行为。通过村民议事会、监事会等，引导发挥村民民主协商在乡村治理中的积极作用；给予农民群众通过合法途径维权，理性表达合理诉求；为农民提供法律援助和司法救助，切实保障农民权益。

5. 维护乡村和谐稳定的重要支持

农村稳定是社会稳定的基础，乡村法治是乡村稳定的重要保障。依法打击各种侵权行为，维护市场公平竞争，维持良好的市场环境；执行维护乡村治安方面的法律，维护良好的治安环境；打击各种污染环境的行为，维护良好的生态环境；依法维权和化解纠纷，维护良好的社会环境；通过乡村法治解决各种影响农村社会稳定的矛盾和问题，营造良好的乡村环境。

（三）基层民主是乡村治理的广泛基础

在宪法层面，村庄的管理属于村民自治。乡村地区是我国基层民主建设的重要根据地，农村民主的发展是基层民主建设的出发点和落脚点。《村民委员会自治法》对村民自治的具体操作流程进行了详细规定，村民自治制度在法律上有了保障，自治作为农民基本民主权利的理念不断深入人心，农民的政治生活从形式和内容上得到丰富。基层民主涉及的村庄自治组织如下。

1. 村民、村民会议、村民代表会议

村民会议中的村民是村民自治组织中最基本的权利单位，《村民委员会自治法》第十三条规定："年满十八周岁的村民，不分民族、种族、性别、职业、家庭出身、宗教信仰、教育程度、财产状况、居住期限，都有选举权和被选举权；但是，依照法律被剥夺政治权利的人除外。"第二十一条规定："村民会议由本村十八周岁以上的村民组成，村民会议由村民委员会召集。"第二十五条规定："人数较多或者居住分散的村，可以设立村民代表会议，讨论决定村民会议授权的事项。村民代表会议由村民委员会成员和村民代表组成，村民代表应当占村民代表会议组成人员的五分之四以上，妇女村民代表应当占村民代表会议组成人员的三分之一以上。"

2. 村民委员会

《村民委员会自治法》第二条规定："村民委员会是村民自我管理、自我教育、自我服务的基层群众性自治组织，实行民主选举、民主决策、民主管理、民主监督。村民委员会办理本村的公共事务和公益事业，调解民间纠纷，协助维护社会治安，向人民政府反映村民的意见、要求和提出建议。村民委员会向村民会议、村民代表会议负责并报告工作。”村民委员会是村民会议的执行机构，是广大村民行使自治权的组织和村庄规划管理的主体。

（四）公共监督是乡村治理的有效保障

《村民委员会自治法》对村民议事、监督及村务公开等事关农民切身利益的重大事项进行了规定。第三十二条提出：“村应当建立村务监督委员会或者其他形式的村务监督机构，负责村民民主理财，监督村务公开等制度的落实，其成员由村民会议或者村民代表会议在村民中推选产生，其中应有具备财会、管理知识的人员。村民委员会成员及其近亲属不得担任村务监督机构成员。村务监督机构成员向村民会议和村民代表会议负责，可以列席村民委员会会议。”

2004年，中共中央、国务院联合下发了《关于健全和完善村务公开和民主管理制度的意见》，明确了各地农村要进行村务公开，并专门设立村务公开监督小组，对农村公共事务的监管提出了指导意见。提出“村务公开监督小组成员经村民会议或村民代表会议在村民代表中推选产生，负责监督村务公开制度的落实。村干部及其配偶、直系亲属不得担任村务公开监督小组成员”。“村务公开监督小组要依法履行职责，认真审查村务公开各项内容是否全面、真实，公开时间是否及时，公开形式是否科学，公开程序是否规范，并及时向村民会议或村民代表会议报告监督情况。对不履行职责的成员，村民会议或村民代表会议有权罢免其资格。”国家从法律层面对公共监督的形式、内容进行了规定，保障了村务监督落到实处。

第四节　乡村规划的必要性和迫切性

一、乡村规划的必要性

（一）完善城乡规划体系

城市规划理论与实践不断完善，有效指导了城市的快速发展。而乡村规划滞后，乡村建设缺乏合理的规划引导，出现了盲目建设、无序建设的现象，造成土地资源、社会资源的浪费。建立健全乡村规划体系是完善城乡规划空间体系的重要环节，是推进城乡一体化和城乡统筹发展的重要指导，有助于形成城乡一体的技术支撑平台，推动城乡空间合理建设与发展。

（二）优化乡村空间布局

乡村规划统筹安排乡村各类资源，综合发挥乡村生态价值、文化价值等重要价值。乡村规划从城乡关系入手，统筹考虑城乡空间关系、村民生产生活的便利性，划定乡村控制线，保护成片的乡村发展区，限制城市扩张对乡村的侵蚀；研究城乡经济、社会、生态关系和乡村发展导向，划定乡村的各类功能性空间（农田保护区、生态保护区、综合发展区等），合理安排乡村功能空间布局；优化乡村居民点体系布局，促进乡村人口和产业有效集聚；科学安排乡村各类生产、生态、生活空间布局，打造“宜居、宜业、宜游”的美丽乡村空间环境，构筑科学合理的乡村发展总体架构。

（三）完善乡村服务设施

乡村规划立足于乡村的实际，从全面协调发展的角度，规划建设包括供水供电、对外交通、客运场站、文化娱乐、公共教育、医疗卫生等基础设施，提升乡村基本公共服务能力和水平。一方面，促进城市基础设施向乡村延伸，提升乡村基础服务的水平，扩大乡村基本公共服务的覆盖面；另一方面，尊重农民的意愿，考虑农民的消费水平和生活习惯，兼顾村镇财力和农民承受能力，切实引导农民进行基础设施和公共服务的配套建设，提高乡村服务设施的配套能力。

（四）改善乡村人居面貌

乡村规划的重要工作之一是进行乡村整治，乡村整治主要从宏观、中观、微观三个层面开展综合整治。宏观层面延续乡村原有空间肌理，形成协调的乡村风貌；中观层面对乡村道路系统、绿地景观系统、公共设施布点、基础设施布点等进行合理布局，形成完善的乡村综合服务系统；微观层面对农房建设、基础设施建设、公共服务设施建设等提出具体指导，形成符合居民需求的乡村人居环境，通过对乡村人居环境的综合整治，改善乡村人居面貌。

（五）促进乡村产业发展

乡村规划通过因地制宜地分析乡村产业发展的潜力和优势，选择恰当的产业发展模式，进行合理的产业布局，开展整体项目策划，整合乡村资金、项目、人员等各类要素，形成增长合力，推动乡村经济发展。

（六）保护乡村生态环境

乡村规划通过梳理构筑乡村生态廊道、节点，保护乡村地区的桑基鱼塘、河涌、自然山体等自然生态格局，维护乡村生态安全。在保护乡村生态，营造良好乡村环境品质的同时使乡村地区通过农家旅游、绿色农产品、水乡体验等功能融入区域发展格局，为乡村经济发展增加动力。

（七）促进村民收入提升

乡村规划通过挖掘乡村资源禀赋，促进乡村产业发展，推动乡村居民收入不断提升；考虑生态适宜性和市场的需求，发展生态农业，夯实农业产业基础，促进农民增收；引入与农业相关度极高的企业，通过产业关联，企业联村，鼓励企业对农业产业项目的支持，促进农业产品的深加工、流通与销售，促进农民增收；以农业旅游资源为依托，以旅游活动为内容，以农民为经营主体，发展乡村观光农业及乡村特色生态旅游，开拓农民增收渠道。

（八）延续乡村地域特色

乡村是地方民族特色的发源地和传承载体，乡村规划通过对地域特色的挖掘与保护，延续原有乡村人居环境肌理，尊重和保护原有生活习惯，塑造富有吸引力和地域特色的人居空间。

二、乡村规划的迫切性

（一）量大面广的乡村建设迫切需要引导

乡村数量多、范围广，量大面广的乡村建设缺乏适宜的乡村规划引导，乡村建设存在居民点布局不合理、设施配置落后、人居环境品质不高等问题，要求根据乡村的特点，因地制宜地提供乡村规划引导，规范乡村地区的建设与发展。

（二）薄弱的乡村经济迫切需要加强

在城镇化快速推进的阶段，城镇表现出对乡村的拉力，乡村各类要素向城镇集中，城镇经济快速发展，乡村经济在城镇的拉力下逐步衰落，产业结构相对单一，乡村经济相对薄弱。乡村规划在乡村资源禀赋的基础上，拓宽产业发展类型，发展观光农业、休闲农业等多种农业业态以及有机农业、生态农业、高效农业等多种农业类型；结合乡村旅游资源，发展乡村旅游，精心策划旅游项目；发展农村电子商务，推动产销一体化；通过规划挖掘乡村优势资源，推动乡村经济发展。

（三）落后的乡村人居环境迫切需要改善

乡村人居环境由乡村生产、生活、生态空间构成，是城乡人居环境的重要组成内容。乡村人居环境长期缺乏有效治理，农民自建房缺乏统筹，乡村风貌缺乏协调，工业用地与居住用地穿插，污水横流、垃圾遍地，乡村居住环境较差；乡村各类设施缺乏，农民生活质量不高，许多村庄“只见新房、不见新村”，“只见新村、不见新貌”。乡村规划结合乡村的地域特征，对乡村人居环境进行综合整治，合理安排乡村各类功能空间布局，协调乡村景观风貌，改善乡村基础设施，保护乡村生态环境，全面有效提升乡村人居环境。

（四）短缺的乡村公共服务迫切需要提升

长期重城轻乡现象的存在导致乡村公共服务投入不足，乡村生产、生活等服务设施短缺，生产服务设施方面缺乏排水防涝设施、有效的灌溉基础设施。生活服务设施方面乡村安全饮水问题未能得到全面保障，乡村道路基础设施条件较差，乡村医疗、教育、社会福利、体育等设施缺乏、设施配置标准较低，服务半径不合理，影响了乡村居民生活质量的提升。要求乡村规划从宏观上对城乡公共服务进行综合统筹，促进城镇公共服务进一步向乡村覆盖，根据村民需求对设施进行动态更新，不断完善乡村基础和公共服务设施，进一步提升乡村公共服务水平。

（五）破坏的乡村生态环境迫切需要修复

乡村工业的发展提升了乡村经济，但也产生了大量污染，废水、废弃物污染了乡村生态环境，乡村生活污水的随意排放，生产生活垃圾的随意丢弃污染了乡村环境。另外，乡村缺乏相应的污水处理设施、专用的垃圾收集场地，有效的环境监管制度，必要的环境治理资金和治理技术，造成乡村环境难以得到有效治理。乡村规划针对乡村环境存在的问题，提出完善乡村污水、垃圾等基础设施，引入环境监督机制等措施，改善和保护乡村生态环境。

（六）乡村居民收入迫切需要提升

国家一系列惠农措施尤其是农业税的取消，使乡村居民收入有了进一步的提升，但城乡居民收入仍有较大差距。2014年，全国城镇居民人均可支配收入28 844元，农村居民人均纯收入达10 489元。另外，农业生产成本的上升、农产品流通环节不畅等影响导致农民相对收益可能减少，需要进一步拓宽增收渠道，帮助乡村居民增收。乡村规划立足于农民增收的要求，挖掘农村的优势资源，发挥乡村特色优势，进一步推动乡村经济和产业发展，拓宽农民增收渠道，有效提升农民收入。

第二章　改革开放以来浙江省乡村规划的探索

第一节　浙江省乡村历史演进及规划基础

一、乡村改革发展阶段与城乡关系演绎

（一）乡村改革发展阶段

党的十一届三中全会以来，浙江省的乡村发生了翻天覆地的变化。2013年，全国民营企业500强浙江占139席，全国百强县浙江占14席，全国千强镇浙江有268个。农村工业总产值占全省工业总产值比重从1978年的16%上升至1991年的48.3%（2003年这一比重提升到65.5%）。浙江农民人均纯收入从1978年的165元上升到2013年的16 106元，连续29年居全国各省区之首。30多年来，浙江农村的改革发展经历了乡村市场化改革启动阶段、乡村市场化改革深入推行阶段和城乡统筹发展阶段。

1. 乡村市场化改革启动阶段（1978~1991年）

人民公社时期，浙江农村实行“三级所有、生产队为基础”的制度。实践证明，“吃大锅饭”的公社化农业生产经营制度，压制了农民群众的积极性。1979年家庭联产承包责任制开始在全国推行，1984年在浙江全面实施。同年，全省范围内撤销人民公社，建立了乡镇人民政府。政社分开后，农民获得了自主生产经营的权利。农村生产力得到了解放，农村的多种经营、乡镇企业和集贸市场迅速发展。

乡镇企业和集贸市场的发展，极大地推动了浙江省工业化和城镇化的步伐，优化了农村的经济结构。农村商品经济空前活跃，农民群众的生活水平迅速提升，形成了少数农民创业带动多数农民就业的良好局面。

2. 乡村市场化改革深入推行阶段（1992~2001年）

在粮食购销市场化改革及农业市场化改革的基础上，浙江着力推动乡镇企业的产权制度变革和管理方式转变。推进行政管理体制的改革，增强城镇经济发展活力，逐步建立以小城镇为中心的农村经济格局，明确小城镇在农村经济的中心地位，形成了乡镇企业、专业市场和小城镇联动发展的良好局面。这一时期，省委、省政府把发展乡镇企业和建设小城镇作为城镇化及乡村现代化的战略举措。社会主义市场经济体制在浙江基本建立，“三农”和“三化”互相促进的机制正在形成。

3. 城乡统筹发展阶段（2002年以来）

这一时期，浙江省委、省政府通过推进农村税费改革，不断减轻农民负担。通过为农民提供创业增收平台，积极拓宽农民收入渠道；以实施“千村示范，万村整治”工程为契机，有效改善乡村景观环境及生产、生活服务水平；建立健全扶贫机制，适时构建以工促农、以城带乡的长效机制；制定并实施了《统筹城乡发展推进城乡一体化纲要》和《全面推进新农村建设的决定》。浙江省在全国率先形成了城乡统筹发展的良好局面。全省上下形成了“兴三农”的整体氛围，乡村生产、生活条件不断改善，农民收入增长较快。

（二）城乡关系演绎

改革开放之前，支撑计划经济体制的统购统销制度、户籍制度和人民公社制度，将城市和乡村完全割裂。国家通过统购统销制度，将农村的农产品低价收购，同时将城市的工业品高价售往农村，形成了“以农补工”的“剪刀差”。随着统购统销制度和人民公社制度的废止，浙江的城市和乡村在人员流动、商品流通上日益加强。改革开放以来的30多年，可以说是城乡之间不断趋于融合的时期。在此期间，由于城市在发展基础和发展政策上的先天优势，在城乡融合发展过程中，城乡之间的差距曾一度扩大。近年来，由于依附在户籍制度上的福利待遇差异日渐缩小，以及省委省政府对“三农”问题的高度关注，浙江省城乡的发展日趋一体，城乡间的差距得到了明显的遏制，并出现了逐渐缩小的良好态势。

1. 自下而上的“以工补农”阶段

浙江乡镇企业的发展，成为浙江城市化的内生动力。浙江的城乡统筹伴随着改革开放的进程，与生俱来。乡镇企业创办之初，部分农民选择创业，部分农民选择洗脚上田务工，农民兼业现象十分普遍，农民收入大幅提升。乡村内部开始了自发的原始的“以工补农”，标志着浙江乡村开始自下而上自发地探索城乡融合发展。由于城市的发展基础较好以及国家对城市的政策倾斜，这一阶段城乡居民收入比不断扩大。

2. 市场化、城镇化中“重城抑农”阶段

这一阶段农村的市场化、工业化和城镇化协同并进，民营经济进一步发展，专业市场带动了浙江省块状经济发展，大批乡镇特色工业园区形成。出现了“小企业、大群体”，“小商品、大市场”，“小产品、大产业”这种独具浙江特色的民营经济和县域经济新格局。

由于这一阶段省委、省政府大力推动城镇化的政策导向，浙江的城镇化进程在空间上不断推进，城镇化区域出现了前所未有的繁荣景象，却给乡村的发展带来噩梦。广大乡村地区为快速的工业化和城镇化付出了巨大的代价，乡村地区几乎到了垃圾遍地、污水横流的地步。城乡之间无论在居民收入，还是在宜居性上，差距越来越大。城乡居民收入比从1990年的1.76：1扩大到2003年的2.43：1并接近拐点。

3. 城乡一体化发展推进阶段

2003年，浙江省启动“千村示范，万村整治”工程，实行自上而下的“以工补农”，不断改善农村的基础设施，逐步实现基础设施网络的一体化，到2011年浙江80%的村庄实现垃圾集中处理，40%的村庄开展生活污水治理。2005年，浙江省通过“中心镇培育工程”，把一批布局合理、经济发达、具有一定辐射能力的小城市试点镇作为城乡一体发展的切入点，形成中心村、中心镇、县城一体化发展网络，2012年全省城镇化率达63.2%。2008年，启动“基本公共服务均等化计划”，城乡公共服务差距明显缩小，2012年十五年教育普及率达到97.9%，高等教育毛入学率达到49.5%，基本医疗、公共卫生、公共文化和便民服务体系基本实现城乡全覆盖。2002年以来，农民收入稳步增长，城乡居民收入差距拉大趋势得到有效遏制。2012年，浙江城乡居民收入比缩小到2.37：1，成为全国城乡居民收入差距最小的省份。

二、乡村总体特征与发展变迁

（一）自然环境

1. 地理特征多样

浙江陆域面积约10.18万平方千米，地理特征多样，全省包含浙西南山地丘陵区、浙东南沿海丘陵区、浙东北平原区、中部金衢盆地区、浙南山地区、滨海岛屿区等多个地形区。山地和丘陵占70.4%，平原和盆地占23.2%、河湖水系占6.4%，素有“七山一水二分田”之说。浙江省耕地面积仅有2.1万平方千米，耕地人均占有量不足0.56亩。省内有钱塘江、瓯江、灵江、苕溪、甬江、飞云江、鳌江、京杭运河（浙江段）八条水系；有杭州西湖、绍兴东湖、嘉兴南湖、宁波东钱湖四大名湖及人工湖泊千岛湖。

丰富的自然地理特征，孕育了浙江多样的民俗乡风，形成了靠山吃山、靠海吃海的生存智慧。稀缺的耕地资源使得浙江人更加勇于闯荡，投身商海勤奋创业。

2. 生态环境承压

浙江在生态资源方面优势明显，地貌、水系自成体系，平原水网密布，山区森林茂密，全省森林覆盖率达59.4%，环境支持系统仅次于西藏、海南，居全国第三。生态禀赋虽然优越，仍不堪工业化、城镇化带来的环境重负。乡镇工业的飞速发展，打破了乡村腹地的生态平衡。煤烟型大气污染日趋严重，水质型缺水问题日渐凸显，逢雨必酸困扰着诸多地方。

3. 土地资源稀缺

在耕地资源上，2011年浙江人均耕地约0.48亩，同期全国人均耕地为1.53亩，耕地资源人均占有量远低于全国平均水平。根据《浙江省土地开发整理规划》，2004~2020年，平均每年可新增耕地面积仅10万亩左右，耕地占补平衡任务十分艰巨。仅2011~2012年，全省共计投入土地整治资金就达191.4亿元。“十二五”时期浙江各类建设用地需求约为263万亩，需要占用耕地170多万亩，补充耕地的任务仍十分繁重。用地指标的落实成为影响地方招商、制约地方发展的重要因素。土地资源小省和经济大省的矛盾十分突出，建设空间低效率扩展的发展方式难以为继。

（二）经济产业

1. 发展概况

2013年，浙江省生产总值（GDP）为37 568亿元，比上年增长8.2%，人均GDP为68 593元。其中，第一产业增加值为1 785亿元，第二产业增加值为18 447亿元，第三产业增加值为17 337亿元，分别增长0.4%、8.4%和8.7%。人均GDP为68 462元（按年平均汇率折算为11 055美元），增长7.8%。三次产业增加值结构由2012年的4.8：50.0：45.2调整为4.8：49.1：46.1。

2. 发展特征

浙江的人均GDP已过万美元，步入发达地区行列，但省内地区经济发展差异巨大。分市地区来看，改革开放以来，杭州市和宁波市一直保持较高的增长速度。温州、绍兴、台州、金华等地经济增速较快，排名不断靠前，而衢州、丽水、舟山等地发展较为缓慢。

表 2-1　2013 年浙江省分市地区生产总值（亿元）

杭州市	宁波市	温州市	绍兴市	台州市	嘉兴市	金华市	湖州市	衢州市	丽水市	舟山市
8 343.52	7 128.87	4 003.86	3 967.29	3 153.34	3 147.60	2 958.78	1 803.15	1 056.57	983.08	930.85

由于地理特征和经济发展水平的差异，浙江形成了环杭州湾地区、浙中及东南沿海地区和浙西南地区三大功能板块。环杭州湾地区地势平坦，河网水系较多，在改革开放前就是浙江省内优先发展区域，区内基础设施网络最先形成，工业基础较好。区块临近上海和江苏，与上海及苏南融合发展，在长三角一体化进程中发展态势较好。

浙东南沿海地区的台州、温州海陆交通条件较好，耕地较少且常受台风侵袭，居民经商意识和冒风险的勇气比较强。浙中的金华是浙江东西向和南北向的交通枢纽，具有一定的工业基础，当地商业文化浓厚，义乌在清代就有“鸡毛换糖”的传统。

浙西南区域多山，交通不便，工业基础薄弱，经济发展缓慢。在浙江实行推动欠发达地区发展的“八八战略”“山海协作”后，浙西南地区的固定资产投入比重有所上升，但在总量上与浙江环杭州湾地区和东南沿海地区相比有较大差距。

上述几大板块凭借各自的地理特征和资源禀赋，发展出了地域特征明显的块状经济区。环杭州湾块状经济区在纺织服装、纤维毛皮等劳动密集型产业中占有较大市场份额；浙东南沿海块状经济区形成了以精细化工、医药、光机电仪为特色的产业集群；浙中形成了以地方特色手工业为基础发展起来的机械、金属制品、建材、家具产业；浙西南走出了资源开发型的块状经济道路，在一乡一业的特色农业基础上进行深度开发，形成了高效的农副产品加工业，同时对一产的三产化做了有益的探索。

（三）社会人文

1. 村庄类型

由于地理位置、交通条件、资源禀赋的不同，浙江的村庄在发展过程中出现了类型上的分化。这些类型大致包括：在城镇化进程中被城镇包围的城中村；处于城乡接合部，与城镇化进程密切相关的城郊村；依靠自身力量走工业化道路而实现非农化的工业村；传统的农业村。

2. 社会结构

（1）贫富差距扩大

浙江乡镇工业发达，乡村市场经济活跃，非农劳动收入是农村居民收入的主要来源。部分农民选择就近到乡镇企业务工或从事三产服务业，有的农民创业成为私营企业主，有的选择成为个体工商户，少数农民继续从事农业劳动。不同从业者的收入水平差距较大，打破了改革开放之前“吃大锅饭”时期的均质收入结构，农村社会成员的贫富差距日益扩大。改革开放初期浙江农村居民的基尼系数不到0.2，到1996年后一直处于贫富差距的警戒线0.4，且一直居高不下。

（2）人力资本与智力资源流失严重

由于乡村地区对人才的吸引能力差，从乡村地区走出来的学生，受过高等教育后大都选择留在城市。乡村教育投入在乡村人力资本与智力资源的积累上没有起到实质性的作用。乡村也缺乏接纳城市居民落户的政策，导致人才从乡村向城市单向流动。

20世纪80年代以来，大批乡村劳动力外出务工，外出务工的农民工群体多数具有一定的知识、技能，是乡村潜在的人才。他们的外流，使得乡村的人力资本和智力资源失去了优质的发展主体与塑造对象。乡村人力资本和智力资源不断流失，导致乡村地区的新农村建设缺乏主体，人口素质与质量难以提升。

（3）人口老龄化加剧

浙江的人口老龄化程度大幅超过全国平均水平，是老龄化问题较为突出的省份。2013年，60岁及以上的老年人口数为897.8万人，占总人口数的18.63%，农村老年人口数为608.5万人，占全省老年人口总数的67.78%。浙江省老年人占总人口不仅比重大，而且发展速度较快。2009年，浙江60岁及以上老年人口数为762.4万人，2009~2013年老年人口数量年均增长4.4%。老年人口中高龄化明显，2013年80岁及以上高龄人口数为140.2万人，占老年人口总数的15.61%。随着工业化、城镇化不断推进，高校扩招，年轻人外出务工求学，留守的“空巢”家庭逐年增多。2011年浙江城镇实际“空巢率”为74.96%，农村“空巢率”为59.56%，“空巢率”呈现逐年攀升态势。

（4）乡村民主自治逐步完善

1987年《村组法（试行）》的颁布，标志着国家政权从文本意义上开始推出乡村基层政治组织，但国家意志仍然不断通过各种方式和途径向乡村输入，浙江也不例外。始终处于村级权力组织核心地位并主导乡村权利实际运行的村委会组织，仍然受乡（镇）政府的直接领导。乡村被构建为国家的基本治理单元。行政的干预在现阶段为乡村提供了公共服务和秩序保障。与之相对应，浙江乡村的民主创新没有停留在民主选举的形式，它着重围绕民主管理、民主决策和民主监督等更具实质性的形式，为广大村民参与乡村治理提供了多种渠道和路径。

3. 空心村出现

改革开放促进了浙江农村经济的发展，部分先富起来的农民为改善居住环境，放弃旧有住宅，选择在村庄外围投资建房。原有住宅楼本来就设施陈旧，加上年久失修，丧失了使用价值。由村庄内部系统更新演替产生的农村空心化开始出现。

随着乡镇工业化和城镇化不断推进，推动农村富余劳动力向城镇转移，农村劳动力非农化转移加快。受制于城乡不同的户籍制度，部分农民工进城务工却无力在城镇购房定居。这部分农民工大部分时间在城镇租房居住，部分时间回村居住，导致大量农居出现“季节性闲置”。部分有条件在城镇落户的农民，为了获得较好的公共服务，大多选择在城镇定居，导致他们在农村的宅基地长期闲置，加剧了村庄的空心化。

据统计，浙江省已有70%以上的农村劳动力转向二、三产就业，越来越多的农村劳动力在职业转移后，就业趋于稳定，他们迫切需要在就业地建房购房、安居乐业。尤其是欠发达地区，当地的工业化水平不高，农村劳动力基本实现了异地转移，劳动力流失非常严重，空心村问题最为突出。

4. 历史文化积淀

浙江省历史文化资源丰富，历史文化底蕴深厚。乡村的历史文化积淀主要体现在历史文化村落中。目前，浙江已经认定的历史文化村落有971个，包括古建筑村落696个、自然生态村落133个、民俗风情村落142个。分布比较集中的有丽水、金华、衢州、温州等地。这些历史文化村落不仅保留了许多精美的历史建筑，还沉淀了鲜活的传统文化，彰显着古代人们朴素的生态理念，是祖先留给后人宝贵的物质财富和精神财富。

浙江在新农村建设中也走了不少破坏历史文化村落的弯路。不少地方一味追求“新”和“整齐美观”，在新农村建设中大拆大建，致使古村落数量锐减。也有一些地方为了快速出形象整治立面，统一粉刷、粗暴加建，使得部分潜在的文物遭受了严重破坏。还有部分历史文化村落由于设施陈旧、年久失修，没有了生活气息，只剩下了“空壳”。

当前，历史文化村落保护和更新利用日渐成为共识。2012年5月，浙江省首次历史文化村落保护利用工作现场会在江山市召开。在美丽乡村建设中，浙江把历史文化村落的保护利用和塑造乡村的文化特征与个性结合起来，追求乡村空间和城镇空间的“异质同值”，丰富了乡村建设的内涵，带动了乡村经济的发展，取得了较好的效果。

三、乡村规划建设基础

（一）农村居民点布局

1. 总体分布特征

2013年浙江省拥有自然村32.26万个，平均每个自然村不足40户，农村居民点平均规模偏小，分布较为松散，导致乡村地区配套设施覆盖难度较大，难以发挥规模效应。镇村发展各自为政，缺乏协作，组织化程度不高。

在空间分布上，浙东南沿海人口稠密区，村庄分布最为密集；浙东北、浙东及浙中地区人口密度次之，村庄分布密度居中；浙西南、浙西北人口分布最稀疏，村庄分布也最为稀疏。

在土地利用结构中，耕地所占比例大的地方，农村居民点分布比较密集。在公路沿线村庄的分布较为密集，而远离公路网的地方农村居民点分布则较为稀疏。平原水网地区的农村居民点比山地丘陵地区的农村居民点密集；在山地丘陵地区，农村居民点的分布密度随着海拔高度的增加而降低。

2. 布局模式

浙江地形地貌类型丰富，乡镇经济发达，公路网络密集，形成了多样化的农村居民点布局模式。主要包含以下几个类型：在山地丘陵地区，沿丘陵呈“指”状布局模式、自由“散点”状布局模式；在平原水网地区，依托中心镇“卫星”式布局模式、沿水网“线”形布局模式；在滨海海岛地区，依托山谷形成“掩蔽”式布局模式；以及沿着干线公路呈“带”形布局模式。

（二）公共服务及基础设施

从中央到地方各级财政对城镇的公共服务及基础设施投入资金较大，而对农村的公共服务和基础设施投入则相对不足，造成了城乡之间公共服务和基础设施的差距日渐扩大。同时，农村的生产、生活条件和城市差距较大，对人才、资本的吸引非常有限，使得城乡间在公共服务和基础设施方面的差距加速恶性循环。这是浙江省乃至全国的普遍现象。

从“三化”自发促进“三农”，到省级层面自上而下推行的“千万工程”，推动城乡发展公共服务节点前移的扩权强县和扩权强镇，正在推进的中心镇和中心村建设，以及全省开展基本公共服务均等化的行动等，十年来的一系列举措使得浙江省乡村的公共服务和基础设施建设水平有了极大的改善，走出了具有浙江特色的城乡统筹之路。浙江建立了全覆盖、保基本、多层次、可持续的社会保障体系，保障农民群众的基本生活；完善了配置公平、均衡发展的社会事业体系，满足农民群众教育、医疗卫生、文化等基本公共需求；合理布局、城乡共享的公用设施体系正在形成，农村生产生活条件逐步改善。

浙江乡村在公共服务及基础设施建设取得阶段性成果的同时，仍有不少问题需要解决。农业基础设施虽得到明显改善，但农业经济的服务水平还有待提高。农村生活基础设施大幅改善，但维持农村公共环境整洁的长效机制亟待建立。文化资源布局虽然已建成体系，但设施状况、服务水平不如人意。基础教育虽然普及成效显著，但师资配置和教育质量的公平备受质疑。医疗卫生服务体系不断健全，但基层医疗服务水平有待提升。农村社会保障逐步覆盖，保障水平十分有限。

（三）规划现实

以往，城市的发展受到了更多的关注，乡村只是城市发展的附属品。无论是镇村体系规划还是村镇规划，大多是立足于有序推进城镇化，让乡村更好地承接城镇的辐射，通过集镇的建设为广大乡村地带提供基本的公共服务，而对村庄的发展和规划关注甚少。随着浙江城乡一体化发展的不断推进，乡村的价值日益得到认可，乡村规划也得到越来越多的关注。

近十年，随着以"千村示范、万村整治"为主要抓手的乡村建设的加速推进，尤其是近年来美丽乡村建设备受追捧，乡村规划日益开展，乡村规划的水平也日渐得到提升。同时也暴露出乡村规划编制、管理依据缺失，乡村规划编制的框架体系不够完善，在规划编制过程中缺乏可以参考的技术标准，规划编制和管理人才缺乏的问题。

1. 规划编制、管理依据缺失

《城乡规划法》颁布之前，我国规划建设管理实施的是城乡"二元"分治的体制。在规划的法律依据上，城市和乡村分别执行《城市规划法》和《村庄和集镇规划建设管理条例》。基于城乡统筹思路的《城乡规划法》修订后，《村庄和集镇规划建设管理条例》一直沿用1993年的版本，但现在该条例在规划管理范围、规划管理制度与程序、规划监督的机制等方面都已经不适应新形势的需求。《浙江省村镇规划建设管理条例》也仅仅是1993年版《村庄和集镇规划建设管理条例》在浙江的具体化和细化，已经不能很好地指导城乡一体化背景下的乡村规划编制和管理工作。

2. 规划编制的框架体系有待完善

虽然县（市）域村庄布点规划和乡（镇）域村庄布点规划在浙江省开展较多，但更多的是作为城镇体系规划在乡村地带的延伸，以及为打造城市公共服务向乡村延伸的节点网络而处于从属地位，并没有从法律法规层面确定和规范乡村规划的框架体系。根据1993年版《村庄和集镇规划建设管理条例》以及1997年版《浙江省村镇规划建设管理条例》，村庄、集镇规划分为总体规划和建设规划两个阶段，在编制内容上，对集镇规划的要求比较明确，对村庄规划的描述较为笼统。因此，乡村规划编制的各个层次的内容和相互关系还需要进一步明确。

3. 缺乏相应的技术标准

1994年版的《村镇规划标准》是1993年版《村庄和集镇规划建设管理条例》的配套标准。随着《城乡规划法》和《城市用地分类和规划建设用地标准》的修订，《村镇规划标准》在标准使用范围和用地分类划分上已难以和上述法律及技术标准相衔接。《村镇规划标准》作为国家标准，为满足全国各地的通用要求，更加偏重原则上的指导，对浙江省的针对性不强。

4. 技术人才和管理人才严重缺乏

由于城乡之间生活、工作条件相差较大，优秀的规划技术人员和管理人才大多集中在大中城市。近年来，乡村规划师制度逐渐得到认可，但乡村规划技术人员总体上还比较缺乏。乡村规划建设虽然有章可循，但由于管理环节过于薄弱，导致乡村违章建设难以得到遏制，乡村地带建设格局不尽合理。

第二节　“千万工程”前的乡村规划

一、规划背景

（一）农村的市场化改革成为农村政策的重点

党的十一届三中全会决定，把党的工作重心转移到以经济建设为中心上来。此后，中央关于农村政策的制定始终围绕发展农村经济展开的，该时期农村政策的基本目标也是变革原有的农村经济体制，发展多种经营，调动农民的积极性和创造性。《中共中央关于经济体制改革的决定》指出社会主义经济是有计划的商品经济。因此，发展农村商品经济的市场化改革是这一时期乡村规划的重要背景。

1. 建立农村商品经济

党的十二届三中全会通过了《中共中央关于经济体制改革的决定》,《决定》认为社会主义经济是有计划的商品经济，率先在城市拉开市场化改革的序幕。

1987年1月，中共中央政治局在题为“把农村改革引向深入”的讨论中指出：“根据发展有计划的商品经济的要求，逐步改革农产品统派购制度，建立并完善农产品市场体系，是农村第二步改革的中心任务。”1991年10月，国务院在《关于进一步搞活农产品流通的通知》中提出，要更多地发挥市场机制的作用，并提出了要打破地区封锁，逐步建立和完善农产品市场体系，加强农产品流通基础设施建设等一系列措施。

2. 加快发展乡镇企业

1984年3月，中共中央、国务院批转农牧副渔部及党组的《关于开创社队企业新局面的报告》。报告指出，乡镇企业［即社（乡）队（村）举办的企业、部分社员联营的合作企业、其他形式的合作工业和个体企业］，是多种经营的重要组成部分，是农业生产的重要支柱，是广大农民群众走向共同富裕的重要途径，是国家财政收入新的重要来源。报告还指出，乡镇企业的发展，必将促进集镇的发展，加快农村的经济文化中心建设，有利于实现农民离土不离乡，避免农民涌进城市。报告要求县以上党委和政府，在规划和指导乡镇企业发展的同时，应对集镇建设做出全面规划。

1991年4月，李瑞环发表“乡镇企业的发展问题”，文章充分肯定了乡镇企业的作用，认为乡镇企业应该和可以促进农业的发展，帮助农民脱贫致富，为农村的剩余劳动力找到出路，有利于国营企业的发展，为逐步缩小城乡差别创造条件，提高农民素质，促进我国商品经济更快地发展，加强农村基层组织的建设等。

根据党的十三届八中全会精神，农业部针对如何“促进乡镇企业持续健康发展”的问题进行了深入的调研，形成了《关于促进乡镇企业持续健康发展报告》。1992年3月，国务院批转了农业部《关于促进乡镇企业持续健康发展报告》。

（二）小城镇化成为城市化的主力军

改革开放以来，乡镇工业的蓬勃发展，农村商品经济的繁荣、服务业的发展，促成了小城镇的兴起和发展。

1980年，国家实施“控制大城市规模、合理发展中等城市、积极发展小城镇”的方针。1990年，《城市规划法》进一步提出“严格控制大城市规模、合理发展中等城市和小城市”的方针。2000年，中共中央、国务院出台了《关于促进小城镇发展的若干意见》。各级政府对中小城市尤其是小城镇的发展采取更积极的措施，促使农村人口向小城镇转移。城乡隔离的户籍制度导致大部分农村剩余劳动力向大中城市转移无法得到国家的政策认可，只能就地实现身份转换，落脚在小城市和小城镇。

1998年，浙江省建制镇数量为1 006个，比1978年增长10.1倍，平均每年增加45.8个建制镇。在民间和市场力量主导下，浙江城镇化稳步较快发展，城镇化水平从1978年的14.5%上升到1998年的36.7%。小城镇化作为农村的就地城镇化成为我国城镇化进程的重要组成部分，对乡村的发展产生了深刻影响。

二、政策导向

这一时期，城市规划建设管理和实施不断趋于完善，而乡村规划建设尚处于探索阶段，直接指导乡村规划建设的政策不多。国家层面的法律政策以及浙江省委、省政府推进城镇化的思路，对乡村的规划建设产生了较大的影响。

（一）城乡二元的法律政策

1988年后，随着《土地管理法》的出台以及1990年《城市规划法》的实施，特别是1994年后财税体制的改革，农民分享土地资本化收益的权利基本丧失。政府在城市全力集中经济发展的绝大多数成果，土地资本化的收益主要用于城市的规划和建设。城市的规划建设成为焦点，乡村的规划建设不断被边缘化。特别是当时盛行的开发区政策，用不平等的政策为城市发展获得了十分廉价的土地和劳动力，城市得到了农村的土地而对失地农民给予甚少，得到了廉价的农村劳动力而对农民工进城设置了诸多不平等待遇。

（二）就地城镇化的推进

浙江省第十次党代会确定：“要顺应形势，把城镇化作为我省经济社会新一轮发展的重要载体，争取用十年的时间，使全省城镇化水平达到50%。”

浙江省建设厅在1995年印发了《关于进一步开展市（县）域城镇体系规划的通知》，又在1999年印发了《关于进一步开展市（县）域城镇体系规划的补充通知》。依托乡村工业化的推进，省委、省政府通过优化城镇体系格局，合理布局小城镇，实现农民的就地城镇化。

三、规划探索

（一）规划编制组织工作

1. 规划编制推动力度有限

《村庄和集镇规划建设管理条例》出台后，浙江省政府于1994年颁布了《浙江省村庄和集镇规划建设管理实施办法》，积极推进乡村规划的编制。由于这一时期，城镇的规划建设更加得到各级政府的关注，编制经费、管理人才都向城镇倾斜，乡村规划的编制并没有得到自上而下的大力推动。

2. 编制体系趋于完善

20世纪90年代末，涵盖县（市、区）域村庄布局规划、乡（镇）域村庄布局规划以及村庄规划、集镇规划的总体规划和建设规划的规划体系在探索中成型。通过县（市、区）域村庄布局规划、乡（镇）域村庄布局规划，构建合理的集镇—中心村—自然村等级体系，协调各个层级用地布局之间的关系，对布点不合理的村庄进行调整。村庄规划、集镇规划一般应先编制总体规划，在总体规划的基础上再编制建设规划。对于规模较小的村庄可直接编制建设规划。

3. 编制与审批程序缺乏公众参与

在编制程序上，县（市、区）域村庄布局规划由县级城市规划主管部门组织编制，报县级人民政府审批。乡（镇）域村庄布局规划，村庄、集镇的总体规划和集镇的建设规划，经乡（镇）人民代表大会审查同意后，由乡（镇）人民政府报县级人民政府审批。村庄建设规划经村民会议或村民代表会议讨论通过后，由乡（镇）人民政府报县级人民政府或其授权的村镇建设行政管理部门审批。

审批前的村民会议或村民代表会议的讨论以及乡（镇）人民代表大会的审查，体现了规划在编制过程中对民意的尊重。总的来说，这个阶段的规划缺乏较为广泛的社会参与，规划更多的是规划师、政府、企业主等精英阶层的政策或技术工具。

4. 乡村规划管理比较薄弱

《城乡规划法》出台前，城乡在规划管理方面分别根据《城市规划法》及《村庄和集镇规划建设管理条例》，采用二元分割的规划管理体制以城镇和乡村来划分规划管理机构的职责范围，非常不利于较为优质的城市规划管理机构在管理职责上向乡村地带延伸。由于乡村的工作和生活条件较差，导致乡村规划管理人才较为缺乏，乡村的规划管理比较薄弱。也有部分乡村地区尚未编制乡村规划，导致规划管理依据缺失。

（二）乡村规划的开展

1. 承上启下的镇村体系及镇域村居布点规划

浙江省建设厅于1995年印发了《关于进一步开展市（县）域城镇体系规划的通知》，又于1999年印发了《关于进一步开展市（县）域城镇体系规划的补充通知》。随着市（县）域城镇体系规划的开展，市（县）域内各城镇不断进行区域重组和功能重构，许多乡镇通过编制镇村体系规划优化内部结构，从而谋求更广阔的区域发展空间，如温岭市松门镇村镇体系规划、象山县西周镇村镇体系规划等。

浙江省内东南沿海区域乡镇企业基础较好，区域多为山地丘陵地貌，土地资源稀缺，生态环境敏感。就镇村体系内部而言，镇村分散化建设问题比较突出，城镇和乡村之间在二产发展空间协调和生态环境保护等方面出现了难以协调的矛盾。部分乡镇通过编制镇域村居布点规划来理顺上述关系，如平阳县鳌江镇域村居布点规划。

镇村体系及镇域村居布点规划主要的指导思想是与上位的城镇体系规划相衔接，细化落实上位城镇体系规划的具体要求。在发展空间上，协调城镇与乡村之间的利益，谋求城镇与乡村的协同发展。重点确定村庄的人口规模、用地指标、空间形态。确定村庄的布点，优化村镇体系，协调镇区和周边村庄的发展关系，统筹安排村庄基础设施和公共服务设施。

2. 快速城镇化背景下的农民新村规划

浙江省第十次党代会把城镇化作为全省经济社会新一轮发展的重要载体。浙江省把大力加快城镇化进程作为重要工作来抓，城市规模迅速扩张。以温州为例，1979年温州市建成区面积为16平方千米，到2000年建成区扩大为108平方千米，虽然其中包含行政区划调整的因素，但从中也可见一斑。随着城市的扩展，城市外围建设用地征迁后需要将动迁的村民集中安置。同时政府为了加速推进城镇化，积极鼓励部分偏远山区贫困农民搬迁到城镇集聚。

这一时期浙江省开展了较多的农民新村规划。在这些规划中，力求通过城镇居住空间的氛围营造和公共服务设施配置改善的方式，将城镇居民的生活理念嫁接到规划的农民新村中。在具体工作内容上，对居住空间、公共活动空间、道路系统进行合理组织，对绿地和社区环境进行精心设计。如义乌黎明农民新村规划和路桥峰西农民新村规划（图2-1、图2-2）。

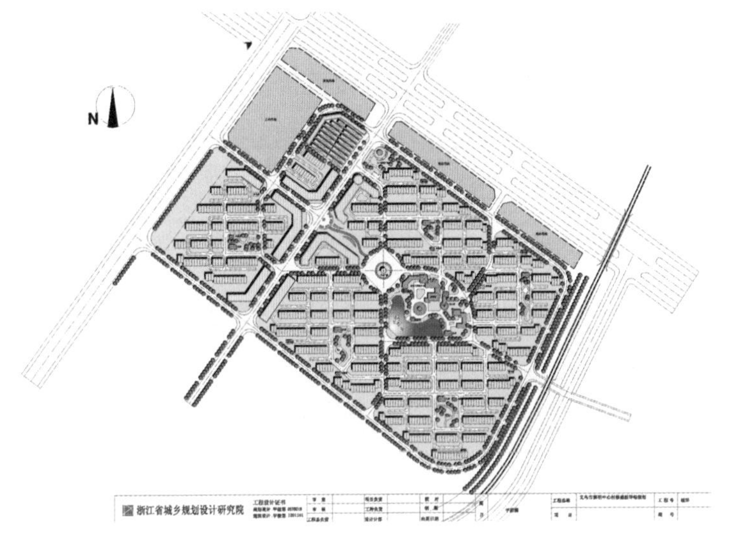

图2-1　义乌黎明农民新村规划总平面

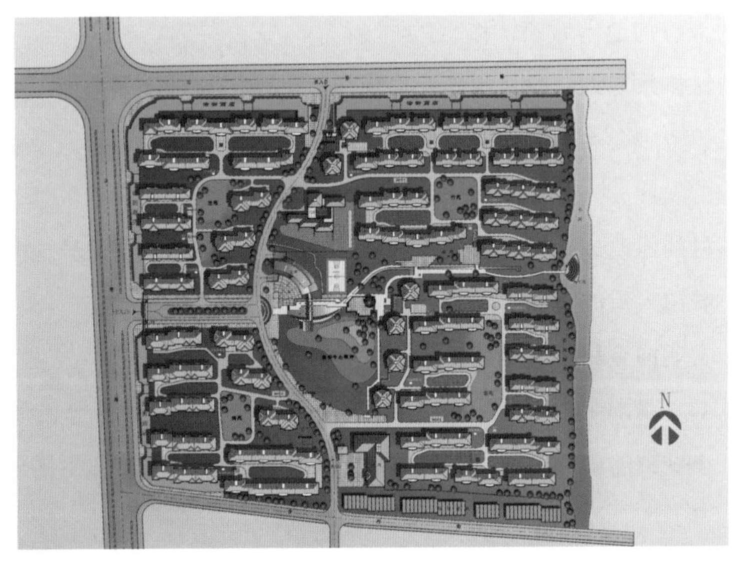

图2-2　路桥峰西农民新村规划总平面

3. 村庄整治规划初探

随着城乡间生产、生活条件差距的日益加大，部分地方针对农村社会发展、环境建设和村庄建设滞后的问题，着眼于缩小城乡差别，相继组织开展了农村

“双整治”“双建设”、道路建设、改水改厕、电网改造、河道清淤治理等专项建设活动，促进了农民生活质量和乡村环境质量的提高。

（三）总结

总的来看，这一时期的乡村规划，无论是镇村体系规划、镇域村居布点规划，还是农民新村规划，都是配合当时城镇化快速发展的一种政策手段。其中，村镇体系规划和镇域村居布点规划着眼于满足趋于网络化发展的城镇体系功能重构的要求，加快人口向中心村、中心镇集聚；农民新村规划是设法为城镇快速扩展提供建设空间的农民安置政策；村庄整治规划则是为了缩小快速城镇化时期城乡间的发展差距。

这一时期的乡村规划在规划类型、内容体系和技术规定上进行了初步的探索，为浙江省下一阶段的乡村规划实践奠定了一定的基础。

四、实施成效

（一）小城镇化推进有条不紊

1. 农村人口加速向城镇转移

通过镇村体系规划及镇村用地布局规划，优化了镇村产业用地布局，工业用地不断向城镇集中。乡镇工业吸引了大量的就业人口向城镇转移，带动了小城镇三产服务业的发展，人口不断向小城镇集聚，形成了工业化带动城镇化的良好局面。农民新村的建设成为失地农民身份转移的方式，下山脱贫、异地搬迁的政策也促进了小城镇人口的集聚。

2. 城市文明向乡村生活全面渗透

以市（县）域城镇体系为框架，集镇—行政村—自然村的等级体系初步建立，强化了小城镇的中心辐射功能，小城镇不断将现代的生产、生活理念渗透到乡村地带。

3. 城乡一体化的设施网络初现端倪

很多地方在实践中以镇村体系为依托，不断将公共服务设施和市政基础设施向乡村地带延伸。“以工补农，以城带乡”的城乡一体化公共服务设施和基础设施网络已经着手构建。

（二）村庄整治初现成效

1. 农村基础设施建设与村庄环境整治相结合，乡村的生产、生活条件得到较大改善。浙江省各地加大对农村基础设施和环境设施的投入力度，仅2001年全省县城以下镇村建设就投入263亿元。义乌有35%的村完成了旧村改造或村庄整治，其余村庄基本完成了环境整治。绍兴县以“整体规划、示范带动”为抓手，建成新农村建设示范村32个。

2. 村庄整治与乡村经济发展相互促进，资源潜力正在转化为乡村产业优势。各地不断把村庄环境整治、旧村改造、新村建设与改善投资环境、调整乡村产业结构紧密结合起来，不断开辟新的经济增长点。安吉县把村庄整治工作作为实施生态立县战略的重要内容，经过几年的建设，初步呈现了生态效益和经济效益“双赢”的局面。

3. 物质文明、政治文明与精神文明齐头并进，农民素质提高，党群、干群关系得到改善。在建设整治过程中，各地坚持群众自愿、因势利导的原则，广大农村干部把村庄整治过程变为统一思想、化解矛盾的过程，在整治过程中增强了农民群众的环境意识、卫生意识和文明意识，把整治和长效管理很好地结合起来。

（三）乡村规划建设依然任重道远

虽然这一时期浙江省在乡村规划建设工作上取得了一定成绩，但是从总体上看，全省对乡村规划建设工作的推动仍然是面不广、力度不大，缺乏整体性和连续性。与快速推进的城市建设和迅速变化的城市面貌相比，乡村的规划建设和社会发展明显滞后，城乡差距依然呈扩大趋势。

1. 乡村规划建设滞后，“散、小、乱”问题比较突出。改革开放以来，浙江省农村住宅建设很快，不少村庄新房林立，但由于规划滞后，村庄“散、小、乱”格局已成事实。

2. 乡村环境建设滞后，“脏、乱、差”问题依然存在。随着农房建设不断推进，农房之外的道路、环境成了无人管理的地带，普遍存在道路坑洼、垃圾遍地、污水乱排、管道乱铺等现象。

3. 乡村基础设施和服务设施建设滞后，农民生活质量不高问题比较突出。由于乡村的基础设施和公共事业建设缺乏稳定的财政保障，主要靠村集体和农户的微薄力量，乡村的基础设施和服务设施等配套设施建设非常滞后。

第三节 “千万工程”时期的乡村规划

2003年，浙江省委、省政府根据党的十六大提出的“全面建设小康社会、加快推进社会主义现代化”奋斗目标和“统筹城乡经济社会发展”要求，做出了实施“千村示范、万村整治”工程的重大决策。至2010年，“千村示范、万村整治”工程在浙江省进行了由示范引领到普遍推进的深入实施。这一时期，“千万工程”是浙江省乡村规划领域的热点与重点，乡村规划围绕“千万工程”进行了诸多实践探索。

一、规划背景

（一）统筹城乡发展成为国家战略要务

2002年年底召开的党的十六大第一次会议明确提出统筹城乡经济社会发展的方略；2007年十七大进一步明确提出形成城乡经济社会发展一体化的新格局；2008年十七届三中全会再次强调，要始终把着力构建新型工农、城乡关系作为加快推进现代化的重大战略。因此，统筹城乡发展是这一时期乡村规划的重要背景。

1. 国家对“三农”问题的持续关注

农村的发展是我国社会主义建设事业的重点与难点，特别是十六大明确提出全面建设小康社会后，发展薄弱的农村成为关注的焦点。2004年，十六届四中全会提出了两个趋向的重要论断，即“在工业化初始阶段，农业支持工业，为工业提供积累带有普遍性的趋向；在工业化达到相当程度，工业反哺农业、城市支持农村也带有普遍性的趋向”，全面激活了农村地区的现代化发展。2003年以来，历年出台的中央一号文件也是持续锁定“三农”问题，通过“多予、少取、放活”的思路，以支持为特征，在政策导向和资源配置上向农村倾斜，惠农支农，致力于系统解决“三农”问题。而国家对“三农”问题的持续关注，使农村、农业、农民的发展在政策上迎来了机遇期，乡村规划也因此从幕后走到台前，受到更多的关注。

2. 社会主义新农村建设的推进

为全面建设小康社会，2005年十六届五中全会通过《“十一五”规划纲要建议》，提出要按照“生产发展、生活宽裕、乡风文明、村容整洁、管理民主”的要求，扎实推进社会主义新农村建设。《中共中央国务院关于推进社会主义新农村建设的若干意见》（中发［2006］1号）则对新农村建设做了进一步明确部署，包括统筹城乡经济社会发展、推进现代农业建设、促进农民持续增收、加强农村基础设施建设、加快发展农村社会事业等八大方面工作。其中，城乡建设领域的重点就是加强村庄规划和人居环境治理，要求各级政府切实加强村庄规划工作，开展村庄治理试点，重点解决农民在饮水、行路、用电和燃料等方面的困难，加强宅基地的规划和管理，大力节约村庄建设用地，搞好农村污水、垃圾治理，改善农村环境卫生，注重村庄安全建设，保护有历史文化价值的古村落和古民宅等等。因此，社会主义新农村建设的推进全面开启了乡村规划的新时代。

（二）农村发展建设仍然滞后

进入新世纪以来，浙江全省各地开展了一系列的乡村规划与村庄整治工作，也取得了一定的成绩。但从总体上看，乡村开展村庄规划整治的面不广、力度不大，缺乏整体性和系统性。对照快速推进的城市建设和迅速变化的城市面貌，乡村的村庄建设、环境建设和社会发展显得明显滞后，问题与矛盾进一步凸显，城乡差距依然呈扩大趋势，乡村规划的形势非常严峻和迫切。

1. 村庄建设规划滞后

改革开放以来，浙江省农村经济的蓬勃发展和农村居民生活水平的显著提高，使农村住宅建设加快，不少村庄新房林立，但由于村庄规划意识不足和建设规划滞后，村庄布局散、规模小、建设乱的问题十分突出。全省共有4万个行政村，每个行政村又有若干个自然村，有的行政村下辖的自然村和居住点多达几十个，村庄布局分散，平原地区连片千亩以上的农田已屈指可数，影响了土地的集约利用和农业的规模经营。同时，村庄规模小，平均每村仅有二三百户人家，影响了村庄基础设施建设和社区服务业发展。更为突出的是，由于缺乏有效的规划指导，加上农民盲目效仿和攀比，村庄建设杂乱无序，“只见新房、不见新村”，“只见新村、不见新貌”。有的地方虽然做了规划，但水平不高，缺乏文化内涵，千篇一律，没有很好地体现时代特征、地域特色和乡村特点，导致村村像城镇、镇镇像农村。不仅如此，规划的执行和控制也不够严格，全省村庄建设总体处于无序状态。

2. 村庄人居环境建设滞后

一直以来，浙江省的村庄建设总体是以农民住房建设为主体，受农村居民文化观念与行为方式的影响，村庄的环境建设一直被忽视，“脏、乱、差”现象非常突出。据有关部门统计，农村生活污水年排放量在8亿吨以上，而处理率仅为2.5%左右；平原河网污染严重，水环境质量普遍较差，水质性缺水严重。此外，河道淤积总量近20亿立方米，主要河流干流普遍淤积0.5米以上，严重河段达2米以上。这些问题已经严重制约了可持续发展。

3. 基础设施和公共服务设施建设滞后

经过几年的投资建设，浙江省农村基础设施建设、社会事业发展取得了长足进步，但与城市相比差距明显，特别是由于村庄的基础设施和公共事业建设缺乏稳定的财政保障，村庄配套建设十分滞后。主要表现在村内道路、给水、排水、通信等基础设施配套性、共享性差，教育、文化、卫生、环保、家政等社区服务业落后，不能适应农村居民提升生活质量的需求。

（三）“千村示范、万村整治”工程启动实施

2003年6月，中共浙江省委办公厅、浙江省人民政府办公厅《关于实施“千村示范、万村整治”工程的通知》（浙委办［2003］26号）发布，标志着“千村示范、万村整治”工程的正式启动实施。这是省委、省政府根据浙江的实际，针对农村建设和社会发展中存在的突出问题，为加快全面建设小康社会，统筹城乡经济社会发展和积极扩大内需，加快生态省建设，提高广大农民群众的生活质量、健康水平和文明素质做出的一项重大决策；同时也是实施社会主义新农村建设的一项重大举措。“千村示范、万村整治”工程的实施使得浙江省乡村规划建设进入了一个新的历史时期。

1. 指导思想

实施“千村示范、万村整治”工程的指导思想是：全面贯彻落实党的十六大精神和“三个代表”重要思想，围绕提前基本实现农业和农村现代化这一总目标，按照统筹城乡经济社会发展的要求，结合农村基层党组织“先锋工程”、创建民主法制村、争创文明村等活动，以村庄规划为龙头，从治理“脏、乱、差、散”入手，加大村庄环境整治的力度，完善农村基础设施，加强农村基层组织和民主建设，加快发展农村社会事业，使农村面貌有一个明显改变，为加快实现农业和农村现代化打下扎实的基础。

2. 总体目标

浙江省“千村示范、万村整治”工程的总目标是：用5年时间，对全省10 000个左右的行政村进行全面整治，并将其中1 000个左右的行政村建设成全面小康示范村（以下简称“示范村”）。列入第一批基本实现农业和农村现代化的县（市、区），每年要对10%左右的行政村进行整治，同时建设3~5个示范村；列入第二、第三批基本实现农业和农村现代化的县（市、区），每年要对2%~5%的行政村进行整治，同时建设1~2个示范村。“千村示范、万村整治”工程由各市、县（市、区）负责实施，省里主要抓指导和检查工作。

二、政策导向

“千村示范、万村整治”是这一时期的主导工作，围绕这一核心要务，省市各级政府出台了一系列的政策文件，提出了具体的工作要求，成为这一时期村庄规划的总纲。

（一）政策文件：以整治为切入点，推进社会主义新农村建设

自2003年发布《关于实施“千村示范、万村整治”工程的通知》（浙委办［2003］26号）以来，浙江省委、省政府就推进全省村庄整治与农村发展建设给予了持续的政策支持，2006年出台了《中共浙江省委、浙江省人民政府关于全面推进社会主义新农村建设的决定》，成为全省推进新农村建设的纲领性文件。同时，省委、省政府及各主要职能部门持续跟进了相关的配套政策文件，2006年《省农办、省环保局、省建设厅、省水利局、省农业厅关于加快推进“农村环境五整治一提高工程”的实施意见》（浙委办［2006］111号），2008年《关于深入实施“千村示范、万村整治”工程的意见》（浙委办［2008］18号），2009年《关于加快农村住房改造建设的若干意见》（浙委办［2009］56号），2010年《关于深入开展农村土地综合整治工作，扎实推进社会主义新农村建设的意见》（浙委办［2010］1号）等文件，使村庄整治工作由点及面、由表及里，层层深入。

同时，《浙江省统筹城乡发展推进城乡一体化纲要》（浙委发［2004］93号）、《关于加快培育建设中心村的若干意见》（浙委办［2010］97号）等政策文件对于加强村庄规划编制，加快村庄整治与农村新社区建设，统筹城乡发展提出了具体

要求。

总体而言，一系列政策文件的核心思想是以村庄的整理和整治建设为切入点，充分发挥政府的主导作用，统筹城乡生产力和人口布局，科学规划城乡的基础设施、公共服务和居民社区建设，推动社会公共资源向农村倾斜、城市公共设施向农村延伸、城市公共服务向农村覆盖、城市文明向农村辐射，促进乡镇企业向工业园区集中、农村人口向城镇集中、农民居住向农村新社区集中、农田经营向农业专业大户集中，将传统村落整治建设成为规划科学、经济发达、文化繁荣、环境优美、服务健全、管理民主、社会和谐、生活富裕的社会主义新农村。

（二）基本导向：以规划为引领，民生为本，保护与发展并行

1. 规划引领，城乡统筹

根据“千村示范、万村整治”工程的文件精神，整治工程的推进将以全面规划为引领，把规划作为整治工作的重中之重。按照统一规划中心村、逐步缩减自然村和加快建设新农村的要求，搞好县域村庄布局总体规划和村庄规划，并与土地利用总体规划、基本农田保护规划、城镇体系规划以及交通、水利等规划相衔接。同时，坚持以城带乡、以工促农，把中心村作为农村建设的重点，推动农村人口和居住地的适当集中，增强农村接受城市辐射的能力，推动城市基础设施向农村延伸，推动城市社会服务事业向农村覆盖，实现城乡一体化发展。

2. 因地制宜，分类指导

村庄整治坚持政府引导，充分尊重各地农民的意愿，量力而行，多层次地推进环境治理、村庄整理、旧村改造、新村建设和特色村建设等。同时，结合浙江各地的自然和经济差异，因地制宜，分类指导，开展有针对性的整治建设，使平原、丘陵、山区、海岛等地区根据自身区域特点和地方特色，探索不同风格、不同特色的建设模式，体现乡土特色。

3. 民生为本，协同发展

整治工程从农民实际需求出发，以改善农村生产、生活环境为目标，强调环境的治理、生活服务设施与交通、市政基础设施的完善。同时，村庄整治坚持人与自然的和谐，贯穿生态理念，重视生态环境建设和保护，实行田、林、路、河、住房、供水、排污等综合治理；坚持与社会人文的相融，注重古树名木、名人故居、古建筑和古村落等历史文化遗迹的保护，体现文化内涵，反映区域特色；坚持与经济产业的同步，通过与产业园区建设、产业开发等相结合，培育新的经济增长点，实现持续发展。

（三）整治要求：由环境整治向生态人居环境建设与产业发展同步推进

1. 第一阶段："六化整治"示范引领

根据2003年发布的《关于实施"千村示范、万村整治"工程的通知》，整治工程从示范村和整治村两个层面开展，突出"六化整治"的示范引领性。

（1）示范村环境整治要求

布局优化。村庄建设规划要科学处理生产、生活、生态文化之间的关系，布局合理；组团建筑有个性特色、美观大方，组团建筑间相互协调；建筑布局能充分结合自然地形，借山用水，错落有致；农户住宅实用、美观。

道路硬化。通村及村内路网布局合理，主次分明，村内主干道硬化；通往行政村的主干公路达到四级以上标准。

村庄绿化。山区、半山区、平原的中心村建成区的绿化覆盖率分别达到15%、20%、25%以上。村庄中有休闲健身绿地，主要道路和河道两边实现绿化，住宅之间有绿化带，农户庭院绿化。

路灯亮化。村内主干道和公共场所路灯安装率达到100%。

卫生洁化。给水、排水系统完善，管网布局规范合理，自来水普遍入户；村庄内有专用公共厕所，农户卫生厕所改造率达到100%；农户普遍使用清洁能源；保洁制度健全，垃圾等废弃物集中处理，生产和生活污水净化处理，达标排放，基本消除垃圾及废水污染。

河道净化。保护好村域内现有的水面，河道清洁，水体流动，水质达到功能区划的要求；河道堤防和排涝工程建设符合国家规定标准。

（2）其他整治村的要求

其他整治村要根据各村的区位特点、经济条件和社会发展水平，因地制宜地开展以治理"脏、乱、差、散"为重点的环境整治，具体要求包括以下三方面。

环境整洁。做到按村庄规划搞建设，无私搭乱建建筑物和构筑物；垃圾集中存放，及时清运，消除露天粪坑和简陋厕所。

设施配套。做到村庄主干道基本硬化；有较完善的给水、排水设施，河道应有功能得到恢复；搞好田边、河边、路边、住宅边的绿化。

布局合理。有条件的地方，应结合新村规划，实施宅基地整理、自然村撤并和旧村改造。

2. 第二阶段：人居环境与产业发展同步推进

（1）“农村环境五整治一提高工程”——推动村庄生态环境的整体优化

按照2006年发布的《关于加快推进“农村环境五整治一提高工程”的实施意见》，以净化、洁化、美化农村环境，改善农村生产、生活条件和提高农民群众生活质量为目标，提出了整体推进畜禽粪便污染整治、生活污水污染整治、垃圾固废污染整治、化肥农药污染整治、河沟池塘污染整治和农村绿化提高工程为主要内容的“农村环境五整治一提高工程”，有力地推动了农村生态环境的优化改善，推进了“千万工程”和社会主义新农村建设的深入实施。

（2）“八化”标准与八个配套——推动人居环境的优化

2006年，浙江省“千村示范、万村整治”工作现场会议指出，要把营造整洁优美的农村社区、创造最佳农村人居环境作为工程建设的重点内容来抓，从农民群众反映最强烈的农村环境“脏乱差”问题入手，全面推进农村的“八化整治”，做到布局优化、道路硬化、路灯亮化、四旁绿化、河道净化、卫生洁化、住宅美化、服务强化。通过2003~2010年这8年的努力，全面推进“八化整治”，使全省60%以上的村庄得到全面改造，建成一批具有鲜明浙江特色、代表浙江新农村建设水平的全面小康的农村新社区，很好地发挥了对全省社会主义新农村建设的龙头带动作用。

2007年，浙江省“千村示范、万村整治”工作现场会议进一步强化了“八化”标准，提出规划确定的中心村和正在创建的全面小康示范村要以规范化的农村新社区建设为目标，使村庄的人居环境达到“八化”标准，即布局优化、道路硬化、村庄绿化、路灯亮化、卫生洁化、河道净化、环境美化和服务强化，有条件的地方还要讲究建筑风格；社区服务达到八个配套，即社区医疗、社区教育、社区文化、社区购物、社区福利、社区保洁、社区治安、社区管理等配套服务，并不断提升社区建设水平和服务功能，努力使一批中心村和示范村成为规划科学、环境整洁、设施配套、服务健全、安居乐业、生活舒适、邻里和睦、管理民主的农村新社区。

（3）人居环境与创业致富相结合——推动村庄产业经济的发展

随着村庄整治的深入开展，在2006年、2007年、2008年浙江省“千村示范、万村整治”工作现场会上，省委领导多次提出要立足村庄特色资源，加强村庄的经济产业发展；要创新村域经济发展模式，把村庄整治建设与发展特色村域经济结合起来，引导农民在建新家园中创新家业；村庄建设规划要充分考虑村庄资源的综合开发利用和特色村域经济的培育，按照城镇郊区、平原农区、丘陵山区和海岛渔区的不同区域条件与资源特点，把村庄整治建设同发展特色农业、庭院经济、农家乐乡村旅游业、农村文化产业和农村物业经济结合起来，科学开发村域多种资源，形成“一村一业”“一村一品”“一村一景”的特色村域经济发展新格局。

（4）农村住房改造与配套设施建设——推动新村建设

为进一步促进农村人居环境的改善，2009年《关于加快农村住房改造建设的若干意见》发布，文件对浙江省村居建设做出了具体部署，要求按照建设新农村、促进城乡一体化的思路，积极有序推进农村住房改造建设，加快改善农村人居环境，努力建设生产发展、生活富裕、生态良好、自然人文特色彰显的农村新社区。根据目标任务，在大力推进农村危房改造，满足正常住房改造建设需求，以及农村居民点人均建设用地有所下降的目标要求外，对推进城镇基础设施向农村延伸、公共服务向农村覆盖提出了具体的要求，以促进基本公共服务均等化发展。

（四）重大政策

1. 撤村并点：缩减自然村，合并小型村，建设中心村

村庄撤并是推进城乡统筹发展以及社会主义新农村建设、村庄整治的一项重要工作内容。2004年，《浙江省统筹城乡发展推进城乡一体化纲要》（浙委发[2004]93号）明确提出“加强农村社区规划，积极推进城中村、城郊村改造，做好撤并小型村、搬迁高山（小岛）村、建设中心村工作，进一步优化村庄布局”。

2006年，中共浙江省委、浙江省人民政府《关于全面推进社会主义新农村建设的决定》提出，要完善县（市）域村镇布局规划，稳妥推进县域乡镇行政区划和村庄规模调整，按照工业向开发区和园区集中、居住向中心镇集中、兼业农户的土地承包经营权向种养大户流转集中的要求，加快农村人口和产业的集聚。在

科学规划的基础上，因地制宜地改造“城中村”，合并小型村，缩减自然村，拆除“空心村”，建设中心村，提高农村建设的集约化程度。

2008年，中共浙江省委《关于认真贯彻党的十七届三中全会精神，加快推进农村改革发展的实施意见》（浙委［2008］105号）进一步要求统筹城乡规划建设，“采取合并小型村、缩减自然村、拆除空心村、搬迁高山村、保护文化村、改造城中村的办法，推进中心村建设，率先把一批中心村建设成为全面小康的农村新社区”。

撤村并点政策的提出有力地推进了全省各县市的镇村布局规划，为后续村庄规划的开展提供了重要指导。

2. 重点突破：培育建设中心村

在撤村并点政策中，培育建设中心村是重中之重。2009年，浙江省农办、国土厅和住建厅联合发布了《关于培育建设中心村的试点工作指导意见》（浙农办［2009］80号），对中心村培育试点提出了七个方面的内容和要求，包括：确立中心村功能定位及完善布点规划与建设规划的试点；促进农村人口向中心村集聚的试点；推进中心村基础设施和公共服务设施建设的试点；破解中心村建设用地问题的试点；发展中心村村域经济的试点；规范中心村管理的试点；扶持中心村建设与发展政策的试点。

2010年，《关于加快培育建设中心村的若干意见》（浙委办［2010］97号）对培育中心村的工作进一步提出了明确的要求。文件要求配套建设农村基础设施和公共服务设施，改善农村人居环境和经济发展环境，引导农村人口、产业和公共服务集聚，着力培育建设“人口集中、产业集聚、要素集约、功能集成”的中心村。力争到2012年培育建设1 200个左右的中心村，其中2010年启动培育建设420个左右中心村；2013~2020年，每年从县（市）域总体规划确定的中心村总数中抽出10%左右进行培育建设。主要任务是引导农村人口集聚，促进土地节约利用，配套建设基础设施，完善公共服务体系，大力发展村域经济。

对于规划修编，文件提出按照要求依法调整和完善县（市）域村庄布局规划，形成县城、中心镇、一般乡镇、中心村、一般村、特色自然村相结合，重点突出、梯次合理、特色鲜明、相互衔接的村庄布局规划体系。加强中心村建设规划编制，明确中心村人口集聚、自然村点缩减、土地等要素集约利用、基础设施和公共服务设施配置、村域经济发展、辐射带动范围等规划建设任务。

3. 设施配套：基础设施向农村延伸，公共服务向农村覆盖

基础设施、公共服务设施是社会主义新农村建设的重要内容，也是村庄整治的重要着力点。2006年，中共浙江省委、浙江省人民政府《关于全面推进社会主义新农村建设的决定》对基础设施、公共服务设施的建设高度重视，明确提出了“推动城市基础设施向农村延伸，推动城市公共服务事业向农村覆盖，推动城市文明向农村辐射”的发展要求，并对加强农村公共服务体系建设进行了专章论述。针对城乡间不断拉大的基础设施与公共服务设施的差距，2008年，《关于深入实施“千村示范、万村整治”工程的意见》（浙委办［2008］18号）专门关于农村基础设施与公共设施建设的文件，明确了改路、改水、改厕、垃圾处理、污水治理、社区服务设施建设等重点内容与要求。

同时，时任省领导都对于农村配套设施的建设做出了重要批示。特别是在“千村示范、万村整治”工程实施的中期，要求把农村基础设施、公共服务作为重点推动，做好“三个一样”，要像抓城市的基础设施建设一样抓好农村的基础设施建设，要像抓市民的公共服务一样抓好农民的公共服务，要像抓工业的基础设施一样抓好现代农业的基础设施。此外，要求以“四个坚持”推进农村基础设施和公共服务体系建设，即坚持规划指导为先，科学实施；坚持群众需求为先，区分轻重缓急；要坚持依靠群众，创新筹资和建设机制；要坚持明确导向，整合力量，共建共享。

三、规划探索

（一）规划编制组织工作

1. 以政策文件推动规划编制

为全面推进“千村示范、万村整治”工程相关规划的开展，浙江省住建厅于2003年出台了《关于做好“千村示范、万村整治”工程规划编制工作的通知》（浙建村［2003］57号），要求各级城乡规划和村镇建设行政主管部门要把“千村示范、万村整治”工程规划作为本部门的一项中心工作，要成立以主要领导为组长的规划编制工作领导小组，建立工作目标责任制，签订责任状，进行年度考

核，确保规划任务按时、保质、保量完成。

2006年，浙江省人民政府《关于进一步加强城乡规划工作的意见》（浙政发［2006］40号）对村镇规划工作提出了要求，要结合实施“千村示范、万村整治”工程，加快中心村和保留村建设规划的编制工作，促进农村居民点的合理布局。乡镇和村庄规划的编制，要落实社会主义新农村建设的基本要求，注重与自然环境的有机融合，突出乡土特色和民族特色，严格保护具有历史文化价值的古村落、古建筑。

2. 分层次的村镇规划编制体系

基于浙江省村庄具有布局散乱、点多、规模小等特点，《关于做好“千村示范、万村整治”工程规划编制工作的通知》要求，在实施“千村示范、万村整治”工程时须通盘考虑，从县（市、区）域范围内统筹谋划村庄布局，编制好县（市、区）域村庄布局规划。在完成县（市、区）域村庄布局规划的基础上，重点开展中心村和其他保留村庄的总体规划、建设规划的编制和调整完善工作。规模较大、用地功能比较复杂的村庄，应先编制好村庄总体规划，在此基础上再编制建设规划。规模较小、用地功能比较简单的村庄，可直接编制到建设规划的深度。因此，全省各地村庄规划基本构建出县（市、区）域村庄布局规划—村庄总体规划—村庄建设规划层次分明的村镇规划编制体系。

同时，《关于进一步加强城乡规划工作的意见》要求，县市要以县市域总体规划为依据，按照社会主义新农村建设的要求，深化完善乡镇和村庄规划。积极改革乡镇规划编制方式，逐步建立县市直接编制县市域分区规划的体制。编制县市域分区规划后，除中心镇外，一般乡镇原则上不再编制乡镇总体规划。文件颁布后，浙江省部分县市探索了市域分区规划的编制体制，并以此指导乡村规划的编制。

3. 务实高效的编制与审批程序

为推进村镇相关规划的有序编制，根据《关于做好“千村示范、万村整治”工程规划编制工作的通知》文件精神，在规划编制与审批程序上进行了一定的探索。县（市、区）域村庄布局规划由县级城乡规划主管部门组织编制，报经县级人民政府批准，并报省建设厅和省“千村示范、万村整治”工作协调小组办公室备案。村庄规划则依据《城乡规划法》由乡、镇人民政府组织编制，报上一级人民政府审批。在规划的编制与审批过程中，非常突出“政府组织、专家领衔、部门合作、公众参与”的精神，特别是村庄规划，充分征求民意，尊重民意。

4. 创新的规划管理工作

加强村镇规划建设管理，是推进社会主义新农村建设的重要保障。浙江积极推广了试点地区在所辖行政区域内分片设立村镇规划建设管理所的成功经验，切实加强了村镇规划建设管理机构和队伍建设，有效保障了规划的落地。

（二）全域推进的村庄布点规划

村庄布点规划是以村庄撤并为重点，通过缩减自然村、合并小型村、建设中心村来整合区域空间资源，实现不同单元内的村庄协调有序发展。按照“千村示范、万村整治”工程的精神，浙江在全省范围内推进了以县（市、区）域为主要单元的村庄布点规划，部分区域结合地方实际进一步开展了次区域层面的村庄布点规划。

1. 县（市、区）域层面的村庄布点规划

县（市、区）域村庄布点规划是村庄规划的上位规划，是在乡镇域村镇体系规划或村庄布局规划的基础上，对全县（市、区）域各乡镇和村庄进行综合布局与规划协调，并统筹安排乡镇域间的基础设施和社会服务设施。其主要内容是在对村庄进行综合评价和民意调查的基础上开展分级分类分区，明确各类村庄的发展定位与策略，落实空间布局，完善配套设施。具体包括中心村与基层村的分级以及职能定位，积极发展、引导发展、限制发展和禁止发展的区域划定，撤并村、迁移村、保留村的发展策略与规划布局，基础设施与社会服务设施的分级配置，政策与措施建议等。

根据2003年《关于做好“千村示范、万村整治”工程规划编制工作的通知》的要求，并依据《村庄规划编制导则（试行）》，浙江全省各县（市、区）在1~2年的时间里均陆续编制完成了县级行政单元范围内的村庄布点规划，有效地指导了下一步村庄规划的编制以及村庄撤并工作。义乌市更是立足发达的区域经济进行创新探索，编制了《义乌市城乡一体化社区布局规划》，对全市1 105平方千米行政区域内所有城乡居民点进行统一布局，将七八百个居民点合并成291个社区，其中197个为城市社区，94个为农村社区。

2. 次区域层面的村庄布点规划

次区域主要是指在县（市、区）域范围内的特定区域，包括乡镇的行政范围、特定功能区范围。次区域村庄布点规划是对县（市、区）域村庄布点规划的进一步深化和细化，可结合地方实际发展需求进行编制。

在浙江省的实践过程中，部分乡镇、开发区、风景区等建设主体各有侧重地开展了一些村庄布点规划编制。如嘉兴市各镇（涉农街道）开展了“1+X”布点规划，形成一个镇区加不超过镇所属行政村数的城乡一体化新农村社区，武原镇“1+X”规划即是这一类型。以风景区为单元的村庄布点规划浙江省也开展较多，这一实施主导型的村庄布点规划更多关注风景区范围内的村庄撤并、景区村庄的治理。浙江省城乡规划设计研究院编制的嘉兴南北湖风景区村庄布点规划是次区域村庄布点规划的典型代表，该规划结合风景区发展保护要求进行了空间管制区的划分，并将内部村庄分为搬迁型、缩小型、控制型和聚居型四类实施差异化发展，对村庄等级、职能、规模进行界定，配套市政与公共服务设施予以分级完善，提出了村庄的分期建设、控制引导以及实施建议（图2-3）。

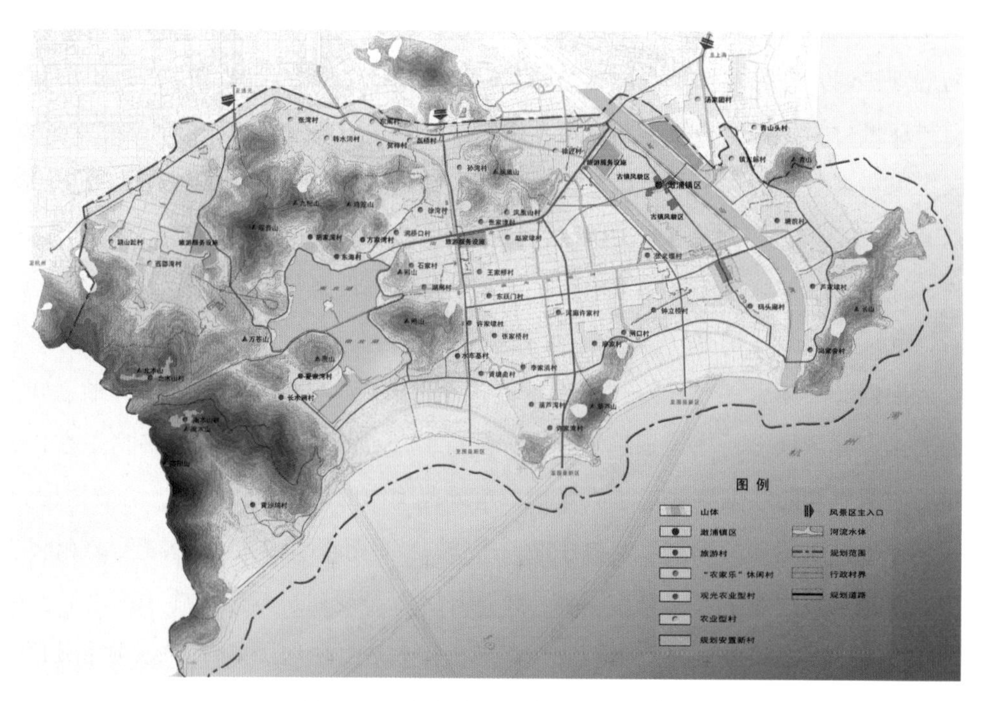

图2-3　南北湖风景区村庄布点规划

（三）整治规划为主导的村庄规划

结合这一时期“千村示范、万村整治”的工作重点，浙江省村庄规划的开展重点以示范村、整治村为主，特别是规划确定予以集中发展的中心村和明确保留的各类基层村。根据各地村庄的自然文化资源与经济社会发展的差异以及各地村庄的发展需求，全省村庄规划呈现以整治规划为主导，兼具地域特色、纷繁多样的特点。至2007年，全省共规划了3 048个中心村，编制了16 389个村的村庄总体（建设）规划和整治方案。

1. 村庄总体规划与建设规划相融合

根据《关于做好“千村示范、万村整治”工程规划编制工作的通知》，村庄规划可分为村庄总体规划和村庄建设规划两个层次。村庄规模较小、功能单一的村庄，可以一次性做到建设规划的深度。而在具体实践过程中，浙江省的村庄规划基本都包含了以上两个层面的内容，呈现总体规划与建设规划相融合的形式。

图2-4　嘉兴南北湖村村庄规划

融合型村庄规划结合各地村庄的实际情况和需求，在侧重内容上略有差异，一般可分为侧重于总体规划的村庄规划和侧重于建设规划的村庄规划两类。

侧重于总体规划的村庄规划往往村庄用地范围比较大，内部情况相对复杂，需要重点在村域范围内进行统筹布局。如嘉兴南北湖村庄规划，结合风景区发展需求，重点在村域范围内对旅游产业发展进行规划布局，对村域生态环境保护、村域基础设施和公共服务设施进行统筹安排，并对居民点提出了包括职能定位、发展规模、景观风貌控制、建筑整治等方面的规划建设引导（图2-4）。

侧重于建设规划的村庄规划一般针对小规模的村庄，村域范围的规划内容较少涉及，更多地关注于村庄建设用地范围内的系统规划布局，包括用地布局、村庄建筑的详细规划布局、绿化景观规划、基础设施规划、社会设施规划、住宅建筑设计、村庄整治规划等方面的内容。这一类村庄规划全省开展得较多，如江山市碗窑乡源口村村庄规划，在明确村庄职能与规模的基础上，重点围绕村庄用地

图2-5　江山市碗窑乡源口村村庄规划

的优化布局，建筑的合理组织，绿地景观的提升丰富，配套设施与市政设施的完善，建筑与环境的整治，住宅建设等相关内容展开（图2–5）。

2. 整治规划全面开展

为配合村庄整治的开展，实现1万个左右的行政村得以全面整治，浙江省的村庄整治规划开展得如火如荼。至2009年年底，全省行政村总数的60%开展了村庄整治规划，并且部分发达地区的村庄整治已由原来的单个村庄整治扩大到连片整乡的整治建设。

村庄整治规划重点是以实施旧村改造、整治建设为主的村庄规划。规划的基本原则是从农村实际出发，因地制宜，以改善农村人居环境为中心，以完善配套设施为重点，突出地方特色，尊重农民意愿，不搞大拆大建，体现乡村风貌。主要任务是以村庄布点规划等上位规划为依据，结合村庄现状和发展条件，明确村庄的性质、职能和发展方向，预测人口规模，确定用地规模和结构，布局各类建设用地，完善各类基础设施和主要公共服务设施，并落实主要整治（改造、扩建、新建）项目及时间顺序。

针对村庄发展的导向以及乡村地域特色，浙江省开展的村庄整治规划主要有发展型、控制型和特色型三大类型村庄整治规划。

（1）发展型村庄整治规划

发展型村庄主要是规划确定的中心村和规模较大、实力较强、条件较好的村庄，在村庄布点规划中确定为集聚发展，会有外部村庄并入及村民迁入。这类村庄以新建、扩建为主，重点围绕规划建设用地范围制定满足村民生产生活需求的整治方案。这类典型村庄如开化县何田乡禾丰村村庄整治规划（获住房和城乡建设部优秀城乡规划项目三等奖）（图2–6）。

图2–6　禾丰村村庄整治规划鸟瞰效果

（2）控制型村庄整治规划

控制型村庄主要是规划确定的保留村，往往规模较小、经济条件一般，以村庄布点规划确定的基层村为主，未来发展导向是控制型的村庄。这类村庄主要以改造为主，采取整治改建的办法，整治环境，改造旧房，改善人居环境。这类典型村庄如江山市江郎山乡泉井村村庄整治规划。

此外，对于地处偏僻山区、海岛的贫困村、小型村和空心村等萎缩中的村庄，近期也可进行适当整治，远期将采取移民迁建的办法，异地安置村民，原村庄相应予以撤并。

（3）特色型村庄整治规划

特色型村庄主要是具有历史文化和自然生态等特色的村庄，在村庄布点规划中多确定为特色村，未来发展导向以引导为主。结合浙江多山多水的自然地理优势和独特的地方文化，巧于因借，灵活布置，和自然环境和谐共融，丰富村庄建设的文化内涵，突出地方特色，形成具有浓郁乡土文化氛围的江南水乡、海岛渔村、山乡村寨等特色村庄风貌。因此，这类村庄主要采取保护修建的办法，把历史古迹、自然环境与村庄融为一体，以此展现村庄的特色，并借此发展休闲旅游等服务业，实现村庄的自我发展。这类典型村庄整治规划如杭州西湖景区的梅家坞老村整治规划（获浙江省优秀城乡规划项目一等奖），江山市大陈乡大陈村村庄整治规划（获浙江省优秀城乡规划项目一等奖），桐庐环溪村、荻浦村整治规划。

3. 中心村规划重点强化

培育建设中心村是“千村示范、万村整治”工程深入实施后的一大重点，致力于以中心村引导农村地区人口、产业和公共服务的集聚发展，推进农村地区的经济产业发展、公共服务均等化以及城乡的统筹发展。中心村规划也因此广受重视，在各地进行了广泛的规划编制。中心村规划主要包括两类：一类为中心村的总体规划与建设规划，“千村示范、万村整治”工程的目标之一就是把1 000个左右的中心村建设成为全面小康示范村；另一类为区域范围的中心村布局规划，以中心村培育为重点。如富阳市开展的《富阳市中心镇中心村布局规划（2007~2030）》，对市域范围内的中心村做了进一步遴选，分乡镇提出了中心村规模等级与布局方案，对中心村的功能定位、发展方向、村庄产业进行引导，对公共服务设施、市政设施的配套标准进行分类明确，并提出具体的发展思路与发展措施，致力于培育有效衔接城乡、服务农村的中心村。

（四）系统深入的村庄发展相关研究

在村庄规划与建设的推进过程中，浙江省上下围绕科学合理的村庄撤并、村庄布局、村庄规划标准等相关问题，开展了多层次的村庄发展研究。如住建厅开展的《浙江省中心镇中心村规划标准研究》，对中心村的建设用地、公共设施、市政设施等规划标准进行了深入探索；开展的《浙江省农村居民点基本布局研究》，对全省农村居民点的类型、基本布局模式、村庄规划与建设标准、优化布局的措施等进行了深入研究。又如温州开展的《温州市区村庄改造策略研究》，对鹿城、瓯海、龙湾三个辖区内的村庄进行了一次涉及村民意愿调查、村庄管制分区、撤并路径、改造策略、实施政策等的深入研究，并对典型案例进行了剖析，分城中村、城边村和城外村三类制定了改造规划策略。

这一系列村庄发展研究促进了村庄规划理论与实践的成熟，为政策制定、规划编制与落地提供了技术支撑。

（五）标准与规范的制定

为规范村庄规划的编制，浙江省住建厅在国家相关规范标准的基础上，有针对性地制定了浙江省的相关编制导则文件。这一时期村庄规划方面的文件主要有《村庄规划编制导则（试行）》、《浙江省村庄整治规划编制内容和深度的指导意见》（建村发［2007］272号）。

1.《村庄规划编制导则（试行）》

《村庄规划编制导则（试行）》于2003年发布，导则分村庄布局规划技术导则和“千村示范、万村整治”两个部分，明确了村庄布局规划的指导思想、主要框架和内容、主要成果及技术要求；还明确规定了“千村示范、万村整治”规划的技术要求，包括编制原则、主要规划内容以及规划成果格式与内容深度要求。

2.《浙江省村庄整治规划编制内容和深度的指导意见》

2007年，为进一步规范浙江省村庄整治规划，推动村庄整治建设，根据《建设部关于村庄整治工作的指导意见》（建村［2005］174号）、《村镇规划编制办法（试行）》（建村［2000］36号）及浙江省建设厅《村庄规划编制导则（试行）》（浙建村［2003］116号）的要求，住建厅发布了《浙江省村庄整治规划编制内容和深度的指导意见》。该意见主要用于指导全省范围内以实施旧村改造（整治建设）为主的村庄的规划编制。意见对村庄整治规划的编制原则、编制任务、成果形式的要求及深度等一一做了规定。

以上两个主要地方规范标准对全省的村庄规划编制进行了有效指导，也确保了“千村示范、万村整治”工程的推进实施。

（六）总结

总体而言，“千村示范、万村整治”工程的开展促进了乡村规划的大繁荣，这一时期的乡村规划无论在规划类型、内容体系，还是在规范标准、规划理念等方面都有了长足的发展。规划类型呈现多样化，村庄布点规划—村庄总体规划—村庄建设规划体系基本形成，规划的标准、规范、导则等技术体系日臻完善，规划的理念也更科学务实、民生普惠、因地制宜，探索了不同地区的差异化发展与规划路径，在浙江大地上涌现出一批批广受好评、颇具成效、富有特色的村庄规划。

四、实施成效

（一）村庄整治取得可喜成效

“千村示范、万村整治”实施七年多，浙江省已完成示范村1 000余个，实施整治建设工程的行政村已达1.4万个。通过不断的探索，全省村庄整治建设工作有成效、有新意、有突破，呈现出以下五个可喜的发展态势。

1. 从重点突破单个村庄向连片整治整个乡镇演进

各地在前两年培育村庄整治建设典型的基础上，充分发挥典型的示范带动作用，从点到线，从线到面，村庄整治建设在全省已呈现出星火燎原之势。嘉兴市从一开始就确定了点面结合、以点带面的工作思路，分别在各县（市、区）确定一个重点镇，在镇域范围内全面铺开整治建设工作。金华市在集中整治交通沿线、城镇附近村庄的同时，把“沿线”与“连片”结合起来，部署开展整乡整镇的村庄整治建设行动。温岭市也要求经济发达的乡镇成片推进村庄整治建设。这种态势，不仅反映出农村工作的一般规律，也体现了前几年大规模大范围编制县域村庄布局规划和村庄建设规划的成效，使村庄整治建设工作由点到线再到面地推进成为可能。

2. 从着力改善村容村貌向整体治理区域环境演进

各地在着重开展垃圾收集、沟池河清理、赤膊房粉刷、露天粪坑清除、道路修筑、村庄绿化等改善村容村貌工作的同时，开始建设垃圾集中收集处理体系和沼气池、污水净化池等污染物、污水处理系统，解决垃圾无处去、污水无处流等单个村庄难以解决的问题。嘉兴市在全市建立了“户集、村收、镇运、县处理”的农村垃圾集中收集处理体系，全部行政村实现了垃圾集中收集处理，还通过发展垃圾焚烧发电，避免二次污染。玉环县近年来开展农村“厕所革命”，利用沼气技术处理生活污水，已有95%以上的农户采用了生活污水净化沼气池。江山市推行“畜禽养殖+沼气+作物”的生态农业模式，鼓励养殖户建造沼气池，全市已建设1万多座户用沼气池。这种态势，体现了发展循环经济的要求和环境治理的一般规律，有利于从根本上解决村庄环境问题以及从整体上改善区域环境质量，也有利于建设资源节约型社会和环境友好型社会。

3. 从率先整治人居环境向配套发展社区服务演进

各地在着力推进村内道路、村庄环境、住房外观、休憩场所等人居环境建设的同时，适应农民群众全面提高生活质量的要求，开始推动城市公共服务和商业服务网络向农村社区延伸，加快农村社区公共服务体系建设和社区服务业发展。台州市近年来创建了1 000余家村文化俱乐部，为农民群众提供了丰富多彩的文化娱乐服务。海盐县建立了95家农村社区卫生服务站，实现了农村公共卫生体系全覆盖。嘉兴市公共交通已通达所有乡镇和大部分村庄，并开始建设文化活动中心、便民咨询点、放心超市、医疗卫生站“四位一体”的社区服务设施。绍兴县鼓励供销社向村庄延伸超市网络，目前供销超市便利放心店已基本覆盖全县所有行政村。许多地方还建了老年公寓、幼儿园、农民夜校等服务设施。这种态势，体现了传统社区向现代社区转变的要求，不仅有利于提高农民的物质生活质量，而且有利于丰富农民的精神文化生活，促进农民全面发展。

4. 从就地改造自然村落向集聚优化村庄布局演进

各地在县域村庄布局规划的指导下，一方面继续对符合布局规划的村庄进行就地整治建设；另一方面开始对不符合布局规划的行政村和自然村进行拆并，推动中心村建设和农村人口集中居住。近几年，不少地方为了优化村庄布局，调整了行政村区划，2004年一年之内浙江省的行政村总数就减少了2 877个。根据各地的县域村庄布局规划，全省的行政村最终将减少到2.4万个。鄞州区通过整体拆迁、集中建设、统一安置的办法，对城中村、近郊村、园中村、重点工程建设相关的村进行拆迁新建，建成了湾底等12个农村新社区。温岭市松门镇松建村将分散的43个自然村和居民点整合为2个自然村，人均宅基地面积从94平方米减少到68平方米，而人均住房面积却由36平方米增加到64平方米。嘉兴市出台了“推进农村宅基地整理、加快农村新社区建设”的政策。杭州、湖州、绍兴、台州、义乌等一大批市县也积极稳妥地推进村庄撤并和中心村建设。这种态势，体现了城乡一体化的要求，有利于建设农村新社区、提高农民生活质量以及提高政府公共投资的效率和农村公共服务、公共设施的共享性；也体现了建设资源节约型社会的要求，有利于提高土地资源的利用率以及缓解建设用地紧张的矛盾。

5. 从单纯建设村庄环境向联动开发特色产业演进

各地在推进村庄整治建设中，顺应城乡居民休闲旅游需求的兴起，大力发展以“农家乐”为代表的乡村休闲旅游业。临安市巧打生态牌、文化牌和山货牌，在推进村庄环境整治中，配套建设休闲旅游设施，促进了乡村休闲旅游业的蓬勃发展，带动了农产品销售及农民收入的增长。安吉县充分发挥竹乡特色和生态优势，大力发展乡村休闲旅游业，接待游客超百万人次，不仅直接从事休闲旅游业的农户增加了收入，还有力地带动了特色农产品、旅游产品的生产和销售。当前，浙江省各地乡村休闲旅游业的发展方兴未艾，成为村庄整治建设中的一大特色。同时，经济发达地区的一些城郊村、园边村在推进中心村建设时，利用“集体留用地政策”，通过投资建设标准厂房、民工公寓等物业项目，发展物业经营，增加了集体经济收入，扩大了农民就业。这种态势，顺应了我国消费结构转型和升级的趋势，不仅有利于满足城乡居民新的消费需求，而且有利于开拓农民增加收入的新门路，展现了生态经济的勃勃生机和美好前景。

（二）农村面貌发生深刻变化

“千村示范、万村整治”工程的深入实施，使浙江省农村面貌发生了深刻变化。

1. 村容村貌和农村生态环境发生深刻变化

营造整洁优美的农村社区、创造最佳农村人居环境是工程建设的重点内容。从农民群众反映最强烈的农村环境“脏、乱、差”问题入手，全面推进农村的“八化整洁”，做到布局优化、道路硬化、路灯亮化、四旁绿化、河道净化、卫生洁化、住宅美化、服务强化。至2009年，浙江省95%以上的行政村生活垃圾实现集中收集处理，80%以上的行政村开展生活污水治理，80%以上的农户实现改厕，全省行政村村内主干道基本实现硬化，一大批杂乱无章的旧村庄变成了错落有致的新社区，有新房无新村的状况发生了根本性改观。

2. 农民生活质量和生活方式发生深刻变化

在工程建设中，按照统筹城乡规划建设的理念，积极推动城市基础设施向农村延伸、公共服务向农村覆盖、现代文明向农村辐射。尤其是把实施乡村康庄工程、千万农民饮用水工程、百万农户生活污水净化工程、农民健康工程、千镇连锁超市万村放心店工程等系列工程与“千村示范、万村整治”工程紧密结合起来，使越来越多的农民走上了水泥路、喝上了清洁水、用上了沼气池，在家门口就乘上了公共汽车、买到了放心商品，使农村义务教育的条件不断改善，质量持续提高，使更多的地方实现了小病不出村、大病有医保。生活环境、基础设施和公共服务的改善，使越来越多的农民生活质量得到提升，形成了健康文明的生活方式。

3. 农村生产条件和生产方式发生深刻变化

村庄整治建设不仅有效地改善了生活条件，也带动了生态环境和生产条件的改善，促进了农村经济的发展和生产方式的变革。不少地方把村庄整治建设与土地整理、标准农田、畜牧养殖规模小区建设和万里清水河道等工程紧密结合起来，有效地促进了设施农业、循环农业、休闲农业、有机农业、园艺农业等高效生态农业新模式的发展，推动了农业的清洁生产。村庄整治建设还带动了乡村旅游业的蓬勃兴起，依托农村的特色产业、山水风光、人文景观、传统文化、民俗风情和革命遗址，“农家乐”和“渔家乐”、森林旅游、红色旅游成为农民就业增收的新渠道。

第四节　美丽乡村时期的乡村规划

2010年，浙江省委、省政府为进一步深入实施“千村示范、万村整治”工程，加快社会主义新农村建设，制定了《浙江省美丽乡村建设行动计划（2011~2015

年）》，开启了美丽乡村建设的新历程。美丽乡村建设是对“千村示范、万村整治”工程的深化和提升，着力于推进农村生态人居体系、农村生态环境体系、农村生态经济体系和农村生态文化体系建设，形成一批全国一流的宜居、宜业、宜游的美丽乡村。随着美丽乡村建设持续推进，乡村规划在完善规划体系的过程中，在致力于服务美丽乡村建设的同时，也进行了富有成效的实践。

一、规划背景

（一）国家实施生态文明，建设美丽中国

1.“美丽中国”的提出

2012年11月，党的十八大提出经济建设、政治建设、文化建设、社会建设、生态文明建设“五位一体”的建设中国特色社会主义总体布局，强化了生态文明建设布局并首次专章论述生态文明，首次提出建设美丽中国。十八大报告指出，建设生态文明，是关系人民福祉、关乎民族未来的长远大计。面对资源约束趋紧、环境污染严重、生态系统退化的严峻形势，必须树立尊重自然、顺应自然、保护自然的生态文明理念，把生态文明建设放在突出地位，融入经济建设、政治建设、社会建设各方面和全过程，努力建设美丽中国，实现中华民族永续发展。

2. 新农村建设的全面升级：美丽乡村创建

2013年2月，农业部办公厅发布《关于开展“美丽乡村”创建活动的意见》（农办科［2013］10号），正式在全国启动“美丽乡村”创建工作。“美丽乡村”创建是建设美丽中国的重要组成部分，也是升级版的新农村建设，它既秉承和发展新农村建设“生产发展、生活宽裕、村容整洁、乡风文明、管理民主”的宗旨思路，延续和完善相关的方针政策，又丰富和充实其内涵实质，集中体现在尊重和把握其内在发展规律，更加注重关注生态环境资源的有效利用，更加关注人与自然和谐相处，更加关注农业发展方式的转变与农业功能多样性的发展，更加关注农村可持续发展，更加关注保护和传承农业文明。

（二）发展战略转型，新型城镇化引领发展

1. 中央城镇化工作会议召开

2013年12月，中央城镇化工作会议指出，城镇化是现代化的必由之路。推

进城镇化是解决农业、农村、农民问题的重要途径，对全面建成小康社会、加快推进社会主义现代化具有重大现实意义和深远历史意义。会议提出“走中国特色、科学发展的新型城镇化道路，核心是以人为本，关键是提升质量，与工业化、信息化、农业现代化同步推进”；提出“坚持因地制宜，探索各具特色的城镇化发展模式”。会议要求，提高城镇建设水平，让城市融入大自然，让居民望得见山、看得见水、记得住乡愁。在促进城乡一体化发展中，注意保留村庄原始风貌，慎砍树、不填湖、少拆房，尽可能在原有村庄形态上改善居民生活条件。

2.《国家新型城镇化规划（2014~2020年）》出台

2014年3月，《国家新型城镇化规划（2014~2020年）》正式出台，成为今后指导我国城乡发展的重要纲领。《规划》提出要紧紧围绕全面提高城镇化质量，加快转变城镇化发展方式，以人的城镇化为核心，走以人为本、四化同步、优化布局、生态文明、文化传承的中国特色新型城镇化道路。《规划》对城乡一体化发展进行了专篇论述，要求完善城乡发展一体化的体制机制，加快农业现代化进程，加强社会主义新农村建设。坚持遵循自然规律和城乡空间差异化发展原则，科学规划县域村镇体系，统筹安排农村基础设施建设和社会事业发展，建设农民幸福生活的美好家园。

《规划》明确要求提升乡镇村庄规划管理水平。适应农村人口转移和村庄变化的新形势，科学编制县域村镇体系规划和镇、乡、村庄规划，建设各具特色的美丽乡村。按照发展中心村、保护特色村、整治空心村的要求，在尊重农民意愿的基础上，科学引导农村住宅和居民点建设，方便农民生产生活。在提升自然村落功能基础上，保持乡村风貌、民族文化和地域文化特色，保护有历史、艺术、科学价值的传统村落、少数民族特色村寨和民居。

（三）村庄整治全面铺开，规划建设问题犹存

经过“千村示范、万村整治”工程的七年推进，浙江省乡村整治建设全面铺开，但仍存在一些有待解决的问题，既有村庄规划的不足，也有建设整治的不到位等。

1. 村庄规划仍有待提升

大量开展的村庄规划在编制质量上存在一定差异，部分规划问题矛盾突出。

一是部分村庄规划的前瞻性不足，缺乏对工业化、城镇化进程中农村人口集聚趋势的正确把握，缺乏对经济社会发展中农民提高生活质量需求的足够预见，导致中心村数量偏少、村庄服务功能偏少、生态功能不突出等问题。二是部分村庄规划存在与土地利用、生态环保、产业集聚、基础设施建设等规划不衔接的问题，多规融合不足，在规划过程中群众参与不够，缺乏群众支持，使规划难以实施。三是部分村庄规划千篇一律、毫无特色，不少地方村庄布局规划没有充分反映山区、丘陵、平原、城郊、水乡、海岛等不同地貌特色，规划的地域特色、产业特色、文化特色不明显，千村一面现象比较突出；更有甚者，部分村庄规划对优秀传统文化和农耕文明的传承与保护缺乏足够重视，古村落、古建筑、古民居、古树木等历史文化遗迹保护不力，割裂了村庄的历史文脉。

2. 村庄建设整治仍有待深入

在村庄建设整治过程中，部分村庄同样也存在一些问题，包括规划的科学引导和有效落实不足；连片整治不够广泛，联动效应不够明显，就整治抓整治，只注重种树、清塘、修路、刷墙等村庄形象的变化，对村庄整治建设促进人口布局优化、土地资源节约、特色经济发展的探索不够。缺乏对地方特色的塑造和生态环境的有效保护，缺乏产业发展和长效机制的形成，缺乏政策支撑，缺乏农民主体的有效参与；另外，基层干部的认识上也存在重硬件、轻软件，重建设、轻管理等误区。这些问题仍有待后续解决。

（四）美丽乡村建设在浙江省的推进实施

在2008年安吉开展美丽乡村建设探索的基础上，2010年，浙江省委、省政府出台了《浙江省美丽乡村建设行动计划（2011~2015年）》，标志着浙江省美丽乡村建设的全面启动。

1. 指导思想

深入贯彻落实科学发展观，全面实施“八八战略”和“创业富民、创新强省”总战略，认真贯彻落实省委十二届七次全会《关于推进生态文明建设的决定》精神，以促进人与自然和谐相处、提升农民生活品质为核心，围绕科学规划布局美、村容整洁环境美、创业增收生活美、乡风文明身心美的目标要求，以深化提升“千村示范、万村整治”工程建设为载体，着力推进农村生态人居体系、农村生态环境体系、农村生态经济体系和农村生态文化体系建设，形成有利于农村生态环境保护和可持续发展的农村产业结构、农民生产方式和农村消费模式，努力建设一批全国一流的宜居、宜业、宜游美丽乡村，促进生态文明和惠及全省人民的小康社会建设。

2. 总体目标

根据县市域总体规划、土地利用总体规划和生态功能区规划，综合考虑各地不同的资源禀赋、区位条件、人文积淀和经济社会发展水平，按照“重点培育、全面推进、争创品牌”的要求，实施美丽乡村建设行动计划。到2015年，力争全省70%左右的县（市、区）达到美丽乡村建设工作要求，60%以上的乡镇开展整乡整镇美丽乡村建设。全面构建美丽乡村创建先进县示范县、美丽乡村示范乡镇、美丽乡村精品村、美丽乡村庭院清洁户四级联创机制。到2017年，全省所有县（市、区）达到美丽乡村创建先进县标准，20%左右的县（市、区）培育成为美丽乡村示范县，60%以上的乡镇开展整乡整镇创建，10%以上的行政村成为美丽乡村精品村或特色村，5%以上农户成为美丽乡村庭院清洁户。

总体实现以下四个目标。

（1）农村生态经济加快发展。循环经济、清洁生产等技术模式广泛应用，低耗、低排放的乡村工业、生态农业、生态旅游业等生态产业快速发展。

（2）农村生态环境不断改善。乡村工业污染、农业面源污染以及农村垃圾、污水得到有效治理，村庄绿化美化水平不断提高，农村卫生长效保洁机制基本建立，农村居住环境明显优化。

（3）资源集约利用水平明显提高。农村人口集中居住和农村土地集约利用水平不断提高，农村新型能源得到广泛开发和利用，节地、节材、节能技术得到普遍推广，农业废弃物综合利用水平明显提高。

（4）农村生态文化日益繁荣。农村特色生态文化得到有效发掘、保护和弘扬，生态文明理念深入人心，健康文明的生活方式初步形成。

二、政策导向

（一）政策文件：创建生态、美丽、宜居村庄

党的十八大以来，生态文明、美丽中国成为国家发展的重大战略，农村工作大力实施国家战略，在新农村建设的过程中也紧紧围绕生态、美丽、宜居的

主题开展创建。国务院办公厅印发《关于改善农村人居环境的指导意见》（国办发［2014］25号）提出，到2020年全国农村居民住房、饮水和出行等基本生活条件明显改善，人居环境基本实现干净、整洁、便捷，建成一批各具特色的美丽宜居村庄。住房和城乡建设部（以下简称“住建部”）联合中央农办、环境保护部、农业部出台了《关于落实〈国务院办公厅关于改善农村人居环境的指导意见〉有关工作的通知》，进一步予以推进。同时，住建部发布了《关于开展美丽宜居小镇、美丽宜居村庄示范工作的通知》（建村［2013］40号），要求按照《美丽宜居村庄示范指导性要求》积极开展田园美、村庄美、生活美的美丽宜居村庄创建工作。

在国家政策统领下，2010年，浙江率先开始美丽乡村创建探索，成为深入实施“千村示范、万村整治”的民生工程。这是浙江在全面进入城乡融合发展阶段，统筹城乡发展、提高城乡一体化水平的重大战略，也是提高广大农民生活品质、全面建设惠及全省人民小康社会的重要举措。在《浙江省美丽乡村建设行动计划（2011~2015年）》发布后，省委、省政府及省各职能部门进一步出台了美丽乡村创建的相关政策文件，包括《浙江省美丽乡村创建先进县评价办法（试行）》（浙村整建办［2011］7号）、《关于深化“千村示范、万村整治”工程全面推进美丽乡村建设的若干意见》（浙委办［2012］130号）、《关于加强历史文化村落保护利用的若干意见》（浙委办［2012］38号）等。政策文件的核心思想即是创建生态、美丽、宜居的村庄。

（二）基本导向：坚持以人为本、因地制宜、生态优先、以县为主

2013年，习近平总书记就改善农村人居环境做出重要指示，要求“各地开展新农村建设，应坚持因地制宜、分类指导，规划先行、完善机制，突出重点、统筹协调，通过长期艰苦努力，全面改善农村生产生活条件”。李克强总理对2013年全国改善农村人居环境工作会议专门做出批示，强调改善农村人居环境承载了亿万农民的新期待。各地区、有关部门要从实际出发，统筹规划，因地制宜，量力而行，坚持农民主体地位，尊重农民意愿，突出农村特色，弘扬传统文化，有序推进农村人居环境综合整治，加快美丽乡村建设。习近平总书记和李克强总理的批示指明了新农村与美丽乡村建设的方向。在浙江的美丽乡村探索中，融入批示精神，坚持以人为本、因地制宜、生态优先、以县为主的基本导向。

（1）坚持以人为本。始终把农民群众的利益放在首位，充分发挥农民群众的主体作用，尊重农民群众的知情权、参与权、决策权和监督权，引导农民群众大力发展生态经济、自觉保护生态环境、加快建设生态家园。

（2）坚持因地制宜。立足农村经济基础、地形地貌、文化传统等实际，突出建设重点，挖掘文化内涵，展现地方特色。

（3）坚持生态优先。遵循自然发展规律，切实保护农村生态环境，展示农村生态特色，统筹推进农村生态经济、生态人居、生态环境和生态文化建设。

（4）坚持以县为主。美丽乡村建设工作以县为单位通盘考虑，整体推进。省、市各级加强支持和指导。

（三）美丽乡村要求："四美三宜两园"与"四大行动"

美丽乡村建设是"千村示范、万村整治"工程的深化和提升，主要是提质扩面，开展整乡整镇环境综合整治，把生态文明建设贯穿到新农村建设各个方面，推进"四美三宜两园"与"四大行动"的美丽乡村建设。

1."四美三宜两园"目标

今后五年按照科学规划布局美、村容整洁环境美、创业增收生活美、乡风文明身心美的要求，打造宜居、宜业、宜游的农民幸福生活家园和市民休闲旅游乐园的美丽乡村。以中心村培育建设和文化村保护利用为重点、农村环境全面提升和农民住房全面改造为基础，加大建设力度，彰显人文特色，健全长效机制，形成村点出彩、沿线美丽、面上洁净的美丽乡村格局。

一要培育具有鲜明个性的精品村。立足浙江农村的地形地貌、资源禀赋、人文积淀，从自然、人文、产业、建筑、风俗乃至饮食、特产等方面，多角度、全方位地发掘村庄的个性和亮点，突出"一村一品""一村一景""一村一韵"的建设主题，全力打造支撑美丽乡村地域品牌的精品村。

二要打造各具特色的美丽乡村风景线。要以精品村为支点，以景观带为轴线，结合整乡整镇美丽乡村建设，串点成线，连线成片，整体推进。以沿景区、沿产业带、沿山水线、沿人文迹等为区域重点，以沿线绿化、干净整洁、小品塑造、立面改造等为建设重点，打造各具特色的美丽乡村风景线。

三要扎实推进"四边三化"行动。进一步加强"四边三化"行动（公路边、铁路边、河边、山边，净化、绿化、美化），努力使“四边”区域的环境风貌成为展示浙江对外形象的重要窗口，反映浙江社会精神风貌和文明进步程度的重要阵地。

2.“四大行动”

美丽乡村建设重点实施“四大行动”。

一是实施“生态人居建设行动”。按照“规划科学布局美”的要求，推进中心村培育、农村土地综合整治和农村住房改造建设，改善农民居住条件，构建舒适的农村生态人居体系。

二是实施“生态环境提升行动”。按照“村容整洁环境美”的要求，突出重点、连线成片、健全机制，切实抓好改路、改水、改厕、垃圾处理、污水治理、村庄绿化等项目建设，扩大“千村示范、万村整治”工程的建设面，提升建设水平，构建优美的农村生态环境体系。

三是实施“生态经济推进行动”。按照“创业增收生活美”的要求，编制农村产业发展规划，推进产业集聚升级，发展新兴产业，促进农民创业就业，构建高效的农村生态产业体系。

四是实施“生态文化培育行动”。按照“乡风文明身心美”的要求，以提高农民群众生态文明素养、形成农村生态文明新风尚为目标，加强生态文明知识普及教育，积极引导村民追求科学、健康、文明、低碳的生产生活和行为方式，增强村民的可持续发展观念，构建和谐的农村生态文化体系。

（四）重大政策

在浙江省全面进入城乡融合发展的新阶段，结合新型城镇化发展的要求，美丽乡村建设核心思想是要推进城乡的一体化发展，并提质扩面，全面改善农村的生态人居环境与生产生活条件。

1. 推进城乡一体化发展

2012年出台的《浙江省新型城市化发展“十二五”规划》提出，要加强城乡融合互动，加快美丽乡村建设，不断提高城市带动农村发展的能力和社会主义新农村建设水平，推进城乡一体化发展。要立足新农村建设，加强资源要素向农村地区倾斜配置，加快农村人口向中心村、中心镇集聚，加快形成以大中城市为龙头、小城市和中心镇为纽带、中心村为基础的城乡规划建设和人口布局新格局；

加快构建以工促农以城带乡、城乡资源要素合理流动、城乡公共服务全面共享的新格局。

（1）村庄发展方针：发展中心村、控制一般村、保留特色村、萎缩空心村。《规划》提出进一步修编完善全省县市域村庄布局规划，实施“发展中心村、控制一般村、保留特色村、萎缩空心村”的村庄建设空间管治措施，引导和鼓励农村人口向中心村集聚，严格控制一般村规模的扩大，保留发展特色村，禁止萎缩村的农民建房审批。

（2）村庄发展要求：提升公共服务水平，推进城乡基础设施一体化。着力提升农村公共服务水平，全面推进城乡公共交通、供水供电、邮政通信、污水和垃圾处理一体化，使全省绝大多数农民能够就近享受文化、体育、卫生、培训、幼教、养老、通信、邮政、气象等基本公共服务。

2. 以中心村为重点加快社会主义新农村建设

这一时期，中心村重点培育政策仍然持续推进。2010年，浙江省委、省政府《关于加大统筹城乡发展力度加快农业农村发展的若干意见》（浙委〔2010〕34号）明确提出加快培育建设中心村；同年，省委、省政府发布《关于加快培育建设中心村的若干意见》（浙委办〔2010〕97号），之后中心村培育的相关系列政策陆续出台，并启动了多批次的中心村培育工作。

同时，浙江省多个“十二五”规划就中心村的发展做了进一步部署。《浙江省新型城市化发展“十二五”规划》明确以中心村为重点加快社会主义新农村建设，提高中心村对农村人口的集聚力、对农村服务的辐射力、对农村经济发展的带动力，推动农民居住从多村点向少村点转变、农村建设从分散零星向集中集聚转变、农村村落从小规模传统村落向大规模现代村落转变、公共服务从相对缺失向城乡均衡转变、农村居民从传统村民向社区居民转变。《浙江省“十二五”中心村发展规划》中，对中心村的培育目标、总体布局、功能分类、建设途径、政策保障等做了详尽而明确的规划，为这一时期中心村的培育建设指明了方向。

因此，中心村的培育建设仍然是美丽乡村建设的重要内容。

3. 历史文化村落的保护与发展

为贯彻落实十八大关于建设优秀传统文化传承体系、弘扬中华优秀传统文化的精神，促进传统村落的保护、传承和利用，建设美丽中国，住建部、文化部、财政部联合出台了《关于加强传统村落保护发展工作的指导意见》（建村［2012］184号），对传统村落保护的目标任务、框架体系、政策措施提出了具体要求。随后配套出台了《关于印发〈传统村落评价认定指标体系（试行）〉的通知》（2012年8月）、《关于印发传统村落保护发展规划编制基本要求（试行）的通知》（建村［2013］130号）等政策文件，推进了传统村落的保护与发展。

与此同时，为配合美丽乡村建设，落实国家传统村落保护的要求，浙江省委、省政府发布了《关于加强历史文化村落保护利用的若干意见》（浙委办［2012］38号），对历史文化村落保护利用的目标、主要任务、政策措施等提出了明确的指导意见。要求以“千村示范、万村整治”工程建设为载体，把保护利用历史文化村落作为建设美丽乡村的重要内容。在充分发掘和保护古代历史遗迹、文化遗存的基础上，优化美化村庄人居环境，适度开发乡村休闲旅游业，把历史文化村落培育成为与现代文明有机结合的美丽乡村；到2015年，全省历史文化村落保有集中县规划全覆盖，历史文化村落得到基本修复和保护，彻底改变一些历史文化村落整体风貌毁损、周边环境恶化的状况。

三、规划探索

乡村规划在经历“千村示范、万村整治”工程以来大规模、多层次的实践之后，规划设计体系的完善度、规划类型的广度、规划研究的深度、标准规范的覆盖度、技术手法与理念的成熟度等都有进一步提高。

（一）村庄规划设计体系的完善

初步建立了具有浙江特色的“村庄布点规划—村庄规划—村庄设计—村居设计”规划设计层级体系。县（市）域和乡镇域村庄布点规划、村庄规划、历史文化名村保护规划等的法定地位不断得到强化。在现有村庄规划基础上，以实施项目为契机开展了村庄设计，并根据村庄设计确定的风貌特色要求，进行了村居设计。

1. 村庄布点规划的深化开展

村庄布点规划在经历县（市、区）域层面规划之后，结合各地城镇用地拓展、农民意愿和农村人口市民化的特点与趋势，以及村庄发展的新政策，以乡镇域为基本单元，在县（市）域总体规划确定的城乡居民点布局基础上，深化和完善了乡镇域村庄布点规划工作。乡镇域村庄布点规划主要内容是进一步落实中心村及农村居民点的数量、规模和布局，明确中心村、保留村、撤并村，明确基础设施和公共服务设施配置标准，提出区域内村庄整体风貌控制指引。同时，乡镇域村庄布点规划开展过程中与乡镇土地利用总体规划在建设用地规模、空间布局和实施时序等方面进行充分的衔接，增强了规划的可操作性。

2. 村庄规划的持续推进

（1）以中心村为代表的村庄规划深入开展

在中心村培育建设相关政策文件发布后，2010~2013年，浙江省公布了三个批次的中心村培育启动名单，第一批2010年启动建设410个中心村，第二批2011年启动建设420个，第三批2012年启动建设377个；并且在每个批次中均确定了100个省重点培育示范中心村。相应的各地中心村结合项目建设计划在原有村庄规划评估基础上，修编调整了中心村总体规划及建设规划。当前新一轮村庄规划中，更强调村庄建设用地“一张图”管理的思路。规划以整个行政村为规划范围，以土地利用现状数据为编制基数，按照“两规合一”的要求，确定村庄建设边界，统筹安排生产、生态、生活空间，明确建设用地指标、功能布局、开发强度等内容，落实规划保留原居住点农村环境综合整治扩面提升项目与规划新集聚点农村环境综合整治项目以及其他配套设施项目，实现村庄设施功能提升、村庄风貌提升、人居环境提升。

（2）连片村庄整治规划启动推进

在美丽乡村提质扩面阶段，按照城乡一体化和全域整治的要求，开展了点、线、面连片村庄综合整治。这类连片村庄整治规划，主要包括整乡整镇的村庄整治规划和高速公路、铁路、重要干道等交通沿线、河道水系沿线等连片整治规划。规划按照“多村统一规划、联合整治、城乡联动、区域一体化建设”的要求，对整个乡镇所有村庄的路网、管网、林网、垃圾处理网以及公共服务设施等进行一体化规划，并以环境整治为重点，将范围内村庄内部整治、交通沿线整治、农业面源污染治理、畜禽养殖污染防治、农村工业污染治理等统筹考虑，以达到改变区域农村整体面貌的效果。交通沿线连片整治突出沿线整体景观设计，将交通沿线破损山体修复、广告路牌规范、违章建筑清理、青山白化消除、村庄立面整治、道路绿化美化等内容整体纳入，使交通沿线成为展示区域形象的景观大道和生态走廊。此外，结合国家“农村连片整治示范项目”实施，按照“一次规划、三年实施”的原则和“区域一体、集中连片”的要求，在钱塘江上游、太湖流域、重要饮用水源保护区等开展连片整治，有效扩大了整治范围，拓展了整治内容，提升了整治质量，切实改善了农村人居环境和生态环境质量。

3. 村庄设计工作创新探索

村庄设计工作的开展主要是结合美丽宜居示范村、传统村落、中心村等富有特色和一定基础的村庄，以及建设项目较多的村庄。村庄设计环节主要在村庄建设规划中体现，融村居建筑布置、村庄环境整治（美丽乡村综合整治）、景观风貌特色控制指引、基础设施配置布局、公共空间节点设计等内容为一体，使村庄规划建设体现地方特色，具有艺术美感。如淳安县安阳乡乌龙村建设规划，结合乡村旅游示范点对村庄保留和新建建筑、环境整治、景观风貌、入口和广场等公共空间节点进行整体设计，营造了融合自然山水且富有特色的村庄环境（图2-7）。

图2-7　淳安县安阳乡乌龙村建设规划设计

（二）村庄专项规划的广泛开展

1. 历史文化村落保护利用规划

依据国家开展传统村落保护和浙江省关于加强历史文化村落保护利用的若干意见等相关政策，结合美丽乡村建设，全省广泛开展了历史文化村落的保护利用规划编制。按照计划，从2013年起，每年启动43个历史文化村落保护利用重点村和217个一般村的建设时序表。因此，历史文化村落保护利用规划编制成为这一时期村庄规划的重点内容。规划在充分调查现状的基础上，本着因村制宜、彰显特色，保护优先、适度利用，以人为本、合理整治，政府主导、农民主体的原则，重点确定保护对象及其保护措施，划定保护范围和控制区，明确控制要求；安排村庄基础设施与公共服务设施建设和整治项目；明确传统要素资源利用方式；提出传承发展传统生产生活的措施，以及结合资源特色研究发展休闲农业、乡村旅游、文化创意等产业，并加以合理利用。如《江山市石门镇清漾历史文化名村保护规划》，在充分调研普查和梳理挖掘历史文化资源的基础上，将清漾村定位为“江南毛氏祖居地，江郎山下古村落”，并分级划定了保护范围，确定了相应的保护和管制措施，对整体风貌和重要空间进行了设计引导，提出了保护更新和整治措施，以及对发展旅游休闲和文化创意等产业化进行了引导。

2. 美丽宜居村庄规划

美丽宜居村庄示范是村镇建设的综合性示范，体现新型城镇化、新农村建设、生态文明建设等国家战略要求，展示我国村镇与大自然的融合美，创造村镇居民的幸福生活，传承传统文化和地区特色，凝聚符合村镇实际的规划建设管理理念和优秀技术，代表我国村镇建设的方向。在住建部推进美丽宜居示范村庄的工作背景下，浙江启动了多个批次的美丽宜居示范村试点。各示范村依据《美丽宜居村庄示范指导性要求》，按照田园美、村庄美、生活美的要求，编制了美丽宜居村庄规划。示范村规划以民意为出发点，以民为本打造生活中心，突出绿色低碳理念，尊重村镇原有格局，不搞大拆大建，以整治民居建筑、整治街区环境和完善基础设施为主，保持和塑造村庄特色。

3. 美丽乡村建设总体规划

根据《浙江省美丽乡村建设行动计划（2011~2015年）》，美丽乡村建设要以县（市、区）为单元整体推进，要求各县（市、区）编制相应的《县（市、区）域美丽乡村建设总体规划》。美丽乡村规划作为村镇规划领域非法定的专项规划，在《美丽乡村建设规范》的指引下，各地进行了积极的探索。美丽乡村建设总体规划以县（市、区）域内所有乡村为主要关注点，从城乡统筹的角度，对县（市、区）域内各类资源进行因地制宜的统筹安排，包括城乡土地综合整治规划、美丽乡村建设功能结构规划、美丽乡村建设景观结构规划、城乡公共设施均等化规划、美丽乡村产业发展与布局规划、美丽乡村住房改造引导、美丽乡村防灾减灾体系规划、美丽乡村旅游发展规划、美丽乡村环境卫生综合规划等内容。如《永嘉县域美丽乡村建设总体规划》，通过对全县各类风貌要素（自然、产业、文化资源、村庄等）的组织、梳理和提炼，结合整体风貌结构、村庄分布特点和未来发展趋势，规划形成“一社一景，一地一特色”的建设格局与“两横两纵”的美丽乡村空间结构布局，打造楠溪古韵寻踪带、星火红游追忆带、山田春意探幽带和仙峡秀水览胜带四条精品线。

4. 其他相关规划

在推进美丽乡村建设过程中，各地结合自身实际需求，开展了生态、产业等各具特色的专项规划和研究性规划，从县（市）域、村镇等多个层面审视村庄的发展，是村庄规划的重要补充。县（市）域层面的如《武义县美丽乡村生态产业和主题特色研究》，对武义县生态产业发展进行了探讨，为村庄产业发展提供了指导，为村庄空间布局提供了支撑；《龙游民居特色与应用研究》（获省优秀城乡规划项目二等奖），对地方民居特色形式、构造等进行了深入研究，为美丽乡村建设、村庄设计等文化传承提供了技术支撑。村镇层面的如宁波市滕头村，编制了《滕头村观赏植物园总体规划》《中国滕头旅游发展总体策划》等专项规划，从村庄特色功能区、产业发展等方面优化村庄的建设与发展，为村庄发展提供多层面的指导。

（三）标准规范与研究的深入探索

1. 规范标准的制定

这一时期围绕美丽乡村建设，浙江在村庄规划领域重点出台了推荐性地方标准《美丽乡村建设规范》（DB33/T912—2014）。《规范》由11个章节组成，主要框架分成基本要求、村庄建设、生态环境、经济发展、社会事业发展、社会精神文明建设、组织建设与常态化管理七个部分，核心和重点在生态环境、经济发展、社会事业发展和文化建设四个方面。《规范》强调了规划引领对于美丽乡村建设的重要性，在内容安排上突出定性与定量相结合，从常态化管理模式和机制、监督考核制度等方面对美丽乡村的常态化管理提出了要求，强化了村民在美丽乡村建设中的主体作用。浙江发布的《美丽乡村建设规范》地方标准虽然只是一个通则性的标准，却是标准化助推美丽乡村建设的一次有益尝试，对全省美丽乡村建设发挥了重要的指导作用。

此外，浙江省住建厅着手《村庄规划设计编制审批管理办法》《农村建设用地规划控制标准》《村庄设计导则》《农房建设管理办法》等政策技术规定的制定。

2. 村庄相关研究的开展

在推进标准规范、技术导则等制定的同时，浙江省住建厅还开展了《关于新型城市化背景下乡村规划和建筑特色研究》，为省域不同地貌和文化本底下乡村特色塑造提供了技术支持。同时，为进一步提升全省新农村建设水平，促进农房建设水平提高，举办了“美丽宜居”优秀村居方案设计竞赛。美丽村居设计竞赛中共有140家国内外设计机构和18组独立建筑师参与，收集了346件契合浙江村落实际场地的设计作品，入围设计方案68件。通过开展优秀村居设计，优选一批优秀村居设计方案，供广大农民群众选用，推动实现“村庄环境整洁，垃圾户集村运，污水有效处治；村居错落有致，具有区域特色；人居环境怡人”的新农村建设目标。

（四）规划编制与审批的规范化

通过村庄规划的管理实践，进一步规范了村庄规划设计审批，促进了村庄规划与建设的合法合规。根据相关规定，单独编制的县（市、区）域村庄布点规划由县（市、区）人民政府组织制定，报上一级人民政府备案。单独编制的乡、镇域村庄布点规划由乡、镇人民政府组织编制，报城市、县人民政府审批。村庄规划由村庄所在乡镇人民政府组织编制，中心村规划由城市、县人民政府批准，一般村村庄规划由城市、县人民政府委托其城乡规划主管部门审批。村庄设计由乡镇人民政府或村民委员会组织开展，重要的村庄设计方案须经县级城乡规划主管部门组织审查。

（五）规划技术手法与理念的成熟

随着规划的实践探索，村庄规划在技术手法与理念上也日趋成熟。村庄规划编制中突出了调查研究，通过对每一个村庄进行深入的现场调查、村民意愿调查，切实以多数村民关心的突出问题为导向，保障村民的参与，切实提高了规划的可操作性。同时，本着务实经济、生态优先、因地制宜的原则，以规划、设计来引导村民“慎砍树、禁挖山、不填湖、不拆有保护价值的房屋”，真正做到保护乡情美景，弘扬传统文化，寄托乡愁情思，突出农村特色和田园风貌。此外，在规划成果上更强调切实有用、通俗易懂，使成果能够有效指导村庄建设，也让村民能够看得懂、记得住。

（六）总结

美丽乡村建设开展以来，村镇规划领域围绕服务美丽乡村建设开展了富有成效的规划实践探索。这一时期，“村庄布点规划—村庄规划—村庄设计—村居设计”的村庄规划设计体系得到进一步完善，历史文化村落保护、美丽宜居村庄、美丽乡村建设总体规划等广泛开展，专项规划的编制类型丰富多样。同时，规范标准、技术导则等村庄规划相关的指导性文件更趋完善，规划编制与审批也日趋规范，规划技术手法与理念也更加成熟。规划在服务村庄、建设村庄中发挥了重要的作用。

四、实施成效

开展美丽乡村建设以来，通过工作重点、建设思路的转变，村庄规划的强有力实施，农村地区呈现了新的面貌和形势。

1. 连片整治大力推进，农村整体面貌显著改观

村庄整治由早期点状开展向连片整治推进后，农村的整体面貌发生了显著改观。在整治建设重点上，突出了垃圾收集、卫生改厕、生活污水治理、村庄绿化等环境整治重点，积极探索适合农村特点的生活垃圾和生活污水治理方法，推广了经济实用、技术可靠、效果良好的生活污水处理技术，形成了不同地区和不同区位的垃圾与生活污水治理模式。在推进沿线连片整治上，每年启动约200个乡镇的整乡整镇环境整治，整体推进村庄的整治和沿线的整治改造，累计约40%的乡镇开展了整乡整镇的整治；大力推进“四边三化”，打造了一批环境优美的生态走廊和景观大道。通过美丽乡村风景带和精品线路的设计实施，县乡村户四级联动创建，形成了村点出彩、沿线美丽、面上洁净的美丽乡村格局。

2. 中心村培育持续跟进，基本公共服务加快覆盖

按照推进基本公共服务均等化的要求，把美丽乡村与推进新型城市化有机结合，确立了重点建设中心村、全面整治保留村、科学保护特色村、控制搬迁小型村的整治建设思路，形成了合理的村镇体系。几年来，浙江省规划中心村4 000

个，启动了1 500个中心村的培育建设，促进了农村资源配置与人口的集聚，中心村居住人口占农村总人口的30%左右。同时，在优化村庄布局的基础上，加快了公共服务覆盖，引导城市道路、电力、电信、广电、自来水、垃圾收集、污水治理等向农村延伸，公交、医疗、卫生、教育、文化、社保等向农村覆盖，实现了全省行政村等级公路“村村通”，广播实现“村村响”，用电实现了“户户通”，客运班车通村率达93%，安全饮用水覆盖率达97%，有线电视入户率达91%，形成了便捷的农技服务圈、教育服务圈、卫生服务圈、文化服务圈。

3. 村庄产业深度激活，农村经济更具活力

把美丽乡村建设与促进农村经济发展、促进农民增收紧密结合起来，巧借山水、盘活资源、经营村庄，激活了“花果经济”，兴起了美丽产业，潜在的资源转化成了可以增值的资产、资本，促进了农民创业就业和财产性收入不断增加。美丽乡村建设与现代农业、农家乐发展紧密结合起来，使农家乐成为旅游经济新的增长点和农民增收的重要来源。特别是历史文化村落保护利用的启动，使得古村游成为农村休闲的新亮点。截至2012年年底，全省累计发展农家乐特色旅游点2 800多个，农家乐经营从业人员11.5万人。此外，部分村庄还通过利用宅基地整理、村级留用地政策发展物业经济，涌现了大批劳动力密集型的来料加工集聚点，成为农民致富的新渠道，村级集体经济发展的新途径。

4. 传统风貌保护推进，乡村特色更加彰显

在改善农村人居环境的同时，通过切实加强传统文化特别是历史文化村落的保护利用，显著地增强了乡村特色。在保护与利用过程中，通过外在风貌保护和内在文化传承的紧密结合，古建筑与存在环境的综合保护，优秀传统文化的发掘弘扬，村落人居环境的综合整治，乡村休闲旅游的有序发展，实现了历史文化村落历史的真实性、风貌的完整性、生活的延续性和谐统一，使历史文化村落成为美丽乡村建设的新亮点。启动了260个左右历史文化村落的保护利用，形成了一批成功的保护利用典型和模式，如富阳市龙门古村、楠溪江畔古村落群等，展现了传统文化的巨大魅力。

第三章　乡村规划的技术方法

第一节　乡村规划的基本要求

一、乡村规划的目标要求

党的十六届五中全会指出："建设社会主义新农村是我国现代化进程中的重大历史任务，要按照生产发展、生活宽裕、乡风文明、村容整洁、管理民主的要求，扎实稳步地加以推进。"这充分体现了对新形势下农村经济、政治、文化和社会发展的目标要求。因此，谋求乡村地区社会、经济和生态环境三者效益协调是乡村社会发展的总目标。

1. 生产发展——以推动乡村地区整体发展为核心推动力

提高农民收入是近年来备受关注的问题，由于受到技术、制度、价格、经营规模等诸多因素的综合影响，要迅速和有效地提高农民收入绝非一件轻而易举的事情。农民收入的提高包括两个含义：一是农民的收入水平在绝对量上的提高；二是缩小农民与城市居民的收入差距。

要切实提高我国农民的收入水平，使其与国民经济的发展和城市居民收入水平的提高保持在一个相对合理的层面之上，就必须在加快农业技术进步、增加投入、改善农业生产条件和提高农产品生产经营一体化水平的基础上，扩大农民的土地经营规模，减少农民数量。

2. 环境优美——以保护乡村自然生态系统平衡为前提条件

自然环境特征是一个区域的自然性格，它会对生活习俗、建筑、空间等产生深远的影响；乡村规划应尊重区域地形地貌，提倡“自然之道”和“因应自然”，人与自然和谐共处。在开发建设过程中，应对地域文化进行保护、挖掘和传承，唤醒居民的文化自觉性。规划师应更多地站在乡村原住民的立场来编制规划，充分体现对当地自然环境、地域文化和民间风俗的尊重。

自然资源是乡村规划推进可持续发展的关键动力，需要加大力度重点保护和有效利用。我国历史悠久，在漫长的人类社会的演变和发展过程中，很多自然和文化遗产已经消失或者支离破碎，但是尚且存在的部分自然景观仍是乡村发展战略的关键因素之一。

3. 设施完善——以塑造优美的乡村人居环境为现实目标

“完善体制、筹集资本、改善技术”是实现城乡一体化、改善乡村产业发展的关键。为了实现我国城乡经济、社会的一体化发展，乡村产业发展是首要解决的问题，乡村产业必须在保护和建设生态环境的前提下，既促进农村经济的增长，又满足城乡人民生活日益发展的需要。因此，在开发乡村产业时，要坚持以人为本的原则，要结合区域自然资源和人文景观，满足人们的物质、文化生活需求。

无论生活在城市还是乡村，生活质量对每个人来说都很重要，在物质文明日益发达的今天，乡村居民的物质和精神需求也日益提高。在社会主义新农村建设的二十字目标中，也有大部分涉及改善乡村生活质量和生活标准的内容。乡村规划就是在综合考虑地方经济发展和自然环境条件的前提下，决定规划项目和空间布局，把提高村民生活质量放在首位。同时，村民、地方团体和政府机关要参与整个编制过程，最终得以完善和实施才是生活质量提高的保障。

二、乡村规划的基本原则

1. 坚持以人为本，农民主体

把维护农民切身利益放在首位，充分尊重农民意愿；把群众认同、群众参与、群众满意作为根本要求，切实做好新形势下群众工作，依靠群众的智慧和力量建设美好家园。

2. 坚持城乡一体，统筹发展

建立以工促农、以城带乡的长效机制，统筹推进新型城镇化和美丽乡村建设，深化户籍制度改革，加快农民市民化步伐，加快城镇基础设施和公共服务向农村延伸覆盖，着力构建城乡经济社会发展一体化新格局。

3. 坚持规划引领，示范带动

强化规划的引领和指导作用，科学编制美丽乡村建设规划，切实做到先规划后建设、不规划不建设。按照统一规划、集中投入、分批实施的思路，坚持试点先行、量力而为，逐村整体推进，逐步配套完善，确保建一个成一个，防止一哄而上、盲目推进。

4. 坚持生态优先，彰显特色

把农村生态建设作为生态强省建设的重点，大力开展农村植树造林，加强以森林和湿地为主的农村生态屏障的保护和修复，实现人与自然和谐相处。规划建设要适应农民生产生活方式，突出乡村特色，保持田园风貌，体现地域文化风格，注重农村文化传承，不能照搬城市建设模式，防止“千村一面”。

5. 坚持因地制宜，分类指导

针对各地发展基础、人口规模、资源禀赋、民俗文化等方面的差异，切实加强分类指导，注重因地制宜、因村施策，现阶段应以旧村改造和环境整治为主，不搞大拆大建，实行最严格的耕地保护制度，防止中心村建设占用基本农田。

三、乡村规划的基本方法

1. 对于不同乡村类型制定相应的规划要求

可根据村庄的区位条件，将村庄划分为城郊型和乡村型；也可根据村庄的主导产业及现状资源条件，将村庄划分为旅游型、工业型、养殖型和保护型等。

城郊型村庄规划应综合考虑城镇化推进和村庄产业发展的影响，合理控制村庄规模，注重与城市基础设施、公共服务设施的有机衔接，改善村庄居住环境品质，远景应纳入城市进行统一规划建设；而乡村型村庄编制规划应根据村庄的基础条件、建房需求和产业发展要求，引导其进行建设活动。

当然，绝大多数村庄并不一定可以被准确地定义为某种特定的村庄类型，因此，村庄规划不可教条地照搬村庄类型的界定和相对应的规划要求，而应根据实际情况综合多种村庄类型的规划要求编制规划。在确定好村庄类型的基础上，确定规划目标和构思，作为空间布局规划的依据。

2. 乡村建设与产业引导相结合

发展乡村经济是新农村建设的重要目的之一，因此乡村规划的内涵绝不应局限在风貌整治、改善环境、基础设施建设等物质规划层面，而应将乡村建设与产业引导相结合，通过综合分析乡村产业特点，总结乡村产业发展需求，具有针对性地建设相关设施，促进乡村传统农业的升级和转型，提高产品附加值，从根本上解决农民增收的问题。

3. 采用适应乡村社会特征的空间组织方式

以亲缘关系为纽带的空间聚居是我国乡村的一个典型社会特征，表现在乡村空间上就是同姓、同宗或者具有血缘关系的农民更喜欢集中居住，彼此熟悉，有利于形成良好的社会关系网络，传承家族传统。乡村规划应重视对社会关系与空间布局关系的梳理，在原有布局基础上，采用村庄—住宅组群—院落的方式组织村庄空间；同时，在建设新村时，也应注意延续旧村的空间肌理，以有利于对传统文化的继承和发展。

4. 尊重乡村原生态特征的空间设计

乡村是不同于城市的人类聚居形态，其传统风貌与空间肌理表达了地域文化特征、社会结构、自然环境特点等诸多方面的信息。乡村规划应对空间形态、布局及其成因进行分析，尊重乡村所在地域的地形地貌、自然植被、河流水系等环境要素，延续乡村原有空间结构与外观风貌，引导新村建设在空间布局、建筑组合方式、建筑形式、色彩等各个方面与旧村相协调，将新村与旧村融合成有机的整体，从而使乡村的历史文化、社会结构、自然环境特色得以传承。

5. 重视乡村特色空间的塑造

乡村的特色空间主要指标志性的街巷空间、滨水空间、村口空间等公共空间，是乡村历史文化、乡风民俗、生态环境等特征的集中反映。街巷空间可结合现状条件，采用商业街巷、水巷、历史街巷等多种形式，组织富有地域特色的街巷系统；滨水空间主要是在现有水系的基础上进行梳理、组织，尽量保持自然岸线，注重临水住宅、公建的设计和水空间节点的设计，形成乡村的公共活动空间；村口空间可以通过建筑物、构筑物、植物和自然环境等形成乡村入口的公共空间，起到入口的提示作用，形成标志性景观区域。

6. 近期建设与长远发展并重

乡村规划不但需要对近期建设进行深入细致的考虑，也要兼顾长远发展的需要，配套相应的公共政策。具体而言，乡村规划首先应对农民需求进行分析，分清主次、轻重和缓急，编制规划方案时必须统筹兼顾，分步解决村庄所面临的问题。对于近期建设，应详细罗列建设项目和投资测算，对于长远发展进行规划控制和投资估算，合理分配资源，并制定配套公共政策，通过政府侧重监督、村庄主导实施的方式，从整体上协调乡村近期建设和长远发展的关系。

7. 加强乡村规划的公众参与力度

乡村规划作为实效性、实施性要求很高的规划类型，应加强农民的参与力度，并且要贯穿始终。在规划编制前期，通过座谈会、问卷调查的形式，倾听居民的生活需求、发展愿景，并通过专业的分析与整理，形成乡村规划编制的重要依据；在乡村规划编制完成后，通过规划公示、宣讲的方式，让居民了解乡村未来的蓝图，并及时总结反馈意见，修改形成具有较强操作性、符合当地村民意愿的乡村规划。

第二节　乡村规划的框架体系

一、乡村规划总体框架

浙江省乡村规划呈现多层次、多类型、组合式规划编制特征，以适应不同类型、不同水平的村庄发展需求。

（一）规划编制技术特色

1. 提出了村庄布点规划内容指导

国家相关技术依据并没有对村庄布点规划编制提出详细的编制内容指导，浙江省通过《浙江省村庄规划编制导则》（2015）对村庄布点规划提出了明确的编制要求。

2. 村庄整治规划编制技术依据具有创新性

《浙江省村庄整治规划编制内容和深度的指导意见》（2007）规定了村庄整治规划的编制内容，明确了村庄整治规划的技术要求，为村庄整治规划的编制提供了详细的指导，是一种规划技术依据上的创新，具体有以下三个创新点。

第一，用地分类的细化。《意见》指出用地布局需要确定不同使用性质的用地分类界限，分类要至小类。

第二，编制内容的完善。《意见》指出应将建筑按照历史文化古建筑、外观与结构较好应予保留的建筑、结构较好外观需予整治的建筑以及需改造的建筑四个等级进行分类整治。

第三，编制深度的明确。《意见》对规划编制深度提出了明确的要求，指出村庄整治规划应达到直接指导建设或工程设计的深度：村庄整治（新、扩、改建）建设项目、道路以及公用工程设施要标有控制点坐标、标高，整治项目需要有建筑平、立、剖面方案图。

3. 提出了乡村建设行动计划

针对村庄环境风貌的营造提出了美丽乡村建设行动计划，明确村庄规划编制和建设实施的具体操作方式，是村庄规划实施策略的创新。计划提出村庄建设和规划的基本单元为县；村庄环境整治建设的基本方式是“多村统一规划、联合整治，城乡联动、区域一体化建设”，通过编制农村区域性路网、管网、林网、河网、垃圾处理网、污水治理网一体化建设规划，成片连村推进农村河道水环境综合治理，使农村环境明显优化；村庄规划和村庄相关项目建设应采取一个部门牵头、多部门参与的方式，促进村庄规划的实施。

4. 提出了村庄设计

为规范村庄设计工作，传承历史文化，营造乡村风貌，彰显村庄特色，提高建设水平，推进“两美”浙江建设，浙江省住建厅出台《村庄设计导则》，明确中心村、美丽宜居示范村、历史文化名村、传统村落等重要村庄和建设项目较多的村庄要在编制（修改）村庄规划的同时开展村庄设计。村庄设计要融村居建筑布置、村庄环境整治、景观风貌特色控制指引、基础设施配置布局、公共空间节点设计等内容为一体，体现村落空间的形态美感。

（二）规划编制层级和类型特色

1. 规划编制层级特色

（1）村庄布点规划——县（市）域层面的村庄规划内容

县（市）域层面的村庄布点规划作为区域层面的规划，在统筹县（市）域内的村庄资源，指导村庄的建设与发展方面起到很大的作用。浙江省村庄布局规划编制总体按照《浙江省村庄规划编制导则》（2015）要求进行，重点关注空间的布局和物质环境的改善，规划重点内容包括村庄空间布局、村庄基础设施规划以及近期建设规划。

（2）乡村建设连线成片规划——分区层面的村庄规划内容

乡村建设连线成片规划是通过编制农村区域性一体化建设规划，成片连村推进农村环境综合整治，优化村庄人居环境。如《龙游县“美丽乡村”创建——北线规划设计》综合考虑区域防灾、环保及景观布局，整合区域性基础设施及公共服务设施，编制了区域防灾规划、环境保护规划、沿线景观规划及综合工程规划，提出了空间管制导则、重要节点与段落改造及规划实施措施，针对旅游产业发展编制了产业发展专题和游览设施专项规划，通过规划整合区域生产、生活及生态设施，提升区域村庄整体发展水平。

（3）村庄总体规划及建设规划——村庄层面的村庄规划内容

浙江省村庄规划编制呈现结合型规划特征，整合村域总体规划和村庄建设规划内容，根据总体规划和建设规划内容组成的差异，可分为三种类型。

第一，总体规划为主，兼建设规划。村庄建设规划的内容较简单，以总体规划为主，兼建设规划。如《德清县钟管镇茅山村村庄总体规划》中，村域总体规划综合统筹村域产业发展与村庄布点，提出防灾减灾、环卫、环保措施，综合安排村域基础设施和公共服务设施，规划内容详尽；村庄建设规划主要对新建中心村平面布局进行具体安排，内容较简单。

第二，建设规划为主，兼总体规划。村域总体规划内容设置较为简单，以村庄建设规划为主，兼总体规划。如《湖州市练市镇庄家村村庄建设规划》中，村域总体规划包括村域经济发展、村庄布局以及主要公共服务设施的安排，规划内容较简单；村庄建设规划对村庄建设的各方面内容进行了综合考虑，包括用地布局、新村建设详细规划、绿化景观规划、基础设施规划、住宅建筑设计、村庄整治规划以及近期建设规划，内容较详尽。

第三，总体规划与建设规划并重。村域总体规划与村庄建设规划两者并重，共同为村庄的建设和发展提供指导。如《嵊州市黄泽镇渔溪村村庄整治建设规划》中，村域总体规划内容包括自然村布局、村域服务设施规划、村域旅游发展规划、村域环境保护规划以及村域防灾减灾规划等。村庄建设规划内容包括用地布局规划、基础设施规划、重点地段整治规划、单体建筑与建筑风貌规划以及近期村庄建设规划，建设规划安排村庄用地布局，优化村庄空间结构；对村庄的重点地段实施整治，形成良好的景观意象；对近期建设的项目进行安排，突出规划的针对性和指导性。

（4）村庄设计——村庄层面的村庄建设和整治内容

村庄设计要融村居建筑布置、村庄环境整治、景观风貌特色控制指引、基础设施配置布局、公共空间节点设计等内容为一体，体现村落空间的形态美感。

2. 规划的类型特色

（1）法定规划类型多样

从类型上看，有村庄布点规划、村庄总体规划与村庄建设规划相结合的规划、村庄设计，其中结合型规划又可分为以总体规划为主，兼建设规划；以建设规划为主，兼总体规划；总体规划与建设规划并重三种类型的规划。规划的类型多样，规划类型组合丰富。

（2）编制了法定规划以外的规划

第一，增加了规划层次。分区层面的连线成片规划是法定规划层级以外的规划，丰富了规划编制体系。

第二，丰富了规划内容。浙江省部分村庄在村庄规划中增加了专题研究内容，如武义县编制了《武义县美丽乡村生态产业和主题特色研究》。专题研究对武义县生态产业发展进行了探讨，为村庄产业发展提供指导，为村庄空间布局提供支撑。

第三，完善了规划体系。浙江省部分村庄在村庄规划以外编制了多种专项规划和研究性规划，多层面审视村庄的发展，是村庄规划的重要补充。如宁波市滕头村，编制了《滕头村观赏植物园总体规划》《中国滕头旅游发展总体策划》专项规划以及《滕头村经济社会发展规划》研究性规划，从村庄经济社会发展、村庄产业发展战略、生态环境保护等方面优化村庄的建设与发展，为村庄发展提供多层面的指导。

二、县（市）域村庄布点规划内容与要求

（一）县（市）域村庄布点规划总体要求

县（市）域村庄布点规划是以县（市）域城镇体系规划、农业区规划、土地利用规划、国民经济和社会发展规划及自然条件、历史沿革与现状为依据，在一定时期内，对县（市）域城镇规划区以外的地域空间中的村庄、生产力、产业结构、公用服务设施、基础设施、环境保护等进行总体安排。

1. 规划范围

县（市）域村庄布点规划的规划范围与县（市）的行政区划范围一致。

2. 规划期限

县（市）域村庄布点规划的期限一般为十年，要求与当地的经济、社会发展规划期限相一致。

3. 规划原则

（1）因地制宜，合理定位。依据各村镇自身区位、资源状况、地质条件和地形地貌特点，因地制宜，分类安排，妥善处理好村庄和集镇规划布局集中与分散的关系。

（2）集约高效，节约用地。突出集镇和中心村的选址布局，合理控制基层村的数量。村庄和集镇的规划选址要尽量利用好荒坡地、废弃地，不占或少占耕地，建设紧凑型集镇和村庄。

（3）有利生产，改善生活。根据各地实际情况及发展规划，合理确定农业生产耕作距离、基础设施和公共服务设施的服务范围，规避洪涝区、干旱区、有毒有害区及地质灾害区，优先在供水排水条件良好、交通便捷的区域选址布局。

（4）保护文化遗存，突出地方特色。加强生态环境保护与建设，突出对历史文化资源、风景名胜、自然保护区的保护，发展传统产业，合理适度保留传统民居、特色民俗，延续乡村历史文脉，强化乡村特色塑造。

（二）县（市）域村庄布点规划主要内容

1. 现状调研和资料收集

对区域内的村庄现状进行深入细致的调查研究，做好基础资料的收集、整理和分析工作。

2. 综合评价村庄发展条件

对村庄经济和社会发展的优势与制约因素、建设条件进行分析研究，综合评价村庄发展的条件、优势和主要问题，对村庄发展的潜力与优劣做出判断，为确定村庄布点提供依据，主要内容包括：

（1）人口发展和劳动力就业分析；

（2）村庄经济社会发展分析；

（3）区位与交通条件分析；

（4）基础设施、社会服务设施和防灾抗灾能力分析；

（5）土地利用、基础设施、风景旅游、历史文化遗产等影响分析；

（6）主要村庄的规模结构、职能分工和空间布局分析。

3. 预测村庄人口发展规模

村庄人口规模应与农业生产特点、耕作半径相适应。按先中心村后基层村的顺序确定，综合考虑耕地资源、生产工具、机械化程度、产业类型、人口密度、耕地经营规模、公共服务设施项目配置等因素。村庄人口规模大小按村庄职能等级的高低对应分布。村庄人口规模的确定应与村庄重组、撤并的进程和潜在的发展能力相适应。

4. 确定村庄的职能分工、等级结构

基层村、中心村一般是村民委员会所在地，设有简单的生活服务设施；集镇一般是乡人民政府所在地，设有基本的生活服务设施和部分公共设施。村庄的职能主要包括职能等级的划分、职能类型的确定与分布、职能的分工与组织等。

（1）职能等级：按《村镇规划标准》将村庄分为基层村、中心村、集镇三个职能等级，其中的集镇是指乡域或城镇片区的中心。

（2）职能类型：集镇具有工业、交通、金融、贸易、商业、农业服务、旅游等职能；基层村、中心村有林业、牧业、种植业、渔业、养殖业和传统手工业、农产品初加工业、采矿业、旅游业等职能。

5. 确定村庄的空间布局

村庄布点规划应以县（市）域城镇体系规划为依据，以所在城镇为中心，对村庄进行合理布局，并对主要建设项目进行综合部署。

村庄空间布局规划的主要内容为：确定撤并、迁移新建、控制发展、聚集发展四种基本类型的村庄及发展策略。包括各中心村人口规模、建设用地标准和用地规模的确定；各基层村人口规模、建设用地标准和用地规模的确定；村庄空间发展策略。

（1）空间结构规划的确定

分析现状区域内村庄空间分布的特点和存在的问题、影响因素、地理环境特征，确定村庄发展空间分布方向、村镇组合形态的发展变化趋势；确定不同区域、不同等级村庄发展的空间轴线和发展框架；结合村庄职能结构和规模结构，进行发展策略的归类，确定村庄发展类型。

（2）集镇和中心村确定的原则

发展条件好的村庄；原乡政府所在地或是某一片区中心；与镇区和其他中心村有合理的间距，服务半径适宜；具有发展潜力和优势；有适宜的人口规模和经济规模。

（3）区分村庄类型

根据各县（市）的地理位置、经济发展水平、人口密度等因素，可将县（市）域分为以下几种类型的区域：山区、丘陵、平原地区；经济发达地区、经济中等发达地区、经济欠发达地区；交通沿线地区、非交通沿线地区；人口高密度地区、人口中密度地区、人口低密度地区。宜根据区域的实际情况，确定村庄发展的战略和布局结构。

（4）村庄空间布局类型

可分为撤并、迁移新建、控制发展、聚集发展四种基本类型。确定撤并、迁移新建、控制发展、聚集发展等不同类型村庄的基本标准；对村庄进行分析研究和评价，确定撤并、迁移新建、控制发展、聚集发展等不同类型村庄。

（5）迁移新建村庄的条件与流向

迁移新建村庄的基本条件：有必要的村庄建设用地，有基本农田和农业产业支撑，有第二、第三产业提供的就业机会，有必要的工程基础设施和社会服务设施，且有发展前景。

迁移新建村庄的流向：发展条件差的村庄向发展条件好的村庄集聚，无发展潜力的村庄向有发展潜力的村庄集聚，偏远山区村庄向镇区或平原中心村迁移，受水利工程建设影响的村庄向镇区或中心村迁移，分散的村庄向中心村集聚，受地质灾害或其他自然灾害严重影响的村庄向自然条件良好地区迁移。

（6）村庄撤并的基本条件

人口规模过小，没有基本农田和农业产业支撑；不通公路或缺乏基本的基础设施和社会服务设施；处在文物古迹、水源地、生态和自然保护区、风景名胜区、滞洪、蓄洪区、交通和工程管线保护区域；地质灾害或自然灾害易侵袭地区及其他法律法规规定的保护范围用地内；村庄发展受到制约，生态环境恶劣、没有发展潜力的村庄。

6. 基础设施规划布局

基础设施项目配置执行《村镇规划标准》，可根据各村庄不同情况适当增加或减少。基础设施包括能源供应、给水排水、道路交通、邮电通信、环境保护（环境卫生）、防灾减灾六大系统。

基础设施规划主要考虑以下因素：按村庄等级分级配置；结合城镇体系规划，适度集中布置基础设施，实现基础设施的共建共享；充分利用原有设施基础，逐步改造完善。提出分级配置各类设施的原则，确定各级村庄配置设施的类型和标准。

7. 社会服务设施规划

社会服务设施包括行政经济管理、教育机构、医疗保健、文体科技、商业服务五大系统。社会服务设施项目、规模、层次和级别应按县（市）域城镇体系规划、《村镇规划标准》要求，考虑村庄的职能等级、规模和服务功能等，综合确定、形成社会服务设施网络。

社会服务设施配置主要考虑以下因素：按村庄等级分级配置；结合村庄布点，对社会服务设施（如学校、文化设施等）适当撤并；新增社会服务设施应主要安排在规划的中心村及城镇；充分利用原有社会服务设施，逐步改造完善。

8. 空间发展引导管理

可根据不同情况划分四类区域（积极发展、引导发展、限制发展和禁止发展），制定各区域和村庄规划管理措施。

限制发展、禁止发展的区域主要是文物古迹、水源地、生态和自然保护区、风景名胜区、滞洪、蓄洪区；交通道路、电力高压线走廊等工程管线保护区域；今后城市扩张、产业园区建设需要用地的范围；地质灾害或自然灾害易侵袭地区及其他法律法规规定的保护范围用地等。

9. 环境保护与防灾规划

根据县（市）域环境保护的目标、保护和治理对策、功能区划，明确村庄环境保护的要求和控制标准，确定需要重点整治的村庄、污染源和防治措施。

10. 近期规划

确定近期规划目标、内容、建设用地规模和建设项目实施部署等。

11. 实施规划的政策建议和措施

根据实施规划过程中的主要问题和矛盾，提出村庄发展和布局的分类指导政策建议及措施。

三、县（市）域乡村建设规划内容与要求

（一）县（市）域乡村建设规划总体要求

县（市）域乡村建设规划是统筹乡村空间、产业和资源的重要手段，是实施乡村基础设施建设和公共服务配套的依据。

1. 规划范围

县（市）域乡村建设规划的规划范围与县（市）的行政区划范围一致。

2. 规划期限

县（市）域乡村建设规划重点制定近期五年行动计划，远期与当地的经济、社会发展规划期限相一致。

3. 规划原则

（1）绿色生态

贯彻生态优先、绿色发展的理念，不破坏自然环境、自然水系、村庄肌理和传统风貌，做到生态、生产、生活空间融合，营造良好的乡村地区环境。

（2）城乡统筹

从县（市）域整体层面谋划乡村发展，推进乡村产业特色发展，促进城镇设施向乡村延伸，构建区域功能协调、城乡功能互补、空间布局合理与支撑体系完善的城乡系统。

（3）多规融合

贯彻多规融合的理念和方法，将城乡规划、发改、国土、环保、交通、农林和水利等部门的规划要求与建设项目在空间上统一起来，实现乡村规划“一张图”。

（4）彰显特色

尊重自然，顺应自然，注重保护生态环境，体现地域特点，彰显乡村特色，传承历史文化、乡风民俗、传统建筑等，展现田园风貌，塑造乡村特色风貌。

（二）县（市）域乡村建设规划主要内容

1. 乡村建设目标

从生态保护、产业发展、历史文化保护、农房建设、乡村道路、安全饮水、生活垃圾和污水治理等方面，因地制宜地制定乡村建设中远期发展目标，确定乡村地区发展战略与路径，明确相应的发展指标，落实乡村建设近期行动计划。

2. 村镇体系规划

在科学分析乡村人口流动趋势及空间分布的基础上，以空间资源合理配置为目标，综合运用分区、分类、分级的空间方法，协调乡村生态、生产、生活空间，划定经济发展片区，明确生态环境、自然景观和文化遗产等保护的管控分区，确定村镇规模和功能，统筹建立县域乡村空间体系，实现乡村空间的治理。

（1）空间管治

基于生态环境、用地适宜性评价和资源利用特点，确定县（市）域需要重点保护的区域，细化乡村地区主体功能，包括重点开发区域、限制开发区域和禁止开发区域，提出相应的空间资源保护与利用的限制和引导措施。

（2）产业发展

在经济发展优劣分析与资源禀赋条件评价基础上，明确县（市）域乡村产业结构、发展方向和产业选择重点，划定经济发展片区，制定各片区的开发建设与控制引导的要求和措施，促进县（市）域城乡产业多层次融合发展。

（3）村镇体系

根据县域内不同规模、职能和特点的村镇，科学合理地确定村镇等级体系。村镇体系一般由重点镇、一般乡镇、中心村、自然村四个等级构成，形成以乡镇政府驻地为综合公共服务中心，以中心村为基本服务单元的相对均衡的乡村空间布局模式。

3. 乡村用地规划

根据县（市）域不同地区的用地适宜性条件、资源开发情况、生态环保和防灾减灾安全要求、扶贫支持政策等，研究生态、生产和生活空间内的建设用地集聚模式，合理划定乡村产业发展用地，提出适合当地建设要求的农村居民点布局原则，明确宅基地规模标准，确定乡村建设用地规模和管控要求，并和土地利用规划中的约束性指标相协调。

4. 重要基础设施和公共服务设施规划

确定乡村供水、污水和垃圾治理、道路、电力、通信、防灾等设施的用地位置、规模和建设标准，依据生活圈配置教育、医疗、商业等公共服务设施。设施配置应以共建共享为原则，结合村庄分类，针对村庄实际需求，按照不同标准分别配置。配置标准应结合人口规模和产业特点，与地区经济社会发展水平相适应。产业发展、生态环境保护、历史文化保护等方面有特殊要求的镇村，应按照特殊要求进行设施配置和建设。

5. 乡村风貌规划

依据乡土风情、生态格局、自然肌理、建筑风格等划定乡村风貌分区，制定田园风光、自然景观、建筑风格和文化保护等风貌控制要求，有针对性地提出风貌引导策略。重点体现在延续原有乡村格局和空间尺度、挖掘和展示地域建筑特色、塑造本地化的绿化环境景观三个方面。加强重点地区的风貌控制指引，结合地方实际提出城乡接合部、交通要道沿线、相关保护区和连片发展地区等重要节点地区的风貌控制要求。

6. 村庄整治规划

依据现状居民点规模、空心率、区位交通、基础设施、经济状况、资源条件等综合分析，将村庄分为综合整治型、专项整治型和基本保障型。

根据《住房城乡建设部关于印发〈村庄整治规划编制办法〉的通知》（建村［2013］188号），要求针对不同整治类型的村庄提出不同侧重的乡村整治项目指引。

四、村庄规划内容与要求

（一）一般村庄规划

村庄规划内容分基础性与扩展性内容，基础性内容是各类村庄都必须要编制的，扩展性内容针对不同类型村庄可选择性编制（表3-1）。

表 3-1　村庄规划内容

村庄规划内容		基础性与扩展性内容	
		基础性内容	扩展性内容
村域规划	资源环境价值评估	√	
	发展目标与规模	√	
	村域空间布局		√
	村庄产业发展规划		√
	空间管制规划	√	
居民点规划	村庄建设用地布局	√	
	旧村整治规划		√
	基础设施规划	√	
	公共服务设施规划	√	
	村庄安全与防灾减灾	√	
	村庄历史文化保护		√
	景观风貌规划设计指引		√
	近期建设规划	√	

注：① 基础性内容可根据村庄实际情况做适当调整。
② 历史文化名村、传统村落的规划内容应符合相关法规、规范、标准的要求。

1. 村域规划内容

（1）资源环境价值评估

综合分析自然环境特色、聚落特征、街巷空间、传统建筑风貌、历史环境要素、非物质文化遗产等，从自然环境、民居建筑、景观元素等方面系统地进行村庄自然、文化资源价值评估。

（2）发展目标与规模

提出近、远期村庄发展目标，明确村庄功能定位与发展策略，并进一步明确村庄人口规模与建设用地规模。在与土地利用规划充分衔接的基础上，确定村庄建设用地规模，并重点落实村民建房新增建设用地。

（3）村域空间布局

以路网、水系、生态廊道等为框架，明确生态、生产、生活“三生”融合的村域空间发展格局，明确生态保护、产业发展、村庄建设的主要区域，明确生产性设施、道路交通和给水排水等基础设施、防灾减灾等的布局。

（4）村庄产业发展规划

提出村庄产业发展的思路和策略，并进行业态与项目策划，统筹规划村域三产发展和空间布局，合理确定农业生产区、农副产品加工区、旅游发展区等产业集中区的布局和用地规模。

（5）空间管制规划

划定“禁建、限建、适建”三类空间区域和“绿线、蓝线、紫线、黄线”四类控制线，并明确相应的管控要求和措施。

①“三区”划定

禁建区：永久性基本农田、行洪河道、水源地一级保护区、风景名胜区核心区、自然保护区核心区和缓冲区、森林湿地公园生态保育区和恢复重建区、地质公园核心区、区域性基础设施走廊用地范围内、地质灾害易发区、矿产采空区、文物保护单位保护范围等，禁止村庄建设开发活动。

限建区：水源地二级保护区、地下水防护区、风景名胜区非核心区、自然保护区非核心区和缓冲区、森林公园非生态保育区、湿地公园非保育区和恢复重建区、地质公园非核心区、海陆交界生态敏感区和灾害易发区、文物保护单位建设控制地带、文物地下埋藏区、机场噪声控制区、区域性基础设施走廊预留控制区、矿产采空区外围、地质灾害低易发区、蓄洪涝区、行洪河道外围一定范围等，限制村庄建设开发活动。

适建区：在已经划定为村庄建设用地的区域，合理安排生产用地、生活用地和生态用地，合理确定开发时序和开发要求。

②“四线”划定

绿线：划定村域各类绿地范围的控制线，规定保护和控制要求。

蓝线：划定在村庄规划中确定的江、河、湖、库、渠和湿地等村域地表水体保护与控制的地域界线，规定保护和控制要求。

紫线：划定历史文化名村、传统村落等的保护范围界线，以及文物保护单位、历史建筑、传统风貌建筑、重要地下文物埋藏区等的保护范围界线。

黄线：划定村域内必须控制的重大基础设施用地的控制界线，规定保护和控制要求。

2. 居民点（村庄建设用地）规划内容

（1）村庄建设用地布局

对居民点用地进行用地适宜性评价，综合考虑各类影响因素确定建设用地范围，充分结合村民生产生活方式，明确各类建设用地界线与用地性质，并提出居民点集中建设方案与措施。

（2）旧村整治规划

划定旧村整治范围，明确新村与旧村的空间布局关系；梳理内部公共服务设施用地、村庄道路用地、公用工程设施用地、公共绿地以及村民活动场所等用地；评价建筑质量，重点明确居民点中拆除、保留、新建、改造的建筑；提出旧村的建筑、公共空间场所等的特色引导内容。

（3）基础设施规划

合理安排道路交通、给水排水、电力电信、能源利用及节能改造、环境卫生等基础设施。

①道路交通：明确村庄道路等级、断面形式和宽度，提出现有道路设施的整治改造措施；确定道路控制点标高；提出停车设施布局及措施；确定公交站点的位置。

②给水排水：合理确定给水方式、供水规模，确定输配水管道敷设方式、走向、管径等；合理确定村庄雨污排放和污水处理方式，确定各类排水管线、沟渠走向、管径以及横断面尺寸等建设要求，提出污水处理设施的规模与布局。

③电力电信：确定用电指标，预测生产、生活用电负荷，确定电源及变、配电设施的位置、规模等；确定供电管线走向、电压等级及高压线保护范围；提出现状电力电信杆线整治方案，确定电力电信杆线路布设方式及走向。

④能源利用及节能改造：确定村庄生活生产所需的清洁能源种类及解决方案；提出可再生能源利用措施；提出房屋节能措施和改造方案，明确节水措施。

⑤环境卫生：按照农村生活垃圾分类收集、资源利用、就地减量等要求，确定生活垃圾收集处理方式，合理确定垃圾收集点的布局与规模。

（4）公共服务设施规划

合理确定行政管理、教育、医疗、文体、商业等公共服务设施的规模与布局。

（5）村庄安全与防灾减灾

应根据村庄所处的地理环境，综合考虑各类灾害的影响，明确建立村庄综合防灾体系，划定洪涝、地质灾害等灾害易发区的范围，制定防洪防涝、地质灾害防治、消防等相应的防灾减灾措施。

①消防：确定村庄消防要求和保障措施，明确消防水源位置、容量，划定消防通道。

②防洪排涝：确定防洪标准，明确洪水淹没范围及防洪措施；确定适宜的排涝标准，并提出相应的防内涝措施。

③地质灾害综合防治：提出工程治理或搬迁避让措施。

④避灾疏散：综合考虑各种灾害的防御要求，统筹进行避灾疏散场所与避灾疏散道路的安排与整治。

（6）村庄历史文化保护

提出村庄历史文化和特色风貌的保护原则；提出村庄传统风貌、历史环境要素、传统建筑的保护与利用措施，并提出历史遗存保护名录，包括文物保护单位、历史建筑、传统风貌建筑、重要地下文物埋藏区、历史环境要素等；提出非物质文化遗产的保护和传承措施。

（7）景观风貌规划设计指引

结合村庄传统风貌特色，确定村庄整体景观风貌特征，明确村庄景观风貌设计引导要求。

①总体结构设计引导：充分结合地形地貌、山体水系等自然环境条件，传承村庄历史文化，引导村庄形成与自然环境、地域特色相融合的空间形态，提出村庄与周边山水相互依存的规划要求。

②空间肌理延续引导：通过对村庄原有自然水系、街巷格局、建筑群落等空间肌理的研究，提出旧村改造和新村建设中空间肌理保护延续的规划要求。

③公共空间布局引导：结合生产生活需求，合理布置公共服务设施和住宅，形成公共空间体系化布局；从居民实际需求出发，充分考虑现代化农业生产和农民生活习惯，形成具有地域文化气息的公共空间场所。

④风貌特色保护引导：保护原有村落聚集形态，处理好建筑与自然环境之间的关系；保护村庄街巷尺度、传统民居、古寺庙以及道路与建筑的空间关系等；

继承和发扬传统文化，适当建设标志性公共建筑，突出不同地域的特色风貌。

⑤绿化景观设计引导：充分考虑村庄与自然的有机融合，合理确定各类绿地的规模和布局，提出村庄环境绿化美化措施，确定本土绿化植物种类；提出村庄闲置房屋和闲置用地的整治与改造利用措施；提出沟渠水塘、壕沟寨墙、堤坝桥涵、石阶铺地、码头驳岸等的整治措施；提出村口、公共活动空间、主要街巷等重要节点的景观整治措施。

⑥建筑设计引导：村庄建筑设计应因地制宜，重视对传统民俗文化的继承和利用，体现地方乡土特色；充分考虑农业生产和农民生活习惯的要求，做到“经济实用、就地取材、错落有致、美观大方”，挖掘、梳理、展示浙江民居特色；提出现状农房、庭院整治措施，并对村民自建房屋的风格、色彩、高度、层数等进行规划引导。

⑦环境小品设计引导：环境设施小品主要包括场地铺装、围栏、花坛、园灯、座椅、雕塑、宣传栏、废物箱等。场地铺装，形式应简洁，用材应乡土，利于排水；围栏设计美观大方，采用通透式，装饰材料宜选用当地天然植物；花坛、园灯、废物箱等风格应统一协调。

（8）近期建设规划

①确定近期重点建设项目和区域。

②项目投资估算：对村庄近期实施项目所需工程规模、投资额进行估算，对资金来源做出分析，其中主要公共建筑、绿地广场工程等所需投资应单独列出。

③主要技术经济指标：总户数、总人口数，总建筑面积和住宅、公建等建筑面积，户均住宅建设面积标准等。

（二）历史文化名村保护规划

历史文化名村，是经国家有关部门或省、自治区、直辖市人民政府核定公布并授牌予以确认的，保存文物特别丰富并且具有重大历史价值或革命纪念意义，能较完整地反映一定历史时期的传统风貌和地方民族特色的村庄。

1. 历史文化名村保护规划总体要求

历史文化名村的保护应当遵循科学规划、严格保护的原则，保持和延续其传统格局和历史风貌，维护历史文化遗产的真实性和完整性，继承和弘扬中华民族优秀传统文化，正确处理经济社会发展和历史文化遗产保护的关系。历史文化名村保护规划的规划期限应当与村庄规划的规划期限相一致。

2. 历史文化名村保护规划主要内容

（1）评估历史文化价值、特色和现状存在问题

具体包括：历史沿革，包括建制沿革、聚落变迁、重大历史事件等；文物保护单位、历史建筑、其他文物古迹和传统风貌建筑等的详细信息；传统格局和历史风貌；历史环境要素，包括古塔、古井、牌坊、戏台、围墙、石阶、古树名木等；传统文化及非物质文化遗产；基础设施、公共安全设施和公共服务设施现状；保护工作现状。

（2）确定保护内容和保护重点

具体包括：保护和延续古村的传统格局、历史风貌及其周边的自然景观环境；保护历史文化街区和其他有传统风貌的历史街巷；保护文物保护单位、已登记尚未核定公布为文物保护单位的不可移动文物；保护历史建筑，包括优秀近现代建筑；保护传统风貌建筑；保护历史环境要素，包括反映历史风貌的古井、围墙、石阶、铺地、驳岸、古树名木等；保护特色鲜明与空间相互依存的非物质文化遗产以及优秀传统文化。

（3）提出总体保护策略和村域保护要求

具体包括：协调新村与老村的发展关系；控制机动车交通，交通性干道不应穿越保护范围，交通环境的改善不宜改变原有街巷的宽度和尺度；市政设施应考虑街巷的传统风貌，要采用新技术、新方法，保障安全和基本使用功能；对常规消防车辆无法通行的街巷提出特殊消防措施，对以木质材料为主的建筑应制定合理的防火安全措施；合理提高历史文化名村的防洪能力，采取工程措施和非工程措施相结合的防洪工程改善措施；应对生产、储存爆炸性、易燃性、放射性、毒害性、腐蚀性物品的工厂、仓库等，提出迁移方案；应对污水、废气、噪声、固体废弃物等环境污染提出具体治理措施。

（4）提出与名村密切相关的传统格局和历史风貌保护措施

传统格局不仅体现选址布局的基本思想，也记录和反映城镇、村庄格局的历史变迁；历史风貌则是反映历史文化特征的景观和自然、人文环境的整体面貌，因此，传统格局和历史风貌都是名城、名镇、名村价值特色的集中体现。鉴于目前的保护现状和存在的问题，尤其要坚持整体保护的原则，不能忽视历史建筑的

保护，忽视历史建筑周围人文与自然环境的保护。

（5）确定核心保护范围，制定相应的保护控制措施

核心保护范围的保护与控制措施包括：提出街巷保护要求与控制措施；对保护范围内的建筑物、构筑物进行分类保护，并提出相应措施；对基础设施和公共服务设施的新建、扩建活动，提出规划控制措施。

针对建设控制地带内的新建、扩建、改建和加建等活动，在建筑高度、体量、色彩等方面提出规划控制措施。

（6）提出保护范围内建筑物、构筑物和历史环境要素的分类整治要求

①文物保护单位：按照批准的文物保护规划的要求落实保护措施。

②历史建筑：按照《历史文化名城名镇名村保护条例》要求进行保护，改善设施。

③传统风貌建筑：在不改变外观风貌的前提下维护、修缮、整治，改善设施。

④其他建筑：根据对历史风貌的影响程度，分别提出保留、整治、改造要求。

（7）提出延续传统文化、保护非物质文化遗产的规划措施

传统文化和有形的文物、历史建筑相互依存、相互烘托，共同反映历史文化名城、名镇、名村的历史文化积淀。非物质文化遗产是各种以非物质形态存在的与群众生活密切相关、世代相承的传统文化表现形式，包括口头传统、传统表演艺术、民俗活动和礼仪与节庆、有关自然界和宇宙的民间传统知识与实践、传统手工艺技能以及与上述传统文化表现形式相关的文化空间等。

（8）提出改善基础设施、公共服务设施、生产生活环境的规划方案

①控制历史文化名城、名镇、名村的人口数量。保持适当人口数量，尤其是原住民的数量与合理的人口结构是保护历史文化名村价值特色、传统风貌和生机活力的重要手段。但要注意三个方面问题：一是要根据环境资源的承载能力，合理确定人口容量；二是人口结构要合理，要缓解人口老龄化的趋向，注意保持合适比例的原住民数量；三是适当控制外来人口。

②改善基础设施、公共服务设施和居住环境。改善基础设施，主要包括完善交通设施，沟通村民与外界的生产生活联系；建设和完善给水、排水、燃气、通信、消防等基础设施，满足居民日常生活中的用电、用水、用气等需求。改善公

共服务设施，主要包括按规划建设村民生活的必要生活设施，如学校、托儿所、幼儿园、商店、体育、医疗等设施。

（9）确定保护规划分期实施方案

历史文化名村保护规划的近期规划措施，应当包括以下内容：抢救已处于濒危状态的文物保护单位、历史建筑、重要历史环境要素；对已经或可能对历史文化名镇名村保护造成威胁的各种自然、人为因素提出规划治理措施；提出改善基础设施和生产、生活环境的近期建设项目；提出近期投资估算。

（三）传统村落保护发展规划

传统村落，是指村落形成较早，拥有较丰富的传统资源，拥有一定历史、文化、科学、艺术、经济、社会价值，应予以保护的村落。

1. 传统村落保护发展规划总体要求

编制传统村落保护发展规划，要坚持保护为主、兼顾发展，尊重传统、活态传承，符合实际、农民主体的原则，注重多专业结合的科学决策，广泛征求政府、专家和村民的意见，提高规划的实用性和质量。有条件的村落，应根据村落实际需求结合经济发展条件，进一步拓展深化规划的内容和深度。

2. 传统村落保护发展规划主要内容

（1）发展定位分析及建议

分析传统村落的发展环境、保护与发展条件的优劣势，提出村落发展定位及发展途径的建议。

（2）明确保护对象

依据传统村落调查与特征分析结果，明确传统资源保护对象，对各类各项传统资源分类分级进行保护。

（3）划定保护区划

传统村落应整体进行保护，将村落及与其有重要视觉、文化关联的区域整体划为保护区加以保护；村域范围内的其他传统资源也应划定相应的保护区；要针对不同范围的保护要求制定相应的保护管理规定。

（4）明确保护措施

明确村落自然景观环境保护要求，提出景观和生态修复措施以及整改办法。明确村落传统格局与整体风貌保护要求，保护村落传统形态、公共空间和景观视廊等，并提出整治措施。保护传统建（构）筑物，提出传统建（构）筑物分类及相应的保护措施。保护传承非物质文化遗产，提出对非物质文化遗产的传承人、场所与线路、有关实物与相关原材料的保护要求和措施，以及管理与扶持、研究与宣教等的规定和措施。

（5）确定保护项目

明确五年内拟实施的保护项目、整治改造项目以及各项目的分年度实施计划和资金估算；提出远期实施的保护项目、整治改造项目以及各项目的分年度实施计划。

（6）人居环境规划

改善居住条件，提出传统建筑在提升建筑安全、居住舒适性等方面的引导措施。完善道路交通，在不改变街道空间尺度和风貌的情况下，提出村落的路网规划、交通组织及管理、停车设施规划、公交车站设置、可能的旅游线路组织。提升人居环境，在不改变街道空间尺度和风貌的情况下，提出村落基础设施改善、公共服务提升措施，安排防灾设施。

（7）提出规划实施建议

提出保障保护规划实施的各项建议。

五、村庄设计内容与要求

村庄设计的主要内容包括：总体设计、建筑设计、环境设计、生态设计和基础设施设计。其具体要求如下。

（一）总体设计

1. 空间形态

协调好村庄与周边山林、水体、农田等自然景观资源之间的联系，形成有机交融的空间关系；应根据地形地貌和历史文化特征，灵活采用带状、团块状或散点状空间形态。在功能布局合理的前提下，可采用具有历史文化内涵的图案状平面形态；宜根据当地自然地形地貌灵活选择路网格局；应尊重和协调村庄的原有肌理与格局；充分利用自然地形和建筑功能布局营造天际线。

2. 空间序列

空间序列由轴线和节点组成，轴线以道路、河网等为依托，串联村庄入口、重要的历史文化遗存、重要的公共建筑及公共空间等节点，形成完整的空间体系。

（1）村庄入口及轴线的选择。应综合考虑周边自然地形、水系、农田、古树名木等自然因素，形成人工景观与自然景观相互交融的格局。

（2）轴线设计。形成空间形态与空间尺度的变化，增强空间趣味性；应通过高宽比和断面形式的变化营造丰富的空间感受；轴线界面设计应根据介质的不同而区别对待，街道界面应重视连续性和韵律感，滨水界面应突出生态性和亲水性，沿山界面应突出自然性和生态性。

（3）节点设计。应体现空间序列整体控制要求。

（二）建筑设计

1. 村居功能用房设计

（1）生活用房

卧室、起居室（厅）应尽量朝南向布置，且应直接天然采光、自然通风；厨房应有天然采光、自然通风；卫生间宜直接天然采光、自然通风，应预留安装热水器或安装太阳能热水器管道的位置；礼仪厅堂宜有天然采光、自然通风，其方位、朝向、布局、面积应遵循地方或民族习俗的要求，宜靠近起居室设置或与起居室合用。

（2）储藏室

宜自然通风、采光；存放生产资料的储藏室宜独立设置，并设置独立出入口，方便生产资料的运输与使用；空间高度和面积应符合当地农机、农具的存放要求。

2. 村庄公共建筑设计

（1）村级服务中心

建设规模按照不同类型的村合理布置，一般建筑面积200~300平方米，包括下列建筑功能：村管理用房、多功能活动室、计生办公室、小商品超市、农贸用房、卫生室、村邮政站、公共厕所等。

（2）村级文化活动中心

建设规模按照不同类型的村合理布置，一般建筑面积300~500平方米；另外附设标准室外篮球场一个（420平方米）；可参照省老年活动中心、文化礼堂等相关标准设置；内容包括棋牌、阅览、排练、观演、教学等活动空间。

3. 村庄建筑风貌整治设计

（1）整治设计原则

应注重整治工程与周边环境、相邻房屋的整体协调，包括立面色彩、建筑风格、材料材质方面过渡、衔接、平衡；凡采用清洗方式即可达到要求的，应优先考虑采用外立面清洗的整治方案，仅采用清洗方式无法达到要求的，可进行外立面涂饰；对于历史保护建筑，除存在严重功能缺陷外，不得减少或增加建筑立面上的门窗洞口，一般不得改变门窗的位置；外立面门窗应当与建筑主体可靠连接，固定节点应当满足在风荷载和地震荷载作用下的受力要求。

（2）外立面色彩整治

应在保持村庄色彩整体特征的前提下，进行整治设计；应以消除色彩污染为基本目的，使色彩与周边建筑整体环境协调；色彩的选择应以整体协调为原则，除标志性建筑外，不宜强化单栋建筑个体特征。

（三）环境设计

1. 整体环境设计

（1）交往空间设计

村口空间：采用广场形式的村口空间推荐使用透水性佳的铺装材料，提倡使用乡土材料；采用图案式铺装的图案应和村庄风貌相协调。

公共广场：公共广场应考虑合适的硬地比例和绿化形式，不宜过度铺装；公共广场也可与村民健身设施组合布置；应控制此类广场的停车面积。

街巷节点空间：街巷应具有合适的高宽比，节点处适当开敞；院墙需设定合理的高度，使内外空间产生渗透，并增加节点处的视线焦点。

道路空间：应顺应地形，串联周围山林、农田、溪流、村落等元素，景观应富于变化；生活性街道应选择合适的道路硬化方式。

（2）滨水空间设计

桥梁：总体应简洁质朴、尺度合宜；机动车通行桥一般采用混凝土桥或石桥，步行桥多采用木桥、仿木桥和石桥；对留存的古桥应积极维修。

驳岸护砌：可分为自然式、整形式以及生态型护坡三类。

亲水设施：水边步道宜采用乡村材质，并与河岸线形呼应；亲水平台优先采用防腐木或石材，水埠口宜保留，台阶宜使用毛面石板。

（3）景观小品设计

标识系统：村务公开栏应放置在村民文化讲堂、村委会或活动中心等重要的公共建筑旁；导向标识的指示应明确无歧义，同类标识宜风格一致；材料应尽可能选择竹、木、石等乡土材料。

扶手栏杆：安全性和景观效果应合二为一，尽量选用本土材料，如竹、木、石等；应简洁大方、比例合宜；应便于维护，使用年限长。

坐具：应选择适合的位置摆放坐具；也可与树池花坛或低矮景墙（挡土墙）结合布置；优先使用乡土材料；应易于清洁，方便维护。

垃圾容器：推广垃圾分类；要求坚固耐用、不易倾倒；外框可选用竹、木、仿木等材料，内框采用防水、易清洁的材料；应美观与功能性兼备。

路灯及景观灯：灯具的选择应考虑功能、照度、景观效果等诸多方面，并尽可能选用节能灯具；灯具的外形应体现乡村元素。

2. 绿化设计

公共空间绿化：应遵循适度原则，兼顾经济性、实用性和观赏性。

生产绿化：指村庄建成区内，提供花卉苗木的圃地、生产果品的经济林、竹园、茶园、桑园等，兼具经济价值与观赏性。

乡村道路绿化：应优先使用乡土树种，并满足各级道路的使用要求；原有道路的绿化应整理利用并适当加植，提升实用性和观赏性。

庭院绿化设计：应综合考虑气候、地形地貌及文化风俗等多种因素。

滨水空间绿化：按照经济型、自然型和桥头绿化三类分别进行设计。

古树名木：应严格保护此类树木，禁止深挖深埋，尽量维持原有地际线；应进行隔离保护并塑造树下空间，形成乡村的特色景观。

乡村林相改造：应通过抚育、补植等技术措施，对村镇周围的低效、残次林地进行培育和改良，达到生态防护效能和林地景观共同改善的目标。

（四）生态设计

1. 雨水循环利用

景观水体宜采用过滤、循环、净化等技术，并优先考虑雨水再利用；可使用简易电镀金属雨水桶收集雨水，多余的雨水通过地面的开槽流出，进入雨水循环的下一个环节；地面（排）水沟，起到雨水导向作用，铺地优先使用透水佳的材料；生态洼地或道路旁洼地，在雨水丰茂期起排水作用且自身具景观效果；改变一般的停车场布置方式，避免使用大面积的水泥浇筑，而使用透水性铺装、草间缝或栽种植物的洼地，提高生态性。

2. 乡村建设节能设计

提升乡村建筑的主动采光（遮阳）、通风和保温性能，节约能耗；总平面布局、建筑朝向和种植绿化应利于夏季及过渡季节的自然通风，南向布置阳光间可在冬季直接摄取太阳辐射热；合理划定开窗面积，可考虑经济易行的节能门窗技术；合理运用遮阳，特别针对西向和南向窗。

3. 可再生能源利用

在太阳能热水系统难于布置的场合，可替代采用空气源热泵热水系统；在与当地电网管理部门协调的前提下，村庄宜采用各户联合并网的太阳能光伏系统；光伏电池组件应提倡采用与瓦屋面相结合的光伏瓦或其他建筑光伏组件。平屋面上架设太阳能设备时需考虑美观性；生物质能的乡村利用应根据资源条件合理选择。

4. 材料的循环利用

提倡本土材料的应用，如石头、竹、木等传统材料；应避免使用烧制过程污染大的红砖，改用新型砖砌块；条件允许的情况下推荐使用新型建材或现代施工工艺；鼓励房子拆掉后产生的建筑材料的更新利用，提倡老民居的改建利用。

（五）基础设施设计

1. 环境卫生设施

（1）垃圾收集

垃圾收集设施宜设置于村庄主要出入口附近，且便于垃圾分类收集，并尽可能与绿化带或村庄小绿地结合布置；村庄应建设足够的垃圾收集用房或收集池，配备足够的清扫、清运工具；垃圾收集池的外观与风貌设计应与周边建筑相协调；村庄生活垃圾应实现垃圾减量化、资源化、无害化。

（2）公共厕所

外观应与村庄建筑整体风貌协调，应综合考虑选用适宜的厕所类型；设置结合村庄公共设施和集中绿地，且便于村民使用；户厕改造实现一户一厕，宜把厕所合并到住宅内部，将化粪池的出水与村庄污水处理设施连接，逐步实现厕所内部设施的城市户厕标准模式。

2. 供水设施

充分利用现有条件，改造完善现有设施，保障饮水安全；村庄靠近城镇时，应优先选择城市或集镇的配水管网延伸供水到户，距离城镇较远时，应联村、联片供水或单村供水，无条件建设集中式给水工程的村庄，可选择单户或联户分散式给水方式；应建立水源保护区；生活饮用水必须经过消毒；做好村庄节水工作，降低供水管网漏损率，普及节水型器具。

3. 排水设施

有条件的村庄，排水设施应做到与整体环境风貌相协调；村庄应根据自身条件，建设和完善排水收集系统；雨污水应有序排放，雨水沟可与道路边沟结合，污水可采用管道或暗渠；应加强村内沟渠、水系的日常清理维护，可结合排水沟渠砌筑形式进行沿沟绿化。

4. 污水处理设施

在科学评估现状的基础上提高村庄污水处理的有序性和有效性；根据农村的客观条件，提出几类拟推荐采用的农村生活污水治理技术；村庄污水处理设施应选址在夏季主导风向下方、村庄水系下游，并应靠近受纳水体或农田灌溉区。

5. 电力电信设施

规范线路设置，确保设施安全；梳理现有的供电、电话、广播、电视、网络等各种管线，规范线路设置，确保线路安全、有序；拆除压占地下管线、高压走廊等设施的违章建（构）筑物及其他设施。

6. 消防设施

村庄消防应积极推进消防工作社会化，对消防安全布局、消防站、消防供水、消防通道、消防装备、建筑防火等内容进行综合设计；消防设施布局、建筑防火是村庄消防综合整治的内容，既有的存在火灾隐患的农宅或公共建筑，应依据《农村防火规范》相关技术标准进行整治；结合村庄社区服务中心安排存放器材装备、值班办公的场所，配置手抬泵及其运载车辆，配备出警需要的消防水带、水枪等消防设施。

7. 防洪排涝设施

（1）防洪设计

防汛与抗旱相结合、工程措施与非工程措施相结合的原则；应合理利用岸线，防洪设施选线应适应防洪现状和天然岸线走向；受台风、暴雨、潮汐威胁的村庄，整治时应符合防御要求；根据历史降水资料，易形成内涝的平原、洼地、水网圩区、山谷、盆地等地区的村庄整治应完善除涝排水系统；村庄防洪救援系统，应包括应急疏散点、救生机械（船只）、医疗救护、物资储备和报警装置等。

（2）排涝设计

当村庄用地外围有较大汇水汇入或穿越村庄用地时，宜用边沟或排（截）洪沟组织用地外围的地面汇水排除；加强村庄内河道清淤疏浚、拓宽整治，加强河道过水断面，提高河道对水体的调蓄能力；适当提高建设区域室外地坪。

第三节　乡村规划的技术指引

浙江省的乡村类型丰富：按照不同地形可分为山地丘陵乡村、平原水乡乡村、滨海海岛乡村，按照不同特色又包括文化传承型乡村、产业发展型乡村、生态保育型乡村、城郊型乡村。针对这些不同类型的乡村规划，除了一般乡村规划的技术路线、技术方法外，浙江省通过不断的实践，积累了丰富的经验。本节针对不同地形区的县（市）域村庄布点规划、镇（乡）域村庄布点规划，以及不同地形条件和不同特色类型乡村的村庄规划与设计，提出特色的规划技术指引，对于一般的技术要求，可参照浙江省村庄规划、设计规范和导则的相关内容，在此不再详细阐述。其中，镇（乡）域村庄布点规划对应《浙江省村庄规划编制导则》（2015）中第二部分“镇（乡）域村庄布点规划”内容要求提出指引；县（市）域村庄布点规划除了规划深度外，内容与镇（乡）域村庄布点规划基本相似，可参照镇（乡）域村庄布点规划相关技术要求，本节将这两类规划一并进行阐述；村庄规划结合《城乡规划法》《浙江省村庄规划编制导则》（2015）和《浙江省村庄设计导则》（2015）有关内容要求提出指引。

一、不同地形区乡村规划技术指引

浙江省地形复杂，素有“七山一水二分田”的说法，地势由西南向东北倾斜，大致可分为浙北平原、浙西丘陵、浙东丘陵、浙中金衢盆地、浙南山地、东南沿海平原及滨海岛屿六个地形区，具体的技术指引如下。

（一）山地丘陵地区乡村

1. 山地丘陵地区乡村的特点与规划重点

山地丘陵地区海拔高度一般在200米以上，地形丰富多变，由此带来土地资源宝贵，生态环境敏感，基础设施、公共服务设施、道路交通设施开展难度较大，城乡建设工程难度大等问题，同时还有山洪、泥石流等自然灾害的威胁。然而该地形区也有着山水景观和生态环境优越、村庄布局和农房建设灵活等特点。在该地形区的乡村规划中，应当针对上述特点，着力解决该地区生活苦、出行难、配套差、防灾弱等问题，充分利用山地丘陵地区的优势，为居民带来福祉。

山地丘陵地区的村庄分布总体较为稀疏，秦杨（2007）对全省村庄研究后发现，全省村庄分布最稀疏的乡镇绝大多数集中在丽水市、杭州市（富阳、临安、桐庐、建德、淳安）、温州市、衢州市，湖州市、金华市、宁波市也有部分地区符合这一特征（秦杨，2007），这些区域基本都分布于山地丘陵地区。受适宜建设用地等因素影响，这一地形区的镇村体系呈现典型的非均质特征：低海拔地区村庄数量多、规模大，高海拔地区村庄数量少、规模小；山谷平原地区村庄数量多、规模大，山区村庄数量少、规模小（表3–2）。

表 3–2　桐庐县村庄随高程布点变化

高程（m）	<50	50~200	200~350	350~500	>500	合计
行政村个数（个）	158	181	42	17	7	405
百分比（%）	39.01	44.60	10.37	4.21	1.72	100.00

2. 山地丘陵地区县（市）域、乡镇（域）村庄布点规划技术指引

基于山地丘陵地区村庄的基本特点和非均质特征，该区村庄布点规划中应当注意以下要点。

（1）产业发展引导

山地丘陵地区乡村的产业主要依托经济林资源丰富、生态环境优越、区域经

济相对发达的优势，发展林业、特色农业和生态休闲旅游，并适当拓展林下种植养殖。应以林业为支柱性产业，挖掘地方特色，努力打造“一村一品”的特色农业格局。

（2）空间发展引导

通过对规划区乡村的现状与规划的交通、建设用地、地理环境、现状基础、配套设施条件等指标的综合评定，将规划区村庄空间发展区域分为积极发展区域、引导发展区域、限制发展区域、禁止发展区域，并以此作为村庄布点规划与建设标准的重要依据之一。山地丘陵地区空间发展引导在综合评定过程中主要考虑的要素包括：对外交通条件；适宜建设用地范围；高程；水源保护区、自然保护区及风景名胜区的范围；地质灾害敏感区、现状乡村规模及各类设施情况等。

（3）村庄建设用地指标确定

山地丘陵地区适宜建设用地规模相对较小，且不如平原水乡地区规整，不易进行规模建设，乡村建设活动往往依山就势，因此其乡村建设用地指标的确定宜选择有关标准的高值。

（4）村庄建设发展策略

村庄建设发展策略主要是确定村庄的撤并、迁移新建、控制发展、重点发展等不同类型及其发展措施。

新建村庄：山地丘陵地区的地质条件变化较大，有些地区的地基承载力较差，新建山地村庄时应建设在地基承载力好的地区；山地丘陵地区地形坡度较大，新建村庄尽量建设在地形平缓地区；应注意洪水淹没状况，新建村庄不宜建设在山地洪水易发地区；还应分析地质灾害易发程度，包括地震、滑坡、崩塌、泥石流、地面塌陷等，村庄应建设在地质灾害少发区域；此外，新建村庄还应避开水源保护区、风景名胜区等需要控制的区域。

迁建村庄：对于现状位于地基承载力较差地区、山洪和地质灾害多发区、水源保护区和风景名胜区等生态敏感区、地形坡度较大或地势较高区域等禁止发展区域的村庄（下山移民工程），规划原则上应予以迁建。

控制发展村庄：对现状规模较小、相对偏远、交通条件和设施配套水平较差且提升成本较高、综合发展潜力较小或是位于其他限制发展区域的村庄，应控制发展，引导搬迁，适时撤并。

重点发展村庄：对现状规模较大、区位条件较好、设施配套水平较高、综合发展潜力较大或是其他位于积极发展区域和引导发展区域的村庄，应重点发展。

（5）镇村体系规划

山地丘陵地区的镇村体系应当遵循该地区的非均质特征，在等级规模结构上，重视集镇的作用，可将《镇规划标准》中的中心村—基层村两级镇村体系增加为集镇—中心村—基层村三级体系，同时采用极化发展策略，加强集镇、中心村等发展条件较好、潜力较大乡村的发展；在职能体系结构上，应当重视乡村服务功能的提升，配套相应级别的服务设施，通过设施配套，改善居住条件，引导人口集聚；在空间布局结构上，通过建设用地相对集中配置等措施，引导村庄由粗放型向集约型转变，并向对外交通条件、区位条件较好等发展条件较好的区域集聚，形成规划区村庄发展的空间轴线和发展框架。

（6）基础设施规划

道路交通方面，山地丘陵地区地形复杂，区域路网难以形成平原地区的网络形状，往往出现尽端道路的情况。应以“树枝状”路网为基本形态组织路网，在有条件的情况下，加强乡村对外联系，力争实现两条联系通路。

给排水设施方面，山地丘陵地区水库较多[①]，这些水库是一定区域范围内的水源（如东阳市横锦水库，不仅是其所在东阳江镇的水源，还是整个东阳市区乃至义乌市区的水源），在做好水源保护的同时，充分利用现有水库效能进行蓄水、调洪、发电、灌溉；排水方面，由于地形复杂，污水宜以村、集镇为单位集中收集，建设污水池进行处理；雨水讲究利用地形，可以利用坡度差从高坡向低坡收集雨水。

电力电信设施方面，山地丘陵地区电力电信用户分散，线路分布广，投资较大，同时林业资源丰富，雷雨季节雷击多发，“树线矛盾”和雷电威胁均影响到该区的电力电信服务的可靠性。规划应结合镇村体系调整电力电信设备的布局和线路，形成规模效应；新架设线路尽量避开防护林区，相关设备充分考虑防雷措施的设置。

---

① 受地形影响，使气流受阻抬升，形成降雨多，雨水易于集中形成河流，并且形成落差，可筑坝拦水，适宜建水库。

（7）公共服务设施规划

由于山地丘陵地区人口机械流动、设施服务水平等原因，公共服务设施呈现较强的中心集聚特征。例如龙泉市中心城区为市域教育设施的主要承载区，其人口占市域人口的31.3%，幼儿园幼儿占市域比例为62.8%、小学学生占市域比例为53.9%、初中生占市域比例为82.6%、高中生占市域比例为100%[①]。规划应根据公共服务的类型和实际需求，因地制宜地确定乡村地区的服务设施规模，做到基本型功能的均等化、提升型服务的中心化。

（8）防灾减灾规划

山地丘陵地区防灾方面具有特殊要求（山洪、地质灾害）。防洪规划方面，主要采取疏导措施，建设截排洪沟；地质灾害的防治方面，可以加强水土保持，修砌挡土墙、防止山体滑坡等。

3. 山地丘陵地区村庄规划技术指引

（1）村域规划

山地丘陵地区乡村以生态功能为主，主要发展林业、特色农业、生态旅游业等，对于矿产资源应注重生态环境的保护与修复，有序开发，控制采矿业发展。村庄建设用地布局应避免水库泄洪区、山洪易发区、山体滑坡等地质灾害影响区。应着重划定水源保护区，输配水管应敷设在地质条件简单的地下，管径不宜过大。电力电信设施方面，基塔等设施应尽量铺设在地形平坦、地质灾害少发的地区。乡土特色保护方面，山地应着重保护山林资源，限定开采量。山地绿化采用乡土树种，还应注重保护山区原有的自然风貌。

（2）村庄道路系统规划

山地丘陵地区村庄道路应争取留有两条三级以上的公路，作为对外联系通道；内部道路铺装可就地取材，形成卵石路、石板路等具有地方特色的道路；道路线型依山就势，以顺应等高线走势和坡向为主，采用自由式路网或鱼骨形路网，避免形成过大的坡度，不宜采用网格形路网；道路横坡、纵坡、转弯半径、超高、展宽等指标可视情况采用规范的极限值；建立便捷的步行系统，合理布局缓坡、陡坡，道路曲直结合，同时应重视无障碍设计。

---

① 浙江省城乡规划设计研究院：《龙泉市城市公共设施规划（2006~2020年）》，2012年。

（3）农房建设与改造

山地丘陵地区地质灾害多发，农房改造的重点是对危旧房进行加固，一些实在无法改造的应舍弃；当村庄位于坡地时，建筑布局相对灵活与自然，建筑朝向宜采用阳坡布置，坡地建筑应该设计尽可能多的房间、单元、走道、平台、屋顶等空间，以获得美好的视觉感受（赵秀敏等，2009）。

（4）村庄总平面布局

建筑应当使尽可能多的视线延伸面朝向景观，通过建筑的群体组合也可以使尽可能多的建筑获取景观；在竖向布置上，应遵循“前低后高”布置原则，使得前后建筑群都能获得良好景观；在水平方向则采取开合相继、依势伸展的建筑组合与布局方式，使人们尽情享受优美的景观资源。

（5）绿地景观规划

充分利用山体作为乡村景观的基底，结合现有村头、村边森林植被较好的低山丘陵，改建成山地公园，山区宜在风口营建护村林；山区村建成区的林木覆盖率应达15%以上①。

4. 山地丘陵地区村庄设计技术指引

（1）整体空间格局

通过山体视线通廊、对景点等视线分析的控制手法，协调好村庄与周边山林、山间溪流等自然环境要素之间的联系，形成有机交融的空间关系。

（2）空间形态设计

山地丘陵村庄应充分利用自然地形，营造良好的空间形态。坡度小于25%的宜采用团块状或带状的平面形态；坡度大于25%的可采用分级台地式带状组合，形成层层叠落的村庄形态。

建筑群体组合应充分反映出地形地势的特点，地形起伏小的村庄可采用密度较高的建筑肌理；地形起伏大的村庄可采用密度较低的建筑肌理。

山地丘陵村庄的轴线设计应顺应地形和地势走向组织轴线，依山就势，急缓交替；结合山峰、塔等制高点进行组织，营造步移景异的空间风貌，在轴线急剧转折或长距离坡道中间设置休憩观景节点；不宜缺乏层次和变化的应平铺

① 浙江省《村庄绿化技术规程》（DB 33/T 842—2011）。

直叙。游步道宜充分利用村内荒地、村边树林和植被较好的低山丘陵进行改建，并修建步道、凳椅、棋桌、亭台等；步道两边可补植乔木、花灌木。

（3）村居设计

应顺地形就势而筑，依山傍水，错落有致；运用台地、崖地、坡道、台阶等形式，将不同标高的空间串联起来；或垂直或平行山坡等高线布置建筑，可正面三层，背面两层，正面的二层同背面的一层同高度。

针对不同的坡地，采用适宜的高差处理手法：对于地形坡度在3%~10%的缓坡地，建筑应采用提高勒脚和筑台的手法，如垫高基础、局部垫高基础、局部开挖等；对于地形坡度在10%~25%的中坡地，建筑可采用“错层”的手法，充分利用空间，形成丰富多变的空间序列；对于地形坡度在25%~50%的陡坡地，建筑可采用“掉层”的手法，房屋基地随地形筑成阶梯状，并使其高差等于一层或多层，从而形成不同层面的使用空间。

建筑平面布局根据地形灵活多变，房间形状可多样。应形成多个高度的地面，大小高低不同但相连贯的室内空间。

建筑立面应虚实结合，近山体处外墙以实面为主。屋顶采用坡顶屋面，根据地形错落搭接，与墙体相互穿插，形成丰富多变的建筑风貌。

（4）环境设计

山体保护。山地丘陵村庄应尽可能保持山体的完整性，保持水土以减少山体滑坡、泥石流等地质灾害；沿山界面应突出自然性和生态性，避免过度的人工干预；整体设计应与地势结合，保持山地丘陵特有的景观风貌，避免千篇一律、整齐划一；适当提高村庄特别是近村山坡植被的丰富度和多样性；对山体的破碎面应尽可能修复。

林相改造。乡村林相改造应通过抚育、补植等技术措施，对周围的低效、残次林地进行培育和改良，通过多树种、多层次、多色彩、多功能的结合，达到生态防护效能和林地景观共同改善的目标。

（二）平原水乡地区乡村

1. 平原水乡地区乡村的特点与规划重点

平原水乡地区地势平坦或起伏较小，总体呈现均质发展的特点。用地条件好，交通发达，经济文化发展水平和发展速度均相对领先。乡村分布密集，村落空间较为紧凑；农业较为发达，土地集中成片，适宜规模化耕作。水网密布往往是该区的一大特点，丰沛的水源、肥沃的土地，往往使该区成为富饶的“鱼米之乡”。

浙江省平原水乡地区有着较高的发展水平，城乡建设空间连绵，城乡一体化水平较高，然而快速的发展却会给该地区带来诸如盲目建设、风貌单一、传统特色缺失、水乡天然肌理被破坏等问题。该地形区的乡村规划，应当针对其均质化、连绵发展的特点，妥善处理农居点撤并时的选点和农民保障，合理规划各项资源，实现资源的最佳配置；同时还应控制乡村发展规模，协调快速发展与基本农田、历史文化、特色保护的矛盾。

2. 平原水乡地区县（市）域、乡镇（域）村庄布点规划技术指引

（1）产业发展引导

平原水乡地区乡村产业发展主要依托较好的耕地条件，实现规模化的现代农业生产；依托丰富的水系条件，发展水产养殖业；同时结合农业景观和水乡特色，发展观光农业、休闲农业等特色乡村旅游。

（2）空间发展引导

建设用地并非是平原水乡地区乡村的限制条件，基本农田、水系等保护范围才是制约乡村发展的重要因素。此外，由于平原水乡地区均质化的特征，对于乡村发展的经济基础和区位条件的考虑就显得十分重要。因此，平原水乡地区空间发展引导在综合评定时，考虑的因素主要为基本农田分布、水源保护区和重要水体保护范围、经济发展基础和区位条件等因素。

（3）村庄建设用地指标确定

平原水乡地区乡村用地条件较好，有利于集中建设和空间拓展，有利于适当提高土地开发强度，因此，其乡村建设用地指标的确定宜选择有关标准的低值。

（4）镇村体系规划

平原水乡地区镇村体系的构建，应遵循均等化、城乡一体化原则，确定村镇体系时应综合考虑农耕半径、农业产业化进程、公共服务设施服务的人口、道路交通和基础设施建设水平等要素，职能体系结构则主要以乡村服务功能、居住功能为主；等级规模结构上，按照农耕半径2千米左右控制，农村社区合理人口规模应控制在1 000~3 000人，建议规模控制在1 500~2 500人（350~650户）

为宜，单个农村社区建设规模控制在10万~30万平方米[①]，对规模较小、发展潜力较差的乡村则进行撤并；在空间布局上，应遵循组团式、大集中、小分散原则，各个农居点按照组团式相对分散布局，在区域内分布则相对集中。

此外，由于平原水乡地区均质化的特征，在进行镇村体系调整时，不仅应当尽量依托发展基础、条件相对较好的点，如现有集镇、设施齐全或规模较大的村庄等，还应当尊重公众意愿，结合问卷调查、访谈等方式，综合确定重点发展村庄。村庄撤并、迁移的动力不足时，应以原地改造为主，根据城镇开发、基础设施建设、郊区项目开发、中心村建设等适当地进行相关村庄的搬迁和撤并；生态廊道、基础设施廊道范围内的村庄，鼓励实施搬迁。

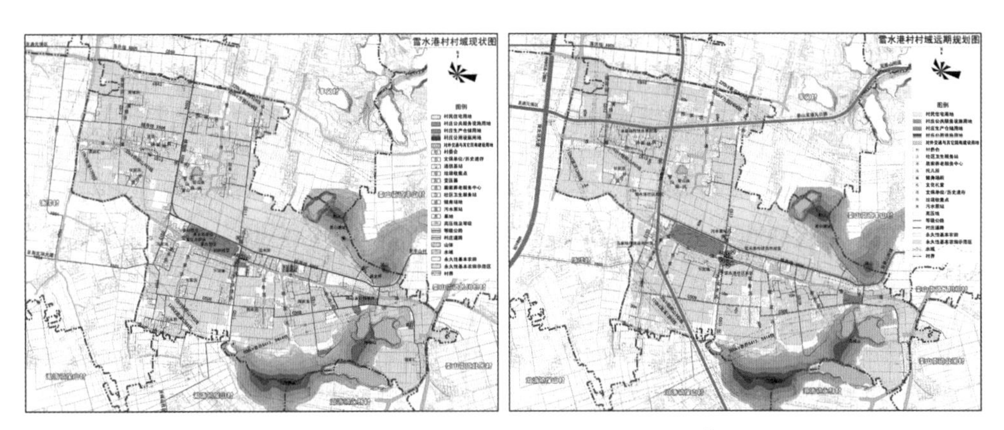

图3–1　海盐县元通镇雪水港村村庄规划[②]

（5）基础设施规划

区别于山地丘陵地区乡村分散化的服务方式，由于平原水乡地区交通方便，城乡关系紧密，乡村规模相对较大，乡村基础设施配套可部分纳入城镇范畴统一考虑，集中供应，以实现规模效应。例如，可由城镇给水网、燃气管网、垃圾收集处理系统供应乡村需求。

（6）公共服务设施规划

按照基本公共服务设施均等化的内涵，实现农村居民使用基本公共服务设施

① 嘉兴“1+X”镇村布局体系规划经验。

② 在该村村域总体规划中，迁村并点的意愿、集聚社区数量及位置、现状环境改善的重点等重要问题，均交由村民主导确定，规划师通过问卷、访谈等方式，了解村民意图后，结合村民需求制定规划方案。图片由海盐县规划局提供。

的机会均等以及享用公共服务设施最终的结果均等。一方面要构建基于农村发展水平以及农民实际需求的基本公共服务设施体系；另一方面要通过对农村人口密度、公共设施服务半径等要素的考虑，将空间分析方法引入乡村规划中，调整与优化基本公共服务设施的空间布局（胡畔等，2010）。

（7）生态环境保护规划

平原水乡地区生态环境保护面临巨大挑战，具体包括两点：一是水产养殖（投肥养鱼）、生猪养殖、农药化肥使用、秸秆焚烧等农业面源污染以及农居点建设带来的生活垃圾和污水等；二是乡村建设活动拓展对耕地资源保护的威胁。应从农业面源污染、水环境保护与整治以及城乡环境卫生整治三个方面，从“点—线—面”三个层次覆盖村域空间；应加强乡村建设活动的规划管理，严格控制乡村建设空间。

（8）防灾减灾规划

平原水乡地区地质条件较为稳定，其防灾减灾的重点在于防洪和排涝，应严格按照乡村防洪标准加强乡村防洪减灾能力建设，加强对农田排灌设施、农田节水设施、雨水集蓄设施等农田水利设施的建设等。

3. 平原水乡地区村庄规划技术指引

（1）村域规划

平原水乡地区乡村以农业生产、服务功能和居住功能为主，主要发展农业、观光休闲旅游、文化旅游等，同时也可以结合地方特色和区位条件发展传统手工业及第二产业。村庄建设用地布局除了应避开洪水淹没区、水源保护区等区域，还应注意地下水位埋深，避免因地下水位过浅而影响到建筑用地地基的稳定性。基础设施廊道设置应当尽量与交通廊道结合，以节约土地。乡土特色保护方面，以密布的水系为特色，兼具养殖、消防、灌溉用水等功能，村庄用地布局规划时必须保留水塘和农居点的良好关系，注意避开原有的合理的水塘与河网，不应盲目填埋。

（2）村庄道路系统规划

村庄道路系统在传统水路交通和现代公路交通方式的双重影响下，形成不同的模式：以一条街道贯穿整个村庄的“一”字形（鱼骨形）道路，适合于规模较小的村庄；以两条交叉道路作为整个村庄基本构架的“十”字形道路，适合于规模中等的村庄；网络式的格局形式，适合于规模较大的村庄；此外，受到水系的影响，道路会围绕不规则的河道、水塘呈自由状，水乡村庄道路建设时还应考虑到原有水系的影响，宜顺应水网格局，采用自由式路网、枝状路网或鱼骨形路网（图3-2）。

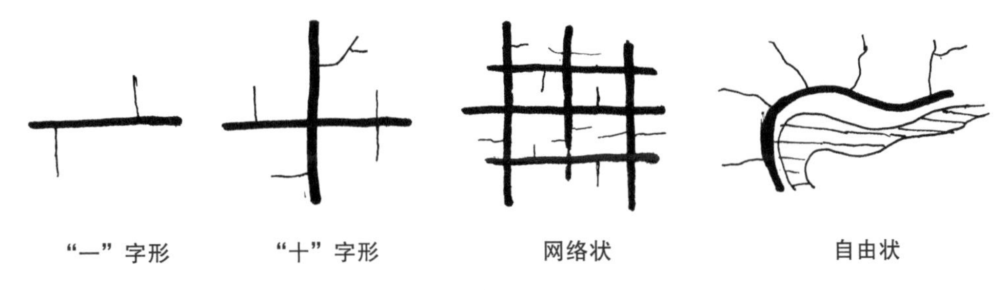

图3-2　平原水乡地区路网类型

步行系统的设计上，应重视巷道系统的作用，形成由主路到巷道再到庭院，公共性逐渐减小，私密性逐步增强的完整道路序列，水乡村庄的一些沿河石板路，可以作为人行步道或自行车道给予保留；对一些仍起着水上交通功能的河端口（村民划船去田间劳作，施肥、收割等）和村民日常洗涤的水埠头能保留的尽量修缮，以体现水乡特色和反映村民的生活作息（杨红芳、张高源，2011）。

（3）农房建设与改造

平原水乡地区建筑受所在气候区影响，降水较多，屋顶往往设计为坡顶，建筑特色明显，白墙、黑瓦，优雅别致；院落空间呈"H""L""口""π"等形态布局，变化丰富；建筑往往依水势而建，不追求对称，错落有致，有机协调。在规划设计中，尤其是对整治型村庄的规划设计中，应当注重对农房建筑特色、传统院落格局以及空间肌理的保持，营造良好的宅院关系。

（4）村庄总平面布局

平原水乡地区的村庄规划要继承和发扬传统布局手法，因地制宜地利用河道、道路，灵活布置建筑，把建筑与河、路有机结合，融为一体，形成"一河一路一绿"和"前路后河"的布局形式。

（5）绿地景观规划

针对平原水乡地区开放空间以大面积的水系和农田为主的特点，应避免先确定道路网络，再确定农居点选址，而忽视开放空间的做法，先通过沟通水系和划定生态廊道等手段，确定开放空间网络，再确定农居点及其他用地，避免村庄连成一片，取代自然景观而变成区域主导景观（李王鸣、刘吉平，2010）；依据该地区水系密集的特点，可利用村头、村边河流、水塘、低洼地块改建湿地公园，滨水地区修建步道、凳椅、棋桌、亭台、棚架等；植被选择上，步道两侧、河堤、塘堤栽植观赏植物，河坡、塘坡栽植耐水湿植物，河边、塘边栽种水生植物[①]。

（6）基础设施及专项规划

村庄基础设施规划中，应当根据平原水乡地区村庄规模以及村庄与水系之间的关系，综合确定规划方案。给水方面，规模较大的村庄可由区域给水管网集中供水，规模较小的村庄可采用地下水，但地下水的利用应当适度有序；排水方面，雨水讲究利用密集的水系就近排除，污水可结合水系、景观绿地建设人工湿地处理系统（图3-3、图3-4）和地下土壤渗滤净化系统，也可结合当地养殖业发展建设沼气池等生物处理系统；消防规划方面，水乡村庄消防用水可考虑直接采用河水，需选择和布置好取水口河埠；宜充分利用现有取水泵站能力引水，并适度增加旱涝调节坑塘，提高村庄旱季补水应变能力[②]。

图3-3　人工湿地处理系统及其景观

图3-4　人工湿地植物景观效果

① 浙江省《村庄绿化技术规程》（DB 33/T 842—2011）。

②《村庄整治技术规范》。

4. 平原水乡地区村庄设计技术指引

（1）整体空间格局

平原水乡地区村庄的整体空间格局，应重点关注其“阡陌人家”“枕水人家”“街—巷—院落”等格局，并对其进行梳理和利用，形成特色的整体格局。

（2）空间形态设计

平地村庄应用地集约，布局紧凑，不宜采用散点状平面形态；规模较大的村庄可采用团块状平面形态，规模较小的可采用团块状或带状平面形态。水乡村庄则应充分利用自然水体，增加水体与村庄的接触面，使水体与村庄有机融合，营造丰富的水乡风貌。

平地村庄宜采用密度较高的建筑肌理，不应出现简单均质化的建筑肌理。水乡村庄宜将河流作为村庄肌理的“主轴线”，形成建筑朝向多面向河流、主要街道与河流方向一致、其余巷道与主街垂直的树枝状村庄肌理；水网密布的水乡村庄宜根据水网形成水街，通过曲折、进退、对景、节律等处理手法，营造江南水乡独特的水街肌理形态。

平地村庄宜通过屋顶形式的改变，或在局部利用高大的树、塔等标志物形成制高点，以丰富整体平缓的村庄天际线。水乡村庄宜控制临水建筑的高度，打通由水面向街巷延伸的视觉走廊，使水景与街景相互交融，形成有机联系。

轴线应以道路、河网为依托，结合水景、纪念性建筑物等风景点进行组景。综合考虑周边自然地形、水系、农田、古树名木等自然因素，形成人工景观与自然景观相互交融的格局。水乡村庄应结合水系组织轴线，形成宅、街、水三种要素组合而成的空间序列景观。结合水系线型设置亲水空间节点。街道界面应重视连续性和韵律感，提高沿街建筑贴线率。滨水界面应突出生态性和亲水性。

（3）村居设计

平地村居应灵活应用合院、敞厅、天井、通廊等形式，使村居室内外空间既有联系又有分隔，构成开敞通透的空间格局。平面布局应紧凑，房间形状相对规则。尽可能利用墙角、山尖、凸窗等室内空间，提高空间利用率。立面风格应采用坡屋面，灵活组合，与山墙面穿插形成丰富变化。材料应体现地方特色。

临水村居可向水面出挑平台、踏步或檐廊，出挑跨度大可形成水上吊脚楼。建筑立面向河流开窗，同时建有通向水面的台阶，上下船只十分方便。家家户户枕河而卧，独具特色。临水村居宜采用特有的建筑元素，如骑楼、廊道、水上挑楼、挑台、骑河楼和跨河廊、引吊脚楼、临水廊和挑外廊等；栏杆宜采用“美人靠”的形式。建筑风格应融合水景构筑物如桥、廊、庭、台、栏杆等的造型，形成水乡整体风貌。

（4）环境设计

平地村庄应对村庄周边自然景观环境整体性和完整性加以保护，并在原有的格局之上构建生态网络；结合花卉、苗木、圃地、蔬菜、茶园等村庄生产绿地，强化其经济价值与观赏性。水乡村庄应维护溪涧的通畅及水网的自然形态和景观特征；应保持村庄风貌与水网的同构性和亲水性；河道在满足水利要求的同时应兼顾视觉景观效果、充分发挥自然河床和驳岸的生态调节功能；沿河应以农田绿带或林带的形式营建生态廊道并保持连贯性，应保持河道两侧景观的多层次和乡土特性。

平原水乡村庄设计中，应重视桥梁、驳岸、亲水设施等设计要素的规划引导。

桥梁：乡村的桥梁形式多样，总体应简洁质朴、尺度合宜。机动车通行桥一般采用混凝土桥或石桥；步行桥多采用木桥、仿木桥和石桥。桥头和岸边开阔地是村民集中交流的场所，应考虑坐具的摆放位置与绿化、水面的视觉关系；也可整理原有的水埠口，形成沿水道的空间节点。

驳岸护砌：乡村的溪流水渠应简单而充满生活气息，无须城市化的过度铺砌。驳岸护砌可分为自然式、整形式以及生态型护坡三类。自然式驳岸一般与岸线植物群落、自然石或松木桩结合运用，在村庄设计中优先选用自然式驳岸；整形式驳岸的岸线应避免线条过于生硬，优先选用乡土材料如砖、石砌块等，应避免过度勾缝，允许植物从石缝中自然生长，在村庄设计中应适度选用整形护砌；生态型护坡通过种植植物，利用植物与岩土体的相互作用对边坡表层进行防护、加固，非观赏性的河道可考虑使用生态型护坡。

亲水设施：水边步道宜采用防腐木或砖石砌块等体现乡村感的材质；应与河岸线型呼应，自然流畅并避免过度铺装。亲水平台优先采用防腐木或石材；临水一侧宜采取安全措施：如栏杆、链条或种植护岸水生植物，也可设置水下安全区，沿水岸应设置安全警示牌。水埠口在传统村落中是常见的亲水设施，也是当地生活方式的物质载体，宜给予保留；必要时加建保护性护栏，护栏避免生硬呆板的形式；台阶宜使用毛面石板，既吻合乡村整体风貌又防滑；同时考虑水体洁净措施，避免含有化学制剂的洗涤水直接进入自然水体。

（三）滨海海岛地区乡村

1. 滨海海岛地区乡村的特点与规划重点

滨海海岛地区乡村在产业发展、生态环境保护、防灾减灾、镇村体系设置、交通和基础设施建设等方面有着鲜明的特征。根据与大陆联系的不同，滨海海岛乡村又分为滨海乡村和海岛乡村两类，这两类乡村在产业发展、生态环境保护、防灾减灾方面有着共同的规划要点，其规划重点在于合理开发利用海洋渔业资源，保护滨海、海洋生态环境，防治气象灾害、地质灾害、海洋灾害、生态灾害等；此外，海岛乡村在交通和基础设施布局、镇村体系规划方面与滨海乡村有较大区别，应重点关注改善海岛乡村居民与外界的联系，提高海岛乡村建设水平，丰富海岛居民生产生活活动等，针对浙江省海岛以群岛为主的特点，在规划设计中应当体现集聚发展的思维，并形成相应的措施。

2. 滨海海岛地区县（市）域、乡镇（域）村庄布点规划技术指引

（1）产业发展引导

滨海海岛地区在区位上处于交通尽端，该地区乡村产业特点较为明显，不宜大规模发展第二产业，主要从事与海洋密切相关的生产活动，如海洋捕捞、海水养殖、滨海旅游以及海产品加工业等。其中，海洋捕捞的发展应当注重与生态环境的协调，实现可持续发展；海水养殖应当制定相关规划，划定养殖水域，协调养殖水域与通航水域的关系，合理利用滩涂、浅海、近海池塘等水域资源；滨海旅游可选择利用丰富的动植物资源和自然景观资源（湿地、滩涂、珊瑚礁）发展观光休闲游，也可打造特色渔家乐等体验旅游；此外，结合村庄自身特点适当发展海产品加工业。

（2）空间发展引导

滨海地区乡村的发展腹地是限制其发展的关键因素，腹地范围直接影响其能否建立和支撑稳定自足的乡村发展系统，影响其对外联系需求强弱；在对外交通不便时，水、电、食品、燃料等资源条件以及废物处理等都是限制海岛乡村布局的重要因素；此外，由于滨海海岛地区生态敏感、灾害多发，还必须考虑生态保

护、防灾减灾的要求。因此，滨海海岛地区空间发展引导在综合评定时，考虑的因素主要为发展腹地、对外联系、资源条件、生态敏感性、防灾减灾要求等。

（3）镇村体系规划

滨海海岛地区的镇村体系规划在等级规模结构上，应当科学评定用地、环境、资源等方面的容量限制，合理控制其发展规模；在职能体系结构上，应着力增强自身的资源供给和储备能力，提高公共服务设施和基础设施服务水平；在空间布局结构上，可采取分散的组团式布局，围绕中心岛形成“一岛数片、组团发展”的总体布局，以方便海岛对外联系，同时应注意集约高效利用土地资源，并尽量避免把村庄建设在风暴潮等灾害多发地区；在基础设施网络上，应着力完善乡村各类基础设施，加强岛与岛、岛与陆地之间的联系，安排尽可能方便、安全的运输通道和供应设施等。通过等级规模的导控，职能体系和空间布局结构的引导以及基础设施的安排，综合确定镇村体系规划方案，促进居民点适度集聚，引导镇村体系有序调整（周春霞，2006；陈长青，2005；沈陆澄，2004）。

（4）基础设施规划

交通设施规划上，应注重沿海交通廊道、环岛交通廊道的建设，将相对孤立的居民点进行串联；岛与岛之间的联系道路为岛屿交通的“瓶颈”，因此在桥梁的选址和断面设计时，应当充分考虑交通的需求量、吸引交通量以及发展交通量，也可以根据实际需要进行分期建设；海岛的交通系统应层次分明，中心岛一般为县级、镇级行政、经济、文化中心，应提高岛上公路等级和运输装备水平，实现陆岛之间主要航线交通快速化，部分岛屿可通过建设跨海大桥（隧道）与大陆相连或岛岛相连；一般岛屿客货流量相对较少，与大陆联系大都通过中心岛屿中转，并因地制宜建设简易码头。

公用设施规划上，由于海岛相对封闭的特点，一方面要保证自身食品、水、电、燃料等资源的供给，另一方面也要安排建设一些便捷的运输通道和供应设施从外部进行补给；给水设施方面，由于海岛无过境客水，淡水资源完全依靠大气降水，淡水资源十分稀缺，应划定水源保护区严格保护岛内水源（主要包括依靠地形条件形成的水库等），此外，海岛供水还可由外部接入，如果有条件的话，可以引进淡化海水的技术；供水管网设置应当由中心岛向一般岛屿延伸，中心岛在进行给水系统规划时，应当统筹考虑，全力保障城乡供水需求；能源设施方面，应充分利用沿海地区较为丰沛的风能、太阳能等清洁能源，提升能源供给能力。

（5）公共服务设施规划

海岛地区居民思想观念相对落后，主要表现在较严重的男尊女卑、“读书无用论”等，有各自的海神信仰和诸多禁忌。海岛地区乡村规划应结合“科教兴岛”战略的贯彻实施，拓宽渠道，采取各种形式发展海岛教育；引入现代医疗服务，提高居民卫生服务水平；尊重地方文化传统，文化设施建设与地方传统文化场所相结合等。

（6）防灾减灾规划

浙江沿海是我国海洋灾害最为严重的区域，灾害类型众多，包括台风、暴雨、风暴潮、海浪、赤潮以及海岛山洪、泥石流等。规划应加强海岛防灾减灾基础设施建设，实施海岛防风、防浪、防潮工程，重点加强避风港、渔港、防波堤、海堤、护岸等设施建设；加快沿海防护林体系建设；加强海岛排涝设施建设；防止海岛山洪和地质灾害，全面提升海岛灾害综合防范能力（陈鹏等，2013）；加强应急避险系统建设，保障居民人身安全。

（7）滨海生态保护规划

滨海海岛地区生态环境敏感，拥有滨海滩涂湿地、海洋渔业资源等生态资源。规划应注意滨海岸线的开发利用和保护，从地貌特点、水深条件、环境特点、人类活动等方面对岸线资源进行全面了解，做到合理利用，目前利用条件不成熟的暂时不用；滨海滩涂湿地以保护和修复为主，充分发挥其调节气候、维持生物多样性、拦截陆源物质、护岸减灾等功能；引导滨海海岛地区发展旅游等其他产业，鼓励渔民转行，并给予补贴，同时发展人工养殖渔业，以保护海洋渔业资源。

3. 滨海海岛地区村庄规划技术指引

（1）村域规划

滨海海岛地区乡村以发展渔业、养殖业、旅游业等产业为主，同时为了提升海岛自足能力，可适当发展蔬菜等经济作物种植；村庄建设，应避免在风暴潮等海洋灾害影响区；消防规划方面，可考虑用海水灭火，以提高取水效率。

（2）村庄道路系统规划

村庄道路系统规划中，内部交通应实现“村村通”，强调覆盖各个村组；对外交通应通过建港建桥加以强化，具体对外交通联系方式根据交通需求综合确定，交通需求较小时，可选择传统渡船，交通需求较大时，可考虑建桥外联。码头、桥位的选择应综合考虑地质条件、经济合理性以及对海岛内部道路的影响等。村庄内部交通应重视沿海岸道路在路网组织中的作用，综合采用自由式路网、枝状路网或鱼骨形路网。

（3）农房建设与改造规划

滨海海岛地区的农房建设与改造应以提升农房防灾减灾水平为重点，加强对农房的勘查、治理、排险，对灾害隐患严重区域的农户实施搬迁或工程治理；在建筑布置形式上，应以错位布局、“点、条式结合”为优，以形成良好的通风环境。

（4）绿地景观规划

滨海植被选择应适应当地土壤条件，以耐盐碱性的植被为主，滨海海岛乡村宜营造防风林，以抵御台风等灾害影响；在景观规划设计中，应突显该地区乡村的滨海特色，加强与海的联系，通过视觉廊道、滨海岸线等空间的控制，实现该区居民的近海与亲海。

4. 滨海海岛地区村庄设计技术指引

（1）整体空间格局

除平原水乡、山地丘陵地区的整体空间格局技术要点外，还应注重对滨海海岛村庄中的渔港码头的利用。渔港码头是村民从事传统生产活动的主要空间，最能体现海岛村的生产风情，应加强对码头及其周边区域的预留和控制，尽量向海面敞开；控制码头附近道路沿线建筑物的高度，保证码头成为海岛村庄视线通廊上的重要节点。

（2）空间形态设计

海岛村庄应充分利用岸线形态和地形特征，尤其要重视内凹带状布局这一海岛村庄典型平面形态的延续，形成山、海、村有机融合的空间格局，营造浓郁的海岛渔村风貌。同时，应根据地势情况及与海边的距离对建筑物高度进行管制，保障临海视野的开阔。

轴线设计上，海岛村庄应充分利用码头、岸线，结合村民生产、生活的主要通行道路，优先选择有较好的景观风貌、适宜的空间尺度、适合步行的道路组织轴线，形成生产和生活场景互相交融的活动空间。

（3）村居设计

海岛村庄建筑外墙和屋面的材料及构造应能抵抗台风，宜就地取材，采用具有抗风性强的块石墙，墙壁厚，窗洞小，抗风保温能力强。屋顶低矮，屋面以块石压瓦。建筑风格应融合海岛景物，如井、碑、海防堤坝、海礁石等以及碎石垒筑的道路、溪河堤岸、院墙、挡土墙等，体现海岛乡村的地方传统特色和典型特征。

（4）环境设计

海岛村庄尽可能保持原有的山、海、村的格局，充分利用地形起伏、面向海湾的聚落体走向及众多的渔港码头，打造别具特色的海岛村落景观。

海岛村庄的环岛路是重要的景观通道，宜在面海一侧尽量开敞；可布置由山到海自然蜿蜒的游步道，游步道应串联起村落及遗留灯塔、炮台等构筑物；步道路面宜选用自然石块或木材并进行防滑处理；沿游步道在具有较好景观朝向的位置可设置观景平台或休憩亭，考虑坐具的摆放位置。

海岛村庄面向大海的山坡景观应重点打造，考虑到海风的影响，宜选用高度适中的草灌木点缀或种植乔木，形成面海开敞的绿色坡面；草灌木宜选择当地观赏性强的灌木或草花类，如杜鹃、芦苇等；或选种经济类作物，如茶树、葡萄等。

二、特色类型乡村规划技术指引

特色类型乡村是指在历史文化保护、产业发展、生态环境建设、城乡关系等方面有突出特点的乡村，这类乡村的规划除了应当满足不同地形区乡村以及一般乡村规划的技术要点外，还需要在规划内容、规划方法上体现特色思维，对特色要素重点关注。其中，文化传承型、产业发展型、生态保育型特色乡村指的是单个具体乡村，在此主要讨论其村庄规划层面的技术指引；城郊型乡村狭义上指的是城郊的具体乡村，广义上指位于城郊的乡村群体，在此对不同规划层次中城郊型乡村的技术要点提出指引。

（一）文化传承型乡村

1. 规划原则

整体保护原则：不仅要保护乡村的整体村落形态和街巷格局，保护历史地段、古街道路、历史建筑、古遗址以及区内的古水系、古井、古桥梁和古树名木等有形的历史遗迹遗存，也要保护非物质形态的文化艺术、传统生产生活方式和习俗。

历史真实性原则：要注重保护历史文化遗产的真实性及其历史环境风貌的完整性。历史真实性是村镇价值特色的根本所在，要保证历史地段是历史信息的真实载体，对已不存在的“文物古迹”不提倡重建。传统生产生活方式是历史文化名村的有机组成和活的遗产，应当加以延续传承，不应从现代生活中割裂和弃置。

保护与发展并重原则：保护历史文化遗产的同时要改善基础设施、公共服务设施和居住条件，要在促进生产生活改善和地方经济发展中实现有效保护，避免因保护而出现衰退萧条的现象。历史建筑的保护与修缮要兼顾维护原有历史风貌和改善居民生活条件的关系，在有效保护的基础上允许适当的内部功能改动，展示利用要有利于文物古迹的保护和日常维护。

文化遗产保护优先原则：正确处理历史文化名村保护与农村现代化建设的关系，积极采取有效措施，做到物质与非物质文化遗产保护并重，当建设与保护产生冲突时，文化遗产保护优先。

2. 规划内容

文化传承型乡村规划在规划内容上，除了各类建设用地布局、公共服务设施及基础设施规划等一般乡村规划的内容外，需重点体现对乡村特色历史文化的保护和传承，可借鉴历史文化名镇名村保护规划的内容。乡村历史文化要素不仅包括各类物质的历史文化遗存，还包括非物质文化遗产等，前者包括乡村传统格局、建构筑物、历史环境等，后者包括传统文化及非物质文化遗产，在规划中均应有所涉及。

3. 规划方法

（1）划定控制范围法

划定控制范围分为村庄整体和保护单位个体两个层次，前者主要保护村庄整体历史文化格局，借鉴历史文化名镇名村保护规划的方法，通过划定核心保护范围、建设控制地带以及环境协调区，对敏感性较高的区域实行保护；后者主要针对保护单位个体，借鉴文物保护单位（点）、历史建筑保护的方法，围绕保护对象划定保护范围和建设控制地带进行控制。不同保护范围内的具体控制要求可参照《文物保护法》《浙江省历史文化名城名镇名村保护条例》等有关法律法规执行。此外，对于具体的保护对象，还应制定针对性的保护要求，以实现对其更好的保护。

（2）建筑图谱法

建筑图谱法主要针对建筑特色突出的特色乡村，通过对现状建筑构件进行分类整理以及对特色乡村所在区域建筑特色的研究，归纳特色乡村的建筑样式、色彩、材质等方面的特点，并据此制定建筑图谱。对保护建筑、新建、改造建筑的构件，均可参照图谱进行设计，以保持特色乡村的原真风貌。

（3）设置文化活动场所（带）

划定步行活动场所（带），通过深化环境设计以及非遗的物质载体建设，展现乡村特色民俗文化。

（二）产业发展型乡村

1. 规划原则

因地制宜原则：结合地方发展基础和资源禀赋选择产业类型，确定发展定位、规划布局等。

突出特色原则：在一定区域范围内，以村为基本单位，因地制宜地发展最能体现当地优势、最能占领消费市场、最能创造经济效益、最能形成品牌效应的特色产品，即“一村一品”。

生态和谐原则：乡村产业发展不应以破坏生态环境为代价，应实现产业发展与生态环境的和谐发展，具体包括在产业发展中应做到减少污染（旅游业污染、农业面源污染等），保持水土（花卉种植业、林业等）等。

2. 规划内容

产业发展型乡村在规划内容上，应增加对乡村产业发展基础、发展现状、发展优劣势、上位规划等因素的分析，综合确定产业发展类型、定位、空间布局等，并对重点发展产业进行分类引导，提出对第一产业、第二产业（轻型工业）、第三产业（农副产品贸易、旅游业）的发展措施。

3. 规划方法

（1）综合确定产业目标

借鉴产业专项规划技术方法，通过区位熵分析、农业产值分析等方法，分析乡村产业发展现状；通过产业发展趋势分析、需求分析和上位规划分析，判断乡村产业发展趋势和客观要求，结合区位分析、SWOT分析等方法明确乡村产业发展的优劣势，在此基础上确定产业规模和发展目标，优化产业结构，努力形成三次产业联动发展的格局。

（2）积极塑造产业特色

深入挖掘乡村产业的特色所在，通过特色产品、特色文化、特色景观、特色服务等特色要素，寻找乡村产业发展的特色定位。

（3）整合优化产业布局

第一产业应以产业化、规模化为目标，综合考虑耕作方式、耕作半径等因素的影响，结合大地景观塑造的要求安排布局；第二产业布局应结合集镇、村集中布局，集约发展；第三产业布局应与特色景观环境、特色文化要素以及第一产业布局相结合，合理安排旅游线路。

（4）积极探索产业模式

结合地方实际，创新采用“龙头企业+合作社+专业村+农户”以及“龙头企业+合作社+基地+农户”等经营模式，促进农业提效，农民增收。

（三）生态保育型乡村

1. 规划原则

预防为主原则：以科学监测、合理评估和预警服务为手段，强化“环境准入”，科学指导脆弱区生态保育与产业发展活动，促进脆弱区的生态恢复。

生态优先原则：将生态环境作为乡村发展的先决条件，在乡村产业发展、用地拓展等各方面，都以生态环境作为优先考虑的限制因素。

适度开发原则：保护的目的就是为了合理和持续的利用，应坚持适度、有序开发，积极引导资源环境可承载的特色产业发展，保护和恢复脆弱区生态系统。

2. 规划内容

生态保育主要是从生态学的观点出发，结合其他学科的技术以进行对于生态系统的维系，“保育”包括“保护”（protection）与“复育”（restoration）两个内涵，前者是针对生物物种与其栖息地的保存和维护；后者则是针对濒危生物的育种、繁殖与对退化生态系统的恢复、改良和重建工作。在乡村规划中，主要包括生态目标的设定、非建设空间的导控、污染治理措施的制定等内容。

3. 规划方法

（1）生态安全格局构建

引入景观生态学理论，将生态安全格局和乡土文化遗产景观维护相结合，对包括连续完整的山水格局、湿地系统、河流水系的自然形态、绿道体系在内的景观元素、空间位置和联系进行维护，保持生态过程的健康和安全（俞孔坚，2006）。

（2）生态目标考核

实行以生态为先的单列考核，新增加“水环境质量”“空气环境质量”“生态环境指数状况”“森林抚育”“生态公益林扩面”等考核内容，绩效考核不看数字看水质。

（3）空间分区管制

将为保护生态环境、自然和历史文化环境，满足基础设施和公共安全等方面需要的区域划入禁止建设区；将生态重点保护地区，根据生态、安全、资源环境等需要控制的地区划入限制建设区。通过相应保护措施的制定，强化对这两类区域的保护，突出其生态功能。禁建区具体包括基本农田保护区、水源一级保护区、自然保护区的核心区等区域；限建区具体包括水源地二级保护区，地下水防护区，风景名胜区、自然保护区、森林公园的非核心区等区域。

（4）污染综合治理

空气污染、水污染、废弃物污染不断影响着乡村生态系统的功能。在乡村规划中，应以污染物减排为目标，从源头到终端进行综合整治。具体包括污染前的划定防控分区，重点管控；污染时的提升农业技术含量，从源头减量；污染后的实施综合治理，减轻污染危害等。

（四）城郊型乡村

1. 规划原则

依托城镇原则：城郊型乡村的发展与城市有着巨大的联系，农村发展不再是单纯的以农业或者农村工业为主，农民的收入也不再以务农为主，农民的生产、生活方式，居住意愿等均发生了巨大改变。规划应充分考虑城市对城郊型乡村的影响，加强城乡之间的联系，在乡村产业选择、功能设置、交通联系、设施配套等方面充分考虑城市的辐射带动作用，将两者紧密结合。

有序控制原则：对于城郊型乡村，特别是在城市、镇总体规划确定的城市建设用地范围内的乡村[①]，应采用引导与控制的方法，有序控制乡村规模，引导居民点撤并，进行土地收储等，避免其对城市的发展造成不利影响。

城乡统筹原则：城郊型乡村与城市的关系中，空间上的融合往往快于经济、公共服务等方面的融合，使得城乡矛盾突出。应当以城乡统筹的思维，安排乡村公共服务设施、用地布局，引导人口合理流动。

2. 县（市）域、乡镇（域）村庄布点规划对于城郊型乡村的处理

（1）产业发展引导

城郊型乡村的产业发展呈现依托城镇、服务城镇的特点，应在判别城市、镇发展阶段的基础上，结合乡村实际综合确定产业类型，具体可分为城郊服务型、工业引导型、高效观光型、特色资源型、文化旅游型、合作组织型等，城郊型乡村应根据自身特征选择适宜的发展模式（聂小刚、刘涛，2008）。

（2）村庄建设用地指标确定

城郊型乡村区位条件优越，其土地资源宝贵，在村庄建设用地指标确定时，应当严格采用规划要求的指标控制，不得随意突破；规划应明确村庄建设用地开发的原则性要求，对建设用地开发强度相关指标提出限制要求，避免乡村建设无序展开。在乡镇（域）村庄布点规划中，还应明确各个村组建设用地的规模和大致界限。

（3）基础设施和公共服务设施设置

城市、镇规划进行基础设施和公共服务设施需求量测算时，应统筹考虑城郊型乡村的需求，将其纳入城镇服务系统，避免重复建设，以提升设施配套的经济性，改善城郊型乡村设施服务水平，体现城市对农村的反哺。

城郊型乡村自身的设施配套，应适当提高建设标准，同时要考虑到城郊型乡村的特殊需求，如与城市间的交通联系需求，产业配套服务需求，农民技术培训、素质提升需求等。

---

① 根据《浙江省城乡规划条例》，对于城市、镇总体规划确定的城市建设用地范围内的乡村不编制乡规划、村庄规划，对于这类村庄，主要在县（市）域、乡镇（域）村庄布点规划层面对其进行导控，引导其撤并。

3. 城郊型村庄规划技术方法

（1）突破权属概念进行农地布局调整

城郊型村庄的发展，离不开土地的规模经营，离不开优质高效农业的发展，规划应突破权属概念，通过土地流转、农村居民点整理、农房整治等手段，最大限度挖掘农村耕地整理潜力，提升建设用地利用效率。

（2）基于需求分析的农房改造

在农房改造中，应充分调研宅基地现状、需求量、需求原因，确定宅基地调整方案，并针对城郊型村庄居民生活方式[①]、就业结构[②]等特征，合理设计农宅。

（3）基于公众参与的规划方案制定

广大村民是否认同、拥护和支持规划，是村庄规划能否顺利实施的关键。在规划中应采用问卷调查、入户访谈、方案讨论会等多种形式的公众参与方式，使村民积极参与到村庄的建设和管理中。

（4）预留弹性的渐进式规划

受到城镇影响，城郊型村庄的建设发展存在一定的不确定性，规划宜采取分期、渐进的滚动模式，保留村庄发展的弹性空间。

第四节　乡村规划技术标准体系

《城乡规划技术标准体系》既是城乡规划编制单位编制城乡规划的基础依据，又是地方政府和城乡规划主管部门组织城乡规划编制、规划成果评价、规划审批以及进行规划实施管理的重要依据，还是社会公众对规划制定和实施进行监督检查的重要依据。《城乡规划法》规定："编制城乡规划必须遵守国家有关标准"，城乡规划编制单位"违反国家有关标准编制城乡规划的"，"由所在地城市、县人民政府城乡规划主管部门责令限期改正，处合同约定的规划编制费一倍以上两倍

---

① 在城市的影响下，城郊型乡村居民的生活方式发生潜移默化的转变，在农房设计中应考虑到这些转变带来的相应功能空间的需求以及流线的组织。

② 城郊型乡村多样化的功能要求在农宅设计中能够适应性改变，例如农家乐、民宿等功能对于农宅的特殊需求等。

以下的罚款；情节严重的，责令停业整顿，由原发证机关降低资质等级或者吊销资质证书；造成损失的，依法承担赔偿责任”。《城乡规划法》的颁布实施，“使得城乡规划国家标准的地位空前提高”，“极大提高了国家标准在城乡规划编制过程中的强制作用”（石楠、刘剑，2009）。从另一个角度来说，梳理、完善现有技术标准，使之适应地方实际需要，便成为一个重要的课题。

浙江省在乡村规划具体工作中，结合自身省情，在国家《城乡规划技术标准体系》（以下简称“国家《标准体系》”）的基础上，进行了因地制宜的创设，对规范、指导浙江乡村规划的具体工作起到了积极的作用，但同时也存在不足和遗憾。本节在对这些不足进行总结的基础上，综合当前学界对于国家《标准体系》改革的主要观点，结合规划编制、管理、实施监督等不同规划工作类型的需要，对未来《浙江省乡村规划技术标准体系》（以下简称“省标准体系”）的完善与发展提出建议。

一、标准体系现状

《浙江省城乡规划条例》规定，省人民政府城乡规划主管部门、城市、县人民政府可以按照上级有关技术标准、技术规范，制定适用于本区域的相关实施性技术规定[①]。即在浙江省内进行乡村规划的相关工作，必须遵守国家有关技术标准，同时也要遵守省人民政府城乡规划主管部门、城市、县人民政府制定的相关技术规范。由此，浙江省的乡村规划技术标准体系由国家标准、地方标准两个层级构成，前者是后者的基准和依据，后者是前者的细化和补充。

（一）国家《标准体系》现状

我国现行的城乡规划技术标准体系是工程建设标准体系的一个组成部分，它的制定起步于20世纪80年代中期；1993年，建设部（现住房和城乡建设部，余同）完成了《城市规划技术标准体系》，标志着城乡规划标准建设工作逐步走上正轨；后几经修改，形成了国家《标准体系》，即《工程建设标准体系（城乡规划部分）》；

---

①《浙江省城乡规划条例》第八条　编制和实施城乡规划应当遵守国家有关技术标准。省人民政府城乡规划主管部门应当按照国家有关技术标准，制定城乡规划编制和实施的相关技术规范。城市、县人民政府可以按照国家和省有关技术标准、技术规范，制定适用于本区域的相关实施性技术规定，向社会公布后实施。

后又在该体系确定的技术标准体系框架下进行充实，不断完善体系的内容，最终形成“综合标准—基础标准—通用标准—专用标准”四大层次，每个层次又分为城市规划和村镇规划两大类标准。其中涉及乡村规划的标准如表3-3所示。

表 3-3　国家乡村规划技术标准体系（2003 版）框架及其更新情况

标准层次	2003 版标准名称	现行标准名称（截至 2014 年 9 月）	现行标准号
基础标准	村镇规划基础资料搜集规程		取消
通用标准	村镇规划标准	镇规划标准	GB 50188—2007
	村镇体系规划规范		
	村镇用地评定标准		
专用标准	城市和村镇老龄设施规划规范	城镇老年人设施规划规范	GB 50437—2007
	村镇居住用地规划规范		
	村镇生产与仓储用地规划规范		
	村镇公共建筑用地规划规范	乡镇集贸市场规划设计标准	CJJ/T 87—2000
	村镇绿地规划规范	镇（乡）村绿地分类标准	CJJ/T 168—2011
	村镇环境保护规划规范		
	村镇道路交通规划规范		
	村镇公用工程规划规范		
	村镇防灾规划规范		
		村镇规划卫生规范	GB 18055—2012
		农村户厕卫生标准	GB 19379—2003
		乡（镇）村商业零售店经营规范	GB/T 28840—2012
		农村防火规范	GB 50039—2010
		村庄整治技术规范	GB 50445—2008

（二）省标准体系现状

目前，省标准体系尚未出台，仍然适用国家《标准体系》，但相关的研究正在进行中。根据《浙江省城乡规划技术标准与准则框架研究》（专家论证稿 2009.7.20），可以看出其制定的基本思路：标准的层次体系和各层次的划分，乃至大部分标准的具体内容，均延续或是参考国家《标准体系》，同时结合浙江省城乡发展特征和城乡规划技术体系特征，在城市规划和镇规划两个层次之间增加了县（市）域总体规划，新增了部分标准（基础标准4项，通用标准5项，专用标准3项），对于国家《标准体系》中的部分标准适当归并（如将城市用地评定标准和村镇用地评定标准归并为城乡用地评定标准）。该研究中涉及乡村规划的标准共15项（表3-4、图3-5）。

表 3-4　《浙江省城乡规划技术标准与准则框架研究》中涉及乡村规划的技术标准

基础标准	通用标准	专用标准
浙江省城乡规划制图标准	浙江省城乡水系规划规程	浙江省城乡居住区规划设计规范
城乡规划基本术语标准	城乡人口规模预测规程	浙江省城乡公共设施规划规范
浙江省城乡用地分类与规划建设用地标准	城乡用地评定标准	村镇公用工程规划规范
浙江省城乡建设用地分类代码	浙江省城乡规划环境保护篇章编制规范	浙江省城乡环境卫生设施规划规范
城乡规划基础资料搜集规程与分类代码标准	浙江省村庄整治规划编制导则	村镇防灾规划规范

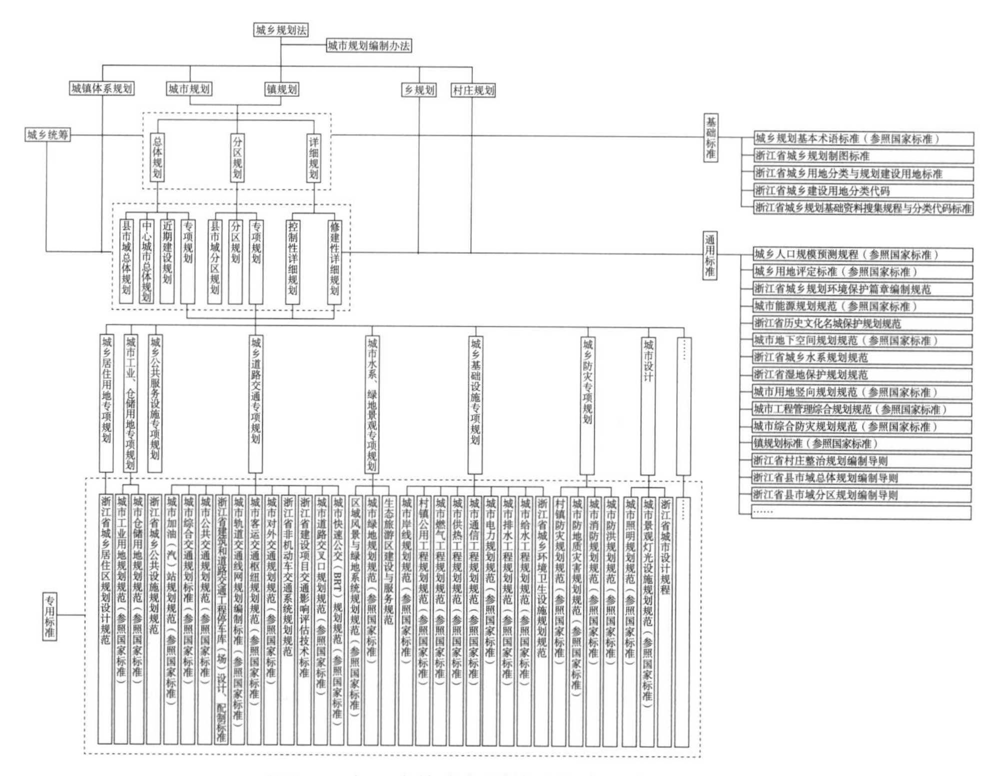

图3-5　浙江省城乡规划技术标准和准则框架

（三）各市、县（市）标准体系现状

浙江省各市、县（市）城乡规划技术标准的制定，总体来说缺乏系统性，多是基于国家《标准体系》框架进行的因地制宜的补充，其中涉及乡村规划的绝大多数为通用标准和专用标准范畴，主要规范规划编制中的具体技术问题，如《杭州市乡镇（村）社区服务中心建设标准（试行）》《衢州市农村文化礼堂建设规范》等。

值得一提的是，个别城市（如杭州市）已经开始着手关于城乡规划技术标准体系的研究，并已形成初步成果。该研究建立了包括层次构成、专门分类、专业序列三个维度的技术标准体系，并在现有城乡规划技术标准体系四大层次的基础上，将标准分为规划编制、规划管理、规划监督三个方面，构建了新的标准体系。该体系共包括技术标准105项，其中沿用国标省标类26项、已编制完成类16项、补充完善类15项、重新制定类48项。尽管该体系仍存在综合标准层缺失、重城市轻乡村（没有体现"城乡"规划技术标准体系的特点）等问题，但仍可视为对现行城乡规划技术标准体系改善的一次有益探索。

二、省标准体系面临的新形势

1. 乡村规划的地位提升要求标准体系体现城乡统筹

《城乡规划法》与《城市规划法》相比，调整的对象由城市变为城乡，体现了城乡统筹的思维。该法第二条，"城乡规划包括城镇体系规划、城市规划、镇规划、乡规划和村庄规划"，将乡规划和村庄规划作为我国城乡规划体系中的组成部分予以明确。随后制定的《浙江省城乡规划条例》也延续了《城乡规划法》对于规划体系的划分。同时这两部法律、法规中均指出，编制城乡规划必须遵守国家及地方有关标准，因此，相关标准及标准体系的制定，也必须相应地转变为城乡统筹的思维，加强对"乡"的关注。

2. 乡村的复杂性要求标准体系兼顾规划管理和监督

从规划管理角度来说，根据相关法律法规，乡村规划成果的审批以及核发乡村建设规划许可证等乡村规划管理工作，由城市、县人民政府城乡规划主管部门负责（《城乡规划法》第二十二条、第四十一条，《浙江省城乡规划条例》第三十七条、第三十八条），由于乡村建设的数量庞大以及乡村建设问题的复杂性

（土地权属和建设主体构成复杂、发展条件不均衡等），使得这成为一项十分繁重的任务。从提升工作效率和提高行政服务水平的要求出发，必须对相关规划管理工作进行标准化。

从规划监督角度来说，在乡村规划中引入公众参与更为重要，《城乡规划法》第二十六条[①]、第五十四条[②]中分别明确了城乡规划报送审批前和实施过程中公众参与的权利；第二十二条更是明确指出，“村庄规划在报送审批前，应当经村民小组会议或者村民代表会议讨论同意”，体现了乡村规划的特殊性以及村民自治在乡村规划中的重要性。而技术标准是社会公众参与规划监督的最基本的技术依据，可以认为技术标准是规划维护公共利益的最基本技术手段（石楠、刘剑，2009）。

因此，城乡规划标准体系不仅应当关注规划编制中的技术问题，还应当兼顾规划实施过程中的管理和监督，适应不同管理环节和内容，体现公共政策属性。

3. 标准体系应当衔接法律要求以及上位标准体系修订思路

（1）衔接《城乡规划法》《浙江省城乡规划条例》要求

《城乡规划法》第十七条、第十八条规定了城市总体规划、镇总体规划、乡规划、村庄规划的内容，体现了这两类规划的共性，而镇规划则与城市规划并入一个序列；《浙江省城乡规划条例》在规划体系中增加了县（市）域总体规划，对于城市总体规划、镇总体规划、乡规划、村庄规划的内容均予以延续（该法第十九条），可见现行“省标准体系”中，将“村镇（乡）”的规划工作作为标准化对象，乡和镇同等处理，与《城乡规划法》的要求有一定偏差，有可能造成标准的内容有所偏重，或是乡的标准与实际需求不相适应等问题，不利于城、乡两套技术标准体系的融合。

（2）衔接国家新《标准体系》的修订思路

国家层面新的《标准体系》仍在修订，但从征求意见稿（2008.10）来看，其特点在于通过四大标准层次的构建，对用地和设施这两大核心要素的控制，建

---

①《城乡规划法》第二十六条　城乡规划报送审批前，组织编制机关应当依法将城乡规划草案予以公告，并采取论证会、听证会或者其他方式征求专家和公众的意见。公告的时间不得少于三十日。组织编制机关应当充分考虑专家和公众的意见，并在报送审批的材料中附具意见采纳情况及理由。

②《城乡规划法》第五十四条　监督检查情况和处理结果应当依法公开，供公众查阅和监督。

立了一种通透的控制体系，贯穿不同规划工作、不同规划层次、不同规划技术手段，适应了WTO对技术标准从封闭到开放的要求。

省标准体系的制定和完善，也应当与上述思路保持一致：从上下位标准衔接角度来看，无论是省级标准，还是城市、县级标准体系，都应当遵守国家《标准体系》中的四大层次，同时体现对于城乡规划核心要素——用地和设施的控制，从而实现城、乡两套技术标准体系的融合。

4. 标准体系应当体现浙江省情的特殊要求

国家《标准体系》虽为全国范围内城乡规划工作的经验总结，但对于乡村规划这类技术性较强的规划类型，却难以很好应对浙江省乡村的实际，以及乡村规划工作的具体需要。例如可能存在部分指标的数值不合适，再如对于乡村建设规划许可证的核发，县（市）域总体规划的编制及管理等方面，浙江省均有着因地制宜的创设[①]，而这些都需要制定相应的规范加以标准化。

三、省标准体系存在的问题

根据国家《标准体系》制定初衷，应当“以系统分析的方法，做到结构优化、数量合理、层次清楚、分类明确、协调配套，形成科学、开放的有机整体”。然而现有的浙江省城乡规划技术标准，与上述目标仍有巨大的差距，难以应对前述“新形势”。其问题主要体现在以下几点。

（一）体系问题——综合标准缺失，通用、专用标准混乱

1. 综合标准缺失

目前的省标准体系沿用了国家《标准体系》的框架，虽然设置了综合标准这

①《浙江省城乡规划条例》第三十八条　在乡、村庄规划区内使用集体所有土地进行农村村民住宅建设的，农村村民应当持村民委员会签署的书面同意意见、使用土地的有关证明文件、住宅设计图件向乡（镇）人民政府提出申请，由乡（镇）人民政府自受理申请之日起五个工作日内报城市、县人民政府城乡规划主管部门，由城市、县人民政府城乡规划主管部门核发乡村建设规划许可证。村民也可以持前款规定的材料直接向城市、县人民政府城乡规划主管部门申请核发乡村建设规划许可证。城市、县人民政府城乡规划主管部门应当依据乡、村庄规划核发乡村建设规划许可证，并在乡村建设规划许可证中明确建设用地位置、允许建设的范围、基础标高、建筑高度等规划要求。

《浙江省城乡规划条例》第四十四条　城市、县人民政府城乡规划主管部门依照本条例委托乡（镇）人民政府核发乡村建设规划许可证的，可以委托乡（镇）人民政府依照前款规定办理核实手续。

一标准层次，但却并没有制定相应的综合标准，导致其他各层次标准缺乏总体的“制约和指导作用”①。

在这里有必要提及浙江省《美丽乡村建设规范》，该规范虽涉及“美丽乡村建设的术语和定义、基本要求、村庄建设、生态环境、经济发展、社会事业发展、社会精神文明建设、组织建设与常态化管理等要求”，内容综合，但却不能称为综合标准。首先，该标准“适用于指导以建制村为单位的美丽乡村的建设”，并非普遍适用于所有乡、村的规划工作②；其次，综合标准是“涉及质量、安全、卫生、环保和公共利益等方面的目标要求或为达到这些目标而必需的技术要求和管理要求”。由此可见，综合标准的重点并非在于内容的综合，而主要在于其强制性要求③。

2. 通用、专用标准混乱

通用标准本应适用于规划工作这“一类标准化对象”，是“覆盖面较大的共性标准”。然而，现有部分通用标准却更像是专用标准，只能适用特定的规划工作，如村镇用地评定标准。通用、专用标准之间的界限模糊，并没有“清楚界定通用标准与专用标准，使两者层次分明、有效衔接”④。

（二）内容问题——覆盖不全，设置随意，指标待商榷

1. 覆盖不全

国家《标准体系》中涉及乡村规划的标准共有13项（基础标准1项，通用标准3项，专用标准9项），但其中很多标准仍然在编，有待填充；即使上述13项标准全部制定，国家《标准体系》仍然表现出重城市轻乡村的倾向，部分重要的乡村规划标准仍存在缺位，如村庄用地分类及村庄建设用地标准、历史文化名村保护规划规范等；更有部分规范在重新修订后，将乡村排除在适用范围以外，失去了原本对村庄规划的指导作用，如GB50188（由“村镇规划标准”

---

① 建设部标准定额司:《工程建设标准体系（城乡规划、城镇建设、房屋建筑部分）》，中国建筑工业出版社，2003年。

②《美丽乡村建设规范》。

③ 同①。

④ 同①。

变为“镇规划标准”）；或是内容片面，仅仅涉及国家《标准体系》中规定的部分内容，如CJJ/T87（由“村镇公共建筑用地规划规范”变为“乡镇集贸市场规划设计标准”）、CJJ/T168（由“村镇绿地规划规范”变为“镇（乡）村绿地分类标准”）；此外，国家《标准体系》关注点集中在乡村规划编制上，对于乡村规划的管理、监督等均未涉及，难以系统指导乡村规划的具体工作。

2. 设置随意

浙江省及各城市、县（市）地方标准中，往往采用“建设规范”“建设标准”的提法，如《美丽乡村建设规范》《杭州市乡镇（村）社区服务中心建设标准（试行）》《衢州市农村文化礼堂建设规范》等，这类规范涉及的内容除了城乡规划专业外，还涉及电力、土地、文化等其他专业。虽然这类规范能够较好地满足浙江省某一发展阶段的特定需要，但不免存在一定的随意性，其归属与国家《标准体系》的专业分类难以对应，不利于形成“结构优化、分类明确”的标准体系。

3. 内容不适应

地方标准的制定，应当因地制宜。例如浙江省有着多样的地形区，针对浙江省不同地形区的村庄，在确定设施配套标准时，需要考虑不同地形区集聚发展模式对于设施配置标准的影响，而不能采用国家《标准体系》“按照聚落规模确定设施规模”的一般思路。此外，浙江省有着较高的经济发展水平和城乡一体化发展水平，在标准内容的确定上，也必须考虑这些因素，若直接延续国家《标准体系》，必然存在内容的不适应，影响标准的针对性和适用性。

（三）属性问题——公共政策属性缺失，与法规体系的关系不清

1. 公共政策属性缺失

省标准体系的公共政策属性缺失，与其内容偏重规划编制有关，各类标准仍然只是技术文件，缺乏对乡村规划管理、监督的关注，难以成为乡村规划管理工作的程序参考和乡村规划监督的技术依据。

2. 与法规体系的关系不清

在我国城乡规划的法规体系中，除了法律、法规、地方条例，还有一些以“规定”“规则”“办法”命名的规范性文件，而与规划技术标准关系不清的，正是这类规范性文件。

从内容上看，规范性文件存在内容混杂、系统性不足等问题。一方面，规范性文件往往带有技术引导、规划管理、规划监督方面的规定内容，能够起到全面指导规划工作的积极作用，一定程度上类似于标准，但内容却更加综合；然而规范性文件往往又包含制度建设等方面的内容，并且没有对管理、技术规范性标准与规章制度进行严格区分，造成内容的混杂。另一方面，规范性文件往往涉及个别具体技术要点，针对性强但系统性不足，这使得规范性文件零碎而庞杂，也大大增加了乡村规划工作的难度。

从实质上看，规范性文件实为基于部门事权的行政指令，在部门事权存在交叉，又缺乏必要的协调时，不同的规范性文件之间就缺乏系统关联，甚至出现彼此冲突的情况，更别说与标准体系的协调了。

从效力上看，法律、法规是全文强制；标准是对法律、法规的补充，强制性有所减弱；部门规章是对标准的引用，其形成过程并不是制定标准。然而我国的实际情况并非这样，由于标准的制定需要较长的周期，难以满足即时的需求，部门规章，尤其是规范性文件常常取代标准的角色，技术标准与行政法规和规划编制办法的界限并未划清，与国家《标准体系》修订的基本思路相悖。根据《标准化法》第七条，“国家标准、行业标准分为强制性标准和推荐性标准。保障人体健康，人身、财产安全的标准和法律、行政法规规定强制执行的标准是强制性标准，其他标准是推荐性标准”。这也使得部门规章中标准的强制性大打折扣，其权威性屡屡遭受挑战。

（四）时效问题——时间节点不一，协调对接困难

现行标准体系，由于各标准的编制时间、背景不一样，可能导致对于同一个问题的关注存在差异，标准之间不相关联，甚至相互矛盾，由于缺乏严格的校验程序以及标准制定过程中的协调机制，导致标准之间难以衔接；此外，当前城乡发展呈现日新月异的变化，而标准却无法及时修订，尤其当强制性标准与现实需求发生矛盾时，更会使规划工作陷入两难。

四、基于现有框架的省标准体系构建

当然，造成上述问题的原因，很大程度上是由于省标准体系所沿用现行国家《标准体系》的不足，然而，省标准体系的构建仍需协调与国家《标准体系》的

关系。基于这样的考虑，在不突破国家《标准体系》框架的情况下，省标准体系的构建和优化，便只能进行有限的调整，弥补相应标准的缺位，或是修订适合省情的省标，实现与国家《标准体系》的良好对接。

（一）构建思路

1. 延续框架

延续框架主要体现在：一方面，作为下位标准体系，省标准体系应当与上位标准体系的层次相对应，国家《标准体系》中"综合标准—基础标准—通用标准—专用标准"四大层次应当予以延续；另一方面，现行的规划技术标准体系主要是按照规划技术体系划分的，由于浙江省层面的乡村规划大体延续了国家层面的规划技术体系，因此在具体的技术标准制定时，还应与上位具体标准之间存在一定的对应关系。

2. 完善内容

根据前文，浙江省有着多样的地形区以及较高的经济发展水平和城乡一体化发展水平等特殊性，对于现有的国家《标准体系》及具体标准，省标准体系应当结合浙江实际进行延续和完善。

3. 补齐缺项

《城乡规划法》第十八条对乡规划、村庄规划的内容提出了要求；《浙江省城乡规划条例》也延续了《城乡规划法》对乡规划、村庄规划的内容要求（《浙江省城乡规划条例》第十九条）。对应这些要求，现行的省标准体系对于乡规划、村庄规划中的"规划区范围""垃圾收集"等环卫设施、"耕地等自然资源和历史文化遗产保护"等方面，均没有涉及，应当予以补充。

4. 充实标准

乡村规划的专业性较强，并且时常面临即时发展的要求和不同的地方实际，因此，省标准体系除了完善现有国家《标准体系》的标准设置外，还可以在不改变框架的基础上，对具体标准进行扩充，主要体现在对专用标准层次的扩充。

（二）体系构建

根据上述思路，省标准体系的构建如表3–5所示，其中标准名为"村镇"，实际应包括村、镇（乡）的相关内容。

此外，省内各城市、县人民政府可根据相关法律法规（《浙江省城乡规划条例》第八条），制定适用于自身的技术规定，在此不再详细阐述。

表 3-5　基于现有框架的省标准体系构建

层次	省标准体系	与国家《标准体系》的衔接方式
基础标准	村镇规划基础资料搜集规程	可先行制定，如有国标则结合国标修订
	乡村规划制图标准	重新制定，如有国标则结合国标修订
	乡村用地分类与规划建设用地标准	可先行制定，如有国标则结合国标修订
	乡村规划基本术语标准	重新制定，如有国标则结合国标修订
通用标准	乡村规划标准	可先行制定，如有国标则结合国标修订
	村镇体系规划规范	可先行制定，如有国标则结合国标修订
	村镇用地评定标准	可先行制定，如有国标则结合国标修订
专用标准	浙江省村镇老龄设施规划规范	重新制定，如有国标则结合国标修订
	浙江省村镇居住用地规划规范	可先行制定，如有国标则结合国标修订
	浙江省村镇生产与仓储用地规划规范	可先行制定，如有国标则结合国标修订
	浙江省村镇公共建筑用地规划规范	结合《乡镇集贸市场规划设计标准》补充完善
	浙江省村镇绿地规划规范	结合《镇（乡）村绿地分类标准》、浙江省《村庄绿化技术规程》补充完善
	浙江省村镇环境保护规划规范	可先行制定，如有国标则结合国标修订
	浙江省村镇道路交通规划规范	可先行制定，如有国标则结合国标修订
	浙江省村镇公用工程规划规范	可先行制定，如有国标则结合国标修订
	浙江省村镇防灾规划规范	可先行制定，如有国标则结合国标修订
	浙江省乡村环卫设施规划规范	重新制定，如有国标则结合国标修订
	浙江省历史文化名村保护规划规范	重新制定，如有国标则结合国标修订
	浙江省乡村规划区划定技术规程	重新制定，如有国标则结合国标修订
	浙江省乡村规划区划定规程	重新制定，如有国标则结合国标修订
	浙江省乡村人口规模预测规程	重新制定，如有国标则结合国标修订
	浙江省乡村自然资源保护规划规范	重新制定，如有国标则结合国标修订
	浙江省村庄整治规划技术导则	已经制定
	……	……

注：表中“现行制定”针对国家《标准体系》中列出的技术标准，“重新制定”针对国家《标准体系》没有的技术标准。

五、省标准体系未来发展方向

上述标准体系并没有完全解决前述省标准体系的种种问题，要彻底改变前述问题，需要对省标准体系进行重构，笔者认为其未来的发展方向主要有以下几点。

1. 理顺逻辑，厘清与法规体系的关系

根据《WTO/TBT协定》，标准是一定范围内协商一致并由公认的机构（团体）核准颁布，供共同和反复使用的协调性准则、指南；技术法规是强制性的，是通过法律规定程序制定的法规文本，由政府行政部门强制监督执行。标准的覆盖范围广泛，而技术法规仅包含政府需要通过技术手段进行行政管理的国家安全需要、防止欺诈行为、保护人类健康或安全、保护动物或植物的生命或健康、保护环境等事项。技术法规定义为强制性文件，标准定义为自愿执行的文件。

根据当前的国际经验，标准和技术法规一般为以下关系：一是技术法规抽象、概括地规定目的和要求，由标准规定实施过程和方法，但通过市场准入制度和合格评定程序等方法，使标准实质上成为技术法规的实施细则，相关协调标准具有连带的强制执行性质；二是技术法规引用标准的内容，使标准成为技术法规的条款或附件；三是经过一定的法定程序，将有关标准以法律形式重新颁发（梁广炽，2003）。

当前国家《标准体系》中，综合标准包括“质量、安全、卫生、环保和公共利益等方面”必需的技术要求与管理要求，虽然尚处于缺失状态，但却已经有了技术法规的雏形。然而国家《标准体系》中对于综合标准的定义，是从“工程建设”角度提出的，对于规划专业的针对性不强，有学者建议城乡规划综合标准的内容应该包括五大方面：资源利用、健康与安全、环境保护、历史遗产保护、规范市场行为，从城乡规划的角度对综合标准的内容做出了具体阐释（石楠、刘剑，2009）。

未来，随着我国与WTO的不断接轨，建议对国家《标准体系》中需要强制执行的相关内容进行提炼、整合，成为综合标准，并将综合标准上升为技术法规，内容涵盖资源利用、健康与安全、环境保护与环境卫生、历史遗产保护、规范市场行为等方面。而在省标准体系的建立中，也应当延续这一思路。此外，通过引用标准，或是将标准作为技术法规的实施细则，实现上述五大领域标准的强制性，而对于其他标准，则遵照《WTO/TBT协定》自愿执行，从而协调标准体系与法规体系的关系。

2. 整合体系，力求标准体系的通透

（1）基于要素和程序控制，明确通用标准和专用标准的界限

针对当前国家《标准体系》通用标准和专用标准的界定模糊的问题，应当划定明确的界限对二者加以区分。笔者认同石楠、刘剑（2009）关于建立基于要素和程序控制的标准体系的观点，认为应当建立基于要素控制的通用标准和基于程序控制的专用标准。

要素包括用地和设施这两个城乡规划专业最为核心的关键因素，是城乡规划与市政、道路、园林、建筑等其他专业相互衔接所要用到的标准；专用标准则包括在城乡规划专业内部适用的规范具体工作方法、工作程序等所需的标准，无须与其他专业相衔接，具有最强的专业性。

（2）合理归并，形成贯穿城乡和规划体系的技术标准体系

按照目前的规划技术标准制定情况，体系仍按城市规划和乡镇规划两个门类制定[①]。根据基于要素和程序控制的标准体系构建思路，综合、基础、通用标准不再对应规划技术体系，也不再区分城镇、乡村，而是由专用标准覆盖上述问题；综合、基础、通用标准则是贯穿城乡、贯穿规划体系的标准。可以对现有标准体系进行合理的归并，对城市规划、乡镇规划两个门类进行整合，形成一套通透的标准体系。

在《浙江省城乡规划技术标准与准则框架研究》中，已经体现了这样的思维，如对于国家《标准体系》中的部分标准进行跨越城乡的归并，这也体现了浙江省在较高的城乡一体化发展水平下的特殊需求。

（3）适时扩充，实现对乡村规划工作的全覆盖

标准的扩充主要体现在基础标准和专用标准的扩充。一方面，国家《标准体系》中，基础标准层涉及乡村规划的目前只有《村镇规划基础资料搜集规程》，在编的《村庄规划用地分类指南》也仅仅涉及村庄规划用地的分类，对于乡村规

---

① 建设部标准定额司：《工程建设标准体系（城乡规划、城镇建设、房屋建筑部分）》，中国建筑工业出版社，2003年。

划建设用地标准等并未涉及，为了形成乡村规划工作以及其他规划制定的普遍依据和基础，乡村规划基础标准的扩充非常必要。另一方面，针对目前国家《标准体系》中缺乏对乡村规划管理、监督等内容的现状，建议在专用标准层增加相应的标准，对有关程序加以规范；同时，对于乡村规划编制工作中专业性较强的技术细节，也可以在专用标准层加以扩充。

3. 立足规划，实现与专业标准的协调

标准体系中对于实体性内容和程序性规定的规范，应当基于城乡规划专业本身，对应行政主管部门的事权，作为技术法规附件或者实施细则的技术标准更应如此，从而避免与其他专业的标准和规范性文件之间的交叉，造成标准、法规的自相矛盾。

当然，省标准体系的重构，还需要基于国家《标准体系》的修订。从目前的修订情况看，本书的观点与修订的思路基本一致。省标准体系可在当前国家《标准体系》的框架下，基于前述思路进行针对性的调整、完善。在制定新的地方标准时，也应当基于上述思路，以便未来国家和地方乡村规划技术标准体系的更好衔接。

第五节　乡村规划实施评估和动态监测

乡村规划实施评估是对乡村规划实施效果的阶段性检验，并为完善规划实施管理和改进规划提供方向性的思路与建议。动态监测作为实施评估的重要手段，针对乡村规划的重点内容，提供更加精确、科学的评估结果。本节通过分析乡村规划实施评估的现状及意义，结合乡村规划的现状和侧重点确定评估对象，并通过评估方法和配套系统的分析，确定实施评估的必须性和可行性，最后对动态监测的具体内容加以阐述。

一、乡村规划实施评估的现状

《城乡规划法》的颁布，标志着我国城乡规划进入了城乡一体化时代，乡、村规划作为一种规划类型明确提出，并日益受到重视，然而乡村规划的实施评估仍然处于起步阶段，并未引起足够的重视。乡村规划实施评估的技术标准和法律法规体系的建设等方面，也处于缺失状态，乡村规划实施评估缺乏系统指导。

目前对乡村规划实施的监测，主要由国土部门对可疑图斑进行监督分析，并提供给规划管理部门进行复查核实，保障建设合法合规。这样的监测只涉及乡村规划中的“用地”这一要素，对于《城乡规划法》中乡村规划的其他内容没有涉及，缺乏系统性；同时，由于并非由城乡规划主管部门主导，这样的监测属于被动式的监测，缺乏“主动出击”。

由于乡村与城镇发展的异质性，城市规划实施评估内容和方法并不能适用于乡村规划，而为确保乡村规划的有效实施，乡村规划评估不可或缺，因此有必要对乡村规划实施评估进行研究。

二、乡村规划实施评估的意义和价值

城市规划实施评估的意义和价值在于解决或者缓解规划存在的问题，找到针对性的解决方法。类比城市规划实施评估的意义，笔者认为乡村规划实施评估有助于乡村发展与规划内容接轨，对于不适合乡村发展的规划内容适当地进行修改，在确保规划与现状相适应的情况下，保证规划内容科学有序地开展。结合乡村规划的现状以及乡村规划的主要矛盾，总结出乡村规划实施评估的意义在于以下三点。

1. 严格规划管理，保障规划实施

乡村规划实施评估能够规范各类土地利用以及各项设施建设，使其发展趋势与规划相统一，同时协助监督乡村规划的各项内容是否由乡政府和各村委按计划开展，在一定程度上解决相互之间的矛盾和歧义，提高规划的可实施度，从而提高政府的行政效率。

2. 适应动态发展，调整完善规划

乡村发展存在较大的不确定性，内部条件如资金、民众支持、自然灾害等，外部条件如政策条件、区域交通、产业经济、重大项目建设等，均有可能对乡村发展带来方向性的影响。因此，评估规划的内容与当前实际是否相适应有着重大意义。通过对乡村规划实施评估，可以及时发现规划的不适用之处并加以调整，结合发展现状，制订解决方案，完善规划内容，为乡村下一步发展提供规划保障。

3. 体现基层民主，平衡社会利益

我国乡村主要采用村民自治，由于利益分配关系的变化，使原有的基层组织的功能不断丧失，政府又无法处理全部农村的社会事务，使农民得以自我管理、自我教育、自我服务，维护自身的经济利益已是客观必然。乡村规划实施评估可以通过基层群众参与的手段，吸纳群众的意见和建议，提高公众对于规划的参与度，增加公众对于政府的信任，同时帮助促进规划过程中集体组织或者个人之间的沟通，淡化和解决相互之间的矛盾，协调利益纠纷。

三、乡村规划实施评估的对象

（一）评估主体

在城市规划实施评估中，评估的主体主要分为组织者、编制者、配合参与者。城市规划评估的组织者为相应规划的组织者，编制者可由组织者委托规划编制单位或者组织专家组承担具体评估工作[①]，配合参与者为社会公众，审批者则视城市规划类型的不同有所区别。乡村规划实施评估的主体可参照城市规划评估确定。

乡村规划实施评估组织者的确定根据《浙江省城乡规划条例》第十七条，乡人民政府组织编制乡规划，乡（镇）人民政府组织编制村庄规划。乡规划和村庄规划报城市、县人民政府审批。因此，乡规划评估的组织者应当为乡人民政府，而村庄规划评估的组织者则为该村庄所在的乡（镇）人民政府。

乡村规划实施评估的编制者，参考城市规划实施评估，由其组织者委托规划编制单位或者专家组承担具体评估工作。

乡村规划实施评估的配合参与者的确定，参考《城市总体规划实施评估办法（试行）》，应采取切实有效的形式，了解公众对规划实施的意见和建议[②]。在乡、村层面，公众主要为广大乡民、村民，并且应当充分重视乡人民代表大会、村民小组会议和村民代表会议的作用。

---

①《城市总体规划实施评估办法（试行）》第二条、第四条。

②《城市总体规划实施评估办法（试行）》第七条。

（二）评估客体

根据前文，浙江省乡村规划体系包括县（市）域村庄布点、镇（乡）村庄布点、乡规划、村庄规划。其中，县（市）域村庄布点和镇（乡）村庄布点在县市域总体规划与镇总体规划层面均有所涉及，对于乡村规划的评估工作可与这些规划的实施评估相结合，而乡村规划实施评估应重点关注乡规划和村庄规划，即乡村规划实施评估的客体。

（三）评估程序

1. 评估时间

自组织生长的乡村发展速度较慢，对其规划进行评估的时间可以根据需求确定；他组织生长的乡村由于受到外力的影响往往会发生巨大的变化，同时其发展也带有很大的不确定性。因此，笔者认为，对于乡村规划实施评估时间的确定应当分为两种情况：一种是定期评估，时间可以类比城市规划实施评估，确定为两年一次；一种是按需评估，根据实际情况确定评估的时间，并上报乡村规划的审批机关。

2. 成果备案

经政府组织、专家领衔、公众参与形成的评估报告及必要的附件，应当作为乡村规划实施评估的成果进行备案。参考城市规划评估①，结合浙江实际，乡规划评估成果报乡人民代表大会和城市、县人民政府备案，村庄规划报城市、县人民政府，或者由其委托的城乡规划主管部门备案（图3-6）。

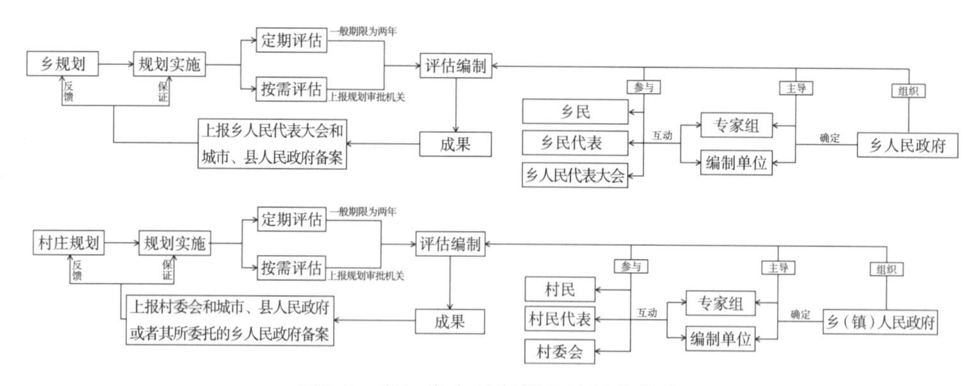

图3-6　浙江省乡村规划实施评估程序

①《城市总体规划实施评估办法（试行）》第九条，城市总体规划实施评估的成果应当报本级人民代表大会常务委员会和原规划审批机关备案。

四、乡村规划实施评估的内容

（一）乡村规划实施评估的框架

乡村规划实施评估应该结合现状分析规划的实施效果，主要分为总体评估、分项内容评估和结论建议三部分。总体评估包括规划背景和内容以及规划的实施效果；分项评估分为目标评估、村（乡）域规划评估、集镇区和中心村规划评估；结合总体评估和分项评估的内容，得出评估的相关结论，再根据结论提出应对措施。

（二）乡村规划实施评估的具体内容

1. 内容概况和实施成效

（1）规划编制背景：对编制规划阶段的乡村经济、社会、文化背景进行概述，并分析当时乡村发展的主要矛盾。

（2）规划内容概况：对于规划内容作概述，应包括村（乡）域总体规划、村庄建设规划、节点设计、农房整治的具体内容。

（3）规划实施的成效：从经济发展、设施建设、生态环境保护、文化保护与传承、社会影响等方面来说明规划实施的成效。

（4）规划实施的问题：概述规划实施过程中存在的问题，包括规划本身的问题、规划与实施的吻合度问题、规划与发展要求的适应性问题等，并在分项评估中展开论述。

2. 分项评估

（1）规划阶段性目标实施评估

包括经济社会发展、乡村建设发展目标的实现情况，其中：经济社会发展目标实现情况是规划实施后各项指标与规划内容对比，包括乡村常住人口、乡村劳动力比例、农村居民可支配收入等，反映现状与规划的差距；乡村建设发展目标实现情况主要包括土地利用情况、各类服务设施建设情况、生态环境保护情况，通过比较规划内容与当前现状，反映规划的实施进程和效果。

（2）村（乡）域规划实施情况评估

村（乡）域产业规划：评估产业引导方向是否与现状相适应，产业分布是否符合规划要求。

村（乡）域社会服务设施规划：评估教育设施、医疗卫生设施、文化设施、体育设施、社会福利设施的建设是否符合规划的要求，根据浙江省村庄空心化和老龄化严重的实际情况，评估重点在于教育设施、医疗卫生设施和养老设施。

村（乡）域居民点体系规划：评估经“撤村并点”“下山移民”后，形成的职能体系结构、等级规模结构、空间布局结构等是否与规划吻合。

村（乡）域综合交通规划：评估各级公路、铁路、码头、客运货运站的现状。针对桥梁和隧道工程，侧重评估安全性因素以及建成后对综合交通的影响，结合上位规划的综合交通系统，得出相应的结论。

村（乡）域自然资源保护规划：评估耕地、森林、水、矿产等资源的开发利用情况，是否存在过度开发或者低效利用等现象。

村（乡）域旅游规划：评估乡村旅游规划的实施情况，可根据游客接待量、旅游业所占经济比例等指标以及对游客的问卷调查得出相关结论。

村（乡）域基础设施规划：供水、排水、电力、电信、环卫工程的建设是否符合规划要求，相应的使用效果能否满足现状的需求；针对浙江多山的地形特点，对于有能力发展水电的乡村，应该评估水电厂的经济效益及对上下游的影响；污水、垃圾等的收集处理方式，也应当考虑其适用范围和经济性。

村（乡）域防灾减灾规划：防洪排涝工程、消防设施布置、人防工程等的建设情况是否符合规划的要求。

村（乡）域历史文化保护规划：乡村古树名木、古建筑等历史遗存的保护要求，以及传统习俗、传统工艺等非物质文化遗产的保护和发扬，是否按规划实施落实。

（3）集镇区、中心村规划实施情况评估

村庄规模：评估集镇区和中心村人口规模、人口发展趋势是否符合规划控制要求，当前发展需求是否与规划相适应。

发展方向：评估集镇区和中心村发展方向、空间形态是否与规划一致。

建设用地实施情况：结合现状，评估各类建设用地的面积、所占比例等指标的实施情况，比较规划与实施的差别并分析原因。

村貌整治工程：针对乡村景观点整治、河道整治、农房整治三个方面，评估判断村庄整治的效果是否符合规划的要求。

3. 结论和建议

（1）实施评估结论：总结规划实施的成效、规划实施中的问题和不足，明确规划与实施是否吻合、规划与发展是否适应等结论。

（2）规划应对措施：分析当前发展背景和发展要求，结合评估结论，提出相应的应对措施。

五、乡村规划实施评估的方法和技术手段

本节所述乡村规划实施评估的方法并非局限于评估的某个方面，而是在评估全过程的运用，即在乡村规划实施评估全过程中，均可选取适用的方法进行运用，以获取相对满意的评估效果。

（一）乡村规划实施评估的方法

1. 指标体系评估

指标体系能够帮助完善规划评估方法，作为动态监测规划实施效果的依据，协助调整规划偏差，主观、客观相结合地评价规划成果，最终对于规划发展目标的达成情况进行评价，也可以作为乡村自身纵向对比、乡村之间横向对比的标准。

（1）建立原则

具体指标的建立应该满足以下原则。

科学性和可比性：所选取的指标应具有普遍的统计意义，指标的含义、适用范围要一致。定量指标可以直接量化，定性指标可以间接赋值量化，使得评估对象可以相互比较，确保评估结果的准确性。

全面性和针对性：指标应尽量覆盖规划内容的各个方面，同时对于乡村发展的重点问题（如设施、用地等）具有较强的针对性。

普遍性和针对性：指标应具有共性和个性，可以结合乡村发展的特征以及发展的阶段。

（2）体系建立

指标体系建立具体包括选取指标和确定权重两个步骤。

指标选取对应的乡村规划实施评估的内容框架，可分为三级指标：一级指标包括阶段目标实施情况评估、乡（村）域规划实施情况评估和集镇区、中心村规划实施情况评估；二级指标对应分项评估的内容；三级指标则选取能够说明二级指标的指标（表3-6）。

表 3-6　乡村规划实施评估指标体系

一级指标	二级指标	三级指标
阶段目标实施情况	社会目标实施情况	医疗保险覆盖率（新农合参合率）、最低生活保障覆盖率、养老社会保障率、万人刑事案件立案件数、学前教育入园率、九年义务教育普及率等
	经济目标实施情况	“三农”投入占财政支出比重、特色产业产值比例、农业规模化生产比例、农村土地流转率、旅游收入所占比重、乡村旅游经营户占农户总数比重、收入水平、恩格尔系数等
	建设目标实施情况	人均建设用地、绿化覆盖率等
	环境目标实施情况	规模化畜禽养殖场粪便综合利用率、农作物秸秆综合利用率、农村卫生厕所普及率、农用化肥施用强度、农药施用强度、使用清洁能源的居民户数比例、森林覆盖率、主要农产品中有机和绿色及无公害产品种植（养殖）面积的比重、地表水环境质量、空气环境质量、声环境质量等
乡（村）域规划实施情况评估	规划区范围实施情况	是否突破规划区范围、乡村规划管理情况等
	村庄居民点布局实施情况	人口规模、居民点撤并情况等（乡规划含村庄发展布局）
	村域公用设施实施情况	道路通村率、通村公交覆盖率、集中式饮用水水源水质达标率等
	村域生产、生活设施实施情况	享受各项公共服务自然村比重、农业基础设施建设情况等
集镇区、中心村规划实施情况评估	耕地、历史文化资源保护情况	基本农田保护面积完成率、高标准农田实施率、文物保护单位的重大险情排除率等
	防灾减灾实施情况	防灾减灾设施及用地相关指标
	农村居住用地实施情况	户均宅基地面积、农房改造实施率等指标
	农村生产服务设施及用地实施情况	包括畜禽养殖用地、生产仓储用地等
	农村生活服务设施及用地实施情况	教育、卫生、养老、文化体育等设施及用地相关指标，包括文化活动中心（建筑面积）、体育活动设施（建筑面积）、医疗卫生设施（建筑面积）、社会福利设施（建筑面积）等
	公用设施及用地实施情况	道路、供水、排水、供电、垃圾收集等设施及用地相关指标，包括农村饮用水卫生合格率、生活污水处理率、生活垃圾无害化处理率、村庄主干路硬化率等

权重确定时，一级指标权重可采用层次分析法（AHP）对变量进行成对明智比较，然后通过点数分配评分数量化得到权重，最终确定各个一级指标的权重；二、三级指标权重则对相应的一级指标权重进行平均分配。

指标评价标准则采用定性与定量相结合的方式。

2. 公众参与

乡村自治是我国基层民主发展的重要政策，故乡村规划实施评估应体现以人为本的精神，广泛听取和采纳民众意见，使其在规划中真正受益。公众参与作为乡村规划实施评估民主参与的基本手段，不仅能够直接客观反映规划的社会影响，更能够通过多方交流的方式使公众了解规划相关信息以及发展方向，获取公众的信任和支持，协调各方利益团体的关系，确保评估的公平、公正、公开，体现对村民利益的关注。

乡村规划实施评估时公众参与的主要方法有调查问卷、民众代表直接参与、列会参与讨论、规划公示、听证会等方式。调查问卷主要是调查村民对规划的满意度或者村民的规划意愿。

3. 动态监测

动态监测是应用多平台、多时相、多数据源对乡村规划的时空变化进行监视与探测的过程，它是乡村规划实施评估的主要方法之一，有着针对性强、所需时间短、频率高等特点，是一种常态化的评估手段。乡村规划动态监测的主要对象是乡村规划实施评估中的重点内容，如用地布局、设施建设、自然资源、项目建设等，详见本节“七、乡村规划动态监测”部分内容。

（二）乡村规划实施评估的技术手段

乡村规划实施评估的技术手段主要包括遥感技术、实地调查、地理信息系统（GIS）。

1. 遥感技术

遥感技术利用遥感影像重复成像的特点，通过不同时期的遥感数据进行影像的辐射纠正、几何纠正、色彩调整、多源数据融合处理、多景影像的拼接处理等，与相关的乡村规划数据进行配准后，通过电脑与手工协同作业的方式，使在一段时期内具有乡村建设行为的变化信息（即变化图斑）从背景影像中显现出来。最后利用人机交互判别分析系统与相关规划资料进行比对，通过用地的变化情况根据规划资料的比对结果进行分类判别，将发现的违法、违规建设行为快速提交相关城乡规划管理部门。根据用地变化情况的相关信息，城乡规划管理部门可以进行准确定位，及时反馈，起到对乡村空间发展进行动态监测和预警的作用（崔丽娜等，2012）。

2. 实地调查

实地调查的主要手段有观察法、问卷法、实验法，在乡村规划实施评估中主要采取的是观察法和问卷法。观察法主要是针对遥感技术无法捕捉的盲点，侧重点是局部的考察，尤其是对风景名胜和文化古建的考察，置身其中，才能切实感受到规划整治后的效果，这是遥感技术无法实现的。问卷法主要反映在民意调查上，这些内容是遥感技术所不能反映的，只有通过实地调查，才能了解到相关的情况，才能做出更加明确的判断。实验法主要用于特定环境因素的抽样调查，采集样本分析，如对于环境指标的监测等。

3. GIS技术

GIS技术是对有关地理分布数据进行采集、储存、管理、运算、分析、显示和描述的人机交互式的空间决策技术。对于遥感的影像和实地考察获得的数据，通过分析模型驱动，产生高层次的地理信息，具有极强的空间综合分析和动态预测能力，可以作为乡村规划实施评估的重要工具。

六、乡村规划实施评估的配套系统

乡村规划实施评估配套系统由促进乡村规划实施评估工作的法律、法规、技术、标准、制度等共同构成，服务于乡村规划实施评估，但又不仅限于此。这些配套系统的建设往往并非以乡村规划实施评估为初衷，但却有所涉及。在配套系统的建设中，应当将乡村规划的实施评估作为考虑的一个方面，纳入自身范畴。

（一）配套法规体系

根据我国现行的城乡规划法规体系，尚没有涉及乡村规划实施评估的有关内容。《城乡规划法》第四十六条涉及“省域城镇体系规划、城市总体规划、镇总体规划”的实施评估要求，《城市总体规划实施评估办法（试行）》提出了城市总体规划实施评估的法律依据，是对于《城乡规划法》有关条文的细化，而相关法律法规并未涉及乡村规划实施评估。

浙江省的乡村发展水平较高，规模相对较大，并且有着较高的城乡一体化发展水平，因此，浙江省的乡村规划实施评估有着较为现实的需求。乡村规划实施评估的相关法律法规应在符合《城乡规划法》的基础上，结合乡村现状以及区域发展的总体趋势，科学、有侧重地制定符合乡村规划特点的法律法规体系。

（二）乡村规划技术标准体系

如前文所述，目前全国、浙江省的乡村规划技术标准体系都相对匮乏，对于乡村规划实施评估的内容、深度、成果要求、技术方法等也缺乏相应的标准。作为乡村规划实施评估配套系统的重要组成部分，乡村规划技术标准体系亟待建立、完善。

（三）乡村规划信息化系统

随着信息化的深入，许多城市建立了规划管理系统来满足跨平台应用、移动办公、信息共享和规划监督的需要。乡村同样可以参照城市建立规划管理系统来实现规划管理的数字化、信息化。乡村规划管理系统应包括规划管理数据库和规划信息系统。

1. 规划管理数据库

数据库包括规划审批数据库、规划成果数据库、基础地理数据库。规划审批数据库包括建设项目审批、批后管理业务数据、各类图形和电子文件等；规划成果数据库包括乡规划、村庄规划、村庄建设规划、历史文化名村保护规划等各类规划编制成果以及阶段性的评估结果；基础地理数据库可以直接为相关部门提供准确实时的地理信息，包括基本地形图、行政区划图、影像图等。

2. 规划信息系统

信息系统包括规划业务审批系统、CAD规划成果管理系统、GIS分析系统。其中，乡村规划业务审批系统应与城市规划的审批系统衔接，以监督审批流程节点和人员效率；CAD规划成果处理系统包括多源空间数据叠加浏览、历史图形数据管理、工程管线浏览分析；GIS分析系统则包括各类图形数据整合、审批项目的动态监测。

（四）土地利用管理信息系统

土地利用是乡村规划和国土规划的重点内容。对此，二者的侧重点不同，国土规划是对行政区域内全部土地的利用结构及其布局所做的安排，而乡村规划则重点是乡村规划范围内的建设用地的分类及其布局的安排，但二者均涉及耕地和基本农田保护等内容，同时在村庄和集镇规划中，也必须考虑耕地等因素[①]，在村庄规划中还需要考虑宅基地等因素。在当前的土地利用管理信息系统中，主要包括土地利用规划、耕地和基本农田保护区管理、国家建设项目用地管理以及农村地籍管理等土地管理工作的基础数据。可在其基础上结合乡村规划需要，添加需要的信息，组成新的管理信息系统。系统还可增加横向对比和纵向对比的功能，既能比较现阶段规划应具有的成果与现状的差距，也能比较规划最终结果与现状的差距。

（五）乡村自治制度

搞好村民自治，制度建设是根本。在乡村规划实施评估中，应当充分发挥村民委员会制度、民主决策制度、民主管理制度、村民监督制度的作用，加强相关制度的建设，保障其作为集体主人的权益。

浙江省的乡村自治制度建设在全国处于领先地位，在公众参与方面形成了特色的“五议两公开”程序（“五议”，村党支部提议、村两委商议、党员大会审议、村民代表会议决议、群众公开评议；“两公开”，书面决议公开、执行结果公开），真正体现了对村民意愿、需求的关注，体现了以人为本的原则。

七、乡村规划动态监测

（一）动态监测的特点

乡村规划动态监测是实施评估的主要手段之一，是指应用多平台、多数据、多时相对乡村的土地利用、设施建设、自然资源等进行动态监测。区别于实施评估周期较长、评估过程历时较长、评估内容较为全面等特点，动态监测则突出体现在常态化、时效性、针对性上，其特点主要表现为：①频率高：动态监测通过记录各个时间节点反映监测客体短时间内的变化情况，也即常态化的监测；②历时短：动态监测需要反映多个时间节点的变化，相对就必须缩短单个时间节点的评估时间，提升监测的效率，如果历时过长，监测也就失去了时效性；③针对性强：动态监测对于监测工作的频率、历时等有较高的要求，如果监测对象过多，

①《中华人民共和国土地管理法》第二十二条。

势必影响监测的效率，并且增加工作成本，因此动态监测应当针对乡村规划中的核心内容实施监测。

（二）动态监测的对象

那么乡村规划中的核心内容是什么呢？笔者认为，除了用地布局、设施配套以外，还有乡村景观生态格局中区别于城市的重要特征——耕地及自然环境资源。

用地布局是城乡规划中的核心工作，也涉及乡村居民的核心利益。对其动态监测的内容主要包括土地利用变化情况、乡和村庄建设用地变化情况。前者主要是针对乡村建设用地和非建设用地之间的转换情况，后者是乡和村庄内部建设用地的调整和规划。

设施配套是乡村规划的关键内容，关系到乡村居民的基本生活水平。与用地布局监测的重点不同，设施配套主要是针对具体项目建设进行的更为直观的监测，与用地布局监测相结合，更全面地反映项目的实施概况，具体包括综合交通设施、公用设施、公共服务设施的配置。综合交通设施动态监测包括对各级道路的分布情况、道路拓宽及规范建设、区域内部各村庄的联系交通的建立、客运货运中心的建设和分布、铁路和码头等其他交通方式情况的监测；公用设施动态监测包括对供水、排水、燃气、电力电信、公厕、垃圾处理设施、污水处理池等设施建设的监测；公共服务设施的动态监测主要针对符合乡村特色的设施建设，例如文化设施、养老设施、教育设施、卫生设施以及乡村历史文化遗存的保护等。

耕地及自然环境资源是乡村经济的重要根基，对其动态监测包括耕地、森林、水系等资源的监测。主要监测资源分布、覆盖面积等的变化情况。

（三）动态监测的方法

1. 动态监测管理

乡村规划动态监测管理是利用“3S”[即遥感（RS）、地理信息系统（GIS）和全球定位系统（GPS）]等技术手段和实地考察、问卷调查、访谈等工作方式，客观、真实、高效地反映乡村的建设活动及用地变化情况，监督其是否符合乡村规划要求的工作过程。

为了提升动态监测工作的效率，应当更加注重对于高新技术手段的运用，例如对于监测对象的局部细节，可采用倾斜摄影技术，同时从一个垂直、四个倾斜这五个不同的角度采集影像，将用户引入符合人眼视觉的真实直观世界，从而替代实地考察，提升工作效率；再如对获取的数据和图像，运用GIS技术进行地理信息的提取和深度运用，综合分析和预测动态变化趋势等。

2. 项目表监测

项目表监测是针对项目表中所列项目实施监测的方法，该方法无须对乡村规划的全部内容进行考核，只针对乡村规划中所涉及的项目进行考核，更具针对性。项目表监测除了需要在乡村规划过程中列出近年来的项目计划外，还需要乡村建设项目数据库和乡村建设项目管理系统的支持。

乡村建设项目数据库除了项目的基本信息外，还应该包括项目开展的时间、项目人员流动、项目资金流动、项目各个环节实施情况、项目验收情况等方面的动态数据，对项目的质量、进度、效益进行客观的评价。

乡村建设项目管理系统是对乡村建设有关项目的配套管理系统，对项目数据库进行记录、对比、分析。根据项目性质及成熟度，分别建立意向项目库、备建项目库、在建项目库、建成项目库，并对其实施管理。项目库管理的具体内容包括项目征集和申报、日常管理、项目包装和推介融资、项目优先建设选择、项目跟踪管理与监督等。除此之外，还应定期对项目进行整理，确保数据与现状相吻合。

表 3-7　项目表示意

项目序号	项目名称	项目规模 / 用地面积	所在位置	建设内容	项目预测起止时间	项目资金估算	投资渠道	项目领域	预期效益
1									
2									
……									

值得一提的是，与城市相比，乡村的数量众多、发展较慢，对全省所有乡村进行规划实施评估和动态监测将是一项工作量十分巨大的工作，并且其必要性也有待商榷。但针对重点村庄进行规划实施评估和动态监测却十分必要，应当结合各村发展的实际，有的放矢地开展工作。

第四章 乡村规划的政策支撑与实施管理

第一节 乡村规划的政策支撑体系

一、农村整体政策演变

中国作为农业大国，农村问题始终是关系国计民生的重大问题。“三农”问题是中国近百年革命和建设的基本问题，制定和执行有效的农村政策，搞好农村发展一直是中央工作的重中之重，且中央农村政策对农村发展以至整个社会发展具有重大影响。中共十九大把乡村振兴战略作为国家战略提到党和政府工作的重要议事日程上，并对具体的振兴乡村行动明确了目标任务，提出了具体的工作要求。

我国的“三农”问题起制约作用的矛盾主要是两个：一是基本国情矛盾，即人地关系高度紧张，是我国农业不发达、农民贫困的根本原因；二是体制矛盾，即城乡分割对立的二元社会经济结构。目前，“三农”存在的问题确实已到了一个相对比较严重、亟须解决的关口。

考察1949年以来中国农村发展，不难发现，国家对于农村的政策始终处于比较显著的制度变迁的特殊历史阶段。1949年以来，中共中央制定了正确的土地改革政策，进行了切合实际的农业社会主义改造，使农村经济走上了集体化道路。进入新时期，中国改革以农村为突破口，中央通过制定多项倾向性政策，顺应和主导了农村改革，有力地促进了农村发展。2005年，中共中央把“新农村建设”作为国家战略，进一步完善农村政策，连续增加数万亿投资以吸纳数千万“非农”就业的举措，最后成功地应对了2009年的全球经济危机，实现了“软着陆”（温铁军等，2013）。2017年，党的十九大报告把乡村振兴战略与科教兴国战略、人才强国战略、创新驱动发展战略、区域协调发展战略、可持续发展战略、军民融合发展战略一起列为党和国家未来发展的“七大战略”，再次重申了党的农业农村工作的指导方针，特别强调“三农”问题始终是全党工作的重中之重。因此，总结中国共产党关于农村政策的演变过程及经验，对建设社会主义新农村，推进全面建成小康社会具有重要意义。

（一）三次土地制度变革与农业现代化

1949年以来，中国共产党以农民为主体、按社区人口平均分地为实质内容的农村土地制度变革共进行了三次：第一次是1949~1952年的土改；第二次是1978~1982年的“大包干”；第三次是1997~1999年落实“30年不变”的延包政策。中国农地通过这样几次按人均分之后，终于全面“福利化”了。作为农业第一要素的土地成为9亿农民的福利基础并被各种长期政策固定下来之后，人们却发现政府与高度分散的、细碎的、兼业化的小农经济之间，几乎无法进行交易，也难以有效管理。

（二）乡镇企业改制与农民收入问题

改革开放之初，乡镇企业曾“异军突起”，替政府承担了“以工补农”和解决农村就业的职能。近年来，尽管“小城镇、大战略”被肯定，但由于金融、税收和政治环境不断恶化以及大面积推行“股份制”改革，导致乡镇企业吸纳农村人口的战略作用逐步减弱。同时，农户家庭经营的种植业已经是负收入，乡镇企业改制后也不能补贴农业，农民外出打工越来越困难，农民承担的税费征收越来越沉重，农村的社会矛盾越来越尖锐。

（三）我国农村的经济制度取决于“内生性变量”

中国农村发展的必然趋势、基本模式和最终形成的基本制度，必然要取决于人多地少、农民人口占多数的国家的“内生性变量”。农村发展战略的研究不仅应该针对关系农村稳定和农业可持续发展的重大问题，而且应该有助于人们对“有中国特色的社会主义初级阶段理论”的理解。中共中央1982~1986年连续五年发布“三农”主题的一号文件，在农村改革史上成为专有名词——“五个一号文件”。2004~2018年中央又连续15年发布关注“三农”的一号文件，从中可以看出中央在农村改革和发展方面的政策轨迹。

专栏

历年中央一号文件主旨内容提要

1. 突破僵化体制

1982年1月1日，中共中央发出第一个关于“三农”问题的一号文件，对具有划时代意义的农村改革进行了总结，并对当年和此后一个时期农村改革和农业发展做出了具体部署。文件突破了“三级所有、队为基础”的传统体制，明确指出包产到户、包干到户或大包干“都是社会主义生产责任制”。

2. 联产承包责任制是伟大创造

1983年1月，第二个中央一号文件《当前农村经济政策的若干问题》正式颁布。这个文件从理论上说明了家庭联产承包责任制“是在党的领导下中国农民的伟大创造，是马克思主义农业合作化理论在我国实践中的新发展”。文件提出，稳定和完善农业生产责任制，是当前农村工作的主要任务；森林过伐、耕地减少、人口膨胀，是我国农村的三大隐患。解决上述三个问题，必须强调党员、干部带头，模范地执行政策，杜绝不正之风。要按照我国国情，逐步实现农业的经济结构改革、体制改革和技术改革，走出一条具有中国特色的社会主义农业发展道路。

3. 承包土地15年不变

1984年1月1日，中共中央发出《关于一九八四年农村工作的通知》，即第三个一号文件。文件强调要继续稳定和完善联产承包责任制，延长土地承包期。为鼓励农民增加对土地的投资，规定土地承包期一般应在15年以上，生产周期长的和开发性的项目，承包期应当更长一些。文件明确了农村进行商品生产的重要性，提出只有发展商品生产，才能进一步促进社会分工，把生产力提高到一个新的水平，才能使农村繁荣富裕起来，才能使我们的干部学会利用商品货币关系，利用价值规律，为计划经济服务，才能加速实现我国社会主义农业的现代化。继续坚持计划经济为主、市场调节为辅的原则。

4. 扩大市场调节力度

1985年1月，中共中央、国务院发布《关于进一步活跃农村经济的十项政策》，即第四个一号文件，取消了30年来农副产品统购派购的制度，对粮、棉等少数重要产品采取国家计划合同收购的新政策。家庭联产承包责任制进一步系统化，同时从农产品统派购制度、产业结构调整、交通、支持乡镇企业、鼓励人才流动、放活金融政策、加强小城镇建设等十个方面活跃农村经济。文件还提出扩大市场调节，使农业生产适应市场的需求，促进农村产业结构的合理化，进一步搞活农村经济。国家还将农业税由实物税改为现金税。

5. 农业是国民经济基础

1986年1月1日，中共中央、国务院下发了《关于一九八六年农村工作的部署》，即第五个一号文件。文件肯定了农村改革的方针政策是正确的，必须继续贯彻执行。文件进一步摆正了农业在国民经济中的地位，在肯定原有的一靠政策、二靠科学的同时，强调增加投入，进一步深化农村改革。同时明确提出个体经济是社会主义经济的必要补充，允许其存在和发展。文件指出农业的物质技术基础还十分脆弱，一部分地区农民种粮的兴趣有下降的迹象，在农村经济新旧体制交替过程中出现了不协调现象，城乡改革汇合后各方面利益关系的调节更加复杂。要认识到，发展国民经济以农业为基础，不但反映经济规律，也反映自然规律，必须坚定不移地把它作为一个长期的战略方针。

6. 千方百计促进农民增收

2004年2月8日，针对近年来全国农民人均纯收入连续增长缓慢的情况，中共中央、国务院出台《关于促进农民增加收入若干政策的意见》，成为改革开放以来中央的第六个一号文件，也是时隔18年后中央再次把农业和农村问题作为中央一号文件的主题。文件要求，要调整农业结构，扩大农民就业，加快科技进步，深化农村改革，增加农业投入，强化对农业的支持保护，力争实现农民收入较快增长，尽快扭转城乡居民收入差距不断扩大的趋势。

7. 提高农业综合生产能力

2005年1月30日，中共中央、国务院出台《关于进一步加强农村工作提高农业综合生产能力若干政策的意见》，即改革开放以来中央第七个一号文件。文件要求，要稳定、完善和强化各项支农政策，切实加强农业综合生产能力建设，继续调整农业和农村经济结构，进一步深化农村改革，努力实现粮食稳定增产、农民持续增收，促进农村经济社会全面发展。

8. 建设社会主义新农村

2006年2月21日，中共中央、国务院出台《关于推进社会主义新农村建设的若干意见》，即改革开放以来中央第八个一号文件。文件要求，要完善强化支农政策，建设现代农业，稳定发展粮食生产，积极调整农业结构，加强基础设施建设，加强农村民主政治建设和精神文明建设，加快社会事业发展，推进农村综合改革，促进农民持续增收，确保社会主义新农村建设有良好开局。

9. 发展现代农业是建设新农村的首要任务

2007年1月29日，中共中央、国务院出台《关于积极发展现代农业扎实推进社会主义新农村建设的若干意见》，即改革开放以来中央第九个一号文件。文件要求，发展现代农业是社会主义新农村建设的首要任务，要用现代物质条件装备农业，用现代科学技术改造农业，用现代产业体系提升农业，用现代经营形式推进农业，用现代发展理念引领农业，用培养新型农民发展农业，提高农业水利化、机械化和信息化水平，提高土地产出率、资源利用率和农业劳动生产率，提高农业素质、效益和竞争力。

10. 进一步夯实农业基础

2008年1月30日，中共中央、国务院出台《关于切实加强农业基础建设进一步促进农业发展农民增收的若干意见》，即改革开放以来中央第十个一号文件。文件强调，按照统筹城乡发展要求切实加大“三农”投入力度，巩固、完善、强化强农惠农政策，形成农业增效、农民增收良性互动格局，探索建立促进城乡一体化发展的体制机制，并制定一系列政策措施。文件以切实加强农业基础建设，进一步促进农业发展农民增收为主题，切中了当前农业、农村发展的要害，抓住了实现经济社会又好又快发展的基础问题，是党中央从经济社会发展全局出发，从农村发展迫切需要出发，对“三农”工作做出的重大部署。

11. 把保持农业农村经济平稳较快发展作为首要任务

2009年2月1日，中共中央、国务院出台《关于促进农业稳定发展农民持续增收的若干意见》。这是改革开放以来第11个以“三农”为主题的中央一号文件。文件指出，必须切实增强危机意识，充分估计困难，紧紧抓住机遇，果断采取措施，坚决防止粮食生产滑坡，坚决防止农民收入徘徊，确保农业稳定发展，确保农村社会安定。

12. 加大统筹城乡发展力度进一步夯实农业农村发展基础

2010年2月1日，中共中央、国务院出台《关于加大统筹城乡发展力度进一步夯实农业农村发展基础的若干意见》。这是改革开放以来第12个以“三农”为主题的中央一号文件。文件指出，当前我国农业的开放度不断提高，城乡经济的关联度显著增强，气候变化对农业生产的影响日益加大，农业、农村发展的有利条件和积极因素在积累增多，各种传统和非传统的挑战也在叠加凸显。面对复杂多变的发展环境，促进农业生产上新台阶的制约越来越多，保持农民收入较快增长的难度越来越大，转变农业发展方式的要求越来越高，破除城乡二元结构的任务越来越重。

13. 加快水利改革发展

2011年1月29日，中共中央、国务院出台《关于加快水利改革发展的决定》。这是改革开放以来第13个以“三农”为主题的中央一号文件，也是中华人民共和国成立62年来中共中央首次系统部署水利改革发展全面工作的决定。文件出台了一系列针对性强、覆盖面广、含金量高的新政策、新举措。文件强调，把水利作为国家基础设施建设的优先领域，把农田水利作为农村基础设施建设的重点任务，把严格水资源管理作为加快转变经济发展方式的战略举措，大力发展民生水利，努力走出一条中国特色的水利现代化道路。

14. 推进农业科技创新

2012年2月1日，中共中央、国务院印发了《关于加快推进农业科技创新持续增强农产品供给保障能力的若干意见》。文件指出，实现农业持续稳定发展、长期确保农产品有效供给，根本出路在科技。农业科技是确保国家粮食安全的基础支撑，是突破资源环境约束的必然选择，是加快现代农业建设的决定力量，具有显著的公共性、基础性、社会性。

15. 着力构建新型农业经营体系

2013年1月31日，中共中央、国务院印发了《关于加快发展现代农业进一步增强农村发展活力的若干意见》。文件提出，加快推进征地制度改革，提高农民在土地增值收益中的分配比例，确保被征地农民生活水平有提高、长远生计有保障。文件要求，加大农村改革力度、政策扶持力度、科技驱动力度，围绕现代农业建设，充分发挥农村基本经营制度的优越性，着力构建集约化、专业化、组织化、社会化相结合的新型农业经营体系，进一步解放和发展农村社会生产力。

16. 坚决破除体制机制弊端，坚持农业基础地位不动摇

2014年1月19日，中共中央、国务院印发了《关于全面深化农村改革加快推进农业现代化的若干意见》。文件确定，2014年及今后一个时期，要完善国家粮食安全保障体系，强化农业支持保护制度，建立农业可持续发展长效机制，深化农村土地制度改革，构建新型农业经营体系，加快农村金融制度创新，健全城乡发展一体化体制机制，改善乡村治理机制。

17. 聚焦农村集体产权改革

2015年2月1日，中共中央、国务院印发了《关于加大改革创新力度加快农业现代化建设的若干意见》。文件提出，围绕建设现代农业，加快转变农业发展方式；围绕促进农民增收，加大惠农政策力度；围绕城乡发

展一体化，深入推进新农村建设；围绕增添农村发展活力，全面深化农村改革；围绕做好“三农”工作，加强农村法治建设。2015年，农业、农村工作要全面贯彻落实党的十八大和十八届三中、四中全会精神，以邓小平理论、“三个代表”重要思想、科学发展观为指导，深入贯彻习近平总书记系列重要讲话精神，主动适应经济发展新常态，按照稳粮增收、提质增效、创新驱动的总要求，继续全面深化农村改革，全面推进农村法治建设，推动新型工业化、信息化、城镇化和农业现代化同步发展，努力在提高粮食生产能力上挖掘新潜力，在优化农业结构上开辟新途径，在转变农业发展方式上寻求新突破，在促进农民增收上获得新成效，在建设新农村上迈出新步伐，为经济社会持续健康发展提供有力支撑。

18. 以新理念引领农业农村发展

2016年1月27日，中共中央、国务院印发了《中共中央国务院关于落实发展新理念加快农业现代化实现全面小康目标的若干意见》。文件围绕加快农业现代化建设、实现全面小康目标，特别是以发展新理念引领农业农村新发展，提出了一系列新观点、新政策、新举措，对做好今年“三农”工作具有十分重要的指导意义。文件分六个部分共30条，包括：持续夯实现代农业基础，提高农业质量效益和竞争力；加强资源保护和生态修复，推动农业绿色发展；推进农村产业融合，促进农民收入持续较快增长；推动城乡协调发展，提高新农村建设水平；深入推进农村改革，增强农村发展内生动力；加强和改善党对“三农”工作指导。文件指出：做好“十三五”农业农村工作，要牢固树立和切实贯彻五大发展理念，用发展新理念破解“三农”新难题，厚植农业农村发展优势，以新理念引领“三农”新发展。以创新发展激发“三农”活力，以协调发展补上“三农”短板，以绿色发展转变发展方式，以开放发展拓展“三农”空间，以共享发展增进农民福祉，就能不断巩固和发展农业农村好形势，实现“农业强起来、农民富起来、农村美起来”的新图景。

19. 深入推进农业供给侧结构性改革

2017年2月5日，中共中央、国务院印发了《关于深入推进农业供给侧结构性改革加快培育农业农村发展新动能的若干意见》。文件提出了六个部分共33条政策措施，紧紧围绕“农业供给侧结构调整+改革”两大板块来谋篇布局。第一大板块是农业结构调整，主要有两个方面：一是推进三大调整，包括调优产品结构、调好生产方式、调顺产业体系；二是强化两大支撑，包括科技支撑和基础支撑。第二大板块是改革，核心是理顺政府和市场的关系，实现三大激活：激活市场、激活要素、激活主体。文件在推进农业供给侧结构性改革的抓手、平台、载体方面，提出建设“三区”（粮食生产功能区、重要农产品生产保护区、特色农产品优势区）、“三园”（现代农业产业园、科技园、创业园）、“一体”（田园综合体）；在资源配置方面，提出大规模实施节水工程、盘活利用闲置宅基地；在农业主体和人才保障方面，提出积极发展“三位一体”综合合作，培养乡村专业人才。

20. 确立乡村振兴战略，开启“三农”新篇章

2018年2月4日，中央一号文件《中共中央国务院关于实施乡村振兴战略的意见》正式公布。文件围绕实施乡村振兴战略“讲意义、定思路、定任务、定政策、提要求”，为中国特色社会主义乡村振兴道路做出全方位的部署。文件立足新时代“三农”发展新的历史方位，对实施乡村振兴战略作出顶层设计，把农业农村优先发展作为现代化建设的一个重大原则，把振兴乡村作为实现中华民族伟大复兴的一个重大任务，对新时代做好“三农”工作具有十分重要的指导意义，为新时代乡村振兴战略明确新任务、提出新抓手、指明新方向。文件从“乡村振兴，产业兴旺、生态宜居、乡风文明、治理有效、生活富裕、摆脱贫困”等角度分层细化，描摹了大有可为的发展蓝图，点明了新时代的发展措施。产业方面，要坚持质量兴农、绿色兴农，加快实现由农业大国向农业强国转变。在人才方面，文件倡导汇聚全社会力量，强化乡村振兴人才支撑，鼓励社会各界投身乡村建设，在大有可为的新时代，聚天下人才而用之。中央一号文件为中国特色社会主义乡村振兴道路指明新方向，谱写“让农业成为有奔头的产业、让农民成为有吸引力的职业、让农村成为安居乐业的美丽家园”的新时代乡村全面振兴新篇章。

二、乡村规划的发展历程

我国作为一个历史悠久的农业大国，曾创造出领先世界的农业文明。漫长的历史进程中，农民不仅是社会经济发展的直接动力，也是社会变革的中坚力量。但1949年以来的很长时间里，建设部门把工作重点都放在城镇的规划和建设上，而忽视了广大农村地区村庄的规划研究。

在城镇化进程中，尤其是在20世纪80年代初农村经济迅速发展时期，由于没有对乡村发展进行及时的规划部署，对农村建房缺乏引导和前瞻性，导致农村错过了进行空间调整和改造的最佳时机，对农村建设的长期发展造成不利影响。乡村规划作为新农村建设的龙头和管理依据，事关农村建设的全局。因此，必须采取切实措施抓紧，充分发挥规划在农村建设上的宏观调控作用。

2006年，中央一号文件将乡村规划正式纳入各级政府的工作范畴，提出要安排资金支持编制乡村规划和开展村庄治理试点；同年《城乡规划法》的颁布掀开了为农村地区进行规划的序幕，这是第一次通过法律的形式将农村纳入规划的范畴，这无疑是我国规划体系的一大进步。2007年，中央一号文件则进一步指出要治理农村人居环境，搞好村庄治理规划和试点，节约农村建设用地，促进基础设施和公共服务向农村延伸。此后，至2018年，中央历年的一号文件均以关注“三农”问题为主题，从中可以看出中央在农村改革和发展方面的政策轨迹。

1. 改革开放前：乡村规划建设的经验教训

1949年以后，随着国家经济建设，特别是农业经济的恢复和发展，广大乡村的建设面貌开始发生变化。1953年，《关于农业合作化问题》的报告，农业合作化运动有了迅速发展，同时农村出现了大批专业和兼营的手工业者。为了适应农村建设的新形势，农业部1958年9月发出了人民公社规划的通知，建筑工作部也发出了进行公社规划的号召。至1959年年底，在“描绘共产主义蓝图”的“左”倾思想指导下，全国完成了2 000多个村庄的规划。但之后1960~1976年的17年是我国村镇规划建设工作停滞的时期，这期间机构解散、人员下放、资料散失、建设混乱。

2. 1978~1986年：村庄初步规划及其相关政策的探索

1978年十一届三中全会彻底纠正了“左”的错误，随着农村以家庭联产承包责任制为主的各项改革逐步深入。1979年12月、1981年12月先后两次召开了全国农村房屋建设工作会议，党和政府出台了包括《关于制止农村建房侵占耕地的紧急通知》《农村居民点规划建设的卫生问题》等一系列的政策文件以及重要讲话，指导农村的乡村规划工作。

1982年是一个规划年，国家建委、国家农委印发了《村镇规划原理》，国务院发布了《村镇建房用地管理条例》，国家档案局、国家建委、国家农委联合颁布了《关于建立村镇建设档案的通知》，城乡建设环境保护部颁发了《关于加强县社建筑勘察设计管理的暂行规定》《关于加强县社建筑施工技术管理的暂行规定》《关于加强集体所有制建筑企业安全生产管理的暂行规定》，中共中央办公厅、国务院办公厅转农村政策研究室、城乡建设环境保护部《关于切实解决滥占耕地建房问题的报告》。

到1986年年底，全国280万个村庄编制了初步规划，结束了村镇自发建设的历史，遏制了乱占耕地的势头，培养了一批基层规划队伍。但总体上技术力量、基础资料和适合农村的规划编制办法仍处于严重缺乏的状态，村镇规划的质量和水平均有待大幅度提高。

3. 1987年至20世纪末：乡村规划的调整完善及其政策探索

1987年，建设部起草了《村镇规划编制要点》并发布了《村镇规划标准》；1990年，建设部、国家土地管理局联合下发了《关于协作搞好当前调整完善村镇规划与划定基本农田保护区工作的通知》；1991年，国务院批转了《建设部、农业部、国家土地管理局关于进一步加强村镇建设工作的请示》；1993年，国务院发布并实施了《村庄和集镇规划建设管理条例》。此外，国家和各部委的一系列重要会议、讲话以及《土地管理法》《担保法》等法律法规也明确了对农村土地的管理办法，均标志着村镇规划从有无的阶段迈进了调整完善的阶段。

4. 21世纪以来：农村乡村规划的相关政策探索

2000年，建设部发布施行的《村镇规划编制办法》《县域城镇体系编制要点》，为村镇规划提供了技术标准；2004年，颁布了《国务院关于深化改革严格土地管理的决定》《中共中央国务院关于促进农民增加收入若干政策的意见》；2005年，中央一号文件《中共中央国务院关于进一步加强农村工作提高农业综合生产能力若干政策的意见》，要求进一步搞好县镇土地利用总体规划和村庄、集镇规划，引导农户和农村集约用地。

随着社会经济的迅速发展和人民生活水平的日益提高，我国逐步进入了城市反哺农村、以工补农的有利时期，全国掀起了“新农村建设”的热潮，规划建筑界也做出了积极回应。2006年，《城乡规划法》的颁布掀开了为农村地区进行规划的序幕。同年，《中共中央国务院关于推进社会主义新农村建设的若干意见》明确指出要加强乡村规划和人居环境治理；随后的国家“十一五”规划明确提出“要搞好乡村建设规划”，要以规划为手段，充分发挥政府在新农村建设中的主导作用。2007年，《中共中央国务院关于积极发展现代农业扎实推进社会主义新农村建设的若干意见》指出要加快发展农村清洁能源，治理农村人居环境，搞好村庄治理规划和试点，节约农村建设用地。2008年，《中共中央关于推进农村改革发展若干重大问题的决定》明确了新形势下推进农村改革发展的重大意义、指导思想、目标任务、重大原则，指出要大力推进改革创新，加强农村制度建设；积极发展现代农业，提高农业综合生产能力；加快发展农村公共事业，促进农村社会全面进步；加强和改善党的领导，为推进农村改革发展提供坚强政治保证。随后，国家又出台了《关于实行“以奖促治”加快解决突出的农村环境问题的实施方案》（2009年）、《全国现代农业发展规划（2011~2015年）》（2012年）、《国务院办公厅关于规范农村义务教育学校布局调整的意见》（2012年）等文件，全面指导我国新农村建设。

2014年12月召开的第三届泛珠三角省（区）规划院院长论坛的主题为“提高村镇规划时效，改善村镇人居环境”。与会专家们认为，我国现存规划正面临着巨大的需求和挑战，现有的理论与方法难以适应乡村发展的需求。会议提出乡村规划的八点共识：①做乡村规划要特别强调讲政治、讲感情、讲社会责任、讲职业操守；②乡村规划不仅是管控，更多的是引导和帮助；③不能用城市规划的方法对待乡村规划；④要从区域角度统筹乡村规划；⑤要因地制宜、分类指导乡村规划；⑥要特别注意保护乡土文化和自然生态环境；⑦重视基础工程设施和公共服务设施建设；⑧探索适合乡村发展的建设模式和管理体制。

2015年年末，为积极推进现存规划的编制和管理，满足新农村建设需求，根据《国务院办公厅关于改善农村人居环境的指导意见》（国办发［2014］25）关于“规划先行，分类指导农村人居环境治理”的要求，住建部下发了《关于改革创新、全面有效推进乡村规划工作的指导意见》（以下简称《意见》），全面有效推进乡村规划工作。《意见》明确提出，到2020年，全国所有县（市）要完成县（市）域乡村建设规划编制或修编；实现“一张图”管理。同时，《意见》指出，在县（市）域乡村建设规划指导下，加快乡村规划的编制进度，到2020年，实现农房建设都有规划管理，行政村有基本的村庄整治安排，具备条件的编制更全面的乡村规划；鼓励以村民委员会为主体的编制方式。《意见》给出了县（市）域乡村建设规划的具体编制内容：乡村建设规划目标、乡村体系规划、乡村用地规划、乡村重要基础设施和公共服务设施建设规划、乡村风貌规划、村庄整治指引；乡村规划的具体编制内容：农房建设管理要求、村庄整治项目、美丽宜居村庄、传统村落、特色景观旅游村庄等特色村庄应在上述基础上依据实际需求增加相应内容。

5. 全面部署实施乡村振兴战略

2018年2月4日，新华社受权发布了《中共中央国务院关于实施乡村振兴战略的意见》，对实施乡村振兴战略进行了全面部署。这是改革开放以来第20个、新世纪以来第15个指导“三农”工作的中央一号文件。

文件全面贯彻党的十九大精神，以习近平新时代中国特色社会主义思想为指导，围绕实施乡村振兴战略讲意义、定思路、定任务、定政策、提要求。文件坚持问题导向，突出统筹推进农村经济建设、政治建设、文化建设、社会建设、生态文明建设和党的建设，加快推进乡村治理体系和治理能力现代化，加快推进农业农村现代化，走中国特色社会主义乡村振兴道路，是谋划新时代乡村振兴的顶层设计。

文件指出，实施乡村振兴战略，是解决人民日益增长的美好生活需要和不平衡不充分的发展之间矛盾的必然要求，是实现“两个一百年”奋斗目标的必然要求，是实现全体人民共同富裕的必然要求。

文件从提升农业发展质量、推进乡村绿色发展、繁荣兴盛农村文化、构建乡村治理新体系、提高农村民生保障水平、打好精准脱贫攻坚战、强化乡村振兴制度性供给、强化乡村振兴人才支撑、强化乡村振兴投入保障、坚持和完善党对“三农”工作的领导等方面进行安排部署。

文件提出，走中国特色社会主义乡村振兴道路，让农业成为有奔头的产业，让农民成为有吸引力的职业，让农村成为安居乐业的美丽家园。文件确定了实施乡村振兴战略的目标任务：到2020年，乡村振兴取得重要进展，制度框架和政策体系基本形成；到2035年，乡村振兴取得决定性进展，农业农村现代化基本实现；到2050年，乡村全面振兴，农业强、农村美、农民富全面实现。

文件强调，坚持农业农村优先发展。把实现乡村振兴作为全党的共同意志、共同行动，做到认识统一、步调一致，在干部配备上优先考虑，在要素配置上优先满足，在资金投入上优先保障，在公共服务上优先安排，加快补齐农业农村短板。

三、土地政策演变

“人地关系高度紧张”是我国对农村基本制度变迁发生长期影响的内生性制约。1949年以前，我国农村尽管土地占有绝对不平等，但地权呈分散趋向；土地制度的主要形式演变为：地主占有权与农民租佃使用权的“两权分离”以及村社公田与农民私田“两田制”。

1949年以后，20世纪50年代的土改、80年代的大包干和当前推行的“30年不变”，事实上每次都只能以村社为单位实行内部均分制，于是形成了我国特有的“小农村社经济”。现在我国农村大多数地区的土地制度为村社所有与农民承包使用“两权分离”、责任田与口粮田“两田制”，在形式上与1949年前是相似的。但与1949年前不同的是：经历过集体化前后的制度经验及其相应的政治和法律约束，村社内部已经形成了土地和集体企业产权在集体与农户之间共有共享的“产权两级构造”。大包干以后15年的改革，大都是对在这种国家权力介入下形成的、不完全排他的残缺产权基础上、农村基层进行的制度创新的承认。

近年来农村基层不断出现例如“股田制”“反租倒包”“股份水”“股份城”、乡村兼并乃至于“以土地为中心的社区股份合作制”等多样化的、有利于在农业生产领域提高规模化程度的制度创新。在国家推进城镇化大范围调整人地关系真正发挥作用（达到一般市场经济国家农村人口低于10%）之前，这些在农村现有产权结构基础上渐进式的有中国农村特色的新的产权制度安排，对于稳定我国农村经济进而稳定全局，仍有不可替代的重要意义。

四、资金政策演变

农村9万亿资产的96%是在承包经济名义下由农户占有和使用。尽管农户实际上已经有部分产权，但由于财产关系不独立而经济主体地位不完善，社区经济组织虽然拥有集体资产的另一部分产权，并且名义上是合法经济主体，但以往的政策只强调其通过收取承包费体现收益权，而没有明确其行使所有者对集体资产的管理、处置权。

党的十八届三中全会做出的《中共中央关于全面深化改革若干重大问题的决定》（以下简称《决定》），以赋予农民更多权利和利益、推进城乡发展一体化为主线，明确提出了“三个赋予”“七个允许”“四个鼓励”“五个保障”“六个推进”“三个建立”“六个完善健全”“四个制度改革”“五个城乡统筹”的农村改革任务和举措。

《决定》在深化农村改革方面提出的重大理论和政策突破是：推进家庭经营、集体经营、合作经营、企业经营共同发展；赋予土地承包经营权抵押、担保权能；允许农民以承包经营权入股发展农业产业化经营；鼓励承包经营权向农业企业流转；允许财政补助形成的资产转交合作社持有和管护；鼓励和引导工商资本到农村发展适合企业化经营的种养业；赋予农民对集体资产股份占有、收益、有偿退出及抵押、担保、继承权；选择试点推进农民住房财产权抵押、担保、转让；保障农民工同工同酬；保障农民公平分享土地增值收益；鼓励社会资本投向农村建设；允许企业和社会组织在农村兴办各类事业；把进城落户农民完全纳入城镇住房和社会保障体系，在农村参加的养老保险和医疗保险规范接入城镇社保体系；完善对被征地农民合理、规范、多元保障机制；整合城乡居民基本养老保险制度、基本医疗保险制度；推进城乡最低生活保障制度统筹发展；改革农业补贴制度；建立财政转移支付同农业转移人口市民化挂钩机制；赋予农民更多财产权利。

五、社会政策演变

城乡二元结构是制约城乡发展一体化的主要障碍。所谓城乡二元结构，就是在制度层面把城镇居民和农村居民从身份上分为两个截然不同的社会群体，公共资源配置和基本公共服务等向城镇和城镇居民倾斜，农村得到的公共资源和农民享有的基本公共服务明显滞后于城镇和城镇居民，农民不能平等参与现代化进程，不能共同分享现代化成果。由此导致农村存在大量的留守儿童、留守妇女、留守老人及由此产生的一系列社会问题，也是这种半城镇化的直接结果。所以，加快推进农业转移人口市民化，是我国城镇化持续健康发展的迫切需要，也是我国经济社会持续健康发展的迫切需要。

实现城乡发展一体化，是经济社会发展的内在规律，破除城乡二元结构这个主要障碍是我国现代化建设的重要内容和发展方向。推进农业转移人口市民化，是我国新型城镇化的重大任务，是我国实现现代化必须解决的重大问题。推进农业转移人口市民化，必须建立相应完善的体制机制，形成以工促农、以城带乡、工农互惠、城乡一体的新型工农城乡关系，让广大农民平等参与现代化进程、共同分享现代化成果。

《决定》明确推进城乡基本公共服务均等化，统筹城乡基础设施建设和社区建设，统筹城乡义务教育资源均衡配置，完善城乡均等的公共就业创业服务体系，整合城乡居民基本养老保险制度、基本医疗保险制度，推进城乡最低生活保障制度统筹发展。

2014年7月，国务院印发《关于进一步推进户籍制度改革的意见》(以下简称《意见》)，标志着进一步推进户籍制度改革开始进入全面实施阶段。《意见》明确，到2020年，基本建立与全面建成小康社会相适应，有效支撑社会管理和公共服务，依法保障公民权利，以人为本、科学高效、规范有序的新型户籍制度，努力实现1亿左右农业转移人口和其他常住人口在城镇落户。

从十一届三中全会开始，浙江先后出台了自理粮户口、蓝印户口等多项改革措施，逐步放开农民进城落户限制。1994年，“全国第一农民城”苍南县龙港镇率先展开了允许农民进镇办理居民户口的试点工作；1997年，在全国范围内率先推出了大中城市购房落户政策；2000年，在全国率先取消进城控制指标和“农转非”计划指标；2002年，县市及以下小城镇的户口迁移、落户限制基本取消；2003年，海宁等地开展废除户口性质划分、实行城乡统一户籍管理制度改革试点工作；2008年，嘉兴市实施城乡一体化户籍管理制度改革，城乡居民户口统一称为“居民户口”；2013年9月30日，德清县作为浙江省首个实施户籍管理制度改革的试点县启动了户籍制度改革，建立统一的户口登记制度，取消农业、非农业户口划分，统一登记为“浙江居民户口”。

第二节　乡村规划的管理

一、乡村规划管理制度概况

乡村建设规划管理，是指乡、镇人民政府负责在乡村规划区内进行乡镇企业、乡村公共设施和公益事业建设的申请，报送城市、县人民政府城乡规划主管部门，根据城乡规划及其有关法律法规和技术规范进行规划审查，核发乡村建设规划许可证，实施行政许可证制度，加强乡和村庄建设规划管理工作的总称。

1993年国务院就颁布实施了《村庄和集镇规划建设管理条例》，2002年国务院又下发了《关于加强城乡规划监督管理的通知》，建设部也相继出台了一些文件。所有这些都要求加强乡村规划建设管理，所有乡镇都必须编制乡村规划，防止搞脱离实际、劳民伤财的“形象工程”“政绩工程”。2006年，为了加强对乡村规划的管理，保证其在建设社会主义新农村的过程中发挥应有的作用，《城乡规划法》对于乡村规划的制定和实施做出了明确规定。

乡村建设规划管理的主要任务是：有效控制乡村规划区内各项建设遵循先规划后建设原则进行，推进社会主义新农村建设；切实保护农用地、节约土地，为确保国家粮食安全做出具体贡献；合理安排乡镇企业、乡村公共设施和公益事业建设，提升农村发展建设水平；结合实际，因地制宜地引导农村村民住宅建设有规划地合理进行。

2014年1月，住建部印发《乡村建设规划许可实施意见》（以下简称《意见》），明确了乡村建设规划许可的原则、实施的范围和内容、申请的主体和程序等。《意见》分乡村建设规划许可的原则、乡村建设规划许可的适用范围、乡村建设规划许可的内容、乡村建设规划许可的主体、乡村建设规划许可的申请、乡村建设规划许可的审查和决定、乡村建设规划许可的变更、乡村建设规划许可的保障措施八部分。

《意见》指出，乡村建设规划许可要依据强化管理、高效便民、因地制宜的原则，按照先规划、后许可、再建设的要求，依法加强管理，规范乡村建设秩序，维护村民公共利益，保持乡村风貌；以服务农民为目标，简化程序，明确时限，提高工作效率，做好事前、事中、事后服务，提高服务质量；结合实际制定乡村建设规划许可实施细则，建立切实可行的管理机制，明确适宜的乡村建设规划许可内容和深度。

《意见》明确提出，在乡、乡村规划区内，进行农村村民住宅、乡镇企业、乡村公共设施和公益事业建设，应按要求申请办理乡村建设规划许可证；确需占用农用地进行建设的，依照有关规定办理农用地转批手续后，申请办理乡村建设规划许可证。同时明确，城乡各项建设活动必须符合城乡规划要求。城乡规划主管部门不得在城乡规划确定的建设用地范围以外做出乡村建设规划许可。

《意见》强调，各地要加强组织领导，加强宣传教育，加强监督检查。对未依法取得乡村建设规划许可证或未按照乡村建设规划许可证的规定进行建设的，由乡、镇人民政府责令停止建设、限期改正；逾期不改正的可以拆除。不符合城乡规划要求、未依法取得许可证的，不得办理房屋产权证。城市、县人民政府城乡规划主管部门未按规定受理申请、核发乡村建设规划许可证的，应依法追究有关责任人员的责任。

二、村庄建设规划管理的审核内容

1. 审核乡村建设的申请条件

建设单位或者个人，应当向乡、镇人民政府提交关于进行乡镇企业、乡村公共设施和公益事业建设以及村民住宅建设的申请报告，并附建设项目的建设工程总平面设计方案等，填写乡村建设申请表。乡、镇人民政府应根据已经批准的乡村规划，审核该建设项目的性质、规模、位置和范围是否符合相关的乡村规划，并审核是否占用农用地，如果是占用农用地的，应提出是否同意办理农用地转用审核手续的审核意见。乡、镇人民政府确认报送的有关文件、资料、图纸、表格完备，符合申请乡村建设规划许可证的应有条件和要求后，签注初审意见，一并报城市、县人民政府城乡规划主管部门。

2. 审定乡村建设的规划设计方案

城市、县人民政府城乡规划主管部门接到乡、镇人民政府报送的乡村建设项目的申请材料后，首先应根据乡村规划复核该建设项目的性质、规模、位置和范围是否符合相关的乡村规划的要求，核定该建设项目是否符合交通、环保、文物保护、防灾（消防、抗震、防洪防涝、防山体滑坡、防泥石流、防海啸、防台风等）和保护耕地等方面的要求，是否符合关于乡村规划建设的法规和技术标准、规范的要求，然后审定该乡村建设工程总平面设计方案。

3. 审核农用地转用审批文件

城市、县人民政府城乡规划主管部门接到乡、镇人民政府报送的乡村建设项目的申请材料后，经审核，如果该建设项目确需占用农用地，根据乡、镇人民政府的初审同意意见，该建设项目应依照《土地管理法》的有关规定办理农用地转用审批手续。如果该建设项目所占用的农用地是在已批准的农用地转用范围内，该具体建设项目用地可以由市、县人民政府批准。建设单位或者个人向城市、县人民政府城乡规划主管部门提交农用地转用审批文件后，经审核无误，才能核发乡村建设规划许可证。

三、村庄建设规划管理的行政主体

根据《城乡规划法》第四十一条的规定，乡村建设规划管理的行政主体是乡、镇人民政府和城市、县人民政府城乡规划主管部门。《城乡规划法》明确规定，乡、镇人民政府负责乡村建设项目的申请审核，城市、县人民政府城乡规划主管部门负责对乡村建设项目申请的核定以及核发乡村建设规划许可证。

1. 乡、镇人民政府

《城乡规划法》第四十一条规定，由乡、镇人民政府行使乡村建设规划管理对乡村建设项目申请的审核权限，以便把好乡村建设项目的依法审核关。乡、镇人民政府没有核发乡村建设规划许可证的行政许可权限。

2. 市、县城乡规划主管部门

《城乡规划法》第四十一条明确规定了由城市、县人民政府城乡规划主管部门核发乡村建设规划许可证，行使行政许可权限。市、县城乡规划主管部门在核发乡村建设规划许可证，行使行政许可职能的过程中应当注意，必须在乡村规划所确定的建设用地范围内行使规划许可权限，核发乡村建设规划许可证。

市、县城乡规划主管部门接受由乡、镇人民政府报送的乡村建设项目的申请材料后，一方面要尊重乡、镇人民政府的审核意见，另一方面要依法对申报材料进行规划复核，对建设活动的内容进行核定，并审定建设工程总平面设计方案，以确定其性质、规模、位置和范围，如果是涉及占用农用地的，还应依法办理农用地转用审批手续，然后才能核发乡村建设规划许可证。

市、县城乡规划主管部门核发乡村建设规划许可证后，建设单位或者个人须持乡村建设规划许可证才可以向县级以上地方人民政府土地管理部门提出申请，依法办理乡村建设用地的审批手续。

四、村庄建设规划管理程序

根据《城乡规划法》第四十一条的规定，乡村建设规划管理的主要程序包括申请、核定、核发乡村建设规划许可证等。

1. 申请

建设单位或者个人在乡村规划区内从事乡镇企业、乡村公共设施和乡村公益事业建设活动，应当持有关部门批准、核准的乡镇企业、公共设施、公益事业建设的批文，乡村建设项目的申请报告，建设项目的建设工程总平面设计方案等，向乡、镇人民政府提交申请材料，并填写乡村建设申请表。由乡、镇人民政府对报送的申请材料进行初步审核，签注审核意见。

2. 核定

市、县城乡规划主管部门收到乡、镇人民政府报送的乡村建设项目的申请材料后，应先进行程序性复核和实质性核定。程序性复核即审核建设单位或者个人报送的各种有关文件、资料、图纸是否完备，是否符合申请核发乡村建设规划许可证的应有条件和要求。实质性核定即审查该建设项目是否符合乡村规划要求，核定该建设项目是否符合交通、环保、文物保护以及历史文化名村保护、防灾和保护耕地等方面的要求，是否符合关于乡村规划建设的法规和技术标准、规范的要求，审定乡村建设工程总平面设计方案。此外，审核该建设项目是否占用农用地，如果占用农用地则须审核农用地转用审批文件。之后，对乡村建设项目的申请提出核定意见。

3. 核发乡村建设规划许可证

市、县城乡规划主管部门对乡村建设项目申请的有关材料，经审查核定后符合城乡规划要求的，向建设单位或者个人核发乡村建设规划许可证及其附件。对于不符合城乡规划要求的乡村建设项目，不得发放乡村建设规划许可证，但要说明理由，给予书面答复。

4. 关于村民住宅建设的规划审批程序

根据《城乡规划法》第四十一条第二款的规定，对于在乡村规划区内使用原有宅基地进行农村村民住宅建设的，其规划管理办法由省、自治区、直辖市制定。首先，向乡村集体经济组织或者村民委员会提出建房申请，以便充分发挥村民自治组织的作用，经同意后报送乡、镇人民政府提出用地建设申请。其次，由乡、镇人民政府实行规划许可管理，还是由市、县城乡规划主管部门实施规划许可管理，鉴于使用原有宅基地进行农村村民住宅建设，不涉及乡村规划区内用地性质的调整，加之各地经济发展、社会、传统文化、自然环境等情况差异很大，条件复杂，农村住宅建设状况不尽相同，不能强求一致。从农村实际出发，为尊重村民意愿，体现地方和农村特色并降低农民的建房成本和方便村民，其管理程序可以相对简单，以利切实可行，故由省、自治区、直辖市根据本辖区域内的实际情况，体现实事求是、因地制宜的原则来制定农村村民住宅建设的规划管理办法。一经制定，则应当按照其规划管理办法规定的程序和要求执行规划管理。

五、乡村规划管理的变革与创新

基于城乡规划的公共政策属性，乡村规划的制度化和法制化以及在协调公众利益的机制等方面需要进一步的探索与创新。

现代乡村规划的制定者是县级或镇级的主管部门，但最终的服务对象是规划村庄的村民。因此，乡村规划的主体是村民，对于规划他们最具有发言权，最具有参与权。乡村规划应将为村民服务作为基本原则，体现村民意愿。要充分发挥村民在乡村规划建设中的能动性，无论是乡村规划的修编、建设和管理，还是建设用地的调整，最终都应当由村民来决定。为此，要充分征求广大村民的意见和建议，对涉及乡村的规划、建设和管理多个环节上的重要事项，实行民主决策、民主管理。要维护乡村规划的科学性和严肃性。规划一旦经法定程序确定后，就要严格实施，任何单位和个人不得随意更改，以确保规划的科学性、严肃性和长期性。

我国村一级权力属于乡村自治组织，村集体的一切决策和管理均由全体村民共同决定，村民是新农村建设的主体。但在实际操作过程中，地方政府发布行政指令进行决策，规划师依据技术标准和规划方法进行方案编制，新农村建设的主体只是被告知、被要求、被接受。因此，必须转变这种“自上而下”的编制思路，倡导“上下结合”的乡村规划编制思路。在乡村规划的编制过程中强化村民的主体地位，政府的职能是协调和引导，而规划师更多是承担村民与政府间沟通的责任，通过技术手段编制乡村规划。

第三节　乡村规划的实施

一、乡村规划的实施性要求

自2003年开始，浙江省分三个阶段实施了“千万工程”，乡村规划工作迅速展开，为配合“千万工程”的实施，浙江省出台了《浙江省建设厅乡村规划编制导则（试行）》《浙江省村镇规划建设管理条例》《浙江省村庄整治规划编制内容和深度的指导意见》以及《浙江省美丽乡村建设行动计划（2011~2015年）》等文件，这些文件均对规划的实施工作提出了明确要求。

《浙江省村镇规划建设管理条例》明确村镇建设规划区内的各项建设需服从规划管理，对村内住宅、宅基地的建设规模、形制、审批做出了实施要求，对公共设施、公益事业设施和生产经营设施做出了审批要求。

《浙江省美丽乡村建设行动计划（2011~2015年）》及其工作任务分解表更是明确将规划内容划分为生态人居建设行动、生态环境提升行动、生态经济推进行动和生态文化培育行动四个方面15个子项，确定工作任务、主要目标、主要工程与项目、主要建设任务并落实至责任部门。

从以上要求来看，乡村规划作为乡村地区总体建设的纲领，具有明确的实施性要求。从近些年浙江省乡村建设的实际来看，乡村规划的实践是一个组织有序，时限、内容和资金来源明确，并且带有年度考核的工作计划和行动。

二、乡村规划组织的实施特点

（一）组织严密

新一轮乡村规划的实施，在县、市域层面通常以各地农办为主导，由发改委、建设、国土、规划、水利、民政、经信、环保、林农渔业、旅游、文化、宣传、民政、纪检等党和政府部门共同参与完成。通常而言，农办是主导，规划、国土与建设是主要的参与和协调部门，其他部门在其相应的职责范围内负责，财政作为主要的资金协调部门，纪检作为整个行动的纪律保证，宣传负责整个行动的社会宣传、组织评比等工作。

一般而言，县（市）域层面由书记或者县（市）长作为整个乡村规划实施领导小组组长，分管农办副县（市）长或副书记作为常务组长，各主要部门和乡镇一把手参与，副职主抓，各技术科室落实。在相对重视的乡镇或部门会成立“美丽乡村建设办公室”等科室，进一步协调村、镇、县三级机构运作。

美丽乡村建设的技术咨询工作由省一级部门组成，由省住建厅拟定技术标准并由规划协会等组织组成专家咨询组，提供具体咨询。也可以由县市相关部门直接与科研机构或大中院校结合形成专家咨询组织，目前完全商业化的咨询公司尚未出现。

（二）资金来源明确

乡村规划的实施，特别是“千万工程”和“美丽乡村”行动，都带有专项配套资金，重点用于乡村建设。除此之外，《浙江省美丽乡村建设行动计划（2011~2015年）》要求按照“谁投资、谁经营、谁受益”的原则，鼓励不同经济成分和各类投资主体，以独资、合资、承包、租赁等多种形式，参与农村生态环境建设、生态经济项目开发。支持民间资本以BT、BOT等形式参与农村安全饮水、污水治理、沼气净化等工程建设，引导社会和金融资金参与美丽乡村建设。

（三）规划任务分解落实到位

乡村规划建设中的实施规划，首先要求将规划内容划分为近、远期两个部分，通常将近期实施年限确定为3~5年。规划内容分解首先是指通过对重要地块的分步开发策略和整体实施的资金项目梳理，深度协调资金与项目安排，明确规划实施步骤。可以将规划内容分解为基础设施建设、村容村貌整治、公共服务设施以及特色产业培育等方面的若干子项目，进行详细的工程量与资金预算，确定总资金量，通过划分相应的财政补助来源或社会经营方向予以明确。其次是通过与村民、乡镇级政府部门的衔接，确定投资顺序、近期行动计划和年度主题，将主要的财政补助资金与农办等部门进行细致对接，确保每个项目资金按时准确到位。

（四）以工程项目为核心

乡村规划的实施最终落实为具体项目的实施。由于前期组织中对规划所在地区的宏观政策、土地政策、水利防灾、资金调动等做出了有效沟通和充分协调，且规划内容已经做出了计划分解，因此，以项目为核心的规划实施容易进行。

以工程项目为核心的实施计划通常由村庄和乡镇两级行政单位提出，经共同商议后确定年度实施计划，并由村民委员会或乡镇人大代表会议进行审议，最终纳入村和乡镇的实施计划，进行施工招标并确定开工、竣工时间，安排时序，完成拆迁、人力、材料等的准备。

目前以项目为核心的实施过程中，普遍存在的问题在于实施的项目缺乏地域特色。农村地区的规划实施不同于城市，其实施主体是村民，实施地域是具有相对固定关系的村民社会所在地域，因此项目设计中不注重地域特色，套用城市地区设计经验的做法往往显而易见，不能实现真正的“美丽乡村”。比如工程化措施生硬的水利建设、套用城市地区的道路断面形式和绿化组织以及千篇一律的水车、牌坊、风雨桥等。

针对这些情况，浙江省的办法是在加强公众参与的基础上，强调“文化人下乡”。项目设计的评审除了需要出具村委会的公议之外，强化项目实施前和项目实施中的公众宣传、方案比选，建设村庄“文化礼堂”以及由媒体参与的省、市两级“美丽乡村”评优之外，浙江省“美丽乡村”建设的另一个特点是“文化人下乡”。由县市行政部门聘请具备城市规划或者建筑设计专业知识并对村镇有相当程度了解的知识分子成为“荣誉村民”，对项目设计给予指导，同时部分地区开始实施驻村规划师制度，借以优化完善乡村建设项目的实施。

（五）进行年度考核

乡村规划的实施通常会进行年度考核，目前各地市已经出台了各自的具体考核办法。乡村规划实施的年度考核大致分为三个内容。一是对规划本身的评优，由浙江省农办和住建厅按年度对已实施的乡村规划进行年度评优活动，并对优秀规划方案和设计单位进行表彰。二是对乡镇领导干部的年度业绩进行考核，每年度乡村规划的实施作为其年度业绩考核内容，直接挂钩其年终奖金和职务升迁。三是对村庄本身的考核。如湖州市安吉县，在《安吉县村庄环境卫生长效管理办法》基础上出台了《安吉县中国美丽乡村长效管理办法》，在《美丽乡村建设考核指标和验收办法》基础上升级为《建设“中国美丽乡村”精品示范村考核验收暂行办法》等，在“村村优美、家家创业、处处和谐、人人幸福”四个方面框架下，细分为45项具体指标，明确考核数据来源，延长创建巩固时限，通过考核实现以奖代补，从而达到长效质量管理。

三、乡村建设规划许可制度的实践

根据2008年开始实施的《城乡规划法》，在乡、乡村规划区内进行乡镇企业、乡村公共设施和公益事业建设的，建设单位或个人应当向乡、镇人民政府提出申请，由乡、镇人民政府报城市、县人民政府城乡规划主管部门核发乡村建设规划许可证。由此，原城乡规划审批的核心“两证一书”升级为“三证一书”，乡村规划许可成为乡村地区规划建设的法定要求。

2014年，住建部印发《乡村建设规划许可实施意见》（以下简称《意见》），要求在乡、乡村规划区内进行农村村民住宅、乡镇企业、乡村公共设施和公益事业建设，应当依法申请乡村建设规划许可的，应按照《意见》要求，申请办理乡村建设规划许可证。在乡、乡村规划区内使用原有宅基地进行农村村民住宅建设的，参照《意见》制定规划管理办法。

乡村建设规划许可制度虽然已上升到法律层面，《浙江省城乡规划条例》也增加了具体办理程序，但具体操作规程依然缺失，规划许可申报要件、内容、审批流程等方面没有详尽的规定，依法行政仍然存在很大盲区。

（一）乡村规划管理权限下放

浙江省经济发达地区县市由于乡镇规划管理工作任务量大，规划局及其行政服务窗口难以兼顾基层乡镇需求，同时为实现规划管理职能下放，规划管理权下移，真正做到服务基层方便群众，在规划管理体制上进行创新，分片区设立基层规划管理所或分局，强化村镇规划管理。授权基层规划管理所或分局的设立，使得乡村建设规划许可证的受理和发放主体很方便地设立在基层所这一层级上。部分未设立基层管理所的乡镇也在乡镇政府这一级行政机构代理乡村建设规划许可证的受理和发放。因此，乡村建设规划许可制度的主要机构便是基层所、分局或乡镇政府。

（二）乡村建设规划许可制度实践探索

以宁波市鄞州区为例，乡村建设规划许可证的规划审批包括核定规划要求、审查建设工程规划设计方案、核发乡村建设规划许可证、核发建设工程核实确认书四个程序。

1. 申报要件

（1）规划要求

除常规的申请表、地形图电子文档、建设项目意向总平面外，根据省条例第三十七条的规定，还需要所在村村民委员会签署的书面同意意见、使用土地的有关证明文件（国土部门土地初审意见）。另外，属于地质灾害区的项目还应提供地质灾害评估报告。

（2）建设工程规划设计方案

除规划要求复印件、建设工程规划设计方案、国土部门土地预审意见等常规要件外，乡镇企业项目还应提供发改部门的备案文件，其他项目还应提供发改部门的项目建议书或咨询文件。另外，农村村民住宅区建设项目还应提供新村办初审意见。

（3）乡村建设规划许可证

乡村建设规划许可证的申请要件包括经批准的建设工程规划设计方案总平面图、放线资料、土地权属证明文件、建筑施工图及电子文档，以及气象部门、环保部门、建设部门等出具的相关意见。其他要件还包括日照分析报告、经济技术指标复核报告、村民代表大会意见等。乡村公共设施、公益事业、农村村民住宅区建设等项目还需初步设计批复或可研批复或核准文件。

（4）建设工程核实确认书

建设工程规划核实确认书的申请要件包括乡村建设规划许可证原件、集体土地使用证明文件、竣工验收备案证明原件、竣工测量资料、房屋面积测绘成果报告书等。

2. 审批流程

以乡镇企业项目为例，具体审批流程如下。

（1）建设单位首先需征得村民委员会同意意见，再报乡镇人民政府予以审查，获得同意后报国土部门初审。

（2）建设单位持上述三部门初审同意意见及相关材料报规划部门，规划部门依据乡、乡村规划提出建设用地位置、允许建设的范围、基础标高、建筑高度等规划要求。

（3）建设单位持上述批准文件及相关材料报国土部门办理土地预审手续。

（4）建设单位持国土部门土地预审意见、规划要求等相关材料报发改部门办理备案手续。

（5）建设单位请有相应资质的设计单位依据规划要求完成建设工程规划设计方案。

（6）建设单位持建设工程规划设计方案、国土部门土地预审意见及发改部门备案文件等相关材料，报规划部门进行建设工程规划设计方案审查。

（7）建设单位持相关材料到国土部门办理供地手续。

（8）建设单位依据批准的方案进行施工图设计并到审图公司完成施工图审查。

（9）建设单位持前述申请要件报规划部门核发乡村建设规划许可证。

（10）建设工程竣工后，建设单位应向规划部门申请规划核实，符合规划的核发建设工程规划核实确认书。

四、驻村规划师制度的实践

为了更好地满足乡村规划实施的需要，部分地区开始探索建立驻村规划师制度。深圳龙岗区首先推出“顾问规划师制度”，主要通过建立公众参与制度化有效途径，来引导和推进镇村的规划建设；而成都市为提高农村地区的规划管理水平，创造性地建立了“乡村规划师制度”。驻村规划师制度强化规划师作为政府行政主管部门和普通民众之间沟通的桥梁作用，加强农村群众的规划参与，加强规划师驻村的规划服务，加强规划知识宣传和规划管理能力的普及，加强对农村地区规划师队伍的建设和专业水平的培养。这一制度极大地促进了我国乡镇规划建设事业的发展。

浙江省在村庄整治行动中，逐渐尝试建立驻村规划师制度。宁波市各县市规划局、区分局将尝试选派乡村规划师参与，每个镇（街道）或片区选派1~2人，在为乡镇服务的基础上，延伸到村（社区）。如鄞州区东吴镇小白村，鄞州规划分局在2013年派出规划师到小白村做驻村指导员，完成了小白村的旧村整治与新村建设规划方案和设计，取得了良好的成效并进行了总结推广。桐庐县在“美丽乡村”第二轮建设中与浙江省城乡规划设计研究院结合组成“桐庐县美丽乡村建设专家志愿团”，分五个组对口服务五个村庄，每组派出乡村规划、建筑设计和园林景观专家各一名，进行全程咨询服务。

《关于改革创新、全面有效推进乡村规划工作的指导意见》明确提出，全面有效推进乡村规划师工作。2015年10月，中国城市规划学会城市规划实施学术委员会成都会议倡议：创建中国乡村规划师制度。2007年成都获批全国统筹城乡综合配套改革试验区以来，特别是经历5 · 12汶川特大地震和4 · 20芦山地震以后，为确保科学有序地推进社会主义新农村建设，推进城乡一体化发展，2010年，成都在全国首创规划师制度。四年时间，共选拔培养乡村规划师80名，探索出重点镇一镇一师，一般镇2~3个配备一名乡村规划师的配置方式。

乡村规划师需具备良好的专业素养，又长期居住和生活在乡村，既有能力仰望天空，又有条件脚踏实地，能够在乡村地区担当起协调政府与社会、理论与实践、城市与乡村的历史责任，从而达到提升乡村规划理念、表达村民发展诉求、提高规划编制质量、促进规划实施动态管理、强化乡村规划实施监督、践行倡导式乡村规划模式六大不可替代的功能。

第五章　未来的乡村规划

第一节　乡村变革与乡村规划的应对

一、乡村社会变化

（一）城镇与乡村人口的双向流动

随着工业化、城镇化的发展，农村人口不断向城镇迁移，农村人口不断转变为城镇人口。从全国城乡人口数量构成看，2000年全国乡村人口比重为63.78%，2010年乡村人口比重为50.32%，乡村人口比重减少了13.46个百分点（图5-1）。从浙江省城乡人口数量构成看，2000年居住在乡村的人口比重占51.33%，2010年居住在乡村的人口比重占38.38%，乡村人口比重减少了12.95个百分点（图5-2）。乡村人口向城镇迁移态势显著。

另外，随着城镇居民生活水平的提升以及交通的便利，乡村良好的自然生态环境为城镇居民所向往，城镇近郊区成为城镇居民重要的居住空间，城镇居民到乡村度假、养老、培训等，进行短时间的规模化移动，随着乡村基础公共服务设施的完善，移动的规模和停留时间会逐步上升。城镇与乡村表现出频繁的双向流动的特点。

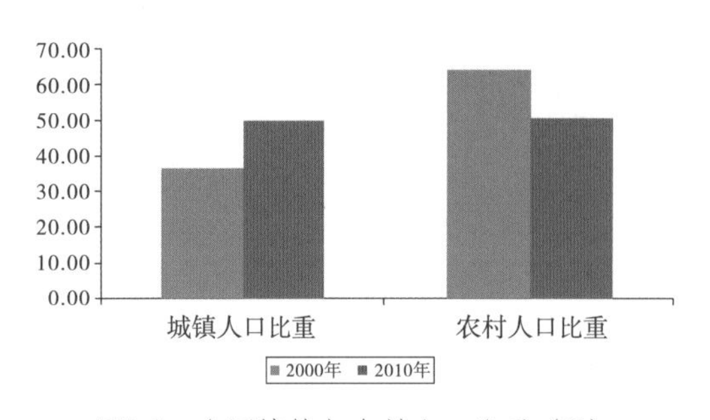

图5-1 全国城镇与乡村人口比重（%）

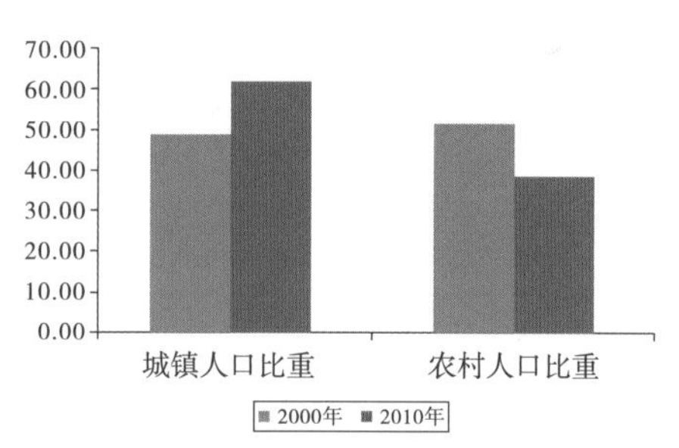

图5-2 浙江城镇与乡村人口比重（%）

（二）农村人口老龄化程度逐步加深

根据《2014年中国经济形势分析与预测》报告，按照常住人口计算，农村人口的老龄化程度已经超过城市。根据六普数据计算，与城镇人口比较，60岁及以上老年人口城镇为7 829万人，农村为9 930万人；65岁及以上老年人口城镇为5 525万人，农村为6 667万人；在总人口中60岁及以上老年人口所占的比重城镇为11.69%，农村为14.98%；65岁及以上老年人口所占比重城镇为7.8%，农村为10.06%，乡村人口老龄化人口数量和比重都高于城镇（图5-3）。与五普数据比较，2010年60岁及以上人口比重增长了4.06个百分点；65岁及以上人口比重增长了2.56个百分点，农村人口老龄化程度在逐步加深（图5-4）。

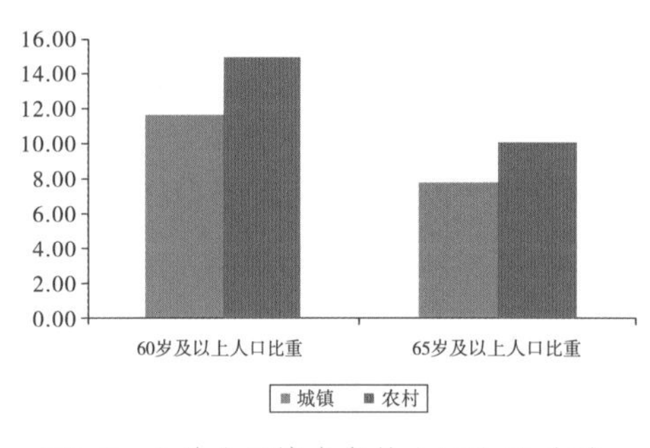

图5-3 六普全国城乡老龄人口比重（%）

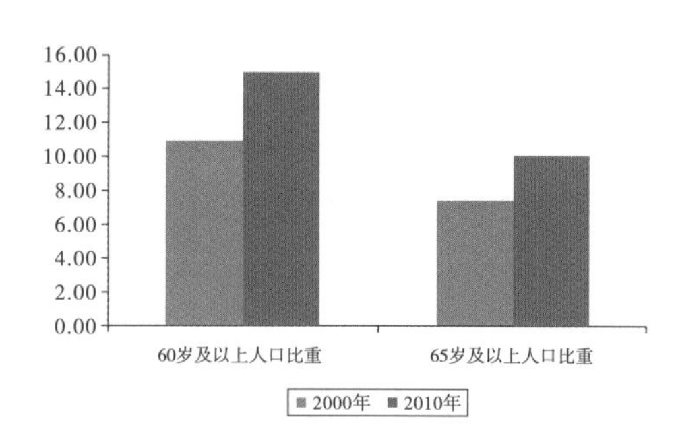

图5-4 全国城乡老龄人口比重变化（%）

（三）农村高学历人口比重提升缓慢

从大学本科以上人口比重看，2000年农村大学本科以上人口比重为0.07%，城镇人口大学本科以上比重为3.36%，城镇高于农村3.29个百分点；2010年农村大学本科以上人口比重为0.51%，城镇大学本科以上人口比重为7.37%，城镇高于农村6.86个百分点。总体看来，农村高学历人口比重有所上升，但与城镇差距逐步扩大（图5-5）。上过学人口比重农村2010年比2000年下降了2.31个百分点，高中以上学历比重农村2010年比2000年上升了3.53个百分点，农村人口受教育程度总体在提升，但与城镇比较提升速度相对较慢（图5-6）。

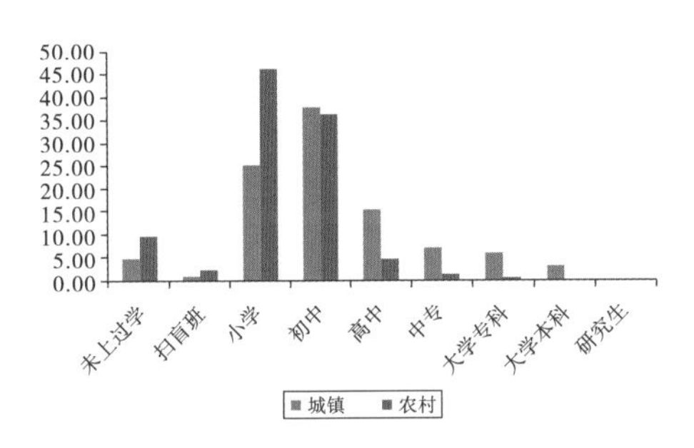

图5-5 五普城乡人口受教育程度（%）

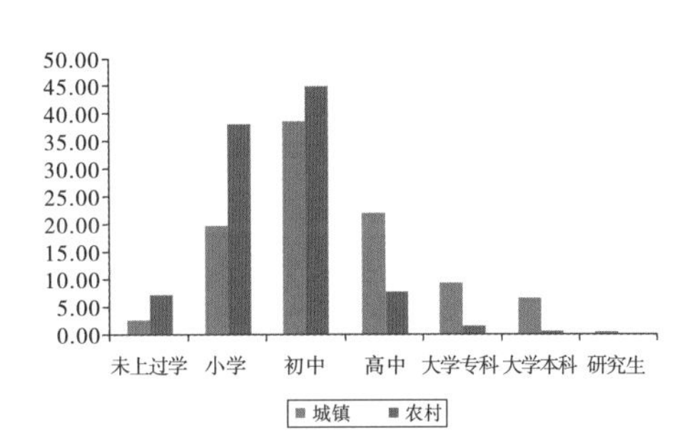

图5-6 六普城乡人口受教育程度（%）

（四）农村人口就业特征

1. 从业人口数量呈现动态变化

从就业人员看，全国农村就业人数总量呈现动态变化，从1978年的30 638万人增加到2000年的48 934万人，逐年上升。但2000年以后缓慢下降，到2013年下降到38 737万人（图5-7）。而浙江农村就业人员总量则持续增长，从1978年的1 300万人增长到2013年的2 459.6万人，增长了0.89倍，浙江乡镇经济的发展推动了农村就业人口的持续增长（图5-8）。

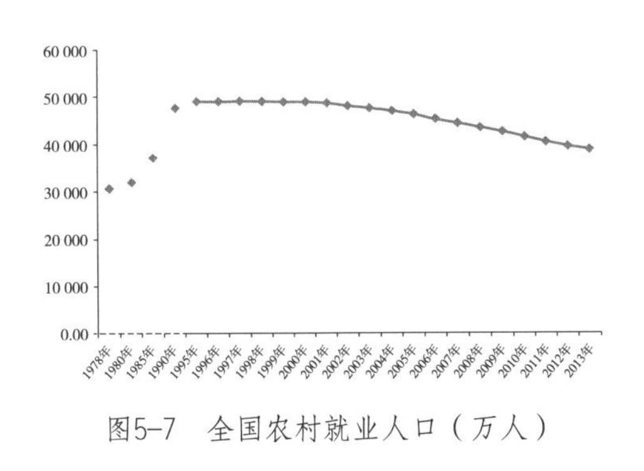

图5-7 全国农村就业人口（万人）

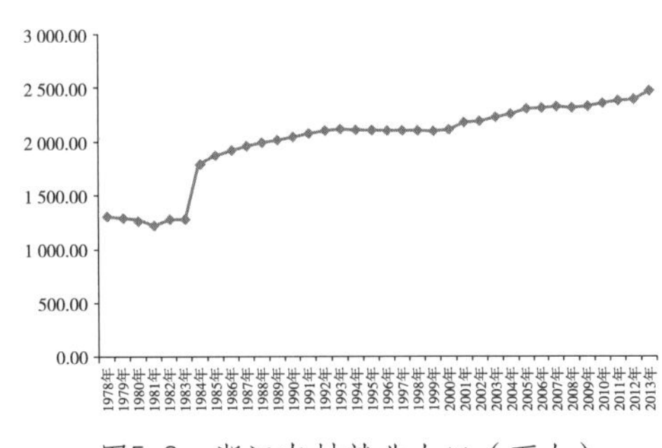

图5-8 浙江农村就业人口（万人）

2. 外出就业是农村就业的主要方式之一

从浙江省的情况看，外出劳动力在全省范围内都占有一定的比重，2013年全省外出劳动力有589.91万人，占比为20.98%。总体上看，浙西南的外出劳动力比重较高，衢州（47.27%）、丽水（31.24%）比重最高，温州（25.70%）、金华

（21.02%）外出劳动力也在20%以上，义乌（8.98%）比重较低，这与当地发达的商贸市场能够提供较丰富的就业岗位有关；浙东北地区的绍兴（20.66%）外出劳动力比重较高，其他都在20%以下；杭州、宁波等大城市发达的经济与广阔的就业市场为劳动力提供了丰富的就业岗位（图5-9）。

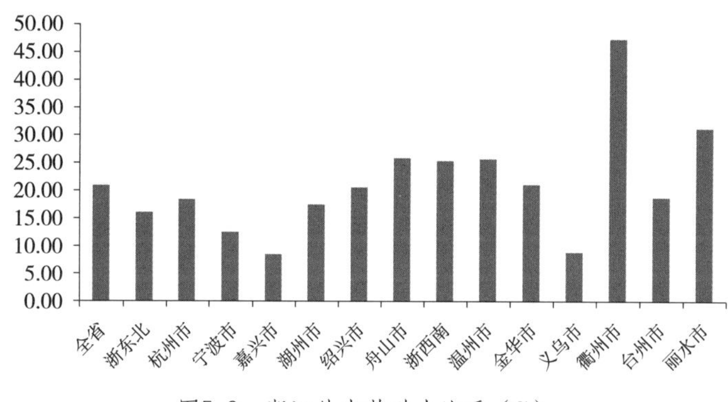

图5-9　浙江外出劳动力比重（%）

3. 传统农业在农村就业中仍占有一定的比重

浙江省农林牧渔业从业人员比重逐年下降，从1978年的100%下降到2013年的23.98%，但仍占有一定比重（图5-10）。

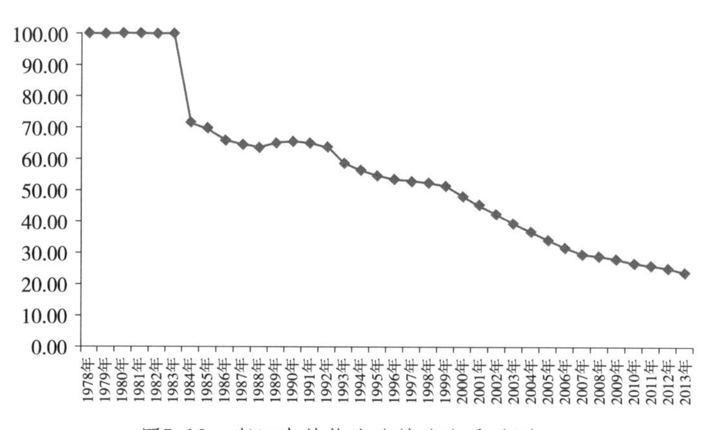

图5-10　浙江农林牧渔业就业比重（%）

4. 非农产业逐渐成为农村的主要从业类型

随着劳动效率的提高以及其他行业劳动报酬的提高，大量的农林牧渔业的从业人口转移到城镇就业，或留在农村从事非农产业。1984年以来，浙江省农村非农产业从业人员数量由1984年的508万人增加到2013年的1 869.64万人，增加了2.68倍；非农产业从业人员比重持续上升，1984年非农产业从业人员占从业人员比重为28.45%，2013年比重为76.02%，比重增加了47.57%；乡村建筑业、工业、旅游业、餐饮业等非农产业的快速发展推动了乡村非农就业的增长（图5-11）。

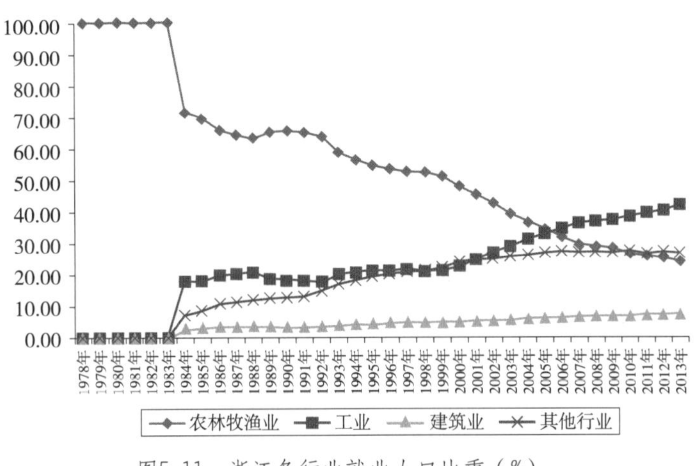

图5-11　浙江各行业就业人口比重（%）

二、乡村生活变化

（一）农民收入进一步提升

从全国看，1978年以来，农村居民收入上升，从1978年的133.6元上升到2013年的8 895.9元（图5-12）。从浙江看，1978年以来，农村居民收入上升，从1978年的165元上升到2013年的16 106元，农村居民收入的提升使得农民生活水平提升（图5-13）。

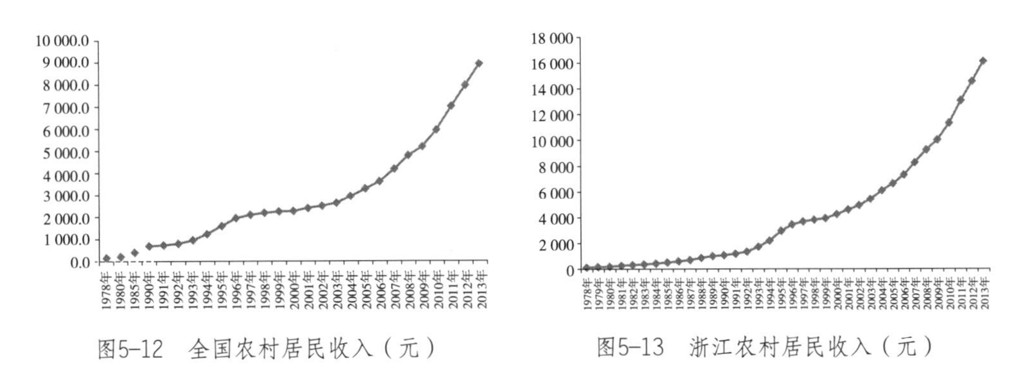

图5-12　全国农村居民收入（元）　　图5-13　浙江农村居民收入（元）

（二）消费能力进一步提升，改善型消费逐步增加

1. 农村居民消费支出持续增长，农村居民恩格尔系数持续降低

从全国看，农村居民消费支出从1990年的584.6元增长到2013年的6 625.5元（图5-14）。从浙江看，2005年以来，农村居民消费支出逐年增长，从2005年的5 215元增长到2013年的11 760元，增长了2.28倍（图5-15）。多年的支农惠农政策使得农民收入持续增加，拉动了农民生活消费支出的增长，促进了农村消费市场的繁荣。

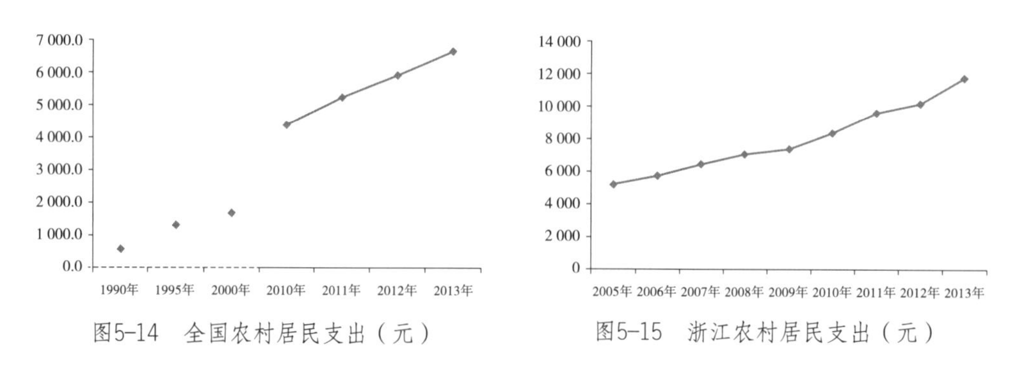

图5-14　全国农村居民支出（元）

图5-15　浙江农村居民支出（元）

从全国看，1978年农村居民恩格尔系数为0.677，到2013年，农村居民恩格尔系数为0.377（图5-16）。浙江省1978年农村居民恩格尔系数为0.591，2013年农村居民恩格尔系数为0.356（图5-17）。随着农民收入的增加，农民消费结构日趋多元化，农村居民用于食品的消费比重逐步减少，用于其他消费支出的比重逐步增加，反映出浙江农村居民消费多元化倾向。

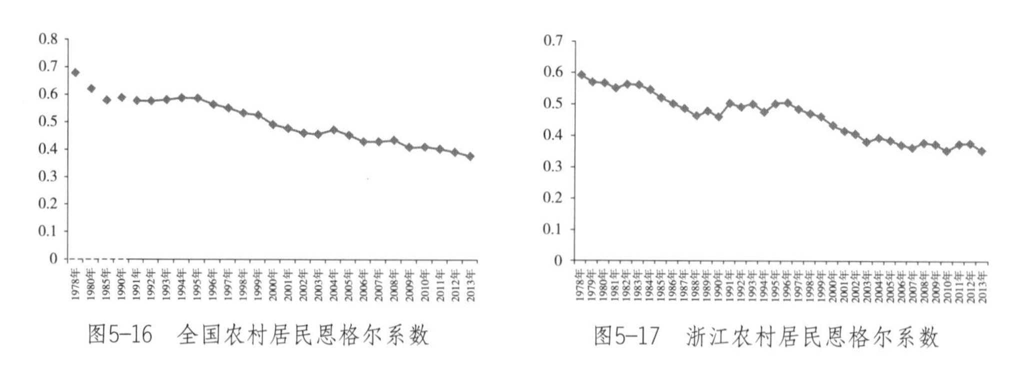

图5-16　全国农村居民恩格尔系数

图5-17　浙江农村居民恩格尔系数

2. 改善型消费支出增加较快，有进一步增长的空间

2005年以来，从生活消费支出的各项消费看，各项消费都实现了较快增长（表5-1）。从前四位支出增长看，交通和通信支出增速最快，2013年比2005年增

加了2.19倍，随着浙江省城乡交通条件的改善和通信事业的快速发展，农民外出打工或经商成为农民收入的主要来源，农民交通和通信支出不断增加；其他商品及服务增速紧随其后，2013年比2005年增长了1.80倍；衣着支出增长了1.74倍，农村居民对时尚的追求推动了衣着支出的快速增长；医疗保健支出增长了1.37倍，农民医疗保健意识的增强与对自身健康的关注，促进了对医疗保健消费的支出增长。从前四位的支出看，衣服、医疗保健等改善性消费支出实现了快速增长；从后四位支出看，文教娱乐用品及服务支出增长最慢，增长了0.54倍；其次是食品支出，增长了1.08倍；之后是家庭设备、用品及服务支出，增长了1.18倍；最后是居住支出，增长了1.29倍。

表 5-1　浙江省农村居民消费支出（元）

	2005年	2006年	2007年	2008年	2009年	2010年	2011年	2012年	2013年	增加倍数
全年总支出	7 534	8 121	9 071	10 246	10 762	12 361	13 836	14 637	15 454	1.05
生活消费支出	5 215	5 762	6 442	7 072	7 375	8 390	9 644	10 208	11 760	1.26
食品	2 011	2 141	2 347	2 690	2 756	2 977	3 629	3 844	4 191	1.08
衣着	310	362	399	441	462	530	669	721	848	1.74
居住	843	1 048	1 262	1 425	1 366	1 795	1 651	1 768	1 934	1.29
家庭设备、用品及服务	259	274	338	354	354	399	528	560	565	1.18
医疗保健	399	455	465	512	615	652	851	739	944	1.37
交通和通信	592	635	761	777	866	1 067	1 262	1 457	1 891	2.19
文教娱乐用品及服务	679	723	736	733	803	800	831	881	1 048	0.54
其他商品及服务	121	124	135	141	154	170	223	239	339	1.80

资料来源：《浙江统计年鉴》（2005~2013）。

从消费结构的变化可以看出（图5-18），文教娱乐用品及服务、家庭设备、用品及服务等改善型需求增长相对较慢，需要充分挖掘农村居民消费需求，通过开发符合农民需求的消费产品，推动农村服务业的发展，促进农民旅游休闲，促进文教娱乐消费。通过“家电下乡”等消费刺激措施，促进家庭设备、用品及服务消费增长。

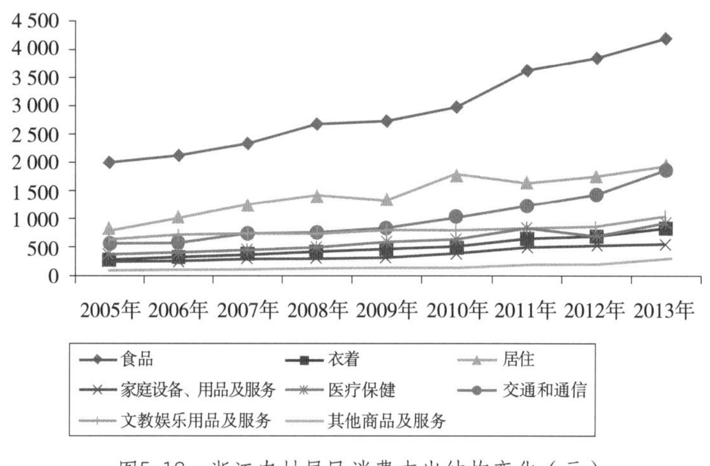

图5-18　浙江农村居民消费支出结构变化（元）

（三）公共服务进一步提升

随着农村居民生活水平的提升，村民对乡村公共服务的需求日益提高，需要高质量的基础服务设施。道路交通设施方面需要行政村内部主要对外联系道路全部硬化，逐步推动通组通户道路硬化，完善城乡公共客运服务体系，方便村民出行；供水方面需要提高饮用水水质，推进标准化供水；供电方面需要进一步提升供电可靠性，推进乡村电网整体升级改造；能源方面需要积极推动天然气、液化石油气、农村沼气等清洁能源的普及，增加清洁能源比重；环卫设施方面需要加强农村垃圾收集处置网络化建设；信息设施方面需要加强农村信息基础设施建设，构建省、市、县三级统一联动、安全可靠的农村应急广播体系，推动网络向自然村延伸，提高互联网普及率。

发展性服务设施的覆盖面需要进一步提高。推动行政村建设布局合理、功能完备、管理有序的农村文化礼堂，丰富村民的文化生活。村庄居民对体育设施的要求不断提升，努力提供切合农村居民实际需要的公共体育设施、体育培训、体育健身指导、健康咨询、体质监测等体育公共服务，推动形成乡镇全民健身中心、中心村全民健身广场、一般村健身点等为重点的农村全民健身设施体系。教育方面实施义务教育标准化学校建设，大力发展农村学前教育，把幼儿园纳入农村公共服务体系，统一规划，优先建设，全面构建以乡镇中心等级幼儿园为主体的农村学前教育体系。医疗卫生方面进一步完善医疗卫生服务体系，以县级医院能力提升、乡镇卫生院（社区卫生服务中心）标准化建设、村级卫生服务覆盖为重点，进一步完善农村三级医疗卫生服务网络，积极培育形成一批具有较大规模和较强服务能力的中心镇医疗卫生服务机构，建成标准化中心村卫生服务机构；把农村居家养老服务工作纳入社会养老服务体系建设全局，加大投入力度，加快制订和完善机构养老服务、居家养老服务等相关标准优化配置农村养老服务设施，通过挖掘与整合养老资源，促进乡镇敬老院发展成为集院舍住养和社区照料等多种服务功能于一体的综合性养老服务中心。加强农村商贸流通设施和商业网点设施建设，积极培育城乡连锁超市龙头企业，促进城乡商贸业加快发展。

（四）村庄环境进一步改善

随着村民生活水平提升以及城乡统筹发展，乡村的环境会进一步得到改善。

1. 生活环境进一步改善

农村生活污水得到有效治理。随着浙江省委、省政府将农村生活污水治理纳入政府为民办实事工程，各市也把农村生活污水治理纳入对县（市、区）工作目标责任制考核，建立考核督查倒逼机制，扩大考核范围，考核对象直接延伸到乡镇（街道），各级资金对农村污水处理的投资进一步扩大。城乡生活污水进一步统筹治理，村庄污水通过截污纳管、生态消纳等多种方式处理，农村水污染进一步得到有效治理。截至2014年年底，浙江省28 653个建制村中，已完成农村生活污水治理的村庄有6 120个，受益农户达155.12万户；累计完成厌（兼）氧处理终端站点39 383个，好氧处理终端站点7 511个，完成村内主管敷设1 113.5万米，化粪池改造93.03万户。

农村生活垃圾通过分类减量的方式得到进一步处理。浙江省首创了“户分类、村收集、就地处理”农村垃圾终端处理的办法，从源头上减少垃圾的产生，减少了转运、焚烧环节的成本和环境压力。各地因村制宜制定长效考核方案，以美丽家庭、卫生先进户、最佳保洁员、最佳分拣员等评比活动为载体，充分发动村民的参与热情，为破解农村垃圾循环利用、垃圾分类难等问题探索有效路径。浙江已在桐庐、德清、绍兴市柯城区、金华市金东区等80个县（市、区）、28 653个建制村中的4 500个村庄推进农村垃圾分类与减量工作，2014年试点以来，省级试点覆盖村庄的56 631户农户实现垃圾减量2万吨，各地新建太阳能垃圾堆肥房1 849个，增加垃圾车8 000台，减少垃圾运输费用4 500多万元，全省农村生活垃圾集中收集处理建制村覆盖率达98%以上，农村垃圾分类收集与减量处理行政村覆盖率达16%以上。

2. 生产环境得到进一步有效治理

畜禽养殖污染得到全面治理。浙江省制定了《浙江省畜禽养殖污染防治办法》，明确谁污染谁治理，散户纳入污染防治，农牧结合生态消纳等要求。省农业厅专门制定了《加快推进现代生态循环农业试点省建设三年行动计划》，要求到2017年畜禽粪便资源化利用率达到98%。同时，在全省建立了13个农牧结合生态消纳试点，探索出更多、更好的农牧结合、生态消纳典型模式，随着畜禽养殖污染的立法与责任主体的明确，畜禽养殖污染会得到进一步的有效治理。

农村工业污染治理进一步加强。农村工业污染治理是工业污染治理的重要环境，浙江省经信委2014年印发《关于贯彻落实省委、省政府“五水共治”决策部署加快工业转型升级的意见》，把工业领域治水作为重要抓手。浙江省环保厅发布了《2015年浙江省大气污染防治实施计划》，把工业污染治理列为重要内容，严格按照“关停淘汰一批、整合入园一批、规范提升一批”原则和重点行业整治提升标准，推动行业结构合理化、区域集聚化、企业生产清洁化、环保管理规范化、执法监管常态化，推动农村工业污染得到更好治理。

土壤污染得到进一步修复。随着重点区域土壤环境调查的全面开展、土壤环境监测体系的建立、土壤信息数据库构筑以及土壤保护制度的完善，逐步实现主要农产品产地土壤环境状况的动态监控，严格控制新增土壤污染，做好基本农田、主要农产品产地特别是“米袋子”“菜篮子”基地土壤环境保护力度，土壤污染得到控制，深化重金属、持久性有机污染物综合防治。

种植业污染得到有效控制。随着秸秆还田、绿肥轮作、水肥一体化技术和新型肥料的应用，配方肥和商品有机肥的推广应用，病虫害统防统治，高效环保农药和绿色防控技术的推广应用，以及农药废弃包装物回收体系的建立，有效地降低了种植业的污染。浙江省农业厅发布了《浙江省农业厅关于全力推进农业水环境治理全面加强农业面源污染防治的实施意见》，提出了种植业肥药双控与减量，提出到2017年实现十万吨化肥农药减量，百万吨商品有机肥推广，千万吨沼液资源化利用，氮肥使用量下降8%，化学农药使用量减少10%以上。

3. 生态环境进一步改善

河道得到全面整治。为推动河道的有效治理，浙江省落实河道治理责任，省委、省政府制定了《关于全面实施“河长制”进一步加强水环境治理工作》，省水利厅研究制定了实施方案，“河长制”工作方案的建立推动了河道的有效治理。随着固堤工程的大力推进以及万里清水河道建设和中小河流治理重点县综合整治的实施，河道综合管理能力进一步提升，农村河道得到全面有效治理。到2017年，列入国家中小河流治理重点县试点规划的21个县（市、区）、200个乡镇、2 600个村的农村河道整治全面完成，平原河网全面清淤一遍，完成河道综合整治8 000千米。其中，2014年完成重点县河道整治1 000千米，万里清水河道建设2 000千米，新增绿化300千米。

生态绿化进一步加强。浙江省全面实施“五年绿化平原水乡、十年建成森林浙江”行动，严格保护生态红线，实施平原和沿海绿化工程，绿化“四边”区域和“三改一拆”区域，实施浙北水网平原区湿地水环境生态治理，保护浙东滨海及岛屿潮间区生物多样性，实施浙中西南内陆湿地水源涵养及生物多样性保护。到2017年，全省平原林木覆盖率力争达到19%以上，国省道公路、铁路两侧宜林地段绿化率达到96%以上，主要河道两岸宜林地段绿化率达到96%以上，农田林网控制率达到90%以上，基本建成绿树成荫、田林交错、林水相依、车行景移的平原水乡生态景观。

生态环境进一步美化。浙江省通过省域绿道网以及各城市绿道网的建设，有机串联乡村与自然景观、历史文化景观要素，构建融合优美景观、宜人生态、健康生活的乡村绿道网络。打造环莫干山异国风情带、环太湖江南水乡休闲带、环钱塘三江两岸景观带、环千岛湖生态休闲带、滨海山海风情休闲带、浙西南秀美山水风光带等村落密集区的乡村绿道网。保护名木古树，保护现有林木资源，绿化公共绿地、道路两侧、宅间空地、庭院空间、沟渠、池塘、河道等，形成道路河道乔木林、房前屋后果木林、公园绿地休憩林、村庄周围护村林相互联结的村庄绿化格局。

4. 土地进一步集约利用

土地整治进一步规范。浙江省2014年制定了《浙江省土地整治条例》，《条例》规定了各级人民政府及其相关职能部门在土地整治工作中的职责分工，规定了县级以上国土资源主管部门负责本行政区域内土地整治活动的业务指导和监督管理，明确了土地整治机构承担土地整治潜力调查、绩效评价和抽查、复核等具体工作。《条例》对土地整治规划编制程序和内容、土地整治项目立项、设计、实施、验收、后续管护等环节，以及从业单位的监督管理提出了明确要求，提出土地整治后形成的补充耕地指标、农村建设用地垦造为农用地后腾出的建设用地指标使用后的节余建设用地指标，可以在县（市、区）内和设区的市、县（市、区）之间有偿调剂。《条例》的出台，进一步规范了浙江省土地的综合整治，有利于推动土地资源的合理利用。

土地集约化利用程度进一步提高。浙江省严格保护耕地资源，扎实推进低丘缓坡综合开发利用。开展了“坡地村镇”建设用地试点工作，积极探索“坡地村镇”建设“零占用耕地”的土地利用开发方式，有效减少城镇化建设对现有耕地的占用，切实保护平原优质耕地特别是基本农田。完善低丘缓坡综合利用政策保障体系和激励约束机制，探索建立“坡地村镇”建设用地“环境融合、生态保护”“点状布局、垂直开发”“征转分离、分类管理”“点面结合、差别供地”等机制，推动坡地城镇建设。另外，随着农村“一户多宅”和“建新不拆旧”的专项整治工作的深入推进，从严控制农村宅基地建设用地规模，农村地区土地集约利用水平进一步提高。

三、乡村生产变化

（一）农业

1. 农业产值逐年增加，在国民经济中的比重逐步下降

随着浙江对农业产业的投资和政策的持续支持，农业产值持续增加。1978年，全省农业经济总产值为47.09亿元；到2013年，全省农业经济总产值为1 784.62亿元（图5-19）。

从增速看，1978~2013年，农业产值年增长率为3.8%，工业产值年增长率为15.0%，第三产业年增长率为13.3%，国民经济年增长率为12.6%，农业在国民经济中增速最低（图5-20）。

从比重看，农业在国民经济中的比重呈现下降趋势。1978年，农业在国民经济中的比重为38.06%；到2013年，农业在国民经济中的比重为4.75%，是国民经济中占比最低的产业类型（图5-22）。

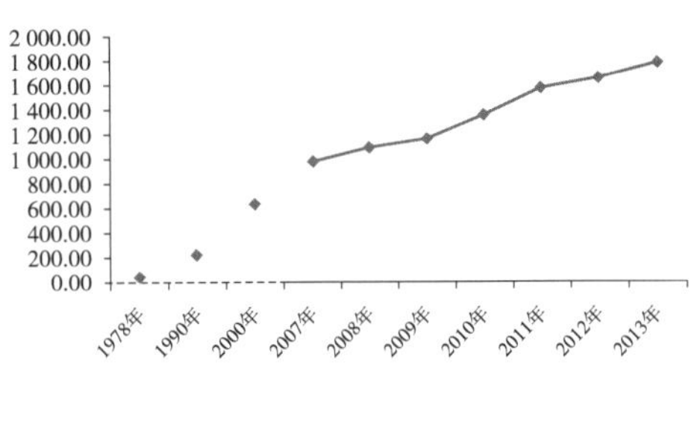

图5-19　浙江农业产值（亿元）

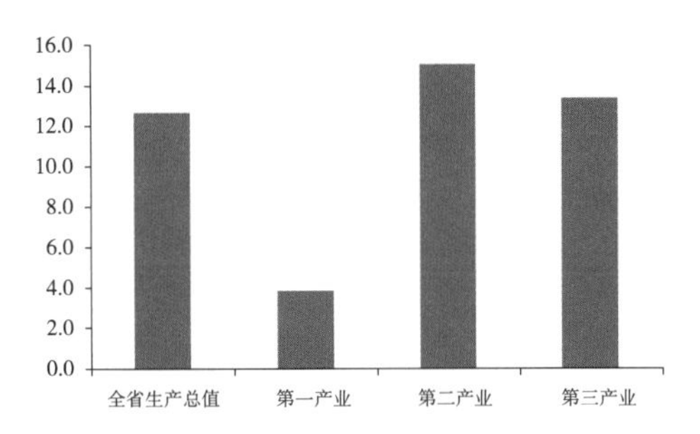

图5-20　浙江产业增速（%）

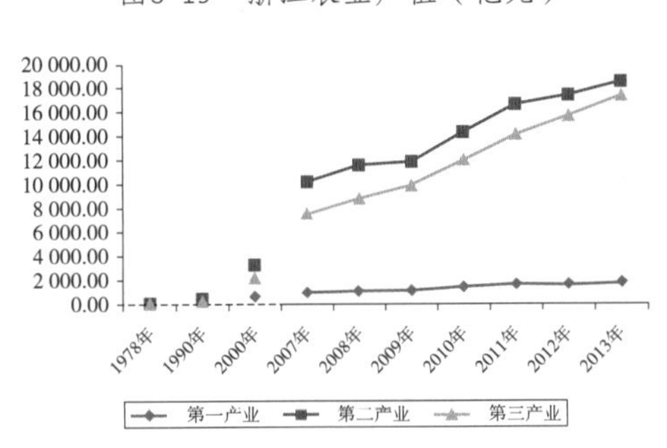

图5-21　浙江三次产业产值（亿元）

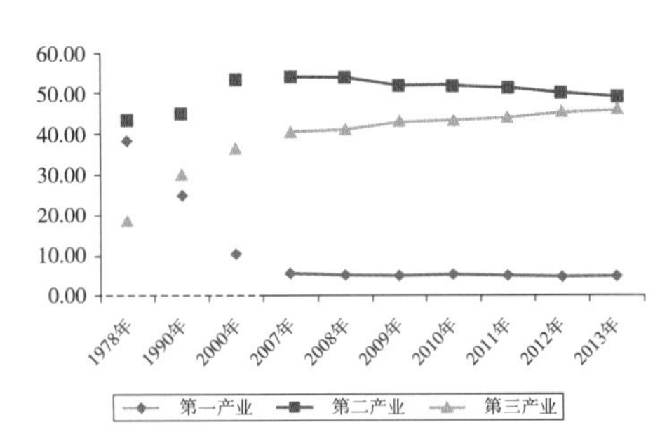

图5-22　浙江三次产业比重（%）

2. 现代农业园区逐步发展壮大

为促进农民增收和农业转型升级，浙江省立足当地经济发展水平、资源区位条件和产业发展基础，在农业主导产业相对集中连片的区域，通过强化农业基础和装备设施建设、优化产业结构布局、推广应用先进适用技术、创新经营管理机制等途径，集中力量建设一批规划布局合理、生产要素集聚、科技和设施装备先进、经营机制完善、经济效益和示范带动效应明显的省级现代农业园区，使之成为浙江省农业主导产业集聚的功能区、先进科技转化的核心区、生态循环农业的样板区、体制机制创新的试验区，推动浙江省现代农业又好又快发展。从2010年起，浙江省争取用5年左右时间，建成100个左右、每个相对集中连片面积2万亩以上、产业布局合理、要素高度集聚、多功能有机融合、循环清洁生产、三产联动发展的现代农业综合区；建成200个以上突出某一主导产业、布局集中连片、生产设施先进、产品优质安全的主导产业示范区；建成500个以上产品特色鲜明、竞争优势明显、品牌效应突出、经济效益领先的特色农业精品园。

针对现代农业园区的考核验收，浙江省制定了《浙江省现代农业园区（示范区、精品园）考核验收办法（试行）》（表5-2、表5-3），考核验收采取现场查看与会议评审相结合的办法。现场查看主要是对照建设标准考察创建点规模大小、产业布局、基础设施、设施装备、生态循环、良种良法示范现场等。会议评审主要包括设施装备水平提升、科技示范推广能力发挥、产业发展与带动、经营管理与组织化水平、农民教育培训以及建设点经济、社会、生态效益等方面内容。

表 5-2 现代农业园区（示范区）考核验收评分标准

项目指标及赋分	序号	标准	权重	得分	备注
建设规模（15分）	1	（1）种植业类：建设面积 3 000 亩以上，辐射面积 1 万亩以上（蔬菜瓜果类山地建设面积 2 500 亩以上）； （2）畜牧类：常年存栏生猪 2 万头或奶牛存栏 1 000 头以上、蛋禽存栏 10 万只以上、肉禽出栏 50 万只以上（山区、海岛地区酌情降低）； （3）食用菌类：1 000 万袋或 500 万平方尺以上； （4）竹木类：竹子总规模 10 000 亩以上，用材林总规模 2 000 亩以上； （5）经济林类：规模 1 000 亩以上； （6）花卉苗木：总规模 5 000 亩以上； （7）渔业类：核心区经营面积 1 000 亩以上（传统老渔区及海岛、山区可适当降低标准）	6		
	2	示范区集中连片。其中，水果类需单树种连片规模 1 000 亩以上；竹子核心基地 2 000 亩以上，用材林不少于 350 亩；花卉苗木类集中连片面积 2 000 亩以上；竹木类分区布点不超过 5 处	4		
	3	示范区区块合理布局，功能明确定位，形成循环生产和生态生产方式。畜牧类示范区内各养殖主体间、养殖主体与周边村庄及骨干道路的卫生防护距离 300 米以上，距离城市规划区、畜产品加工厂等 1 000 米以上	5		
基础设施（17分）	4	有明显标志牌	3		
	5	园区内道路畅通，主干道和辅助道能够满足生产需要。竹木及经济林园区道路不低于 3 千米 / 千亩，宽度达到建设要求；畜牧业区块符合动物防疫隔离条件	4		
	6	各区块沟渠路等基础设施配套合理，排灌方便；用电安全方便，配套机电排灌设备	5		
	7	有农作物采后处理场地等配套设施；畜禽排泄物处理与利用率达 95% 以上；水产养殖废水排放符合 DB33/453—2006 要求，有条件的应配备水质在线监控设备；竹类有效灌溉不少于 1 000 亩，经济林不少于 500 亩，花卉苗木设施栽培不少于 1 000 亩	5		

续表

项目指标及赋分	序号	标准	权重	得分	备注
科技应用（25分）	8	落实责任农技推广制度,实行首席农技专家负责制度,各产业区块责任农技员到位、工作任务量化到人	3		附文件或记录
	9	全面推广应用优良品种，主导品种及优良品种覆盖率符合主导产业示范区建设标准要求	5		
	10	全面推行标准化生产，主要农产品有生产技术标准和安全生产操作规程，建立可追溯制度；标准普及率符合省级示范区建设标准要求；各项记录齐全，相关制度健全	4		附证明材料
	11	全面应用先进设施，主要生产环节采用机械化、自动化设施；设施化程度符合省级示范区建设标准要求	8		
	12	主要从业人员持有绿色证书或经过职业技能培训，有若干名大学生创业；农技培训制度健全	2		
	13	有较强的科技研发能力和成果应用转化能力	3		
产业化水平（18）	14	形成一批带动能力较强的龙头企业和专业合作社，示范区内产业化组织带动农户比率符合省级示范区建设标准要求	3		
	15	建有完善的订单机制，主要投入品订单供应率、主导产品订单收购率符合省示范区建设标准要求	4		附证明材料
	16	有完善的产后销售网络和产品销售渠道	3		
	17	示范区内农产品全部达到无公害农产品要求，农产品实行品牌经营	5		附认证材料
	18	合作社、龙头企业等示范区实施主体运作规范，机制健全	3		
综合效益（25）	19	示范区内农产品主要生产技术指标、综合经济效益显著提高，达到省级示范区建设标准要求	15		
	20	推动集约化生产水平和资源利用率提高，加快结构优化和产业升级，发挥拉动内需、扩大就业机会的示范带动作用	4		
	21	减少农业面源污染；提高农民食品安全意识；改善农民生产环境和居住环境	6		

资料来源：《浙江省现代农业园区（示范区、精品园）考核验收办法（试行）》。

表 5-3　现代农业园区（精品园）考核验收评分标准

项目指标及赋分	序号	标准	权重	得分	备注
建设规模（12分）	1	（1）种植业：面积达 1 000 亩以上； （2)养殖业：生猪存栏 5 000 头以上或奶牛 250 头以上、蛋禽存栏 3 万羽以上、肉禽年出栏 20 万羽以上，其余畜禽规模按排泄物产生量折算达到相应标准； （3）林业：面积达 500 亩以上； （4）渔业：核心区面积集中连片 200 亩以上，辐射带动周边 1 000 亩以上（传统老渔区及海岛、山区和主养品种价值特别高的可适当降低标准）	12		
基础设施（15分）	2	有明显标志牌	5		
	3	园内道路畅通，基础设施配套合理，排灌方便；林业有效灌溉面积不少于 50%	5		
	4	农作物有采后处理场地等配套设施，园缘有必要的防护林带；养殖业全部采用标准化饲养栏舍；养殖塘及其配套的增氧机械、泵站、电、路、渠、房等附属设施建设科学	5		
科技应用（28分）	5	落实责任农技推广制度，实行首席农技专家负责制度，各产业区块责任农技员到位、工作任务量化到人	4		
	6	全面推广应用优良品种，主导品种及优良品种覆盖率符合省级精品园建设标准要求	4		
	7	全面推行标准化生产，主要农产品有生产技术标准和安全生产操作规程，建立可追溯制度；标准普及率符合浙江省特色农业（林业、渔业）精品园建设标准要求	4		附证明材料
	8	（1）种植业：喷滴灌配套设施率达 50%以上，蔬菜、花卉苗木类精品园的标准大棚面积达 50% 以上，花卉苗木类自控荫棚覆盖面积达 20%，自动喷滴灌设施栽培面积达 80%； （2）养殖业：动物防疫、无害化设施、场内监测和排泄物处理与综合利用等配套设施齐全，主要环节采用机械化、自动化、信息化设施，排泄物利用率达 95%； （3）林业：应用喷滴灌设施率 50% 以上；花卉苗木设施栽培面积达到 50% 以上，自控荫棚达 20% 以上，自动喷滴灌达 80% 以上； （4）渔业：现代渔业设施配套率达 50% 以上，温室大棚、工厂化生产车间系砖混或钢架结构，顶棚设保温、遮光层，并具有配套的水处理、控温、增氧等系统	8		
	9	引进推广新技术，农业（林业）精品园需引进、转化或创新应用先进适用技术 2 项以上；渔业精品园先进适用技术应用率不低于 80%	4		附证明材料

续表

项目指标及赋分	序号	标准	权重	得分	备注
	10	全面普及标准化种养技术，投入品符合农产品安全生产要求，建立农产品质量安全可追溯制度，农产品质量原则上达到绿色食品要求，渔业主导品种按标准组织生产比例达到 100%	4		
产业化水平（20）	11	形成一批带动能力较强的龙头企业和专业合作社，带动农户比例显著提高	5		
	12	建有完善的订单机制，形成保护价收购、二次返利等机制	5		附证明材料
	13	有完善的产后销售网络和产品销售渠道	3		
	14	有商标、农产品生产技术标准、安全生产操作规程，主要产品实行品牌经营	4		附认证材料
	15	合作社、龙头企业等精品园实施主体运作规范，机制健全	3		
综合效益（25）	16	园内种植业单位面积产出比周边同类产业区高 20% 以上，养殖业比同类产区高 10% 以上，渔业面积产量、产品规格、经济效益比同类产区高 30% 以上	15		
	17	推动集约化生产水平和资源利用率提高，加快结构优化和产业升级，发挥拉动内需、扩大就业机会的示范带动作用	5		
	18	促进农业可持续健康发展；提高农民食品安全意识；改善农民生产环境和居住环境	5		

资料来源：同表5-2。

3. 粮食生产功能区重要性日益凸显

粮食生产是经济社会发展的重要保障，粮食生产功能区建设是保障粮食安全的有力支撑，粮食生产功能区重要性突出。浙江省人多地少，粮食供需缺口较大。为了确保粮食安全，促进经济社会发展，浙江制定了《关于加强粮食生产功能区建设与保护工作的意见》，提出大力加强粮食生产功能区建设，围绕完善农田设施、提升农田质量、推广先进生产技术、健全服务体系等方面提升粮食生产功能区。粮食生产功能区农田设施方面要求达到耕地集中连片面积100亩以上，周边水系通畅，农田格式化，田面平整；区内排、灌分系，具有较高的防洪与排涝能力；田间道路成网，布局合理，能适应大中型农机下田作业要求；农电输电线路、变压器等设施能满足农业生产安全用电需求。农田质量方面要求通过土壤改良、地力培肥，改善标准农田地力状况，达到土壤有机质含量与酸碱度适宜、耕作层厚度适中、理化性状优化、农田养分平衡的土壤培肥要求。农田总体地力水平良好，在粮食生产功能区内主导品种、主推技术、统防统治、测土配方施肥基本普及，“千斤粮万元钱”、水旱轮作、稻田养鱼、稻鸭共育等高效生态栽培模式逐步得到广泛应用。服务体系方面要求培育发展种粮大户、规范性粮食生产专业合作社，健全粮食生产社会化、专业化服务组织，推进粮食适度规模经营。通过粮食生产功能区的建设，确保粮食安全，提高粮食生产质量，保障经济社会发展。

4. 精品农业成为重要的农业发展趋势

培育农业产品品牌，通过名、特、优、新的农业品培育，优化农产品品种，延伸农业产业链，提升农产品附加值；通过企业、农户、市场、土地的有机结合，推动农业转型升级，提升农产品质量和效益。浙江省通过举办浙江农业博览会等农产品博览会，逐步扩大农业交流与合作，推广企业与品牌。结合各地的资源禀赋，培育在省内、国内有竞争力的精品农业产业，加大优质农产品的培育力度，提供“生产有记录、流向可追踪、质量可追溯、责任可界定”的农产品，提高农产品在市场上的美誉度，结合精品农业的打造深化“一村一品”的创建，增加乡村的经济实力和旅游吸引力。

（二）工业

严格农村环境准入门槛，加大现有乡村工业的技术创新和落后产能淘汰力度，乡村工业向乡村工业功能区或县级工业功能区集聚，严格执行污染物排放标准，降低工业污染。农村地区逐步发展低耗能低排放的工业，包括来料加工等；工业企业向农村扩散延伸产品加工业务，为农民开办家庭工厂、从事来料加工提供保障；村集体利用集体建设用地和村级留用地建设标准厂房、民工公寓和村级物业等，不断壮大村域经济实力，推动农村劳动力实现就近就业。

（三）服务业

1. 乡村旅游发展迅速

乡村旅游是集观光、休闲、娱乐、度假和购物于一体的旅游形式，包括乡村农家乐、农业观光、民俗风情、古村镇、渔业观光、新农村特色、运动休闲、中医药文化养生等多种类型。经营模式包括农户个体经营、公司管理、村镇集体管理、行业协会管理、外资经营和混合经营等多种经营管理模式。

乡村旅游的发展推动了农村“吃、住、行、游、购、娱”及相关产业的发展，促进了农村基础设施建设，优化了乡村风貌，提高了公共服务程度，有效保护了乡村非物质文化，促进了城乡文明的交融，对于乡村的发展具有重要的促进作用。

浙江在乡村旅游方面进行了多方面的尝试，为促进农家乐的发展，出台了《关于提升发展农家乐休闲旅游业的意见》，以市场为导向、农民为主体，坚持发展、规范、提升并举，加大政策支持引导力度，科学规划布局，综合开发利用农村特质资源，创新发展机制，规范经营管理，完善产业配套，丰富经营内容，不断提升农家乐休闲旅游业经营管理和总体发展水平。为此，各地市进行了多方面的实践，如湖州市全力打造“中国乡村旅游第一市”，实现了市县旅委体制全覆盖，在全国率先建立起乡村旅游标准大体系，全面推进乡村旅游产业向集聚化、景区化、市场化、生态化、国际化、产业化、民生化和乡土化“八化”建设，基本形成服务引领乡村旅游发展联动机制。随着乡村旅游对品牌形象的重视，传承乡村文化，精心策划项目，升级旅游营销模式，乡村旅游快速发展，范围不断扩大，质量不断提升。

2. 电商等新兴业态盘活了乡村经济

农村电子商务具有信息整合成本低、效率高、参与强、主体广等特点，通过农业信息化与产业发展、市场要素深度融合，运用市场化的电子商务平台，建立起生产、推广、交易、服务的整套体系，降低了流通成本，提高了流通效率，极大地促进了农产品的产业化发展，提高了农民的收入。

3. 金融服务业等生产服务业蓬勃发展

农村金融是农村经济发展的重要支持，浙江开展了农村金融改革试点。丽水通过加强涉农抵押担保服务体系建设、健全林业金融发展体系、深化信用建设、提升农村支付服务水平、拓宽涉农直接融资渠道、探索开展保险服务民生试点等，在便民支付体系、农村信用体系、农民产权流转等方面探索形成了“丽水模式”。农村金融的改革试验使浙江农村经济迈向新阶段，多元化的金融服务模式有力地盘活了农村金融市场，助推了农村经济的发展。

四、主要的乡村规划应对

（一）制定细致实用的村庄规划设计指引

1. 制定相关政策法规

为更好地推动村庄规划设计，需要制定相关政策法规，进一步推动村庄规划的编制。如浙江省制定了《浙江省人民政府办公厅关于进一步加强村庄规划设计和农房设计工作的若干意见》，提出“村庄规划、村庄设计、建房图集全面覆盖。到2017年年底，全面完成村庄规划编制（修改），全面完成4 000个中心村村庄设计、1 000个美丽宜居示范村建设，有效保护1万幢历史建筑，建成一大批‘浙派民居’建筑群落，切实提高村庄规划建设水平、村民建房质量和乡村风貌管控工作水平”。

2. 编制相关技术导则

（1）修订村庄规划导则

为规范村庄规划编制，需要制定村庄规划相关技术规范、导则等。如浙江省制定了《浙江省村庄规划编制导则》，对村庄规划的编制类型、编制内容、成果要求等进行了规定，尤其对村庄层面应配置的公共服务设施提出了要求，明确了村庄布点规划与村庄规划需要公示的内容，具有较强的指导性。

（2）编制村庄设计导则

需要针对村庄设计层面的规划编制工作，制定村庄设计层面的规范、导则等，如为规范村庄设计工作，传承历史文化，营造乡村风貌，彰显村庄特色，提高建设水平，浙江省制定了《浙江省村庄设计导则》，提出村庄设计包括总体设计、建筑设计、环境设计、生态设计、村庄基础设施设计等内容，按平地村庄、山地丘陵村庄、水乡村庄和海岛村庄等不同地形地貌进行引导，提高村庄设计适用性。

（二）构建村庄规划设计层级体系

1. 规划体系

建立“村庄布点规划—村庄规划—村庄设计”规划设计层级体系（图5-23）。围绕村庄规划的实施落地开展村庄设计，按照村庄设计确定的风貌特色要求进行农房设计。

（1）村庄布点规划

村庄布点规划以乡镇域为基本单元，以县（市）域总体规划城乡居民点布局为依据，合理确定村庄等级与规模，科学安排农村居民点的数量、布局和规模，统筹区域内部基础设施和公共服务设施配置，做好区域内村庄整体风貌控制指引。

（2）村庄规划

村庄规划立足乡村发展，以整个行政村为规划范围，探索村庄规划与村庄土地利用规划“两规合一”，挖掘村庄地域特色、历史文化特色、产业特色等，因地制宜编制村庄规划，做好空间布局，合理安排基础设施与公共服务设施。

（3）村庄设计

中心村、美丽宜居示范村、历史文化名村、传统村落等重要村庄和建设项目较多的村庄，在编制（修改）村庄规划的同时开展村庄设计。村庄设计融村居建筑布置、村庄环境整治、景观风貌特色控制指引、基础设施配置布局、公共空间节点设计等内容为一体，体现村落空间的形态美感。村庄设计由乡镇政府或村民委员会组织开展，并进行科学论证，涉及中心村、美丽宜居示范村、历史文化名村、传统村落等重要村庄设计方案须征求城市、县城乡规划行政主管部门意见。

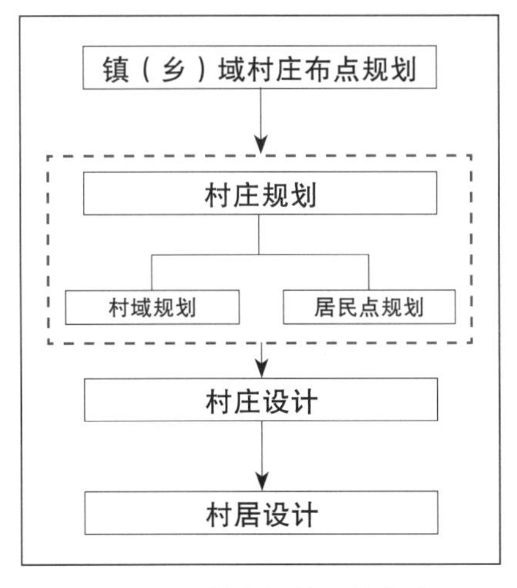

图5-23　村庄规划设计体系

2. 主要特点

村庄规划表现出精细化、覆盖面更广、类型更加多样、层次更加丰富、更具有针对性的特点。

（1）规划类型多样

规划类型方面既包括了法定规划层面的乡村规划，还包括了类型丰富的非法定规划，如美丽乡村规划、美丽乡村行动计划、旅游规划、产业规划等。非法定规划的规划研究尤其是针对乡村景观风貌、乡村产业发展、乡村环境容量、乡村历史文化保护等方面的规划研究成果会纳入法定规划，针对性提出乡村产业、风貌、环境、人居等方面的策略，更好地指导乡村地区的建设发展。

（2）规划层次丰富

建立乡镇域层面、村庄层面、村居层面的规划体系，主要包括镇（乡）域村庄布点规划、村庄规划、村庄设计、村居设计等规划设计类型。乡镇域层面村庄规划主要为村庄布点规划，以镇（乡）域行政范围为单元进行编制；村庄层面为村庄规划，以行政村为单元进行编制；村居设计为村居层面的规划。

（三）形成统筹协调的内容体系

1. 多产联动，突出产业的支撑效应

乡村规划注重产业对乡村发展的重要推动作用，立足于各自村庄的资源特色，发展集生产、教育、环保、游憩、保健、文化传承等多方面功能的休闲观光农业，挖掘特色产业，发展各具特色的乡村休闲旅游业，无污染的来料加工、旅游品加工产业、特色手工业等适合乡村的低碳工业，促进多产联动，提升乡村经济实力。区域层面镇乡村庄布点规划明确各村庄的产业职能，制定乡村产业目标；村庄层面注重挖掘特色产业，突出特色产业项目对乡村发展的推动作用，主要做好乡村农业、乡村农业、乡村旅游业与创意产业的发展。

2. 统筹发展，提升乡村基础公共服务设施

因地制宜地进行乡村居民点调整，合理调整乡村基础设施与公共服务设施空间布局，发挥投资整体效益。乡村规划立足乡村资源禀赋，挖掘乡村经济特色，进一步改善提升乡村居住条件，统筹城乡教育、医疗、社会保险、养老等基本公共服务，增补相应的基础设施和公共服务设施，提升乡村基本公共服务能力。例如，养老设施方面，整合利用现有农村社区基础设施和场地，建造农村社区居家养老服务照料中心，为高龄、空巢、独居、生活困难及失能的老年人提供集中就餐、托养、健康、休闲和上门照护等服务等。

3. 整治提升，全面改善人居环境

乡村规划对乡村生活环境、生产环境、生态环境进行综合整治，促进乡村人居环境全面改善。如生活环境治理方面因地制宜地规划农村生活污水处理系统，采用集中型、区域型、联户型以及分户型等多种污水治理模式，建设分类减量化设备配置和资源化利用设施，推动乡村生活垃圾分类收集、定点投放、分拣清运、回收利用、生物堆肥。

4. 传承保护，挖掘展示乡村特色与乡村文化

规划挖掘村庄特色，延续保护乡村整体空间肌理，合理安排乡村公共空间布局，保护乡村风貌特色，做好绿化景观设计、建筑设计、环境小品设计及竖向设计，精心塑造乡村景观风貌特色。针对不同的村庄制定相应的保护与控制措施，保护村庄完整的传统风貌格局、历史环境要素、自然景观等，对符合历史建筑认定标准的建筑，公布认定为历史建筑，建立历史建筑保护名录，保护和传承非物质文化遗产，彰显乡村文化特色。

（四）确立简单实用的规划设计方法体系

1. 远期目标与近期计划有效结合

村庄规划近期任务与远期目标相结合，既对村庄近期发展的重点任务予以落实，又对乡村长远发展进行谋划。近期计划方面重点针对村庄近期迫切需要解决的问题提出针对性措施，明确村庄近期产业、风貌整治方面的目标与重点、近期村庄重点建设项目，推动近期村庄建设取得成效；长远目标方面结合村庄的特色对村庄的长远发展做出安排，对村庄产业发展、用地布局、设施配置、风貌整治等方面提出切实指导。乡村规划合理衔接近期与远期发展，通过科学的规划时序推动规划的逐步落实，兼顾近期建设与远期目标，科学引导村庄发展。

2. 全面规划覆盖与针对性设计有机结合

面对量大面广的村庄建设要求，需要全面的村庄规划建设引导，村庄规划编制普遍覆盖各个乡村，通过村庄规划对乡村建设、整治提供切实的指导意见，促进乡村快速发展。另外，随着村民生活水平的提升，村庄风貌整治、村庄设施提升的要求日益强烈，需要对村庄进行精细化设计，对村庄主要轴线、重要节点进行设计，对村居建筑的形式和风格进行考虑，对村庄重要公共建筑进行重点设计，针对性地对村庄进行综合整治提升，改善村庄风貌和设施配置水平。

3. 推动村庄规划“一张图”设计与管理

乡村规划与城镇规划在用地布局、设施配置、产业发展、环境整治等多方面都有效对接，促进城镇产业、基本公共服务等更好地向乡村覆盖。村庄规划与各类规划尤其是土地利用规划衔接，村庄规划以土地利用现状数据为编制基数，加强用地边界及用地规模的对接，重点确定村庄建设用地边界以及村域范围内各居民点（村庄建设用地）的位置、规模，推动村庄规划与土地利用规划“两规合一”，促进村庄用地“一张图”管理。

（五）构建多层面的规划实施保障体系

1. 规划设计团队持续跟踪服务，确保规划设计实施效果

村庄规划是规划设计团队集体智慧的结晶，乡村规划不仅注重规划设计方案的表达，更注重跟踪服务，对村庄规划实施过程中遇到的问题进行现场指导，确保达到规划设定的目标和效果。如针对村庄面貌的整治提升，规划设计师一方面向村民或者施工队伍准确传达构思，讲解设计意图与意向效果，避免设计与实施脱节；另一方面，深入了解实施方式，及时处理规划实施过程中出现的问题，确认和审核已完成的规划设计施工工作，提出整改建议，确保村庄整治达到预期效果。

2. 统筹资金及项目，推动规划有效落实

规划突出项目引导作用，注重通过具体的项目及相应的资金推动规划的落实。规划统筹美丽乡村建设、美丽宜居村庄建设、传统村落保护利用、土地综合整治、农村住房改造建设、农民饮用水工程、农村河道整治、农村公路建设、现代农业发展、村级集体经济发展等各项工作的资金，提高财政支农资金的整体效益，完善村级公益事业建设“一事一议”财政奖补机制，鼓励社会资本参与农村安全饮水、污水治理、沼气净化等基层公共服务设施建设，保障村庄规划的实施。

3. 发挥市场作用，有力推动规划实施

一是发挥市场资金的作用，统筹利用社会资本，通过PPP模式建设乡村基础设施，缓解乡村建设发展资金不足的问题，推动乡村规划的有效实施。

二是发挥市场导向的作用。如在乡村旅游发展的背景下，紧跟市场需求，合理安排旅游业态，推动乡村旅游经济的发展；在城市居民对生活质量要求日益提升的背景下发展绿色、无污染的有机农业，能够有效推动乡村经济的发展，达到

乡村规划设定的发展目标。

三是发挥市场的专业作用。市场在提供服务时具有较强的专业性，能够促进形成良好的效果。如在乡村基础公共服务设施的管护方面，引入市场机制，政府购买公共服务，通过市场化的专业力量促进基础设施的有效管护，推动村庄规划的有效落实。

4. 村民全面参与监督，促进规划落实

村庄规划设定的规划目标与村民的切身利益密切相关，村民的有效参与和支持是推动村庄规划实施的重要基础，推动村民全过程参与规划、建设、管理和监督。通过推行“村内事、村民定、村民建、村民管”的做法，把规划转化为相应的乡规民约，加强舆论宣传，引导广大农民群众积极投身规划实施工作，优先解决群众最紧迫、最需要的公益事业，逐步破解民生难题，推动规划逐步落实，促进更好地解决规划实施过程中遇到的问题，推动规划更好地得到落实。

第二节　乡村治理模式与乡村规划

一、完善乡村治理模式

1. 农村法制意识和法治水平进一步提升

通过法治建设和道德建设紧密结合，进一步完善农村法律体系，包括农村产权保护、农业市场规范运行、“三农”支持保护等方面的法律法规制度。另外，随着农村法治宣传教育的深入推进，农民学法遵法守法用法意识会进一步提高，农村居民通过合法途径维权、表达诉求的意识不断提升。各级领导、涉农部门和农村基层干部法治观念不断增强，运用法治思维和法治方法做好“三农”工作。

2. 乡规民约在乡村日常事务中仍发挥重要作用

乡规民约中倡导保护人与自然的和谐共处，教化村民思想道德和行为方式，在乡村治理中起到积极的促进作用。通过先进文化制定和调整乡规民约，去芜存菁，在国家法律和地方性法规的基础上制定更科学更合理的有利于保障村民自身权益的乡规民约。进一步扩大基层民主，完善民主管理制度，广泛动员和组织村民制定乡规民约，健全监督机制，保障村民的权益。

3. 村民自治规范化、合理化、制度化

随着村民自治在实践中不断摸索改进，村民自治运行会更加规范；随着村民政治素质的提高以及相关制度的完善，村民自治的实施程序会更加合理；村民法治意识会逐渐增强，依法参与村民自治；村民自治行为会更加制度化。

4. 农村多元共治能力和水平进一步提升

随着乡村法制建设、道德建设、社会组织、村民小组自治等的不断完善，逐步形成乡村传统伦理、“两委”民主决策管理、村民小组自治、社会组织参与的多元协商共治的乡村治理新模式。创新和完善乡村治理机制，突出乡村传统伦理、乡规民约和乡贤文化在乡村治理中的作用，扩大以村民小组为基本单元的村民自治试点，规范村“两委”职责和村务决策管理程序，激发农村社会组织活力，重点培育和优先发展农村专业协会类、公益慈善类、社区服务类等社会组织，推动农村综合治理能力进一步提升。

二、主要的规划应对

1. 村庄规划公众参与的深度和广度进一步加强

随着村庄治理模式的优化，村庄规划会更大程度上实现村民的有效参与。村民参与更加广泛、参与形式更加多样，村庄规划更大程度上实现共编、共管、共用，尊重村民的规划主体地位，村民成为受尊重的规划及参与主体，保障村民的知情权、参与权、表达权和监督权。在村庄规划编制的各个阶段，村民都全面深入参与规划。在宣传发动阶段召开多种形式的动员会议、村庄规划培训会议，推动村民积极参与；在现状调研阶段，采用村民问卷调查，驻村体验、村民访谈、实地踏勘等方式，了解村民需求；在方案编制阶段，多次召开村民代表参加的讨论会，在涉及村民利益的内容方面充分考虑村民意愿；村庄规划审批公示要得到村民代表大会通过。

2. 有效的村庄规划沟通机制逐步建立

随着村庄治理能力的不断提升，政府从管理型向服务型转变，村庄规划逐步建立可持续的、可进行的协商机制与方式，通过多元利益主体的共同参与，以持续、渐进的规划方式，为村庄发展提供一个长期有效的发展指导。规划设计团队与当地居民、政府、开发商建立规划商讨持续进行的协调关系，一方面传达政府的意愿，另一方面反映村民的诉求，自上而下与自下而上相结合，建立政府、规划方、居民等各主体沟通机制，提升村庄规划的有效性。

3. 村庄规划的编制成果更加通俗易懂

为了确保村民的有效参与，村庄规划的成果需要通俗易懂，达到村民看得懂、村官易操作、政府易监管的目标。规划成果的图文表达应简明扼要、通俗易懂，村庄规划转变为行动计划，纳入村规民约，确保村民能够理解和支持规划，推动规划的实施。

4. 村庄规划的跟踪服务和长效机制逐步建立

制定村民参与指引，村民代表大会规程，规范村庄规划中村民参与的程序，把村庄规划成果纳入村规民约，推动规划的实施。对村庄规划开展评估，建立村民意见反馈和规划方案调整的长效机制，规划设计单位对规划设计进行跟踪服务，逐步探索驻村规划师制度，提供方便有效的专业技术支持，共同配合做好规划设计的动态跟踪服务工作。

第三节　新技术对乡村规划的影响

2015年中央一号文件要求坚持不懈推进社会主义新农村建设，让农村成为农民安居乐业的美丽家园。要强化规划的引领作用，就要不断提高乡村规划的技术水平，引导城乡规划逐渐从单一的空间规划，走向集生态、社会、产业经济等多学科融合的综合性规划。同时，坚持规划先行，体现农民意愿，更为有效地改善农村人居环境，实现城乡居民享有的基本公共服务均等化。

一、生态技术

2014年秋天一部《马向阳下乡记》蝉联收视榜首，浓缩了落后农村走向现代化的进程，土地流转问题、“空心村”现状等乡村问题一一呈现在观众面前，生态农业、生态旅游、生态食品加工……依靠生态技术发现、确定富硒土地并加以合理利用，成为剧中大槐树村发展的最终出路。

（一）依靠生态技术实现农业现代化

“农业”作为“三农”问题的根本，利用生态技术、科学引导农业现代化发展是乡村规划的首要任务之一。通过寻求生态技术的支撑，摸清乡村土地等资源的本底，是发展农业现代化的先决条件，也是乡村规划的先决条件。而以往乡村规划忽略了农业本身，导致规划中的产业构建等内容均成为无源之水、无本之木。未来的乡村规划编制，应充分融合各相关学科，特别加强与农业学科的相互结合，通过农业的现代化带动实现农村的现代化。

（二）乡村产业发展做足生态文章

农村发展仅依靠农业的发展是不够的，构建新的产业结构，挖掘新的经济增长点，成为促进农村经济发展、吸纳富余人口就业的有效途径。对于乡村地区的景观、季风、降水、土壤等地理及生态自然因子做出准确的判断，是发展农村新产业的基础。

（三）利用生态技术优化人居环境整治

乡村规划应具有高度的环保意识，在规划阶段就应充分考虑利用太阳能、自然通风、遮阳、双层墙等节省能源策略以及传统的农村能源，并使用低污染之污水排放系统，考虑废水、雨水回收系统。吸收、采用传统的民居和空间模式，既有利于本土材料在建设中的使用，降低建设成本，又有效地遵循并延续了传统景观，保留村庄原始风貌，避免出现乡村不像乡村、城市不像城市，不伦不类、不土不洋的现象。

1. 运用生态绿化技术，提高村庄的绿化覆盖率

充分利用村头、宅旁、庭院、路旁、河流等空间，加强村庄绿化建设，把村庄绿化与村庄建设整治、美化环境结合起来，运用生态绿化与景观营造技术，提高村庄的绿化覆盖率。合理选取绿化品种，坚持以乡土品种为主，通过树种、植被的选择，让人感觉到四季分明，并降低养护成本，呈现简洁、朴素、自然和错落有致、乡土气息浓郁的村庄绿化景观，彰显村庄特色。调动村民积极投入村庄绿化建设中，鼓励和引导村民结合生产、生活，利用房前、屋后种植经济类植物品种，发展庭院果林经济，把村庄绿化与村民增收有机结合起来。

2. 运用水环境修复技术，改善村庄的河流水质

改善农村地区大部分污水都直接排放的现状，通过分户生物处理方式或将生

活污水全部收集到村污水处理站集中处理后再排放。同时，采用水环境修复技术，提高河水的自然净化功能。进行河道的清淤，将淤泥处理后用于农田耕作的肥料。采用生态护坡技术，减少水土流失的同时，融入村庄自然景观，实现了人与自然的和谐统一。

3. 运用建筑节能技术，提高住宅的舒适度

村庄建设以及新建村民住宅应充分考虑建筑节能，重点集中在外围护结构材料的选用以及太阳能的运用。

4. 实施垃圾分类收集，提高资源再生利用率

积极推行垃圾分类收集，设置可回收和不可回收垃圾箱，实现垃圾分类投放、分类收集、分类运输及分类处理的体系建设，做到垃圾的减量化、资源化和无害化处理。利用生活污水处理技术，提高生活污水再生利用率。通过分类收集，将可回收垃圾经整理后送往废品收购站，对不可回收垃圾采用"村收集、镇转运、县集中处理"的模式全部收集转运出去，垃圾收运率达到100%。

二、"3S"技术

空间定位系统（目前主要指GPS全球定位系统）、遥感（RS）和地理信息系统（GIS）是目前对地观测系统中空间信息获取、存储管理、更新、分析和应用的三大支撑技术，简称"3S"技术。随着"3S"研究和应用的不断深入，人们逐渐意识到单独运用其中的一种技术已经不能满足应用工程的需求，需要综合地利用这三大技术的特长，向集成化的方向发展。其中，GPS主要用于实时、快速地提供目标的空间位置；RS主要用于实时或准实时地提供目标及其环境的语义或非语义信息，发现地球表面上的各种变化，及时地对GIS进行数据更新；GIS则是对多种来源的时空数据进行综合处理、集成管理和动态存取，作为新的集成系统平台，并为智能化数据采集提供地学知识。

"3S"技术在城乡规划中的应用极其广泛，最主要是用于信息的采集、城乡用地的动态监测、城乡综合环境的质量评价、城乡规划管理、城乡规划方案的三维仿真等。乡村规划的核心问题之一是实现土地资源在城市与乡村之间整合的问题，土地问题是根本。通过利用"3S"技术，准确掌握土地的数量、质量、权属、位置、利用状况等，降低旧有人为进行土地资源分析和决策所带来的主观因

素影响，加强规划编制的科学性和合理性，提高规划的开放性和公众参与性。

RS和GPS的集成使得乡村规划的基础信息能够得到快速、经济的更新。其中，RS技术给地形图等基本资料的快速更新和包括土地利用、道路等各种专题信息的提取与制作等工作提供更加有效、快捷、经济的手段。GPS主要被用于实时、快速地提供目标的空间位置，在图根测量、竣工测量、勘界测量等方面得到越来越多的应用。

乡村规划与城市规划同样以地理空间信息作为其设计和管理的基础。GIS技术的应用除辅助绘制规划地图外，也直接用于编制规划方案、规划管理与决策的过程中。规划管理工作的核心是建设用地和建筑项目的管理，借助GIS可实现对立案项目的查阅，作为检查项目受理情况和工作周期的依据；在审批阶段使审批人员可以很快地统计出所圈地块的面积及有关的属性信息等。

此外，GIS与虚拟现实（VR）技术的结合可以为设计者提供直观的感受，辅助进行形象思维和空间造型，由此做出更为正确的评价和筛选。通过结合GIS数据库可实时对田块、房屋、道路等地物定位，获得规划设计区域的三维图像，直观地观察田块、房屋、道路等各层虚拟景观，进而分析土地利用的各项效益与弊端。利用VR技术建立相应的三维模型，提高了土地利用区域的模拟仿真精度，增强了三维GIS的功能。

随着信息技术的发展及乡村规划的需求，将“3S”技术应用到乡村规划设计和管理，已成为必然趋势。“3S”技术有利于实现“多规合一”，对接土地利用规划和城市总体规划，建立“项目库”，解决传统乡村规划中落地难的问题，从而更好地发挥乡村规划的实际效用。

三、互联网技术

伴随着物联网、云计算、大数据、移动互联网等现代信息化技术的不断成熟和完善，乡村发展模式及规划信息化又将迎来一个重大变革期。

从乡村发展模式上看，互联网技术给我国广大农村地区带来了巨大变化。根据阿里研究院发布的《中国淘宝村研究报告（2014）》显示，截至2014年12月，全国已发现淘宝村数量增至211个。此外，苏宁、京东等电子商务也已开展了农村电子商务领域，以淘宝村为代表的农村电子商务正在深刻改变中国农村的面貌（图5-24）。

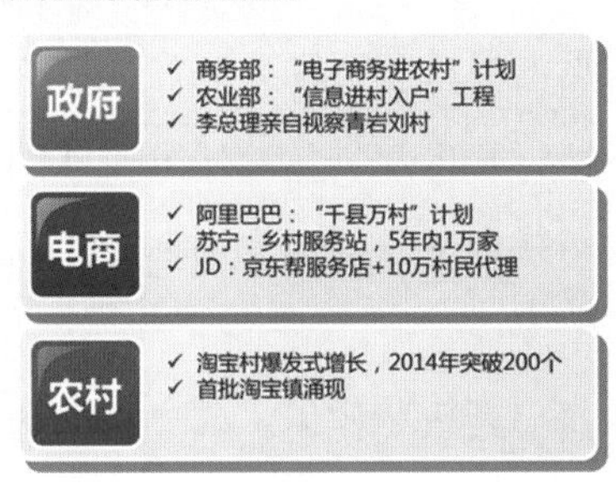

淘宝村规模增长趋势

3个淘宝村
✓ 义乌青岩刘村
✓ 睢宁县沙集镇东风村
✓ 清河县东高庄
2009年

20个淘宝村
✓ 分布在7个省份
✓ 网店1.5万家
✓ 直接就业6万人
2013年

211个淘宝村
19个淘宝镇
✓ 分布在10个省市
✓ 网店7万家以上
✓ 直接就业超过28万
2014年

图5-24　2014年淘宝村研究

资料来源：《中国淘宝村研究报告（2014）》。

2014年10月，阿里巴巴集团发布了“千县万村”计划，“千县万村”和“淘宝村”将形成阿里巴巴集团农村战略的掎角之势。在互联网大潮的带动下，古老而传统的农村经济，正发生着翻天覆地的变化，而这种变化就在身边。乡村规划在农村经济互联网化的大背景之下，必须主动出击，与之“联姻”，为返乡农民、网络创业农民、农村经济发展提供空间发展、基础设施建设（如物流交通、淘宝学院）等保障。

此外，基于互联网信息技术开展乡村综合信息数据的采集效率高、覆盖全；以地理信息公共服务平台为基础开展此类系统建设，可快速实现地理信息的数据操作功能，支撑乡村综合信息采集工作及成果应用。利用最新的移动通信和智能终端技术，开发乡村规划综合信息移动查询系统，实现地图操作、量算、信息查询、搜索定位、数据统计等功能，较好地满足规划管理人员便捷获取乡村信息和实地调查的需要，方便用户随时随地通过公共无线通信网络开展信息查询，促进成果的应用。

同时，利用移动互联网推动公众参与规划，对开展社会化信息调查、采集具有较强的示范和借鉴意义，从而改变传统规划模式。充分发挥移动互联网优势，通过微信、微博等媒介在规划过程中加大公众参与的力度，将民意、舆情引入规划大数据，使城市规划业务模型包含新的思维和行为影响因子，使规划方案更加贴近民生、民意。此外，通过移动互联网让公众能参与规划及决策过程，使公众更加了解乡村规划，保证公众最大限度了解自己家乡的发展。

四、大数据

2014年中国城市规划年会上设立了“大数据与城乡治理论坛”，开启了中国城乡规划的大数据元年。“大数据”不是简单的“数据大”，而是指使用海量数据进行海量计算，从而获得巨大价值的信息、洞见的思维和行动方式。大数据具有容量大、种类多、速度快、价值密度低四大特点。在大数据全新研究范式的冲击下，传统的城乡规划研究主要显现出信息总量与维度受限、研究周期受限以及人本精神的匮乏三个弊端。

大数据对推动规划学科理解城市方式的更新起到重要作用。其一是革新了城乡规划研究的技术方法；其二是给予城乡规划研究以全新的尺度和视角。基于云计算、大数据挖掘等技术聚焦数据分析，强化规划信息化的辅助决策能力和反哺规划编制能力。以规划大数据为基础，在城乡规划的编制、审批、实施、评价和监督等各个业务环节中，利用云计算、大数据等技术对规划相关数据进行定量分析、模拟、预测，提取出更多、更全面、更贴近民意的支撑规划的信息指标，建立科学、多维度、智能的规划业务模型，从而缩小数据与决策之间的鸿沟，提升规划信息化的辅助决策能力和反哺规划编制能力。

城乡规划新技术的运用离不开大数据的支持，大数据时代为城乡治理问题的解决带来了新的机遇。特别是当乡村规划从单一的地方规划转向区域发展的今天，从区域视角统筹乡村规划与发展成为乡村规划的一个新特征。全面提升数据服务模式的水平，实现利用数据仓库技术将信息按照不同粒度存放，即时为不同用户服务。竖向形成统一技术框架的平台体系，横向实现数据、模型、工具、应用资源的动态可扩充。大数据给未来新城镇化赋予了新的内涵，基于对城市气象、地理、水源等自然信息和社会、文化、经济、人口等人文信息更为全面的采集与挖掘，有利于更加准确地对乡村发展在区域中的定位，合理判断地区的生态承载力，确定乡村产业的总体发展规划，合理布局文化、教育、医疗等公共服务设施，加强污染综合治理，促进网络信息的智能化发展，从而为乡村规划提供强有力的决策支持，加强乡村管理和服务的科学性和有效性。

下篇　案例精选

第六章　村庄布点规划和乡村建设规划

第一节　县（市）域村庄布点规划——台州市仙居县

一、县域概况

仙居县地处浙江省东南部，台州市的西部，属亚热带季风区，四季分明；地形属浙南山区一部，北为大雷山，南为括苍山，永安溪自西向东穿流而过，山水神秀，环境优美，造就了多处风景名胜区、森林公园、自然保护区等，森林覆盖率达77.9%，其中包括了国家5A级旅游景区神仙居；而永安溪河谷平原也是全县城镇建设相对集聚的区域。

仙居县下辖7个镇、10个乡和3个街道办事处，418个行政村，919个自然村。2014年年末，仙居县户籍人口505 950人，其中农村户籍人口334 895人。区内有台金、诸永两条高速公路，到台州主城区约1小时，2小时交通圈涵盖了杭州、宁波、金华、温州等地区。全县经济水平不高，曾是浙江省28个经济欠发达县之一；随着发展理念的转变，2015年2月，浙江省正式决定对其“欠发达县”进行“摘帽”，并取消GDP总量考核，转为重点考核生态保护、居民增收等指标，体现了生态文明的建设导向，也转变了县域乡村经济的发展思路。

二、特点与问题

1. 村庄特点

（1）村庄数量多、规模小

仙居县虽然曾经经过一轮村庄撤并，行政村数量大幅减少，但自然村数量仍然十分庞大，而且规模不大，919个自然村中，300人以下小村占总数的55.4%，小而散的零星村比重很大。

（2）沟域地形下的叶脉分布特征明显

以永安溪河谷平原为主干，山间谷地为分枝的沟域地形决定了叶脉形的可建设用地分布特征，村庄的分布也与地形特征保持一致。中北部河谷平原区域村庄密度较高，丘陵山地和小的盆地、谷地中村庄分布相对松散，且这些相对松散的村庄表现出向溪流沿线、道路沿线集中的特点。

（3）依托区位和禀赋的特色乡村职能

受地理、区位、资源的影响，县域村庄存在较为明显的产业偏向和空间分异。山区村庄主要依托农林资源重点发展生态农业；中部沿永安溪分布的村庄，具有较好的旅游资源和交通条件，主导产业为生态农业、生态旅游，同时也有诸如电子商务产业等特色产业功能，如下各镇的黄梁陈村；景区周边的村庄则大多依托景区发展特色民宿等旅游配套功能。

（4）随形就势的基础设施网络

受沟域地形影响，村庄间的交通联系以南北方向为主，沿永安溪呈叶脉状向山区延伸，而东西向联系较弱；通村的基础设施廊道，也主要依托通村道路，随形就势分布。

2. 村庄发展问题

仙居县村庄的特征带来了一些相应的问题，主要包括以下几方面。

小而散的特征带来发展不经济。具体表现在居民点体系难组织，设施配套水平参差不齐，土地闲置和“空心村”的现象突出，迁村并点难度大等。

分布特征使得区域发展不均衡。永安溪河谷平原地区、景区周边地区发展快，居民生活水平高；谷地、山地地区发展较慢，设施落后，居民生活贫困。

依托禀赋的职能特征对村庄布点影响重大。首先，特色乡村职能的形成、发展，会导致乡村的要素集聚方向发生变化，影响村庄等级、规模等；其次，特色产业的发展，在一定程度上限制、改变人的聚居空间形态，改变“以农为生、聚村而居”的传统选择；最后，如果缺乏引导，则易造成村庄的盲目跟风，同质竞争，不利于整体实力的提高。

随形就势的设施布局模式带来很多问题与限制，主要体现在对东西向联系的阻碍、交通末端难以兼顾、设施共享难、重复建设，且易造成建设水平低下等问题。

三、规划思路和方法

1. 调查研究

考虑到仙居县村庄的地区分异，对现状村庄进行分类研究和问卷调查，重点分析村庄的发展特征、主要矛盾、发展要求和居民意愿以及各类型村庄间的差异。

2. 制定方案

在调查分析的基础上根据仙居县城乡发展框架、城镇化趋势，参考各乡镇的发展实际，确定村庄撤并的标准和原则，制定县域村庄布点方案，并确定村庄的发展和建设方向。

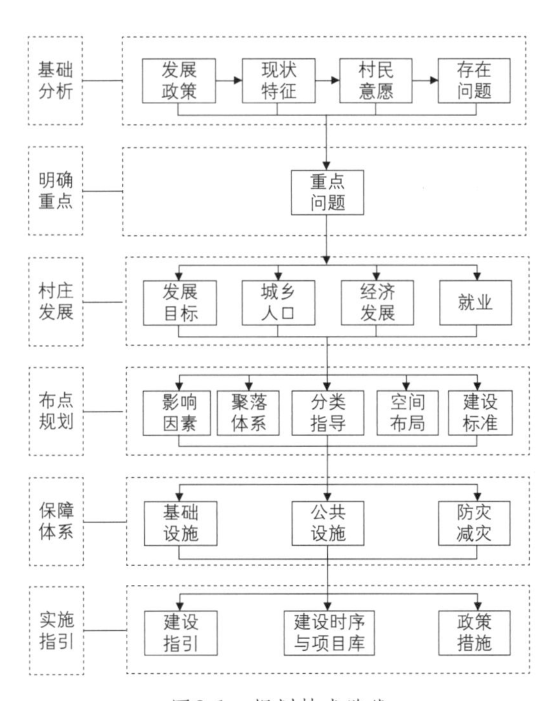

图6-1　规划技术路线

3. 配套设施

在全县配套设施体系规划框架之下，对全县农村地区的公共服务设施、乡村道路、市政管网、防灾减灾等设施进行统筹布局，实现公共服务均等化的目标。

4. 建设指引

结合新农村和美丽乡村建设的相关要求，在建设规模、建筑风格、景观风貌特色、配套设施标准、公共空间节点设计等方面提供分类建设指引，营造变化有序的乡村空间布局，体现不同地域特色的民居风貌（图6-1）。

四、规划主要内容

1. 战略与定位

针对仙居县村庄特征，规划提出“三集中、三延伸”的发展战略，即工业向中心城市与乡镇工业园区集中，城乡居民向城镇与中心村集中，农业用地向现代化农业园区集中；基础设施向农村延伸，社会服务设施向农村延伸，城市生活方式向农村延伸。同时，为了突出生态、文化的特色资源，确定其形象定位为“神仙居所，和美乡村”。

2. 产业与就业

规划提出打造生态化、品牌化、园区化的现代农业；围绕全域景区化，推动工—农—旅的有机融合发展；未来村民就业取向以剩余劳动力向外地输出、城镇就业、农业产业化就业、休闲旅游服务业就业为主。

3. 布局原则与模式

村庄布局遵循适度集聚原则、增减结合原则、生态优先原则、利于农业生产、优先利用低丘缓坡资源、与休闲旅游线路相结合以及分步实施原则。

结合仙居县具体特征，村庄规划布局宜遵循“适度集聚和整治提升”的思路，平原区域适用子母集聚模式，其他沿路沿溪区域适用主轴集聚模式，而对于一些文化旅游类村庄以及生态保护区内暂不搬迁的村庄则适用整治提升、特色保留模式（图6-2）。

4. 空间引导与分类发展

为引导区内村庄重组，改变村庄小而散的现状布局，规划针对村庄布点的具体情况并结合村庄空间发展评价（包括地形地势、交通联系、设施配套基础等），

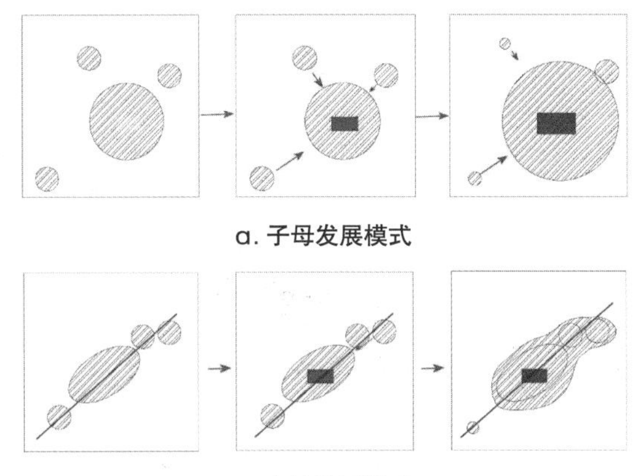

b. 主轴发展模式

图6-2 村庄布局模式

将全县空间划分为积极发展区、引导发展区、限制发展区和禁止发展区四大类型，有针对性地制定各区域的村庄规划和引导措施。同时，基于发展基础、村庄发展潜力和可操作因素等多种因素的分析，将村庄分为城镇化型、集聚型、整治型、搬迁型四种类型，分类进行发展引导。

5. 规划布局

（1）城乡居民点体系

结合县域总体规划的相关要求，未来全县将构建“中心城区—重点镇—一般镇—中心村（含乡集镇驻地）—基层村”的居民点体系，建立起规模等级明晰、分级联动发展的格局（图6-3）。

（2）公共设施配置

立足土地紧张现状，同时考虑村民活动需求，坚持用地集中、功能复合、合理共享的理念。其中，文体、幼小、医养结合，临时性赶集与活动广场结合，学校活动场地向村民合理开放等。

（3）市政工程设施

为了应对随形就势设置基础设施带来的问题，规划将村庄分为三种类型，分类型提出配套策略：靠近城镇的村庄宜纳入城镇的市政系统，统一配套；村庄分布集中的地区，有条件的应联村共建共享；偏远的小而散的村庄根据自身条件，建设小型市政设施，满足自身需求，如利用水库作为水源等。

（4）综合防灾

仙居县地处山区，在山洪、地质灾害防治方面有特殊要求。山区防洪采取

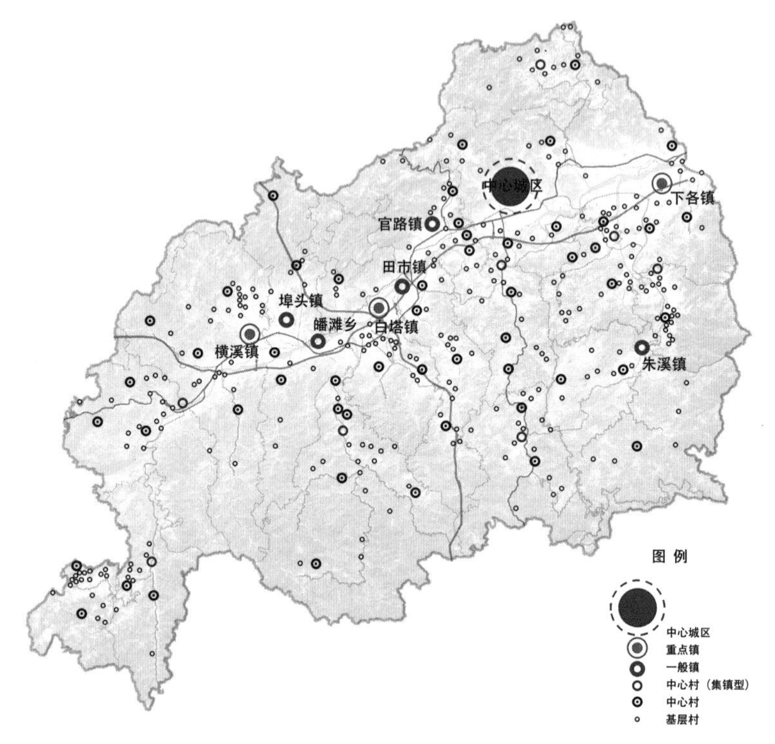

图6-3　城乡居民点体系

上堵下排，修建堤防、护岸工程；防治崩塌主要采取遮挡、拦截、支挡、护墙、护坡、镶补沟缝、排水；防治滑坡一是消除或减轻水的危害，二是改变滑坡体的外形，设置抗滑建筑物；防治泥石流主要是防护、排导、栏挡工程灵活结合。

（5）村庄建设标准

村庄建设用地根据村庄规模及分类特点进行弹性调配，整治型和改扩建型人均用地指标较低（70~80平方米/人），中心村和特色村略高（90平方米/人），国省级传统古村落、历史文化名村及“坡地村”适当放宽，但不宜超过120平方米/人。

（6）传统特色村落保护与文化传承

主要表现在三个方面：村庄整体格局的保护与传承（选址的智慧、旧村肌理、整体风貌等）；传统建筑风格的保护与传承（院落形态、传统街巷、建筑形式、建筑材料、建筑色彩、建筑风格等）；民俗文化的保护与传承（有形的民俗文化设施和无形的民俗文化）（图6-4）。

平原村庄肌理

山区村庄肌理

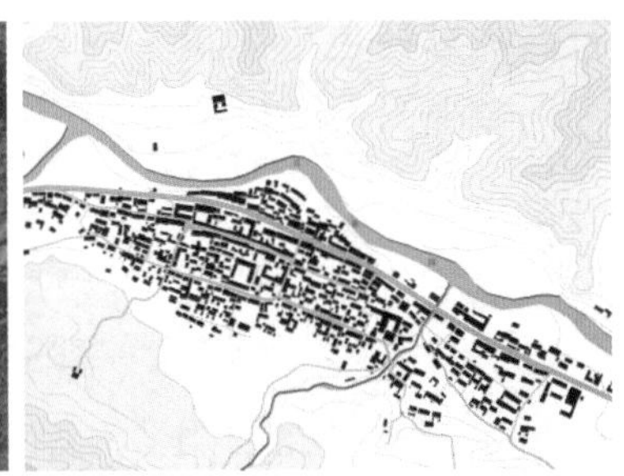

肌理特征：窄而弯的路、小尺度建筑、自由、高密度

平原民居院落形式

山区民居依山就势的建筑形式

村庄元素

改造利用

图6-4　传统特色村落保护与文化传承

五、规划特色与创新

1. 研究方法的创新——分类调查、综合分析、整体规划

首先，面对复杂的村庄现状，采取分类调查的思路，根据村庄所处的地区对村庄进行分类，针对不同地区村庄的特色制定调查内容，调查手段包括问卷、访谈等，了解村民的工作、生活、收入、住房等各方面的现状和诉求以及村民对搬迁的意愿。

然后，对调查结果进行综合分析，切实把握不同居住地区村民的需求差异，探求现状问题背后的深层原因，明确规划的重点和难点，理清规划的思路。

在此基础上，将县域村庄视为一个整体，按区域与类型提出规划策略和建设的重点。

2. 规划内容的创新

（1）因地制宜的布局模式

规划提出的“适度集聚和整治提升”模式是与仙居县两山夹一溪、叶脉形沟域连城的特殊地形相适应的，同时也体现了对仙居特色文化、景观、生态、旅游等资源的保护要求。

（2）随形就势与空间引导相结合的基础设施体系

为了提升现状随形就势的基础设施服务水平，规划提出了以空间集聚特征为依据的分类配套思路，即靠近城镇的纳入城镇的基础设施体系统一配套，相对集中分布的成片的村庄共建共享，偏远的独立村庄结合自身条件自给自足。

第二节　县（市）域乡村建设规划——衢州市开化县

一、村庄概况

开化县全县总面积2 227.82平方千米，位于浙江省西部边境浙、皖、赣三省七县交界处，钱塘江的源头，是浙西连接赣东北、皖南的交通要道，历史上有“歙饶屏障”之称。

开化县辖华埠、马金、池淮、村头、桐村、杨林、苏庄、齐溪八个镇和中村、音坑、林山、长虹、何田、大溪边六个乡。辖区内共有255个行政村，1 118个自然村。

至2014年年底，全县共有农村人口28.42万，占县域总人口的79.4%。农村人口主要分布在县域中部河谷平原205国道沿线。山地丘陵区建设用地较少，村庄分布密度较低。由于地形差异以及交通区位等原因，县域内人口密度分布不均。全县共有农村居民点建设用地 33.38平方千米，人均建设用地117.47平方米。

2014年全年开化县实现农林牧渔业总产值17.75亿元，同比增长1.9%，按可比价计算增长2.7%。由于开化县城镇发展水平弱，对乡村经济的带动力不足。农村人口主要经济收入来源于外出经商或务工。

二、特点与问题

1. 村庄发展特征

（1）村庄数量多、规模小，集聚度较低

开化县村均户数仅为84户，村均人口仅为290人。全县70.2%的自然村人口小于300人，其中又有25.2%的人口小于100人的微小村。

（2）交通可达性不均衡，公共设施难以共享

平原河谷地带的村庄交通可达性较好，但是高山、远山及人口稀少村庄交通条件较差。由于村庄规模小、布局分散且受山体地形的限制等因素，农村基础设施和公共设施难以共建共享，建设工程量大、成本高、使用效率低下，有些设施甚至无法进行配套。

（3）生态环境优良，旅游资源丰富

开化县村庄旅游资源类型丰富，有高山湖泊型、滨水休闲型、自然生态型、传统文化型、农业休闲型等，台回山小布达拉、苏庄香火草龙、齐溪龙门等村庄旅游已具有一定的知名度。

2. 村庄发展问题

（1）人口流向与土地增量指标管理矛盾突出

开化县"六普"与"五普"人口数据相比较，十年中农村外出人口持续增加，然而近十年乡村建设用地反而增长了226公顷。人口流向与用地增量结构的

不一致，主要源于乡村土地只能在集体间流转，乡村的房产价值几乎无法在市场上体现。另外，由于城市购房成本较高，很多农民还是选择回乡建房。

（2）村庄发展限制性因素多

开化县地形地貌以山地为主，乡村发展限制性因素较多，包括生态、地形、地质灾害、林地和基本农田保护、风景区控制等限制性因素。受这些限制性因素的制约，适宜村庄建设的用地较少，村庄布局较为分散且用地极为破碎，难以整合集聚发展，实现设施共享。同时，农业生产用地也较为细碎，农业现代化、规模化生产难以实现。

（3）城镇对乡村经济发展的带动力较弱

小城镇是农村经济体系的空间节点，只有管理属性没有经济属性的小城镇无法带动农村经济振兴。开化县是全省生态主体功能区，出于生态保护的严格管理，乡镇不允许发展工业，因此经济属性较弱的乡镇无法带动周边乡村的经济发展。同时，县城的经济发展在全省进行纵向比较也是处于落后地位。县域经济的落后，导致乡村经济发展也处于全省末位。乡村劳动力近50%外出打工。

（4）乡村风貌趋同，文化传承断裂

开化县近些年乡村生活质量虽改善很多，城乡差距逐渐减少，但是外来文化以及现代技术的发展对开化县乡村本土文化也带来“丢失，断裂”的危机。

乡村建设模式还有“拿来，跟风”的危机，对自身的建设特色不认同，盲目套用别人的文化形式。

三、规划思路和方法

1. 规划思路

（1）统筹协调：充实体系，综合内容

已有城乡规划体系缺乏对县城乡村建设的统筹规划，乡村建设规划是从县域层面对城乡规划体系的完善和补充，因此，需要改变原有简单等级型的县域村镇体系规划模式，构建“综合统筹型”的县域乡村建设规划。

（2）绿色发展：生态内涵，“三生”融合

今后开化县政绩考核将更注重发展的质量与效益，更关注社会民生改善。开化县是国家和浙江省主体功能区建设及“多规合一”试点，开化县村庄建设应突出生态内涵，强调“三生”融合，打造天蓝、地绿、水净、多彩的美丽家园。

（3）底线管控：“多规合一”，生态集约

开化县是典型的山体丘陵地区，可利用土地资源总量不多，近年来农房闲置率增加，农村建设用地浪费严重。本轮规划中，在与多部门特别是国土、环保相关部门规划协调的基础上，通过划定分级管制区的方法，进行分区分类空间管控，精明收缩，制定更为严格的建设用地控制政策，有序引导了乡村土地使用由增量拓展向生态集约模式的转变。

（4）特色凸显：村庄整治，风貌塑造

开化县生态环境优良，但是景观特色不足，导致旅游业的发展与周边区域相比处于劣势。通过大范围村庄的整治和风貌塑造，建设开化的山、水、乡愁格局，修复和培育开化独树一帜的乡村风貌特色，为全域景区化的建设打造基础和亮点。

2.技术路线

回顾开化乡村发展的现状，解读发展困境，拟定发展目标；通过三大核心内容的梳理、耦合、完善，形成全面、统筹、面向实施的分区分类建设指引；结合三大深化内容，从特色凸显、美丽人居的层面，充实规划内容；同时，结合实施保障体系，通过空间管制分区的政策管控，保证用地规划的有效实施（图6–5）。

四、规划主要内容

1. 目标与战略

规划以“促进新型城镇化、城乡一体化发展”为目标，在城乡空间布局上，坚持新型城镇化，以发展解决发展中农村的问题；在乡村空间体系上，以“空间管控”替代“等级管理”；在乡村经济发展上，突出以农为本，促进三产联动发展；在乡村特色凸显上，坚持生态文明，保护并合理利用传统文化，建设魅力乡村。

2. 村镇体系规划

针对县域内山地地形复杂、村庄分布小而散、发展制约因素多的基本特征，通过GIS分析，构建综合评价模型，采取空间分析和量化评价相结合的手段，创新模式，提出为本地乡村量身定制的村镇体系。

图6-5　技术路线

（1）分区划定

由于乡村空间资源类、产业类等分区特征不明显，规划选择对本地乡村发展影响最突出的限制因素，以“多规合一”“底线管控”为原则，以控制线体系替代传统相对整形的分区边界，划定禁止发展区、限制发展区、适宜发展区和城镇发展区四类控制分区（表6-1、图6-6）。

表 6-1 分区控制线

控制线名称	控制类型
土地规划控制线	控制区、限制区
永久基本农田控制线	控制区
生态红线	控制区
生态公益林控制线	控制区
国家公园控制线	控制区、限制区
钱江源省级风景名胜区控制线	控制区、限制区
地形控制线	限制区
高程控制线	限制区
自然灾害控制线	控制区
城镇增长边界控制线	排除区

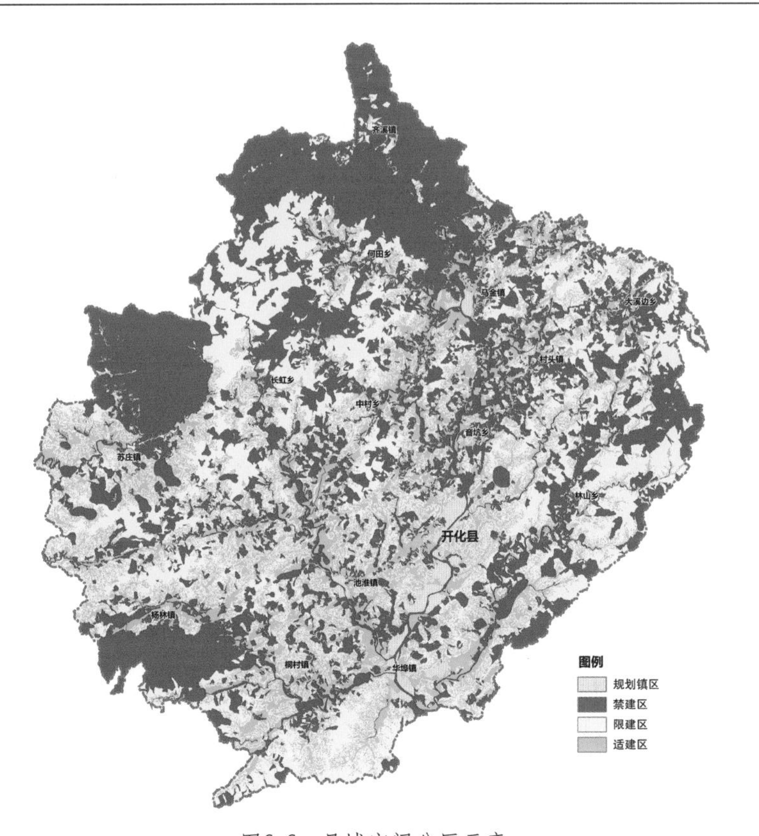

图6-6 县域空间分区示意

（2）村庄发展分类

通过潜力评价划分乡村类型，将分区控制要求落实到具体村庄发展引导上去，将县域村庄分成择机撤减型、逐步衰减型、稳定发展型、适度成长型和性质转化型五类，从而形成“空间分区+村庄分类”的分区模式（图6-7）。

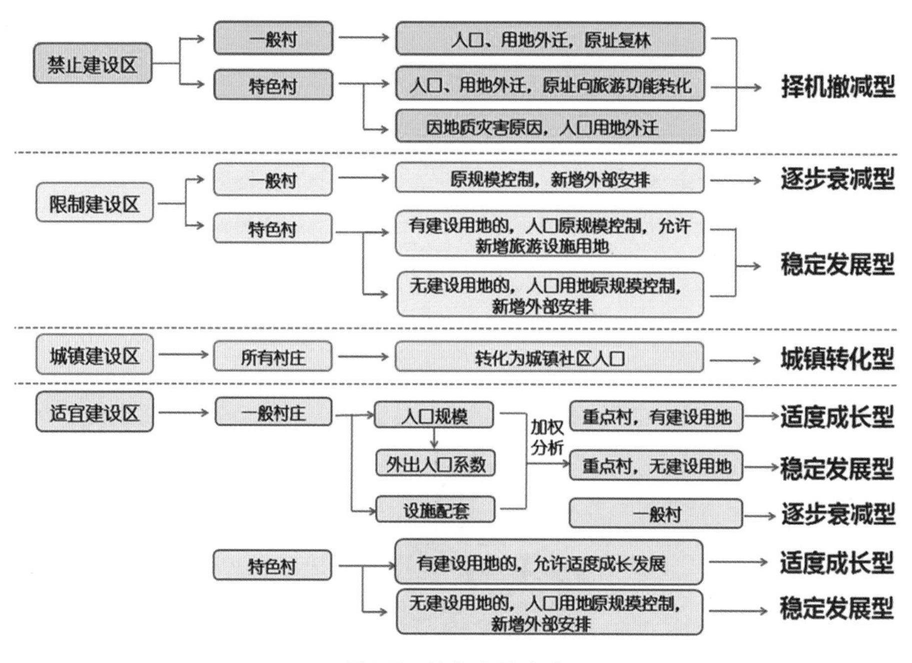

图6-7　村庄发展分类

（3）村镇体系构建

借助生活圈分析打破原先“行政村—自然村”二级乡村体系，通过空间和人口校正，提出以分区和村庄发展类型为前提，有利于公共设施合理有效配置的“中心村—次中心村—基层村”三级乡村体系，进而形成“中心城区—重点镇—一般镇—中心村—次中心村—基层村”的村镇体系。

3. 乡村用地规划

乡村用地规划采用乡村户籍人口规模预测的方法，对乡村建设用地总量进行预测分析，并与土地利用总体规划和相关土地政策对接，将人均规划建设用地指标标准严格控制在118平方米以下。

在此基础上，本次规划对空间规划中乡村建设用地总量的控制做了进一步分解，分解到行政村，采用由下至上的推算方法。针对自然村庄分类，将择机撤减型和城镇转换型村庄定义为村庄建设用地指标消除村庄；适度成长型村庄定义为用地适度增长村庄；稳定发展型和逐步衰减型村庄定义为不新增乡村建设用地，远期用地逐渐萎缩。根据上述村庄分类，由此以行政村为基本单元，梳理乡村建设用地斑块，完成各行政村内土地指标增减量控制。土地指标分解到行政村，便于乡村建设项目用地的统筹安排，使得县域空间对乡村建设用地总量控制的目标可以实现（图6-8）。

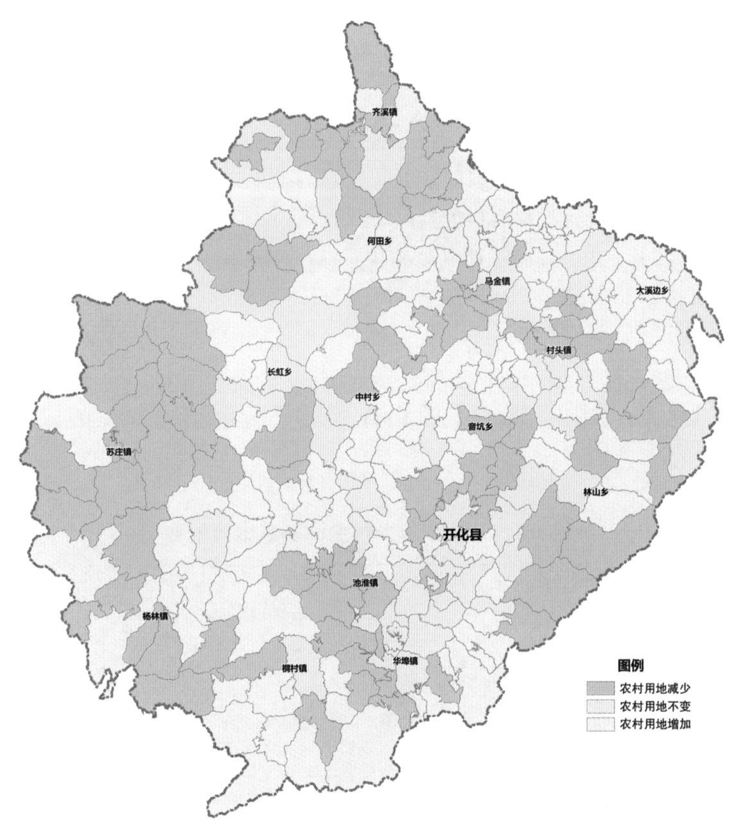

图6-8　行政村建设用地规划增减示意图

4.公共服务及基础设施规划

（1）生活圈划分

生活圈的划分遵循以人为本的原则，结合时间地理学中“时距”的概念，以时距为依据进行生活圈划分。具体方法为：通过得到教育、医疗及文化娱乐等公共服务愿意付出的时间成本来确定最佳时距，再借助GIS分析平台进行校正，对县域生活圈层进行划分，构建由基本生活圈、一次生活圈、二次生活圈、三次生活圈组成的县域生活圈体系，进而在四级生活圈内配置相应等级的公共服务设施（表6–2）。

表 6–2　开化县乡村生活服务圈层划分

服务圈层	基本生活圈	一次生活圈	二次生活圈	三次生活圈
空间界限	500m	2km	5km	20~40km
界定依据	步行 5 分钟	步行 30 分钟	电动车 15 分钟	机动车行驶 30~60 分钟
服务单元	各自然村	次中心村	中心村	城镇
服务人口	300 人左右	1 000~2 000 人	2 000~5 000 人	全县居民
服务重点	基本文体活动、环卫设施和小商店	保障基本的幼托、文体、卫生室、养老服务站、环卫、公交站点为主，其中行政中心村配置行政管理及综合服务设施	除保障一次生活圈的设施外，考虑小学或教学点、卫生分院、集贸市场、邮政金融等设施配置	除保障一、二次生活圈的设施外，考虑初高中、卫生院、体育场馆等设施配置

（2）配置内容

基于农村公共服务设施配置标准的不适性，在县域乡村建设规划中应以村民切实需求为基本原则，进一步细化各乡村生活圈层中心点的设施布局（表6–3）。

表 6–3　开化县各乡村生活圈层设施配建

设施分类	序号	设施项目	设施配置内容	基本生活圈（自然村）	一次生活圈（次中心村）	二次生活圈（中心村）	三次生活圈（城镇）
行政管理及综合服务	1	村委会	村党组织办公室、村委会办公室、综合会议室、档案室、信访接待	○	◎	●	○
	2	礼堂及场地	举办各类活动的场所	○	◎	●	●
	3	治安联防站	—	○	◎	●	●
教育	1	高中	3 年制	○	○	○	◎
	2	初中	3 年制	○	○	◎	◎
	3	小学	6 年制	○	○	◎	●
	4	教学点	1~4 年制	◎	◎	◎	○
	5	幼儿园	保教学龄前儿童	○	◎	●	●
	6	托儿所	保教小于 3 周岁儿童	◎	●	●	●

续表

设施分类	序号	设施项目	设施配置内容	基本生活圈（自然村）	一次生活圈（次中心村）	二次生活圈（中心村）	三次生活圈（城镇）
文体	1	图书室	小型图书阅览与借阅	○	●	●	●
	2	图书馆	图书阅览与借阅	◎	○	○	◎
	3	文化活动中心	老年儿童活动中心、农民培训中心	●	●	●	●
	4	科技服务点	农业技术教育、农产品市场信息服务	○	◎	●	●
	5	体育场馆	各类体育锻炼设施	○	○	◎	●
	6	体育场地	健身器材活动场地	●	●	●	●
	7	篮球场	标准篮球场	◎	●	●	●
医疗	1	医院	医疗防疫、保健理疗	○	○	◎	◎
	2	卫生院/分院	常见病医疗、康复	○	○	◎	●
	3	卫计室	基本医疗室+计划生育保健	◎	◎	●	●
福利	1	养老服务站	老年人全托式护理服务	◎	◎	●	●
邮政金融	1	邮政电信等代办点	邮电综合服务、储蓄、电话及相关业务等	○	◎	●	●
	2	小型金融机构	储蓄及相关业务	○	◎	●	●
商业	1	集贸市场	销售粮油、副食、蔬菜等	○	○	◎	●
	2	农村连锁超市	销售粮油、副食、蔬菜、干鲜果品、烟酒糖茶等百货、日杂货	●	◎	◎	●
	3	农村淘宝店	提供村民淘宝网买卖商品服务	◎	◎	◎	●
环卫	1	公共厕所	—	●	●	●	●
	2	垃圾收集点	垃圾转运站	●	●	●	●
	3	垃圾处理	垃圾焚烧/填埋场	○	○	○	●
交通	1	公交站点	公交站台	○	◎	●	●
	2	加油站	—	○	◎	◎	●
燃气	1	加气站	液化石油充气站	○	◎	◎	●

注：●表示该项目必须配置；◎表示该项目根据实际门槛人口、辐射距离和实际需求等决定是否配置；○表示该项目不必配置。

（3）配置规模

在基于生活服务圈所对应的村庄级别中公共服务设施的配置内容上，需要进一步提出各类村庄每种服务设施的配置规模标准建议（表6–4）。

表 6–4　开化县各生活圈层设施配建规模

设施分类	序号	设施项目	基本生活圈		一次生活圈			二次生活圈	
			自然村	建筑 / 用地面积	一般次中心村	次中心村（行政村中心村）	建筑 / 用地面积	中心村	建筑 / 用地面积
行政管理及综合服务	1	村委会				√	200~250	√	300~350
	2	礼堂及场地*				√	300~350	√	400~500
	3	治安联防站				√	20	√	30~40
教育	1	小学*						√	生均 22~27
	2	教学点						√	生均 16~22
	3	托儿所 / 幼儿园*			√	√	生均 10~13	√	生均 15~17.5
文体	1	图书室			√	√	25~30	√	40~50
	2	文化活动室	√	人均 0.15，最低 20	√	√	人均 0.12，最低 100	√	人均 0.1，最低 200
	3	科技服务点				√	30~50	√	50~80
	4	体育场地*	√	人均 0.4，最低 100	√	√	人均 0.35，最低 300	√	人均 0.3，最低 600
医疗	1	卫计院 / 室				√	80	√	100~120
福利	1	养老服务站			√	√	60~100	√	150
邮政	1	邮政电信等代办点						√	150
	2	小型金融机构						√	150
商业	1	集贸市场*						√	300~500
	2	农村连锁超市 / 小卖店	√	8	√	√	15~30	√	60
	3	农村电商点				√	10	√	20
环卫	1	公共厕所	√	20	√	√	30~40	√	40
	2	垃圾收集点*	√	15	√	√	25~30	√	40
交通	1	公交站点*			√	√	20	√	30

注：√表示该项目必须配置；*表示用地面积控制；单位为平方米。

5. 村庄整治规划

（1）乡村整治分类

依据现状居民点规模、空心率、区位交通、基础设施、经济状况、资源条件等综合分析，将村庄分为综合整治型、专项整治型和基本保障型。

综合整治型。该类型村庄经济基础较好，村庄规模较大，人口较多，有一定的集聚规模，有一定数量的基础设施和社会服务设施，能为周边村庄提供最基本的生产生活服务，对周边农村有一定的吸引辐射，具有一定文化、产业等特色。宜综合提升村庄风貌和各项基础设施建设，提升人居环境，突出特色。

专项整治型。该类型村庄区位条件较为优越，与中心村保持良好的交通、社会服务联系，与周边村、镇联系便利。村庄规模较大，人口较多，有一定数量的基础设施和社会服务设施，能为本村村民提供最基本的生产生活服务。但个别基础设施和社会服务设施的较为欠缺，需要针对相对薄弱的基础设施专项进行整治。

基本保障型。该类型村庄区位条件一般，多位于限制发展的区域，如自然保护区及高海拔地区等。人口规模较小，空心率较高，有的村庄只有200~300人。部分村庄存在环境恶化、危房隐患和基础设施严重落后等问题。亟须对危房进行改造，建设安全饮水等基础设施保障基本的生产生活安全。

（2）乡村整治项目分类指引

根据《住房城乡建设部关于印发〈村庄整治规划编制办法〉的通知》（建村［2013］188号）的要求，针对不同整治类型的村庄提出不同侧重的乡村整治项目指引。在保证和完善基本整治项目，使其符合相关标准和满足村民安全生产生活的基础上，以重点整治项目为整治工作重心，可依据不同村庄的实际情况和特殊需求增加有条件整治项目（表6–5）。

表 6–5　乡村整治项目指引

	综合整治型	专项整治型	基本保障型
村庄安全防灾整治	●	●	√
农房改造	●	●	√
生活给水设施整治	●	●	√
道路交通安全设施整治	●	●	√

续表

	综合整治型	专项整治型	基本保障型
环境卫生整治	●	√	○
排水污水处理设施	●	√	○
厕所整治	●	√	○
电杆线路整治	●	√	○
村庄公共服务设施完善	●	√	○
村庄节能改造	●	√	○
村庄风貌整治	√	○	○
历史文化遗产和乡土特色保护	√	○	○

注：√为对应整治类型的重点整治项目，●为基本整治项目，○为有条件整治项目。

6. 乡村风貌规划

（1）风貌片区分类

基于开化地形复杂的现状，村庄具有数量多、规模小，布局分散、联系不强等特征，若分片区进行风貌指引是不现实的。因此，将开化全域村庄通过山地、河谷的划分方式从总体格局上进行风貌控制，在微观控制层面通过对场所风貌、建筑风貌和绿化风貌三大层面的控制，对不同类型的乡村提出导则式的风貌建设指引。将风貌片区划分为河谷片区、山地片区两大基本村庄分类，对于风景名胜区村庄和传统村落型村庄的风貌指引，通过基础片区风貌导控叠加场所风貌特殊要求进行风貌控制（图6-9）。

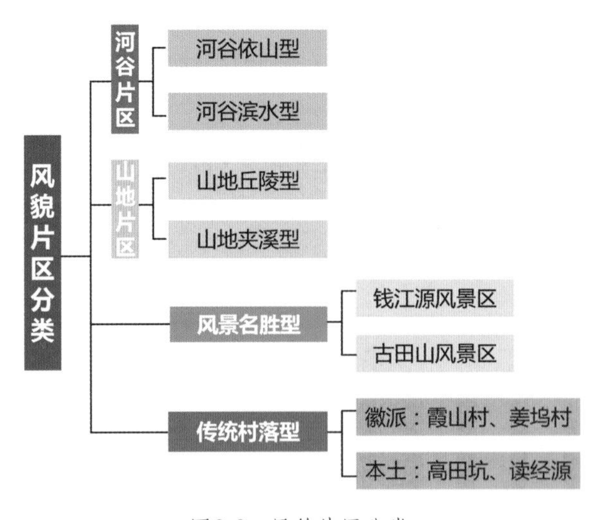

图6-9　风貌片区分类

（2）风貌要素控制

风貌要素是组成村庄特色风貌的基本单元，根据不同的性质，规划将风貌要素分为宏观结构、微观结构两大层面。其中宏观结构包括空间形态、空间格局、空间肌理和自然山水风貌；微观结构包括场所风貌、建筑风貌和绿化风貌（图6-10）。

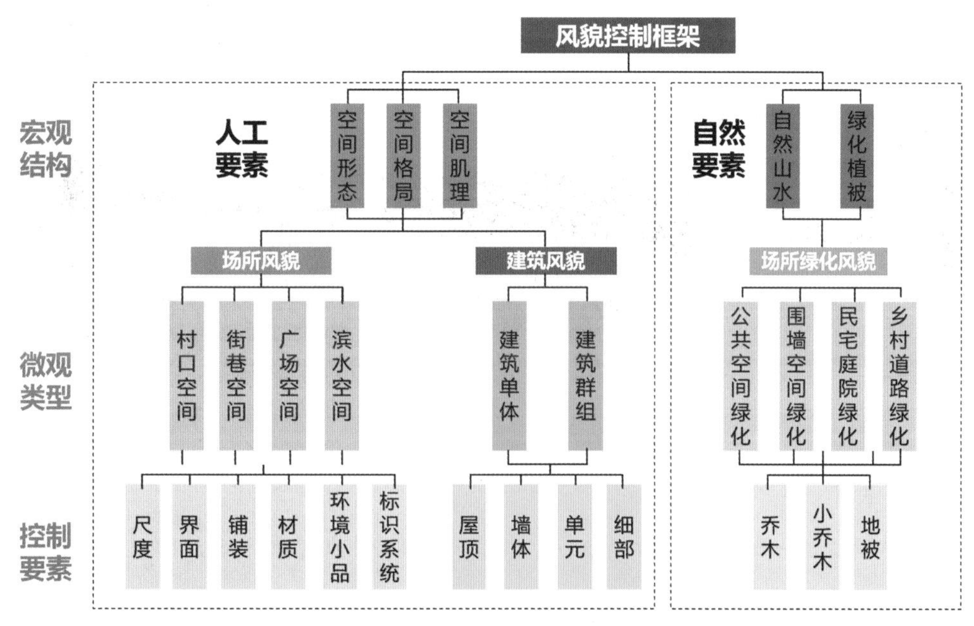

图6-10　风貌要素控制框架

①宏观结构控制

根据开化乡村的山水格局风貌，将现状村庄分为河谷依山型、河谷滨水型、山地丘陵型和山地夹溪型四类，分别从空间形态、空间格局、空间肌理和自然山水背景四大层面进行宏观结构的风貌控制（图6-11）。

②微观结构控制

场所风貌引导。规划选取村庄较有代表性的四大场所空间，包括村口空间、街道空间、广场空间和滨水空间。从尺度、界面、铺装材质、景观小品、标识系统等层面对基于不同类型村庄的不同场所空间进行风貌引导。

建筑风貌引导。针对开化乡村特点，将建筑风貌引导分为传统建筑风貌引导和新建建筑风貌引导两类。其中，传统建筑风貌分为徽派类和本土类两种，通过对传统建筑屋顶、墙体、单元、细部的特色挖掘，对于传统建筑改造进行

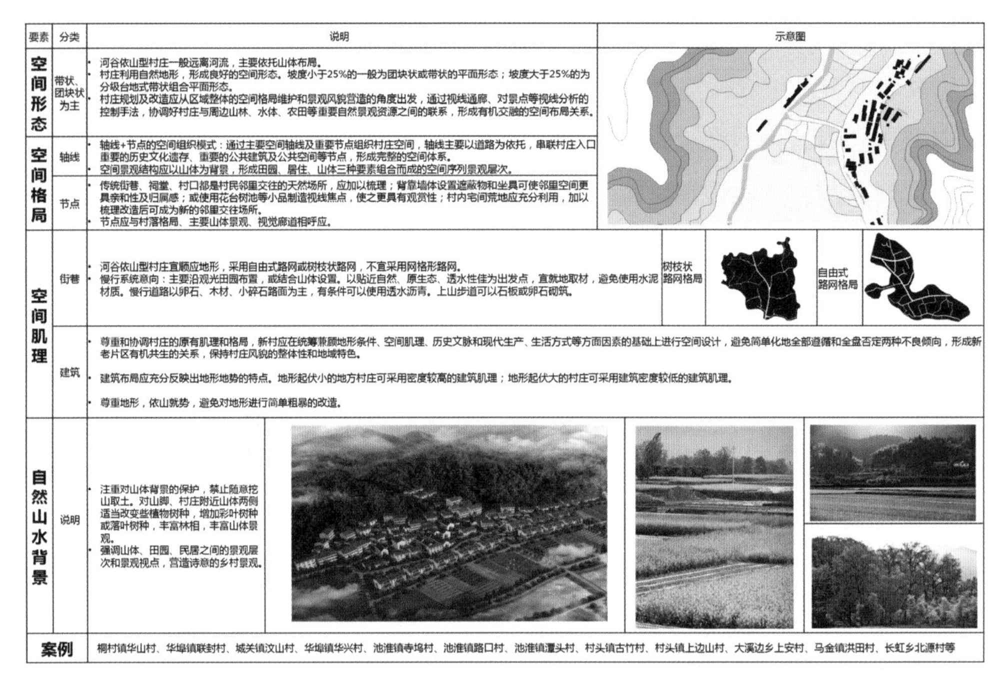

要素	分类	说明	示意图
空间形态	带状、团块状为主	• 河谷依山型村庄一般远离河流，主要依托山体布局。 • 村庄利用自然地形，形成良好的空间形态。坡度小于25%的一般为团块状或带状的平面形态；坡度大于25%的为分级台地式带状组合平面形态。 • 村庄规划及改造应从区域整体的空间格局维护和景观风貌营造的角度出发，通过视线通廊、对景点等视线分析的控制手法，协调好村庄与周边山林、水体、农田等重要自然景观资源之间的联系，形成有机交融的空间布局关系。	
空间格局	轴线	• 轴线+节点的空间组织模式：通过主要空间轴线及重要节点组织村庄空间，轴线主要以道路为依托，串联村庄入口重要的历史文化遗存、重要的公共建筑及公共空间等节点，形成完整的空间体系。 • 空间景观结构应以山体为背景，形成田园、居住、山体三种要素组合而成的空间序列景观层次。	
	节点	• 传统街巷、祠堂、村口都是村民邻里交往的天然场所，应加以梳理；背靠墙体设置遮蔽物和坐具可使邻里空间更具亲和性及归属感；或使用花台树池等小品制造视线焦点，使之更具有观赏性；村内宅间荒地应充分利用，加以梳理改造后可成为新的邻里交往场所。 • 节点应与村落格局、主要山体景观、视觉廊道相呼应。	
空间肌理	街巷	• 河谷依山型村庄宜顺应地形，采用自由式路网或树枝状路网，不宜采用网格形路网。 • 慢行系统意向：主要沿观光田园布置，或结合山体设置。以贴近自然、原生态、透水性佳为出发点，宜就地取材，避免使用水泥材质。慢行道路以卵石、木材、小碎石路面为主，有条件可以使用透水沥青。上山步道可以石板或卵石砌筑。	树枝状路网格局；自由式路网格局
	建筑	• 尊重和协调村庄的原有肌理和格局，新村应在统筹兼顾地形条件、空间肌理、历史文脉和现代生产、生活方式等方面因素的基础上进行空间设计，避免简单化地全部遵循和全盘否定两种不良倾向，形成新老片区有机共生的关系，保持村庄风貌的整体性和地域特色。 • 建筑布局应充分反映出地形地势的特点。地形起伏小的地方村庄可采用密度较高的建筑肌理；地形起伏大的村庄可采用建筑密度较低的建筑肌理。 • 尊重地形，依山就势，避免对地形进行简单粗暴的改造。	
自然山水背景	说明	• 注重对山体背景的保护，禁止随意挖山取土。对山脚、村庄附近山体两侧适当改变些植物树种，增加彩叶树种或落叶树种，丰富林相，丰富山体景观。 • 强调山体、田园、民居之间的景观层次和景观视点，营造诗意的乡村景观。	
案例		桐村镇华山村、华埠镇联封村、城关镇汶山村、华埠镇华兴村、池淮镇寺坞村、池淮镇路口村、池淮镇潭头村、村头镇古竹村、村头镇上边山村、大溪边乡上安村、马金镇洪田村、长虹乡北源村等	

图6-11　河谷依山型村庄宏观结构控制

营建导则指导；对于新建建筑风貌控制，规划列举了新建建筑的风貌问题，并同样从屋顶、墙体、单元、细部和色彩等方面对新建建筑营建提出风貌控制要求。

绿化风貌引导。绿化风貌通过公共空间、围墙空间、民宅庭院、乡村道路四个主要绿化空间进行说明和引导。

7. 产业发展规划

（1）思路与布局

以科学发展观为指导，按照开化国家公园建设战略要求，立足开化生态环境条件、农业资源优势和产业发展基础，积极探索休闲农业的发展模式。以创意创新为先导，以高效生态为重点，以增收富民为目标，坚持以农兴旅、以旅促农、农旅结合，将休闲农业作为农业战略性新兴产业加以培育，通过“一园两区五线多点”的布局定位，着力拓展农业的休闲观光、参与体验、生态保育、文化传承等功能，着力提升农业产业链、价值链及其附加值，着力推动一、二、三产业融合互动，促进农业转型升级和发展方式转变，通过先行先试，把开化打造成为名副其实的全域景区化示范区。

（2）美丽乡村群

为了弥补单一乡村功能的不足，促进多村协调集群化发展，规划结合浙江省美丽乡村建设行动，在县域内形成源头疗养、徽杭传统、临水冥想、高山溯源、探宝游戏、戏水归真、综合农乐、传统文化和农家乐活九大美丽乡村集群，并结合产业发展轴线、道路交通系统形成串联这些乡村群的“两轴一环”美丽乡村游览线。

五、规划特色与创新

1. 村镇体系由等级控制向分区管控转变

（1）因地制宜，统筹分区，分类管控

以县域用地综合评定结果为基础，将环保、林业、农业、风景名胜、地质灾害、现状资源特征和乡村管理需求等多种要素叠加分析，将县域空间划定为若干个分区，根据不同功能、发展特性和管控要求，分区分类制定乡村的开发建设与控制指引，为下层次村庄规划编制提供具体指导，增强规划的指导性和可操作性。

（2）村镇分级，全域景区化背景下增设特色村

在开化国家公园、全域景区化的战略目标背景下，村镇分类等级体系在一般模式的基础上，特别增加旅游特色村，并制定以旅游发展为特色的建设控制指引。

2. 土地使用由增量拓展向生态集约模式转变

（1）明确用地，控制规模，分级分片，有序引导

结合发展基础和区划发展指引，制定不同的村庄发展和限制措施，明确各级各类的村庄用地建设和控制标准。对乡村用地布局和总量分级分片进行管控，满足离乡不离土的农村人口发展需求，有序引导乡村建设向生产要素富余区域集中，提高建设强度。

（2）多规衔接，城乡一体，部门统筹，一张蓝图

全面细化乡村用地规划与县域总体规划、土地利用规划的衔接，保证城乡建设用地规模和空间布局的一致性，加强与环保、林业、国家公园等部门规划的衔接，形成各部门协同的一张图规划管控平台。

3. 公共服务和基础设施规划由配置低效向协同高效模式转变

基于农村居民的出行距离、使用频率、设施服务半径来构建乡村生活圈，并

以此作为设施分级配置的标准。注重农村居民的生活基础设施公益化、普及化和城乡管理服务一体化。

4. 风貌规划由“千村一面”向特色凸显分类指导转变

（1）美化生态基底，挖掘特色，依地形和职能修复重塑乡村风貌

基于开化地形复杂的现状，将开化全域村庄通过山区、河谷、平原的划分方式分片指导乡村风貌建设，对不同片区的建筑形式、外墙材料、文化符号、乡土环境要素等提供图文指引，通过尊重自然、生态优先、营造特色、体现文化，修复和重塑乡村风貌。

（2）针对特色村庄，保护历史，制定特色风貌规划指引

基于特色村庄的独特性，从美丽乡村建设和传统历史村落保护的视角，结合乡村风貌分区，有针对性地提出特色村庄独特的风貌规划指引

5. 村庄整治规划由同质覆盖向差异整治转变

依据现状居民点规模、空心率、区位交通、基础设施、经济状况、资源条件等综合分析，将村庄分为综合整治型村庄、专项整治型村庄和基本保障型村庄，通过不同覆盖面、不同程度的整治措施，集中力量打造特色村，集中资金针对薄弱环节，有的放矢，因地制宜。

6. 专题深化，从产业引导层面为村庄发展谋局开路

借鉴优秀规划经验，提出开化美丽乡村群概念。针对开化乡村数量多、规模小、布局分散的特征，乡村群从宏观层面阐述乡村地区的发展功能和作用，较好地弥补单一乡村功能的不足。改变村庄各自为政、功能布局散乱、联动效益弱的发展模式，通过统一规划布局，促进多产业联动发展，实现“多村一品”“多村多品”的集群效益。

第七章　山地丘陵地区村庄规划

第一节　历史文化型——奉化市岩头村、余姚市柿林村、台州市苍岭村、金华市登高村、丽水市紫草村

一、奉化市岩头村村庄规划

（一）村庄概况

1. 地理位置与自然环境

岩头村，位于宁波奉化市溪口镇西南部，距溪口镇约13千米，距奉化市约36千米，距宁波市约48千米，属宁波都市圈范围，处于宁波半小时交通圈内。典型的浙东山区，气候温暖湿润、四季分明。岩溪纵流南北，穿村而过，植被类型多样，呈亚热带植被景观。

2. 社会经济与村庄建设

2009年年末，岩头村人口2 426人，其中95%为农业人口；农民人均年收入8 350元左右，低于省、市平均水平。

岩头村村庄建设可分为两个阶段：20世纪80年代前，村庄为自发生长阶段，保持较为传统的肌理和格局；20世纪80年代后，则进入较快发展阶段，村庄建设集中在村南、北两侧展开。

3. 历史沿革

岩头村始建于明洪武三年（1370年）。明清时期，岩头毛姓又沿着

岩溪溯流南迁。自19世纪中叶，由于耕田不足，许多岩头人被迫去上海、东南亚等地谋生，逐渐形成外出经商的风尚，华侨带回来的财富也推动了岩头商业、教育的发展。1900~1940年是岩头村的繁荣时期，形成了颇具规模的商业街，成为奉化西南山区的出口通道和物资聚散中心，至1940年左右达到鼎盛。20世纪60年代，随着奉化市陆路交通日渐发达，水路交通的作用随之降低，岩头之繁华商业日渐衰败。

21世纪以来，随着交通条件的改善，岩头村的青山秀水和繁华时期留下的丰富历史遗存再次成为岩头人的宝贵财富。经过岩头人的不懈努力，岩头村先后被评为“浙江省第三批历史文化名村”“国家AAA级旅游区”，古村发展又焕发出新的生机。

（二）特点与问题

1. 村庄特色及价值

岩头村的特色突出体现在物质文化遗存的大环境、中格局、小空间以及丰富的非物质文化遗存。

（1）物质文化遗存

首先是由山水构成的大环境（图7-1）。从地形地貌来看，村落由白象山、狮子山环抱，岩溪纵流南北，穿村而过，“围而不塞”“藏风得水”，溪水中多奇形巨石，构成岩头别样的景观；植被类型多样，也有利于多层次、立体开发。

图7-1　岩头村物质文化遗存的大环境

其次是“街—巷—院落”空间、“毛”字形水系空间、多变的建筑平面组合构成的中格局（图7-2）。岩头村街巷和岩溪巧妙结合取胜，一条条巷弄与岩溪两侧的东街、西街垂直相交，形成“非”字形；巷弄深处遗落的院落空间，建筑平面类型丰富多样，布局灵活自由；村内毛姓居多，而岩溪及溪流上的三桥一水也恰好写就一个硕大无比的“毛”字，颇为神奇。

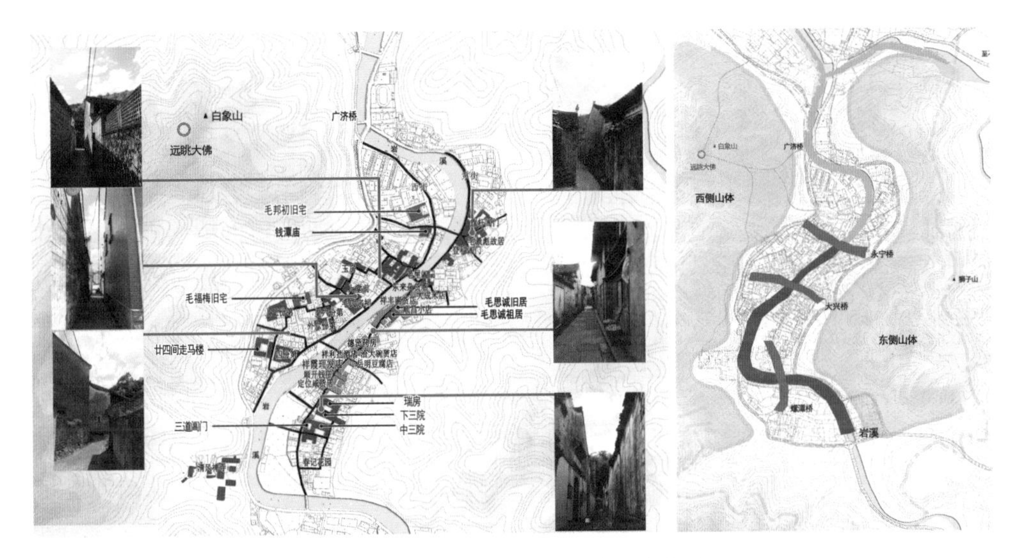

图7-2　岩头村物质文化遗存的中格局

最后是众多传统建筑和人工历史环境要素构成的小空间（图7-3）。岩头村拥有众多清代、民国期间的传统建筑，是浙东山区民居的“露天博物馆”，同时还有诸如摩崖石刻、古桥、古井等人工历史环境要素，均体现了岩头繁荣的历史印记。

图7-3　岩头村物质文化遗存的小空间

图7-4 岩头村传统文化及非物质文化遗存

（2）传统文化及非物质文化遗存

岩头的文化繁荣昌明，村口的钱潭庙，村西南山腰的清风禅寺，体现了其宗教文化；村内毛姓为主，崇本堂、三裕堂、崇德堂、豰诒堂等家族祠堂，彰显了其血缘宗族文化；村内私塾学馆众多，学子才人众多，体现了其重教兴学文化；岩头人外出经商的风尚和曾经商贸集散中心的地位，体现了其商贾文化；此外，岩头村还曾是蒋介石幼时读书地、蒋经国的外婆家，民国期间岩头村曾出过六位少将级以上的高级军官，与民国蒋氏渊源深厚。

岩头村历史悠久，拥有丰富的非物质文化遗产，其中，除了削竹脑生产技艺等特有的非物质文化遗产外，岩头村还承担了奉化市乃至宁波、浙东等区域部分非物质文化遗产保护和延续的功能（图7-4）。

（3）价值评估

总体来说，岩头村具有较为突出的历史价值、艺术价值、文化内涵、科学价值、经济价值和社会价值，是一个自然生态独特的山村；是研究民国历史的"活化石"；是一个重教兴学、人文鼎盛的文化古村；是浙东山区民居的"露天博物馆"；是清末民初浙东山区腹地一个典型的商贸村集。

2. 保护现状及问题

岩头村的保护现状总体不容乐观（图7-5）：历史建筑经年累月损毁严重，亟待抢救；保护经费不足，保护主体相对单一，村民的主动性有待增强；保护手段也不尽合理，如历史建筑的修缮不恰当、道路铺装和各类小品设施的使用不当等，均在一定程度上导致对名村风貌的破坏。

同时，岩头村的保护还面临种种不利因素，如工业化、城镇化给岩头村带来的冲击，新农村建设及旅游开发对名村保护的影响，村民改善居住条件的迫切需求对古村保护的影响，公共基础设施薄弱对古村保护的影响，不利的气候条件对古村保护的影响等。

图7-5　古村保护现状问题

（三）规划思路

规划依据岩头村的特色和价值所在，本着整体保护原则、历史真实性原则、保护与发展相结合原则、文化遗产保护优先原则，保护村落选址的原真性、村落传统格局的完整性、传统建筑的真实和整体性、历史环境要素的真实性以及非物质文化的原生性，重点在于顺应山水格局，突显民国特色，挖掘文化底蕴，抢救历史民居，重兴商贸繁荣等。

（四）规划主要内容

1. 名村物质文化遗存保护

规划形成了完整的历史文化名村保护的空间框架。在大尺度上，规划划定了村庄的保护范围，包括核心保护范围、建设控制地带、环境协调区，并提出保护要求；提出保护山、水、田、村相辅相成的溪谷盆地；保护作为基底的景观生态环境；保护空间景观廊道。在中尺度上，规划对建筑物进行分区、分类引导，对街巷空间、古河古渠提出控制和引导措施。在小尺度上，规划针对建（构）筑物（含人工历史环境要素）和古树名木等自然环境要素提出分类保护方案，包括保护范围、建设控制地带，制定建筑图谱，制定风貌导控通则等（图7-6~8）。

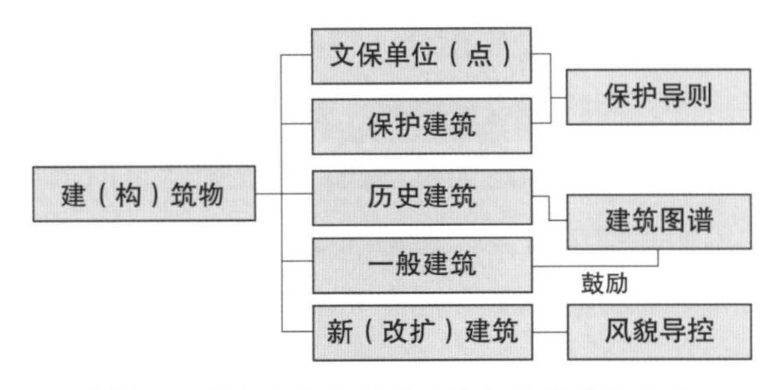

图7-6　历史文化名村建（构）筑物分类保护

2. 名村非物质文化遗存保护

规划秉承“有形化”保护、活态保护、原真性保护、保护文化多样性的原则，提出建设文化活动带、展现传统特色商贸体系、深化环境设计展现民俗文

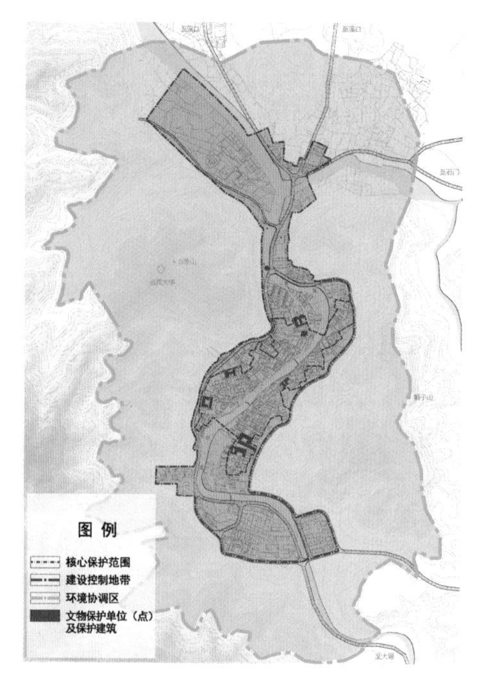

图7-7　历史文化名村保护范围规定

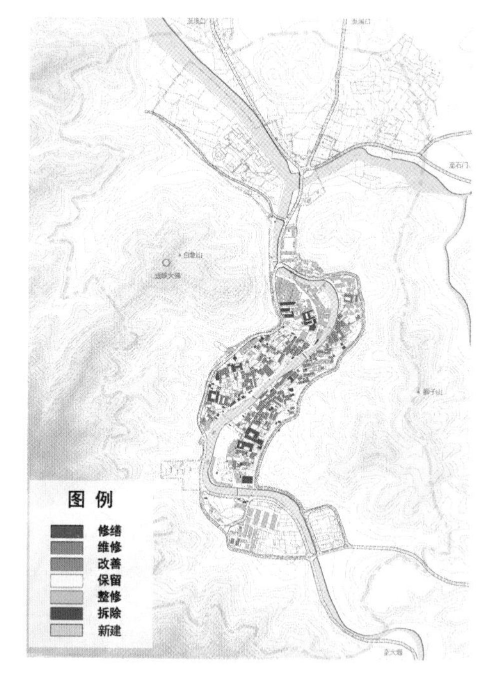

图7-8　历史文化名村建筑分类引导

化、推进宗族文化载体整治、发展民国特色游等措施，通过民国建筑、毛氏宗祠和毛氏族谱、民国博物馆、民国生活馆、民国餐饮铺、民国特色商铺等空间载体的打造，彰显古村文化特色。此外，规划提出通过非物质文化遗产普查、推荐、申报、传承和弘扬，保护古村的非物质文化遗产。

3. 村庄发展规划

规划除了对岩头村的保护提出要求外，还从发展式保护的思维出发，对古村的发展定位与布局、公共服务设施配套、道路交通、旅游发展、市政工程设施、防灾减灾与环境保护等方面提出规划引导（图7-9、图7-10）。

规划将岩头村的发展定位确定为：中国具有民国特色的历史文化名村；浙东地区以古村文化休闲游和漂流冒险体验游为主导的综合性特色旅游村；溪口镇中心村。规划选取对岩头村今后旅游发展起长期、稳定、根本作用的核心功能作为形象定位的要素，将其形象定位确定为：民国第一村，蒋氏姻缘地。

同时，规划还针对古村特点，提出了控制古村发展规模、消除现状工业用地、提升公共服务和市政工程设施水平、增加外围机动车道路、整理步行主街与次街、挖掘停车空间、配套小微消防车辆、提出白蚁防治措施等规划内容，以促进岩头村未来更好地发展。

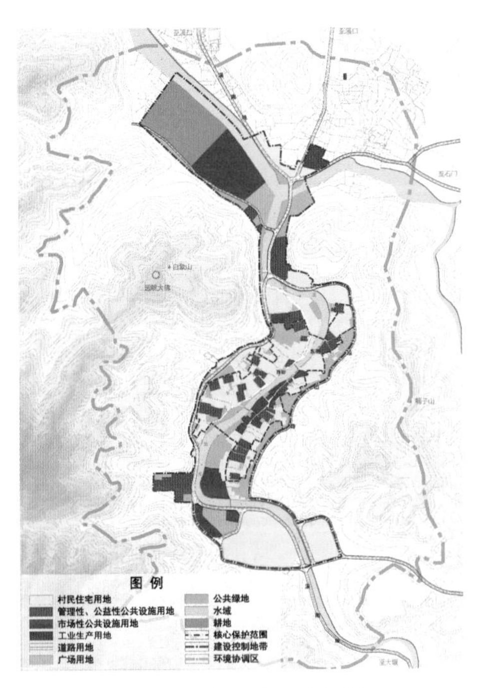

图7-9　岩头村用地规划

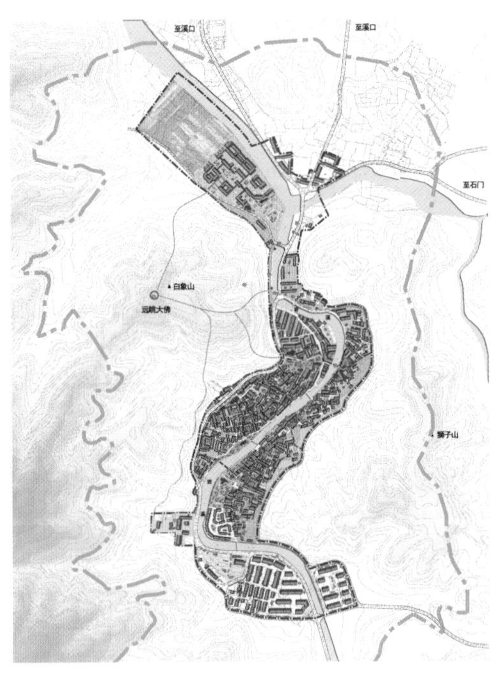

图7-10　岩头村规划总平面

（五）规划特色与创新

规划提出建立“二三三”的历史文化名村保护规划技术框架。内容上覆盖物质与非物质两个维度（图7-11），空间上覆盖“大—中—小”格局的三个空间尺度；同时还灵活采用了强制式保护、引导式保护、发展式保护三种保护方式，并对保护方法进行丰富、优化。

三种保护方式具体包括（图7-12、图7-13）：强制式保护，通过强制性条文和分幅图则的制定，形成最严格的保护手段；引导式保护，通过非强制性条文、建筑风貌导控、街巷空间控制、商业业态引导、文化活动带建

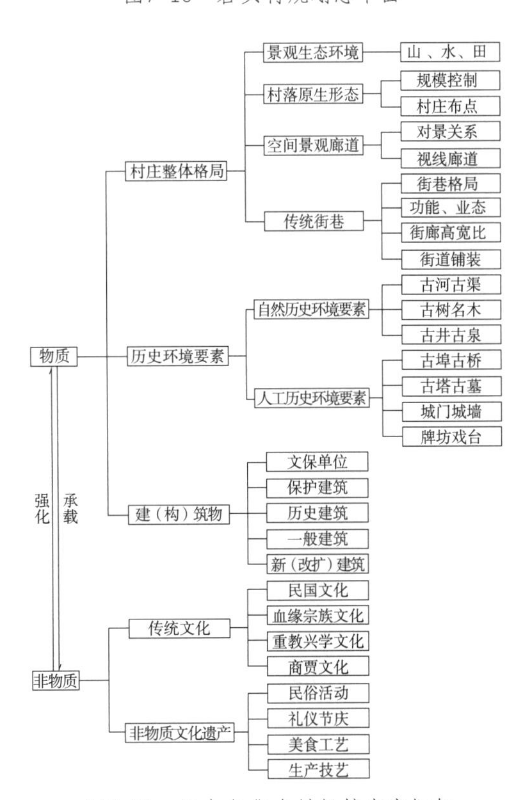

图7-11　历史文化名村保护内容框架

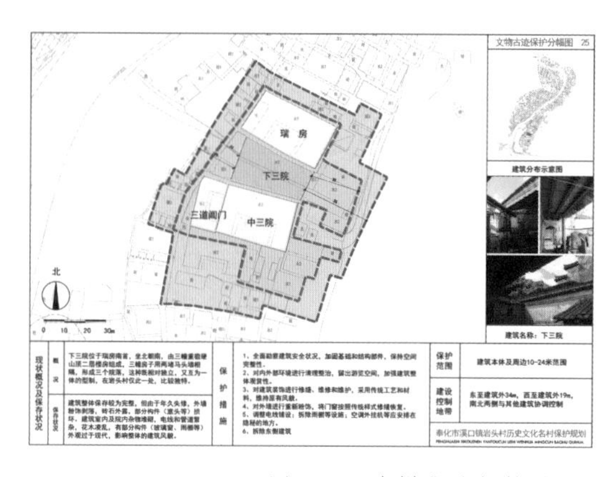

第二十七条　古河道（岩溪）保护

1. 水面保护

（1）充分发挥橡皮坝的作用、分段蓄水，保证枯水季节岩溪核心段的水面宽度；

（2）禁止擅自填塞河道、侵占水面；

（3）新建、扩建、拆除埠头、汀步等改善亲水环境的设施，需符合国家及地方相关法律法规规定，同时满足保护范围内的保护要求。

2. 水底保护

（1）保持河床原生状态，避免河床硬化；

（2）定期清淤。

3. 水质保护

（1）加强对水生态环境的保护，禁止向岩溪水体排放或倾倒油类、酸液、碱液、剧毒废液、放射性固体废物或者含有放射性物质的废水、含热废水、含病原体的污水、工业废水或废渣、生活污水或垃圾；

（2）农村生活污水须经处理，达到相关排放标准后方可排放；

图7-12　多样化的保护手法——保护图则、保护条文

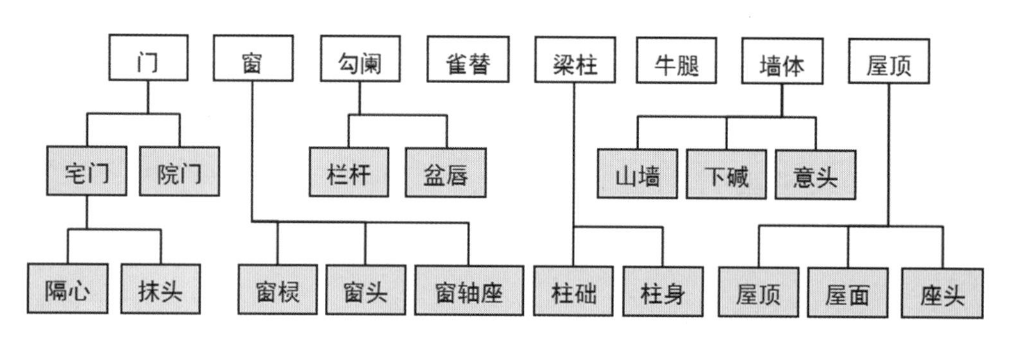

历史建筑图谱及建设引导——窗

建筑图谱：窗棂

格网式，以横、竖、斜棂条构成，组合形成多种图案。

套叠式，以图案之间相叠加而成。

窗头，位于开关窗上方，无法开启。

漏窗，开于山墙，铁艺栏杆，不可开启。

建设引导：窗棂

特征概况

岩头村历史建筑窗户多为围合部件，一般不在山墙开窗，以开关窗为主，个别建筑设有窗头。

大多数建筑有丰富多样的窗棂图案，毛邦初故居、毛思诚故居等建筑融入了西方建筑元素，山墙多开窗，设铁艺窗花。

窗棂图案以传统吉祥纹案较多，如龟背锦、蝙蝠纹等，题材故事较少，镂空雕为主，无浮雕，风格朴实。

建设引导

新建或修复建筑的窗棂，不宜突破现有特征要素，宜选择开关窗，选用格网式、套叠式窗棂，图案宜选取方格网、步步锦、斜格网、龟背锦、亚字、万字、寿字等较为简洁的图案，局部可点缀蝙蝠、钱眼等图案，避免较为复杂的冰纹、浮雕等图案。山墙开窗可仿照毛思诚故居及毛邦初故居，设置为向内的平开窗，外设铁艺窗栏。

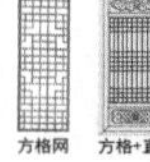
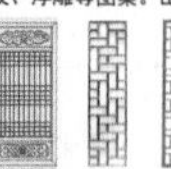

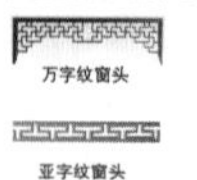

建筑图谱：窗轴座

特征概况

岩头村的窗轴座以方形、半球形、六角形为主，两侧有耳；轴座尺寸协调，整体较为灵巧；雕花图案以彩云、花卉为主，题材故事雕刻为辅，题材故事类雕刻多被损坏。

建设引导：窗轴座

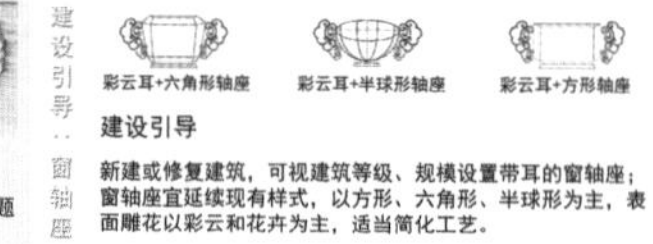

建设引导

新建或修复建筑，可视建筑等级、规模设置带耳的窗轴座；窗轴座宜延续现有样式，以方形、六角形、半球形为主，表面雕花以彩云和花卉为主，适当简化工艺。

建筑图谱：窗栓

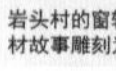
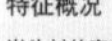
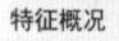

特征概况

岩头村历史建筑的窗栓设计较为讲究，大户人家的窗栓既有一段式设计，也有两段式设计；窗栓表面雕花均为浮雕，以保证窗栓的基本功能；雕花的图案包括花卉、万字、钱眼纹等。

建设引导：窗栓

建设引导

修复建筑，可视建筑等级、规模有选择地设置窗栓，其他历史建筑窗栓可适当简化；新建建筑可不设置窗栓。
窗栓表面宜选用适合组织为带形的雕花，如花卉、如意、寿字、万字等，不宜选取过于复杂的人物、故事等题材。

图7-13　多样化的保护手法——建筑图谱

设等手段，引导古村的保护和发展，例如对于古村的建筑风格，规划分别按照建筑的八大建筑构件及其组件进行了现状建筑图谱的整理，在此基础上提出建筑图谱式引导，为建筑整治改造提供多种选择，从而增加规划的弹性；发展式保护，规划通过对村庄发展规划的制定，对村庄发展建设的相关内容提出规划引导方案。

（六）实施效果

通过规划的引导，岩头村的保护与发展正进入新的篇章。古建筑维修、基础设施建设、旅游服务设施建设等不断推进；古河道水质清澈见底，漂流充满人气；规划提出将原岩头小学改建成为学生摄影写生基地，现状也已经落成，并吸引了大量学生前来，入秋后，写生学生带来的客流量更是达到了每天几百人次，为古村宣传、古村文化推介起到积极作用（图7-14）。

图7-14　岩头村规划实施效果

二、余姚市柿林村美丽乡村建设规划

（一）村庄概况

柿林村位于余姚市大岚镇东南部，丹山赤水景区内，是一个具有道教文化底蕴的古村落，拥有世外仙境般的空间本底。柿林村属于上海三小时、宁波、杭州一小时交通旅游圈内；属于高山台地，平均海拔300~550米；拥有丹山赤水、柿林古村、四明道观、鹰岩洞天、红色遗迹、沈氏人文等景观；村里村外美景如画：绝壁、奇岩、古桥、溪流、飞瀑、柿林、山色、老街、古村；同时，柿林村也是四明山区丹山赤水景区服务基地，2003年柿林村入选宁波市级历史文化名村，2012年入选首批国家传统村落。

（二）特点与问题

1. 产业规模小，服务层次低

在旅游产业迅速发展的过程中，村、景、人出现了不和谐音符；鉴于交通偏远，部分特色旅游资源得不到有效开发；由于核心景区的空间有限，容量不足，旅游接待服务的能力有限，层次不高。

2. 村庄空间环境有待提升

村庄公共设施完善，但旅游空间、村民公共空间、村民的私密生活空间混乱，村民生活质量下降；古村落文化遗产的价值没有得到应有的重视，在经济利益驱使下，原有古村落风貌不断受到侵蚀；为了满足旅游的需要，建筑改造在没有规划指导的情况下，出现了风格不统一、立面符号混乱的现象。

3. 居住条件改善需求旺盛

受到历史文化名村保护和历史建筑格局改造的限制，村民居住条件简陋，越来越多的村民希望在不影响其旅游收入的同时改善居住条件。

（三）规划思路

规划采取旅游产业引导村庄建设，即“村域范围的景带动村”“村落范围的村引领景”的规划策略。规划提出在村域范围整合零碎村庄用地，优化旅游开发格局，完善景区旅游功能，形成新的景点景观，提高旅游设施供给能力。在古村落范围，铺设市政基础设施，改造生活空间，提高村民生活质量。由景点塑造引导村庄规划建设的全面提升。

“景带动村”，形成村域空间优化的建设格局，缓解景区发展对古村落用地空间和旅游接待方面的压力。“村引领景”，整体改善古村落生活环境，公共空间秩序重建，“古村”文化内涵重塑，延续“道山古村”的原真性。

（四）规划主要内容

规划从三个层面（规划统领、空间整合、环境细化）和五个方面（性质定位、旅游规划、村庄规划、旅游设施、村庄整治）进行，最终落实到具体建设项目上，形成三年实施计划和投资预算（图7-15、图7-16）。

1. 规划统领

通过理清现状资源、挖掘历史文脉，落实上层次规划要求和协调相关规划，为制定出美丽村庄建设规划夯实基础。

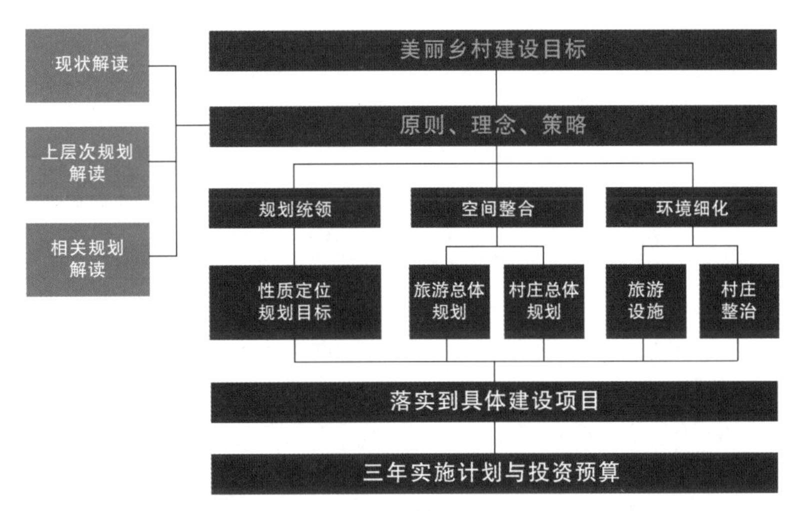

图7-15　技术路线

方面一：制定美丽村庄建设规划

- 理清现状资源、挖掘历史文脉，为下一步规划建设夯实基础。

  绝壁、奇岩、古桥、溪流、飞瀑、柿林、山色、老街、古村

- 落实上层次规划要求和协调相关规划：

  《余姚市大岚镇总体规划》

  《余姚市四明山片区规划研究》

  《余姚市大岚镇柿林村村庄规划》

  《大岚镇柿林村保护与利用规划》

  《柿林村民宿发展概念性规划》

  《丹山赤水景区建设提升方案》

方面二：村庄建设满足旅游发展要求

- 景区发展要求：景区的空间有限，旅游接待能力和层次较低
- 村域结构："天罡北斗"状的开发格局
- 近远期村庄发展空间选择：闻涛、观湖、悟道、解茶、牧田五个发展组团
- 提出近期建设重点：闻涛、解茶和悟道三个组团为近期重点

方面三：制定"景中村"建设规划

- 空间结构与用地规划
- 旅游规划、交通规划
- 生活与基础设施规划
- 生态环境保护、防灾规划、历史文化名村保护

方面四：居民点（景观）建设规划和村庄整治规划

- 闻涛组团详细规划
- 解茶组团详细规划
- 悟道组团详细规划
- 村口空间提升
- 古村天街（栈道）空间
- 村尾空间改造

方面五：青柿线旅游线路景观提升规划

- 分段规划、以线串点
- 分段道路景观设计
- 节点设计

图7-16　规划层次

2. 空间整合

满足景区旅游发展对村庄的要求，满足村庄自身发展的要求，提出村域发展格局、旅游空间布局，完善村庄交通规划、生活和基础设施布局、生态环境保护、防灾减灾、历史文化名村保护等相关规划。

3. 环境细化

对居民点和景观节点进行详细规划，并采用从点到线的方式，对沿线旅游景观提出具体的提升要求，并对古村落的三个区块进行细化。

立足三年时间，提高村庄人居环境和旅游服务质量，提升景区核心价值，实

现“村隐景中”的近期目标，为远期实现“享誉国内的道山古村”打下坚实基础。

（五）规划特色与创新

通过对村域范围内的资源评价，包括交通、用地、拆迁安置、景观、植被、水系以及生态保护、建设区划等的分析，两大核心景区之外有可能形成闻涛、观湖、悟道、解茶、牧田五个发展组团；结合参崖、宿村两个景点，形成村域“天罡北斗”状开发格局，进行村域组团开发。考虑交通及开发条件，选择闻涛、解茶和悟道三个组团为规划实施组团，其余待远期进一步开发（图7-17）。

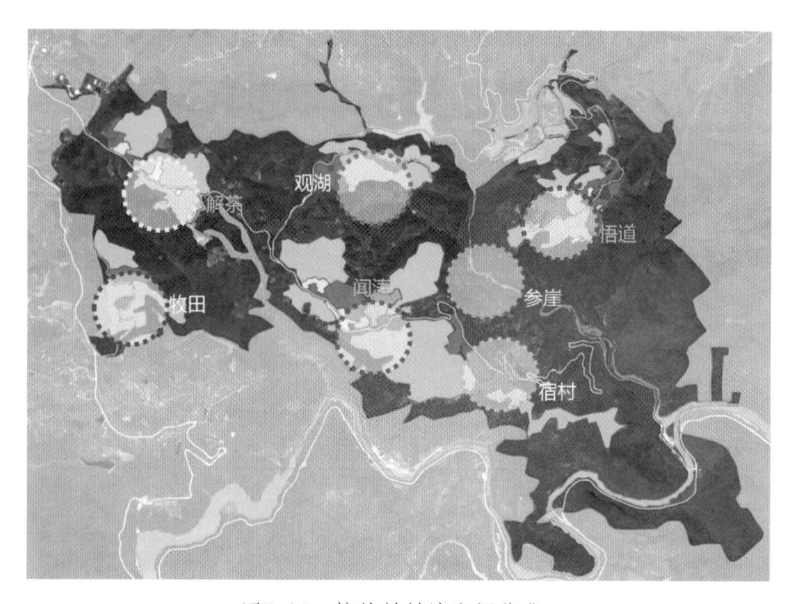

图7-17　柿林村村域空间优化

1. 创新一：景区拓展与新村建设相融合

探索景区拓展与新村发展之间的相互融合方式。在“道山古村”的规划目标下，整合提升村域零散空间，对每个空间赋予旅游主题和功能，“景带动村”、“腾笼换鸟”，通过景、村空间置换，实现村庄与景区融合共生。

2. 创新二：由旅游服务向全面体验进行提升

探索村庄由单一的旅游服务功能向全面旅游体验功能的提升，实现村庄由“景区边缘”走向“景区核心”。精耕细作黄泥岭闻涛组团，将旅游集散功能由古村村口移至民俗广场，在保护古村落的同时，提供广阔的旅游集散空间。古村落精细设计成景区的一个旅游核心，不再是一个车辆停靠点。村域空间有的放矢，各有侧重又相互协助。

3. 特色一：点、线、面的逐层细化

细化村域中闻涛、悟道、解茶三个节点。闻涛组团，大力推进民俗广场、民宿接待中心的设施建设，全面开展滨水长廊、茶园观景的景点细化工程，全面提升柿林村旅游接待能力（图7-18、图7-19）。悟道组团，在原有核心景观——丹山赤壁基础上，围绕四明道观，开展养心堂、药膳馆、悟道馆的建设，整体提升四明山景区的旅游价值（图7-20）。解茶组团，以茶为题，从单一的茶叶产地，转换为品茶、解禅的茶博园，提升景区的文化价值。三个节点的重塑，大大拓展了旅游空间，景点增加、接待能力增强，实现“景带动村”的规划策略。

图7-18　闻涛组团安置区设计效果

图7-19　闻涛组团酒店区设计效果

图7-20　悟道组团设计效果

针对青柿线进行沿线景观提升，有效引导旅游开发。规划采用以线串点（景点）的方式，对沿线景观、节点景观进行细化，辅以原生树木地貌、植被补种、山体轮廓等景观营造手法，形成随停随景、收放自如的慢行体验。此外，针对青柿线沿线景观特质，规划精心设计了每段道路的绿化配置、景观效果，整体形成了浓郁茂密、开阔悠远、峰回路转、起伏多变、静谧委婉的旅游体验（表7-1）。

表 7-1　青柿线沿线景观细化

分段	长度	现状特征	规划景观效果	景观特征
入口段	632m	两侧绿化以乔木为主，有竹林、茶树，但树种搭配较乱，景观效果一般	整条道路景观的序曲部分，拟增加入口段绿量，形成浓郁茂密的景观效果，既为后续开阔深远的景观效果做铺垫，又可体现景观生态极佳、环境优美的特质	浓郁茂密
茶厂段	587m	沿路有成片茶园，视野开阔	整条道路景观的第一个亮点，视野开阔，远眺可见山川村庄，近看有成片茶园，拟通过小乔木和灌木的植被搭配，形成精致、开阔、悠远的观感体验	开阔悠远
回马亭段	995m	两侧绿化较好，除郁闭的山林外间杂点缀开阔整齐的茶园，且可眺望远处山间村庄	回马亭段是道路景观起承转合的一段，道路在此蜿蜒绵延，景致不断交错，时而竹林深深，时而茶园漫山，拟在此段增加色叶树种，点缀山花，部分路段增加行道树，在景观平台处增设小型停车场	峰回路转

续表

分段	长度	现状特征	规划景观效果	景观特征
黄泥岭段	769m	绿化量尚可，但树种单一，景观效果欠佳	黄泥岭段是景区未来重要发展组团，也是整条景观线的高潮部分，结合现状情况，拟增加树种，形成乔灌草结合的立体绿化景观	起伏多变
入村段	890m	景观效果尚可，有成片古柿林，在秋季景观极佳	入村段是整条景观线的尾声部分，结合现状古柿树林形成深远静谧的效果	静谧委婉

古村落保护与修缮是规划中最重要的部分。尊重已有的保护范围，对每幢建筑进行了高度分析、质量分析、功能分析、风貌分析以及村落整体景观分析，得出每幢建筑的整治要求。在此基础上，对三个重要公共空间节点——村口、天街、村尾，进行详细设计，并对重要建筑提出了整治要求和施工建议。对重要立面，做到风格统一和重点维护。对典型院落改造提出了具体方案。

4. 特色二：以三年实现“村隐景中”为实施目标，强化实施成效

以实施项目为设计目标，把规划具体化，有效引导项目的近期建设，一一落实村庄与景区的设施布局。规划从实施平台、建设项目、实施内容、投资预算、项目实施要点（表7-2），对每个项目进行详细实施指导，保证三年实施计划的顺利开展。每一项工作都有对应时间、融资平台，图文并茂，保证规划实施与建成效果。

表 7-2　实施项目要点

类别	项目名称	建设内容	投资概算（万元）	其中：财政整合项目资金
1. 财政补助项目	柿林村口广场整治工程	村口广场整治、立面改造，停车场建设（约 200m^2）	280	
	柿林村旅游专用线景观改造工程	部分道路拓宽，节点景观改造，茶文化体验店设置，黄泥岭自然村立面改造、绿化	220	特色村 80 万；森林村庄 5 万
	柿林村（大岗）民宿旅游服务中心建设	按照四合院样式改造，建筑面积约 500m^2	150	
	柿林村村民托养中心新建工程	按照四合院样式建造，建筑面积约 1 500m^2	200	一事一议项目 120 万
	小计		850	205

续表

类别	项目名称	建设内容	投资概算（万元）	其中：财政整合项目资金
2. 社会（市场化）投入项目	柿林村（大岗）村民集中安置房建设	按照四合院样式改造，建筑面积约2 000m^2	200	
	吊红专业合作社暨农产品展示展销中心	内部装修、制度建设	100	
	柿林村环村游步道改造工程	新建游步道约800m，宽3.5m（包括1m绿化），节点景观设置，立面改造	360	
	小计		660	
3. 其他项目	古村三期改造工程	里弄、四合院、民宿改造，景观设置、农家乐提升整治	600	
	小计		600	
合计			2 110	205

（六）实施效果

规划过程中得到了余姚市各级领导的重视，古村落保护、村庄空间拓展、旅游设施提升得到了各方认可，规划顺利获得批复。随着古村改造和民居安置点项目资金顺利到位，解茶组团茶博物馆已经初步建成，部分历史建筑已修缮完成，村尾区块已开始进行整治，庭院改造已经顺利开始。美丽新农村建设在旅游产业的带动下，正如火如荼地开展起来。

受到景观资源开发与保护的影响，景中村“景—村—民”的关系，直接表现在乡村空间的争夺与博弈上。如何确保景区和村庄旅游业的可持续发展，如何保护在旅游产业发展中岌岌可危的村庄历史文化遗产，是在进行景中村规划时最需要深切思考的问题。余姚柿林村的规划探索仅仅是浅尝，还需要更深入的研究和努力。

三、台州市苍岭村规划设计

（一）村庄概况

苍岭村地处台州市仙居县西部山区、仙缙交界区域，是历史上横亘苍岭的“婺括孔道”（苍岭古道）起点村，千年盐路的重点村。苍岭村山峦起伏、地域辽阔，村域面积21平方千米（图7-21），包括苍岭坑、坎下、竹湖和桃山四个居民点，其中竹湖和桃山已实施高山移民，搬迁至镇区，主要居民点苍岭坑距离镇区约8千米（图7-22）。

村庄总户数476户，户籍人口1 500余人，受高山移民、外出就业等因素影响，村内常住人口仅300余人。苍岭村属于典型的农业村，主要农作物有水稻、竹笋、油茶、茶叶、杨梅和黄花菜等，经济产业发展相对滞后。

图7-21　苍岭村村域现状

图7-22　苍岭坑居民点现状

（二）特点与问题

1. 村庄特点

（1）山地村庄：自然景观秀丽，“苍岭丹枫”为仙居八景之一

苍岭村地处被誉为“浙西南第一岭”的苍岭南麓，村域范围内山峦、溪瀑、林木风景如画，其中，“苍岭丹枫”古为仙居八景之一。此外，苍岭古梅众多，是仙居杨梅的发源地。秀美的自然山水环境下，村庄选址也别具一格，坐势山脚坡地，周遭山环水绕。

（2）文化村落：历史人文浓郁，古道文化映衬的传统村落

古道、古村、古人、古风构成苍岭村极富古韵的历史人文资源。村庄因古道而兴，历史上商贾云集；时至今日，古道沿线遗迹依然可循，古道文化的缩影仍清晰可见。古道寻幽也吸引了一批户外运动爱好者，“苍岭古道”现在是浙江省十大徒步线路之一。古村整体格局保存较好，村内留有戴氏大宗祠、七星塘、古桥、古井、古树等一批历史遗存和乡土建筑，石头房、土坯房，地方特色浓郁。此外，苍岭村历代名人辈出，为南台望族，民风民俗丰富而鲜明。

2. 现状问题

（1）景观生态：风貌破坏，生态亟待修复

村域景观风貌与生态环境遭到一定程度的破坏。古道部分被硬化，“苍岭丹枫”的枫树被大面积砍伐，局部山体存在开山采石，生态与景观亟待修复。

（2）经济社会：产业发展乏力，人口流失严重

苍岭村以传统农业为主，经济规模小，村民收入低，农田抛荒现象普遍。同时，人口流失严重，村内基本为留守老人与儿童。

（3）生活服务：配套设施不足，生活条件较差

村庄配套设施不完善，缺乏卫生室、文体活动场所、商店以及排污、环卫等基本配套，对外联系尚未有通村公交，整体生活居住条件较差。

（4）人居环境：建筑破败严重，村容面貌衰落

村庄传统建筑风貌和街巷肌理保存较好，但传统建筑缺乏保护与修缮，已岌岌可危，新建建筑由于缺乏风貌引导和控制，建筑与古村格调不相协调。

（三）规划思路

（1）明晰目标定位，确定产业方向

依据相关规划要求，在深入研究村庄现状资源禀赋和特色价值的基础上，明晰苍岭村的发展目标和发展定位，并合理确定村庄产业发展方向。

（2）优化用地布局，落实相关功能

与土地利用规划调整相结合，优化用地布局，加强山坡地使用，集约土地资源利用，落实村域空间旅游休闲、公共服务等相关功能。

（3）传承历史文脉，延续传统风貌

充分挖掘古道古村历史文化资源，合理展示利用，传承历史文脉；梳理村庄街巷肌理和建筑空间，延续村落传统建筑风貌。

（4）完善配套设施，改善村居环境

完善村庄基础设施、公共服务设施，推进农宅整治，提升村民生活质量；通过保护古村、打造重要地段景观、增加公共绿地和广场，营造舒适宜人的村居环境。

（5）强化村庄设计，明确整治方向

对村庄范围内重要节点、重要区段及重点建筑进行设计，明确村庄整治方向，切实指导下一步施工设计。

（四）规划主要内容

1. 村域规划

（1）规划定位

苍岭村规划定位为融生活居住、历史文化保护、康体休闲于一体的特色山村。以“苍岭丹枫、古道山村”为名片，打造宜居宜业宜游的美丽苍岭，并致力于成为长三角户外爱好者的目的地，横跨仙缙的户外运动基地，仙居富有代表意义的传统村落和休闲旅游山村。

（2）空间格局

规划村域内形成“一核一带五点三区”的空间结构（图7–23）。一核指苍岭坑综合服务核；一带指苍岭古道自然人文带；五点指坎下、龙王庙、小溪坑、竹湖、马林街五个以休闲旅游为主的服务点；三区指户外健身区、生态农业区和休闲农业区。

图7-23 苍岭村村域空间结构

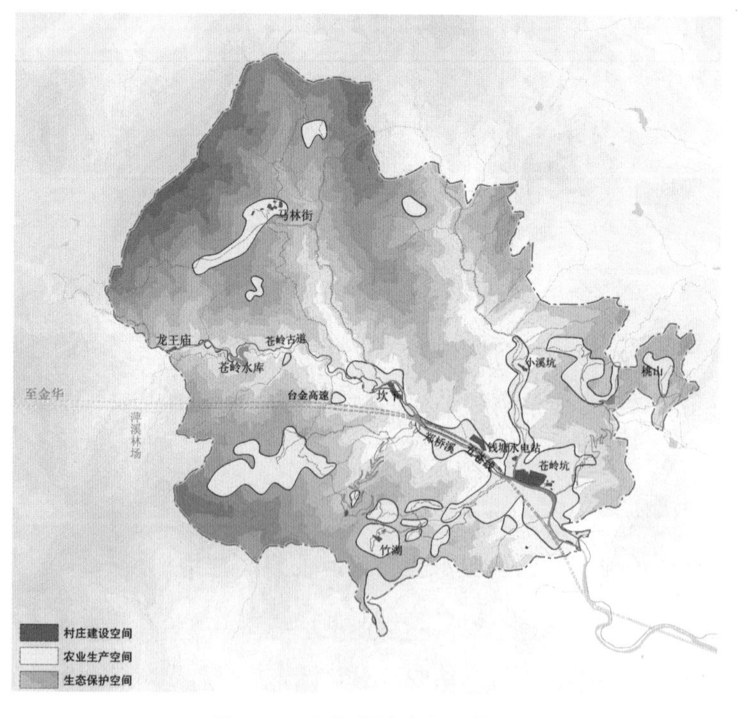

图7-24 苍岭村村域发展格局

（3）空间管制

通过GIS多因子分析评价，划定适宜、限制、禁止建设区范围，并落实蓝线、绿线、紫线、黄线等保护控制线管控要求。由于地处山地丘陵区，村域内98%用地为禁止建设区，主要是基本农田、生态山林及水域等空间，适宜和限制建设区面积非常有限，主要分布在现状村庄居民点周边，以现状用地和山坡地为主。在“三区四线”划定基础上，结合保护发展需要，划分村庄建设空间、农业生产空间和生态保护空间三类区域，形成生活、生产、生态“三生”相融的村域空间发展框架（图7–24）。

（4）产业引导

规划立足古道、古村两大资源，积极开发旅游产品，打造精品项目；依托传统农业，复兴土杨梅、山茶等特色农产品品牌；复合农业与乡村旅游，推出乡村农业休闲旅游产品；对接现代休闲养生需求，以天然森林氧吧、森林度假提供闲适悠然的世外桃源。

旅游作为龙头产业，重点打造“一带三区两环”，一带即古道沿线休闲带；三区即沿古道休闲带打造古村探访区、丹枫观赏区、古道探幽区三大核心体验区，并于古村入口布置游客接待中心；两环即以马林街为中转站，依托原有古道及溪流，打造东、西两条徒步环路。

2. 村庄规划

（1）用地布局

苍岭坑村庄布局在保护村落格局、延续传统风貌特色的基础上，着重解决民生问题，改善公共设施和基础设施配套，提升服务功能。规划重点为保护古道、古桥、祠堂、传统民居等一批历史遗存，采用有机更新、新旧结合的开发模式，通过村落山、水、田环境的梳理，提升古村落的功能和环境，促进村落的可持续发展。另外，在特定场所空间进行非物质文化的展示，通过文化和经济活动的引入，使古村落的保护和开发更具生命力。

苍岭坑村庄规划建设用地1.15公顷，总体形成“三轴、五点、多片”的空间结构。三轴分别为村落功能提升轴、古道商贸展示轴及山水景观轴；五点包括综合服务节点、两个公共活动节点、文化活动节点、休闲服务节点；多片包括传统商街风貌区、传统院落风貌区、夯土民宿风貌区、山水民居风貌区、综合服务区、山景休闲区、生态农田区七个功能片区（图7–25、图7–26）。

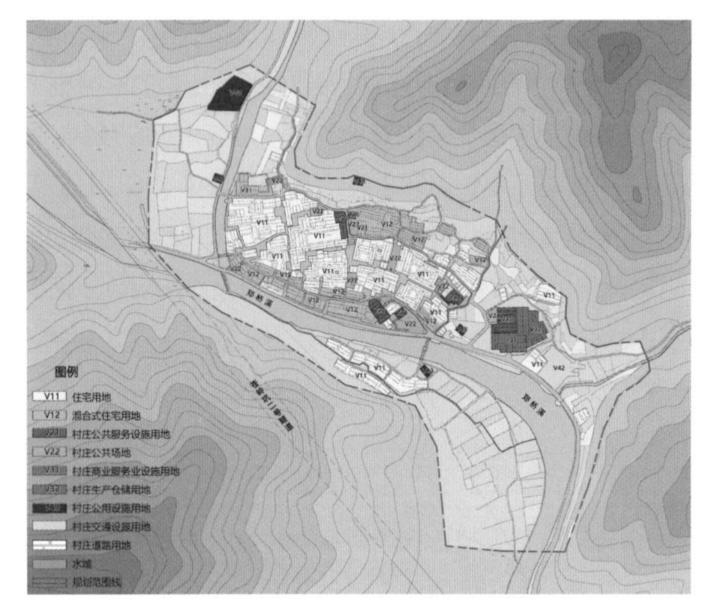

图7-25　苍岭坑村庄规划

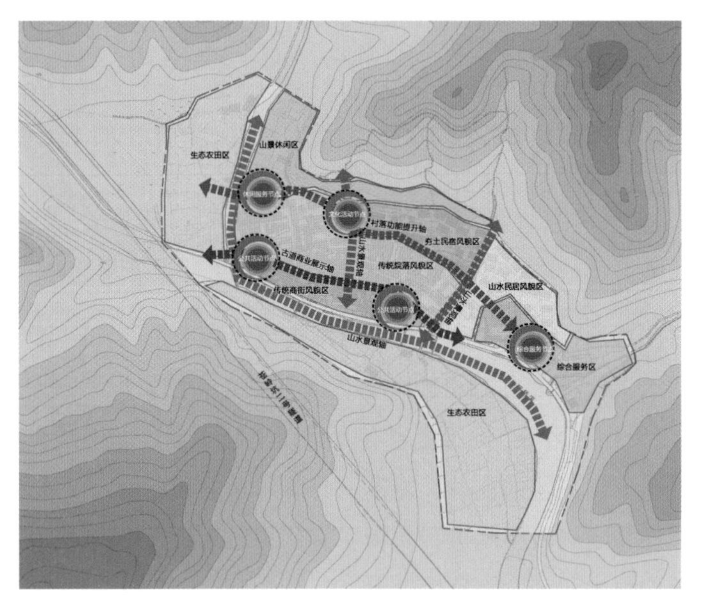

图7-26　苍岭坑村庄规划结构

（2）公共服务设施

公共服务设施：规划在苍岭坑设置村委会、文化礼堂、卫生室、祠堂、幼儿园、老年人活动中心、体育健身等公共服务设施。其中，对戴氏宗祠予以保护，利用现状村委所在地进行整合改建，增加文化礼堂、卫生室、体育健身等设施，并增设幼托设施。

商业服务业设施：规划在苍岭坑设置旅游接待中心、古道博物馆、古道商业街、百货商店等旅游休闲及生活性商业设施，并在沿山地带结合现状夯土民居建筑群发展主题民宿，为游客提供丰富多样的商业服务业设施。

（3）村庄道路交通

规划在苍岭坑设置对外交通道路、村落街巷道路、生态游览步道三级道路体系，游步道与周边山体登山步道连通。在村口设置集中的社会公共停车场，并配置电瓶观光车调度总站及自行车租赁设施，满足村民及游客多样的交通出行方式选择。此外，基于原古道硬化的道路不宜再拓宽，村域范围内在旅游旺季实施私家车限行，在村口进行截留，以景区电瓶车串联各个景点。

（4）历史文化保护

规划以保护村落本体及环境的真实性、完整性和传统生活的延续性为原则，

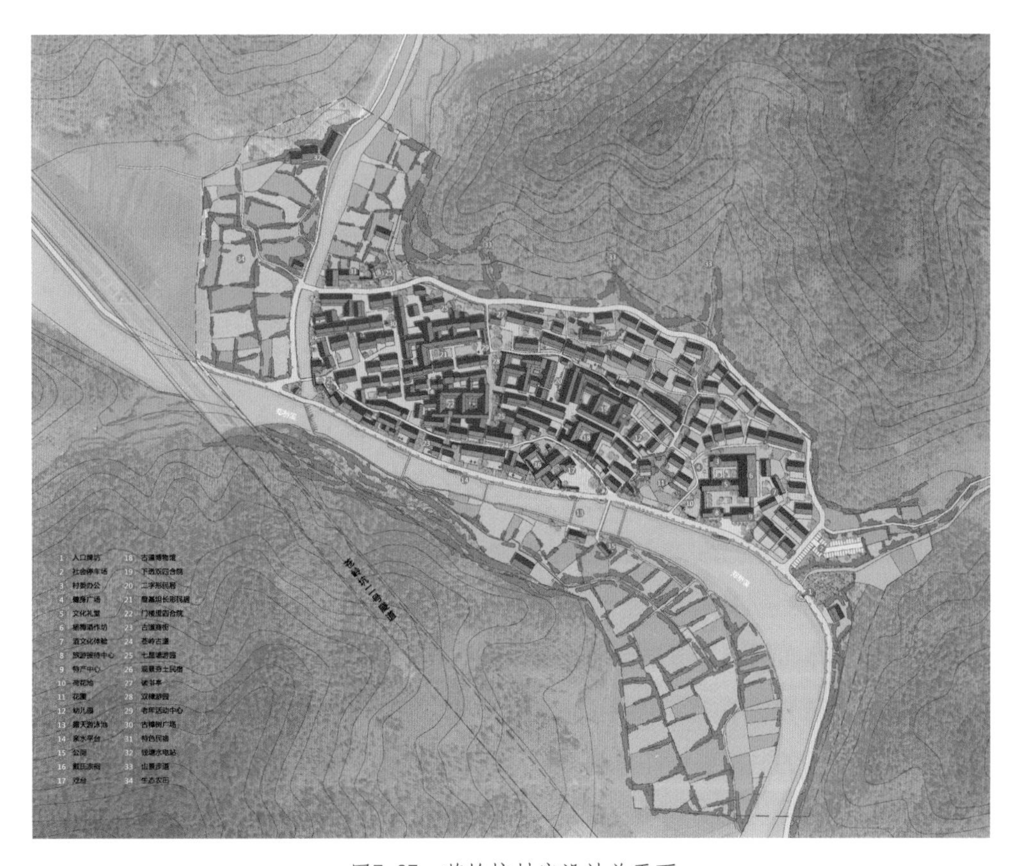

图7-27　苍岭坑村庄设计总平面

对整体格局、古道等历史街巷、宗祠等文物古迹、古树古塘等加以保护，划定了传统村落的核心保护范围和建设控制地带，对纳入保护的宗祠、民居等文物古迹划定相应的保护范围和建设控制地带，并制定具体的建设控制要求。在保护的基础上，以古道博物馆、文化活动室等多种形式加以合理发展利用；以保护促发展，通过旅游休闲等服务业的发展带动地方经济发展和居民生活水平提高。

3. 村庄整治设计

（1）“有限投入，有效改善，有机整合，有序引导”的整治原则

有限投入，整治规划应充分考虑整治的经济合理性，通过对关键点的投入，实现村庄整体的提升；有效改善，不仅要满足空间景观的美化提升，还要关注村民的日常需求和未来村庄发展旅游功能的需求；有机整合，强调村庄、建筑、街巷、水系与自然环境的有机整合，构建一个山邻水畔、巷弄纵横、白墙黛瓦掩映其中的村庄（图7-28）；有序引领，规划整治的策略重在引导，通过改造样板及标准的建立，充分发挥村民的主观能动性。

图7-28　苍岭村鸟瞰效果

（2）从整体印象、古道忆象、院巷景致三个层次选择重点提升区域

选取村庄入口、村委及旅游接待中心、村落南线、村落西线构建“村庄秀美、山水幽美”的村庄整体印象；选取戏台广场、街巷农家、祠堂入口、特产商铺、休憩绿径等区块，打造“农商富美、人文淳美”的苍岭古道忆象；选取夯土民居、二字形民居、屋基坦民居、太平桥下土舍竹径等，构建“居宿趣美，生活

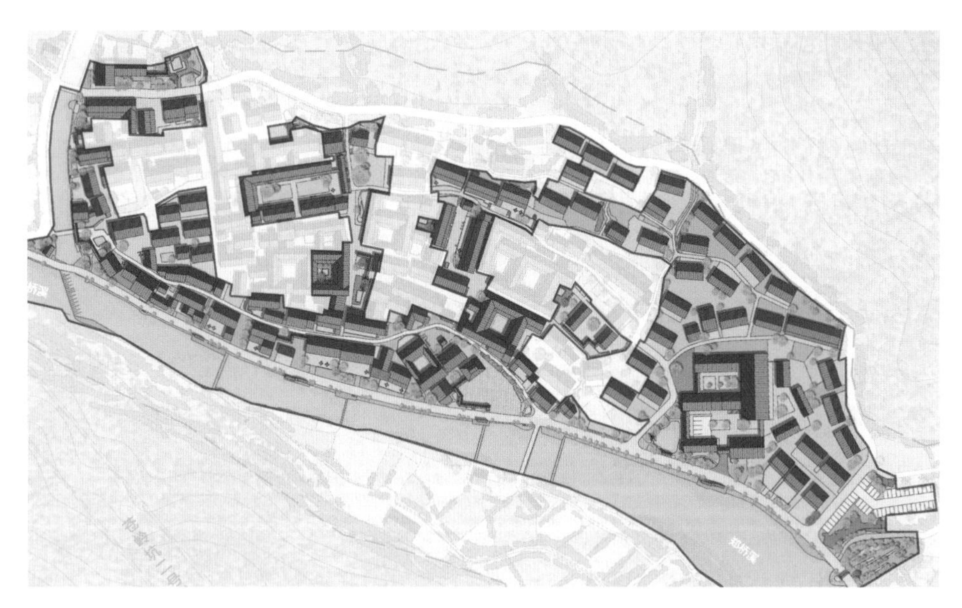

图7-29　苍岭村近期重点整治范围

图7-30　苍岭村整治设计引导

和美”的建筑院巷景致。

（3）采用保护、修缮、保留、改善、整治改造、拆除六大整治分类模式

根据建筑自身风貌特点及规划要求，分别采用保护、修缮、保留、改善、整治改造、拆除六种模式，其中对戴氏宗祠进行保护，对风貌较为典型的传统民居及四合院进行修缮。

（4）“四个协调”的建筑改造原则与分类建筑改造指引

建筑改造遵循四大原则：建筑与自然环境协调统一；新建建筑与传统建筑协调统一；新建各类建筑相互之间协调统一；整体协调与细部变化协调统一。此外，对传统建筑更新、现代建筑改造、新建建筑分类提出建设指引。

（五）规划特色与创新

1. 基于民愿诉求的规划思路

规划立足村庄实际与村民需求，开展了广泛的问卷调查、入户访谈、村民座谈等，通过多渠道多形式了解村民需求，听取村民意见，特别是村民的住房改善意愿、基础设施、公共服务设施配套需求；并以解决问题为导向，在住房建设、设施配套等方面予以妥善安排，如针对无排水设施建设集中污水处理设施，无商店、诊所等增加生活性设施配建。

2. 衔接两规的土地利用方式

苍岭村是浙江省两规合一试点村，规划与土规同步编制，建设用地原则上不突破土规所确定的基本农田保护区、优质园地、林地范围，并对山坡地、闲置地等加以合理利用，实现两规图斑一致，数据一致。

3. 层次清晰的古村保护利用模式

规划在科学评价资源要素和历史文化价值的基础上，采取“分级保护、梯度开发”的保护利用模式。分级保护即宏观层面推荐苍岭古道仙居段与缙云段联合保护，申报国家级文保单位；中观层面构建古道、古村、古迹保护线路；微观层面以古村为核心建立自然山水与古村相融合的保护格局，并辅以古村、文物古迹的保护划线、历史环境要素的有机协调，构建点、线、面的保护框架体系。梯度开发强调立足本村资源的旅游休闲路径，形成自上而下的户外运动基地、高山特色农业、村落文化体验、健康养生度假等产业板块，古村探访

区、丹枫观赏区、古道探幽区相连的古道休闲带，山景游憩、院落体验、商街休闲的古村展示线路。

四、金华市登高村规划设计

（一）村庄概况

登高村，一个隐逸在仙华山景区的宋朝皇族后裔村落，是金华市浦江县仙华街道的一个行政村，村落的主体部分处在风景名胜区的核心景区范围内，因“山下不曾见、登高才可见”而得名（图7-31）。

村域面积约285万平方米，建设用地面积约为3.4万平方米。现有村民约180户、550人，平时实际居住村民不足100人，以老年人口为主，中青年基本上外出经商务工（图7-32）。

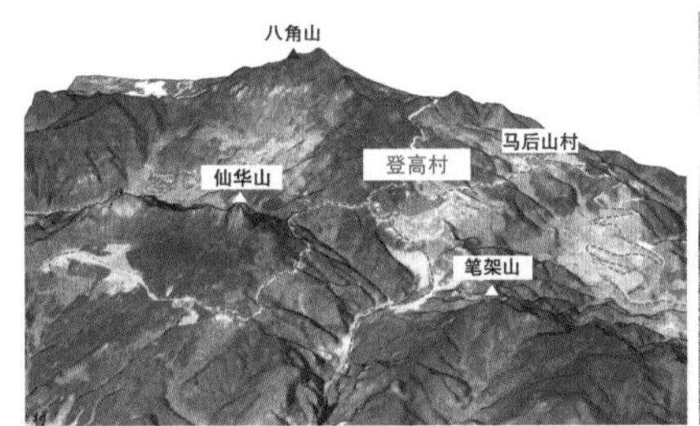

图7-31　登高村在仙华山景区的区位

图7-32　登高村现状

（二）特点与问题

1. 村庄特点

登高村的核心特点可概括为“隐”和“雅”。村庄选址于仙人谷，三面环山，坐北朝南，伫立村口登高俯眺，阡陌纵横，远处森林缥缈，高山云海，峰林万千。村内青砖黛瓦层层叠叠，马头墙此起彼伏；赵氏宗祠、十三间头大度堂正，雕梁画栋；古代智慧的“甘泉工程”，神秘的万古图腾，浪漫的梯田花海，古朴的石径古道，还有动人的《神笔马良》，多彩的民俗活动，以及清新淡雅的美食，众多的自然、人文要素成就了登高村犹如乌托邦的动人意境。

2. 现状问题

由于地处深山，登高村也面临人口流失严重、住房条件落后、空间场所破败、农田逐渐荒芜等一般传统村落所存在的困境。另外，由于属于风景名胜区，常规的村庄规划无法落地，村集体及社会资本都无法有效开展投资，使得村庄日渐衰败。2012年，一廖姓商人投资数百万元在登高村打造百亩玫瑰田，励志把登高村改建成一个宜居宜游的美丽山村，但由于村庄规划始终未出，进一步发展缺乏规划的空间控制与指引，最终放弃投资登高村。因此，如何落地是本次规划的一个重点。

（三）规划思路

今天在乡村旅游热潮和仙华山景村联动发展的带动下，登高村的复苏既面临新的机遇，也面临困惑：是以景区发展和游客需求为主，打造一个“度假村”？还是以村民需求为根本，打造一个“家园”？然而，只有“真正生活着的村庄”才是村庄能够传承发展的根本，也是“有灵魂的乡村旅游”和“有温度的民宿”得以青睐的魅力所在，因此规划着重以村庄生产回归、生活回归和精神回归为出发点，兼顾游客的个性化服务需求，力图打造一个村民安居乐业，主、客祥和共生的特色宜居村落。

1. 生产回归——“景观化”多元农业的耕种模式

农业生产是农村生活的根，规划挖掘其潜在的附加价值，通过“景观化”“趣味化”让农业在生产的同时成为游客的观赏点。一是要围绕登高村现有的谷、茶、花、菜四类主要农作物，及以梯田为主的一产空间特征，引导同类作物空间集中，形成连片田园景观。二是根据季节变化，在田间种植色叶树、果树，创造多彩的四季风情。三是开辟“农耕”和“农趣”体验田，组织开犁、收割、捉泥鳅、观星辰等趣味活动场所。

2. 生活回归——“家庭式”生活氛围的空间建设

不同于城市生活，村庄除了个体的“小家庭”，还有集体的“大家庭”生活，因此，规划在通过新村建设、设施与环境改善提升个体生活质量的同时，重点对承载节庆、晒秋、民俗、村宴、红白喜事等各类村庄公共活动的空间场所进行环境景观提升，打造村口迎客广场、览胜平台、明堂广场、赵氏宗祠、古甘泉广场等十大魅力活动场所，这些场所不仅是村民公共生活的载体，也是游客了解农村、体验农村的重要空间。

3. 精神回归——“最风雅”宋朝遗风的文化品位

登高村不仅有古朴通俗的农村文化，还有风雅的宋朝遗风和艺术气息，规划通过空间、物质与活动载体将其融入现代生活并展示传承。一是书画，吸引热衷宋代书画的艺术创作家会聚，举办书画赛、论坛，创建马良书画院、大师工作室、展览演示屋、写生平台等空间场所，营造整个村的文化气息，提升村民个体的文化艺术品位。二是养生饮食，利用登高村的高山蔬菜、高山茶叶、特色米面、家酿米酒非常契合宋代饮食的特点，打造以“养生素食”为特点的系列“登高宋食套餐”来招待客人。三是在玫瑰花海的基础，规划进一步注重全村域各季节花卉的植物造景，打造全年候被花簇拥的美丽村庄。四是规划通过空间场所打造来复兴与传承各类传统民俗活动，以及丰富图书阅览、乡村电影等现代休闲娱乐生活。

（四）规划主要内容

1. 村域规划

（1）规划定位

规划提出“隐逸生活的大家庭、热情好客的古村落”的口号，意在通过村民生产、生活、精神的回归，兼顾游客的个性化服务需求，打造一个村民安居乐业，主、客祥和共生的特色宜居村落（图7–33）。

（2）空间布局

规划村域范围内形成“一心一点六区”的空间结构。“一心”为登高古村，“一点”为新村居民点，“五区”为玫瑰花田区、天书探秘区、果蔬花田区、谷粟梯田区及高山茶园区（图7–34）。

（3）产业引导

从建设“生活着的村庄”目标出发，实现保护、提升登高村的核心农业功能，增强品牌效应，促进乡村旅游。因此，确定登高村将延续以一产为主、三产为辅的产业发展方向，一产主要为以高山茶、高山果蔬、谷粟、玫瑰等为主的果品种植，三产主要为旅游及相关配套服务业。

现代农业：大力发展生态农业，构建品质农业；加强现代农业与旅游度假产业结合，优化提升观光与体验农业；推动农业品牌创建，提高农产品知名度与美誉度。

休闲旅游业：依托仙华山景区和传统村落自然人文双重资源，构建精品旅游线路；拓展旅游产业链条，助推村庄经济发展。

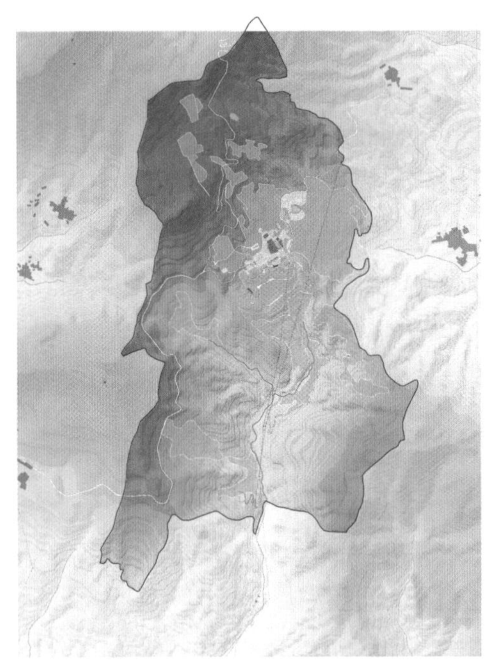

图7-33　登高村村域土地用地规划

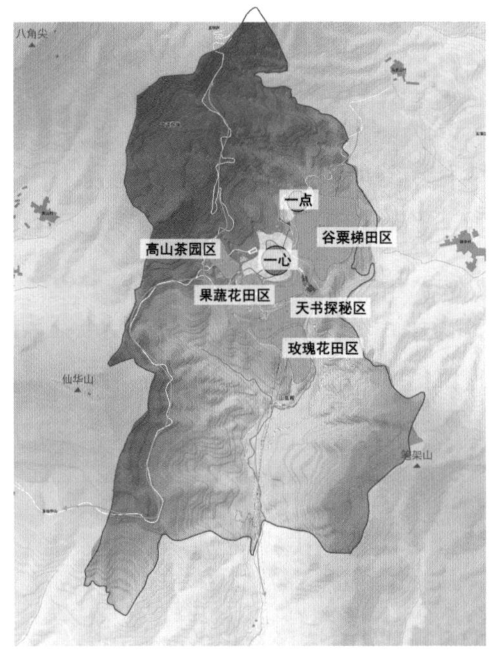

图7-34　登高村村域规划布局

2. 居民点规划

（1）用地布局

按浦江现行村庄人均建设用地控制指标90平方米/人计算，到2030年，登高村所需村庄建设用地为5.26万平方米。相比现状3.4万平方米建设用地，需增加村庄建设用地约1.86万平方米，但由于部分房屋破损严重，部分建筑（如宗祠、十三间头、马良故居以及特色民居）需腾挪置换发展公共设施用房或改建为民宿等，初步计算约为0.47万平方米用地，因此村庄实际增加建设用地约2.33万平方米（图7-35、图7-36）。

（2）功能结构

规划形成“珠链串接、庭院组团”的空间结构。

珠链串接：对村庄道路进行统一的景观改造，形成三环相扣的行径纽带，将村口、迎客广场、明堂、览胜平台、古甘泉等主要公共活动空间以及砚池、花圃展览园、休憩小广场等串珠成链。

庭院组团：根据主体功能差异，将建筑进行庭院化组合，形成诸多特色鲜明的建筑院落组团。

图7-35　登高村规划总平面

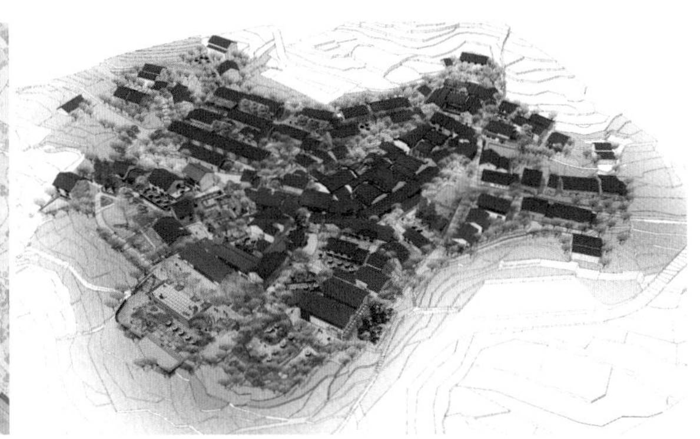

图7-36　登高村规划鸟瞰效果

（3）特色空间

个体生活空间：家庭中的卧室、客房。强调私密性，布局村庄外围，包含村民住宅及游客民宿。村民住宅强调个体生活方式的权利以及左邻右舍的互惠，以小组团模式进行共享空间与院落的打造。游客民宿强调建筑的组合使用，通过院落整合，形成不同特色、不同规模的民宿酒店组团。

公共活动空间：家庭中的客厅、书房、餐厅。强调公共性，居中布局，包含古建筑利用及室外公共场所的塑造。祠堂、十三间头为村庄节庆、祭祀、婚嫁、丧礼等各种民风、民俗活动场所，马良故居、十三间头为村民书屋和艺术创客驻点，在宗祠东侧增加老年活动室、卫生院等。室外公共场所主要有村口迎客广场、览胜平台、明堂广场、古甘泉广场四大公共活动空间，也是游客集中活动空间，既要满足村民生产生活需求，也要为游客创造舒适的观景、休憩环境。

行径连接空间：家庭中的走廊、玄关。蜿蜒穿梭于村庄内部的主要步行道路，或宽或窄，或平缓或攀高，一步一景，既可以品味村庄细节，也是串联各组团、各开敞空间的纽带。

花园景观空间：家庭中的花园、菜园。村民的生产空间，乡村的自然本底，在更具景观化提升的基础上，在村庄西侧梯田植入"仙华论笔"书画主题活动场所。

（4）整治设计

乡村空间涵盖了生产、生活、交流、信仰、道德、商业等空间，与村民的生活密切相关，并且这些空间的功能具有多样性和复合性。规划将登高村根据功能及风貌划分成10个组团节点，分别为村口迎客广场、览胜平台、明堂广场、赵氏宗祠、古甘泉广场、马良书画苑、竹林别屋、土舍民宿、台院小居、隐舍。追溯不同节点历史的主要场所内涵，结合村民现代的生活需求以及乡村旅游发展的需求，进行重新诠释，深化设计，使其达到美丽宜居示范村的建设要求（图7-37、图7-38）。

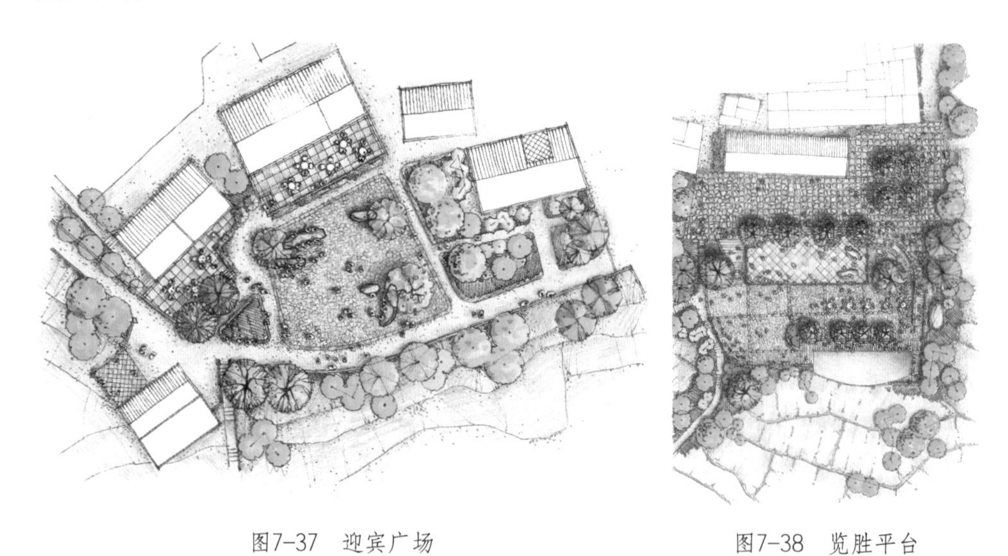

图7-37　迎宾广场　　图7-38　览胜平台

（五）规划特色与创新

1. 通过乡村场所精神的挖掘来营造空间特色

乡村空间是乡村大社会中的一种情感和生活方式的表达，也是对自然、祖宗、鬼神等尊重和敬畏精神的一种寄托。规划正是要继承和放大村庄不同空间的精神内涵，并融入现代生活的需求，以“家庭式”生活场所理念进行空间营造。如村庄明堂是主要的晒场，是收获丰收和喜悦最好的地方，是儿童游戏的天堂，是人情味十足的各类红白喜事宴席地，也是乡村电影的放映地。因此，对明堂空间的打造，首先要满足村民晒秋、集会、村宴以及各种民俗活动的需求，维持开阔平整的场地，保证主要空间阳光的照射，树木种植选择落叶树种。在此基础上再对广场边界进行人性化、趣味化设计，恢复明堂广场乡村露天电影等活动（图7-39）。

2. 通过开发运营模式的探索来支撑规划落地

一是个体经营。村民利用自家宅院闲置用房进行经营服务，主要包括村庄外围的农家乐，广场周边的餐饮、茶室等服务。

二是邻里联合共营。通过邻里之间自主合作，整合室内、室外空间，形成多个具有特色的院落，充分利用院落空间，发挥乡村室外环境优势。

三是农村合作社集体经营。通过专业合作或股份合作的形式，发展村集体经济，包括农业生产、农产品加工、青年旅社经营、书画苑、旅游接待中心以及览胜平台的经营等。

四是社会资本团队经营。对于土舍民宿、隐舍等投资大、风险高的项目，建议引进外来资本和专业团队进行综合经营与管理（图7-40）。

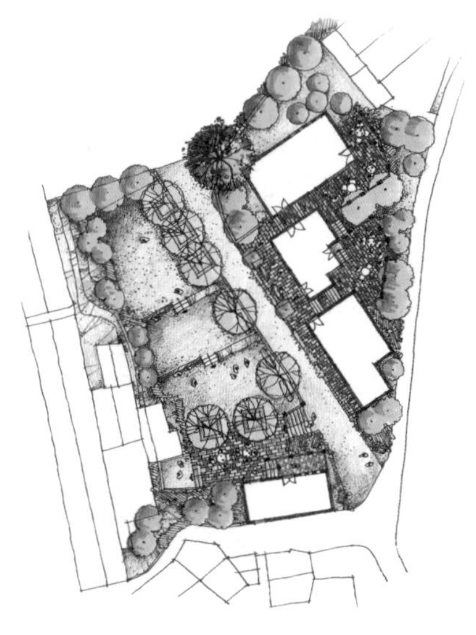

图7-39　明堂广场

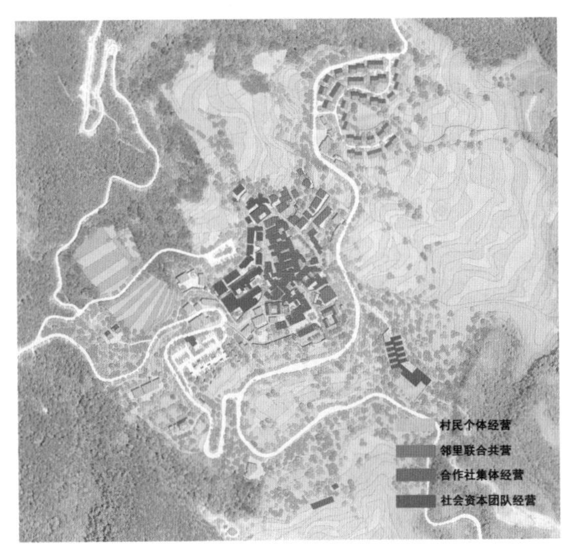

图7-40　开发运营模式分区

（六）实施效果

规划设计注重全过程的公众参与，成果得到了村民的充分认同，规划的推进实施主要体现在两个方面。

一是人居环境显著改善。各类基础设施建设、老建筑修缮稳步推进，重要公共空间节点已进一步开展深化设计。

二是村民回归积极性高涨。在居住环境、就业环境提升的预期下，近50%的村民愿意回村居住生活，这也是本次规划要实现“生活着的村庄”和促进登高村持久繁荣的最终目标（图7-41、图7-42）。

图7-41　登高村规划实施效果1

图7-42　登高村规划实施效果2

五、丽水市紫草村村庄规划设计

（一）村庄概况

紫草古村位于浙南古邑松阳，嵌落在松古平原东北侧的仙霞岭支脉之中，距三都乡政府约1.4千米，距县城区约15千米。紫草村海拔高达810米，为三都乡地势第二高的村落。紫草村所在的三都乡是松阳地区传统村落最密集的乡域之一，乡域内共有超过16处登记的中国传统村落，而紫草村又地处传统村落群的几何中心。

紫草村只有一个居民点，户籍人口386人，常住人口不足百人，村庄规模约2.5万平方米，村域面积约367万平方米（图7-43）。

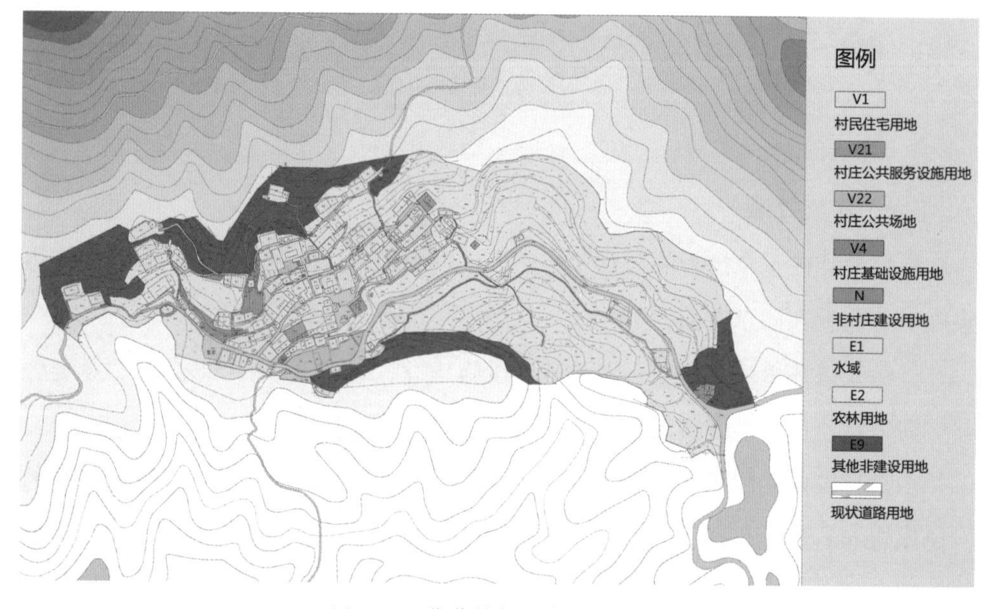

图7-43　紫草村居民点土地利用

（二）特点与问题

1. 村庄特点

（1）传统文化深厚

紫草村为第三批中国传统村落，因中草药紫草而得名，旧时远观呈现“紫草漫青山，青山裹金城”之景。紫草村的整体格局为环山望谷（图7-44），村内几乎所有建筑均为夯土传统民居，明清古宅有10余处，古井、古树、古道、古石阶遍村；村域范围还有反修石渠、古窑遗址等历史景观点。

图7-44　环山望谷格局

（2）自然环境优越

南侧村口的平台上可倚百年古树静赏峡谷古村，西侧小土包上可憩沙马古亭俯视松阳古城（图7-45），北面可在穿过反修石渠后远眺呈回古村（图7-46）；村域地形包括山体、峡谷、河谷、丛林等，空气负氧离子浓度高达5 000+个/立方厘米。

图7-45　西瞰松阳古城

图7-46　北眺呈回古村

2. 现状问题

（1）遗存破坏严重

村内传统建筑、传统环境要素均受到一定程度的破坏，部分传统建筑年久失修，道路部分被硬化，古井古水塘被局部改造。

（2）经济发展薄弱

村庄现状产业以农业为主，以单季水稻与高山蔬菜为主，产量较低；旧时小学、商店等设施随着人口流失均已废弃，商品交易转换成较为落后的移动式小贩车，每日经过村落一次。

（3）人口流失严重

2014年，村庄户籍人口386人，常住人口不足百人，其中80%以上均为60岁以上老人及未到就学年龄的儿童。

（三）规划思路

1. 平衡性——传统村落保护与发展同行

紫草村在政府发展背景下集传统村落和美丽宜居示范村于一身。在考虑村落发展的同时，深入挖掘现状文化，梳理核心文化，构建文化体系并最终落实到文化空间并进行文化烘托。

2. 差异化——浙南山区传统村落差异化发展实践

松阳县作为全国传统村落保护发展示范县，传统村落多达50余个，同质化发展问题严重。规划分别从长三角、松阳县域、三都乡域等多层面进行系统分析，明确村落发展方向，顺应区域乡村发展趋势并形成自身特色。

3. 区域性——三都乡传统村落集群旅游发展带动

三都乡拥有松阳县最密集的传统村落集群，整体上存在定位视角单一、影响效果薄弱、区域联动缺乏等问题。基于定位开展"区域—村域—居民点"三个层次的布局，村落群、村域层面注重与周边村落的联动性布局，强调基础设施落面落点；居民点注重自身发展的差异化特点，强调特色文化突出与特色空间营造。

（四）规划主要内容

1. 村落集群规划

规划基于村落文化、运动双重属性，以紫草村为几何中心的16个村落为主体（图7-47），策划丰富的户外运动延伸空间与周边村落紧密联系，包括4个主题、9条线路、2个运动配套服务点、2个休闲驿站。

2. 村域规划

（1）规划定位

规划在系统性分析研究的基础上，认为三都乡传统村落集群应以"文化、运动"为区域共性主题，紫草村应以"古韵养生、健康文动"为自身个性定位，并最终形成源溯传统道家养生体系与现代户外运动体系的业态体系。

（2）功能分区

规划结合现状资源与村域产业空间布局，将村域功能分为8种类型、10个功能片（图7-48）：养生度假服务片、竹林景观片、山谷田园景观片（2片）、山

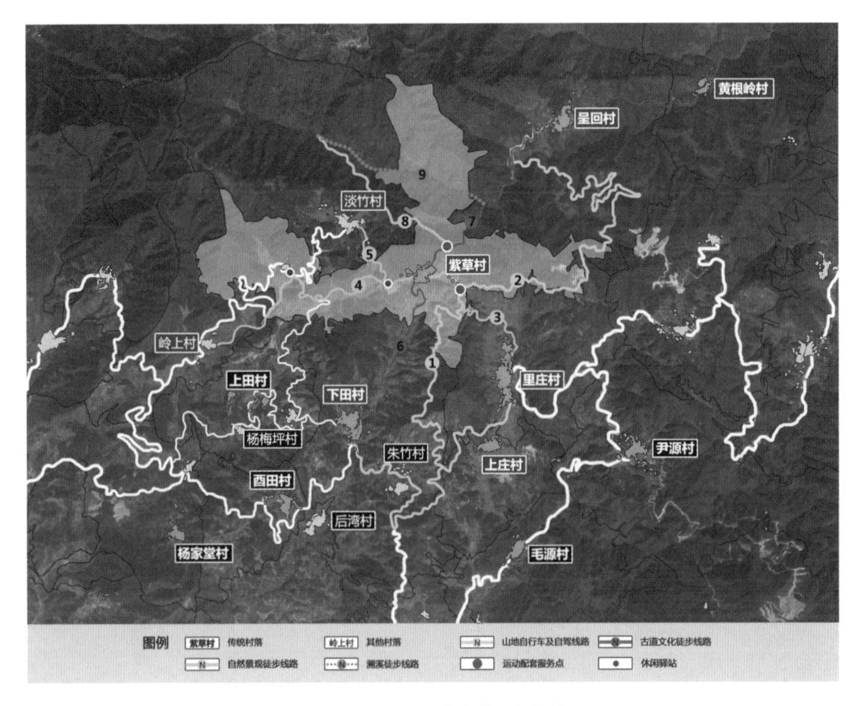

图7-47　村落集群布局

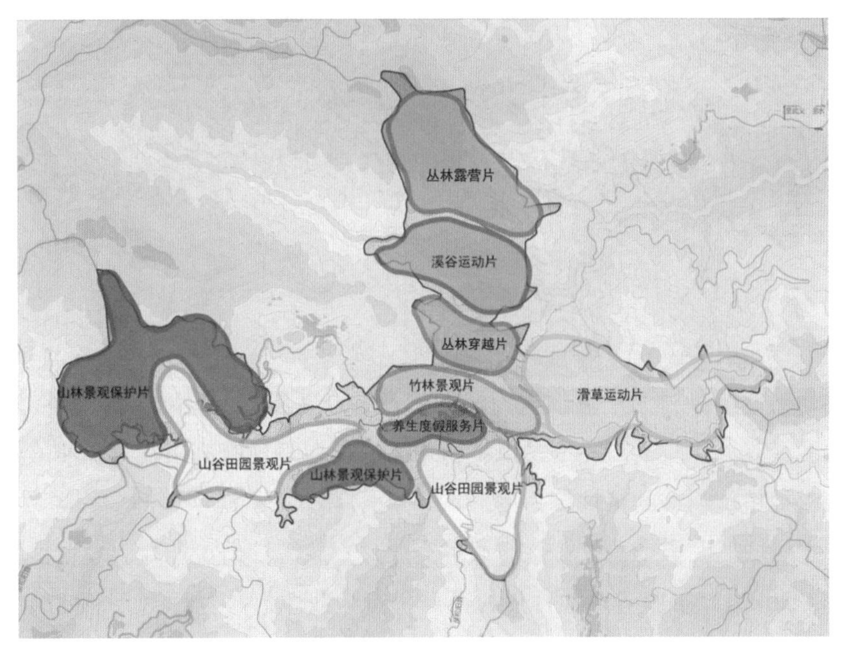

图7-48　村域功能分区

林景观保护片（2片）、滑草运动片、丛林穿越片、丛林露营片、溪谷运动片。

（3）空间管制

通过GIS多因子分析评价，按照“保护优先、合理布局、控管结合、分级保护、相对稳定”的原则，规划结合紫草村的特色资源环境、承载能力和发展潜力，将村域划分为适建区、限建区和禁建区三类空间管制区，制定不同的空间管制策略（图7–49）。

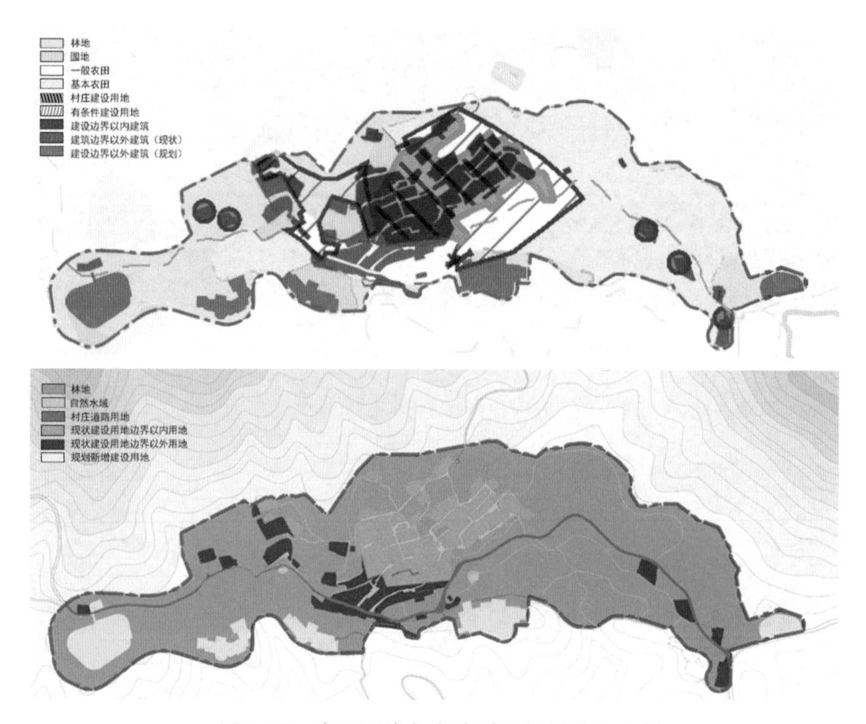

图7–49　建设用地与土地利用规划叠加分析

（4）产业引导

规划确定紫草村的产业结构为“一三产融合发展”。其中，三产主要为旅游及相关配套服务业；一产主要是以种植生姜、茭白等现有高山蔬菜和油菜、油茶等可规模种植供观赏的植被等为主。

划定村域三大类产业片：旅游服务产业片、旅游活动产业片及农业种植产业片（图7–50）。旅游服务产业片以村落居民点为载体，布置村落大部分的旅游配套服务；旅游活动产业片以多样地形为载体，包括山林、溪谷、峡谷等，支撑村落丰富的户外旅游活动；农业种植产业片以村域耕地为载体，结合农业种植与农业观光体验，体验区域应靠近居民点。

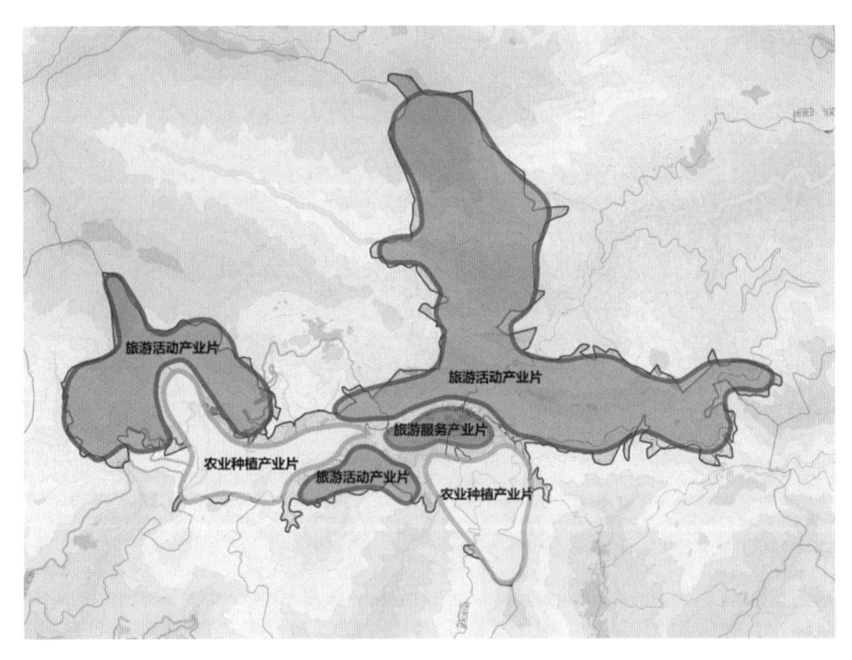

图7-50　村域产业布局

3. 居民点规划

（1）空间布局

规划形成“二点二轴十一片”的空间结构（图7-51、图7-52）。

图7-51　居民点规划总平面

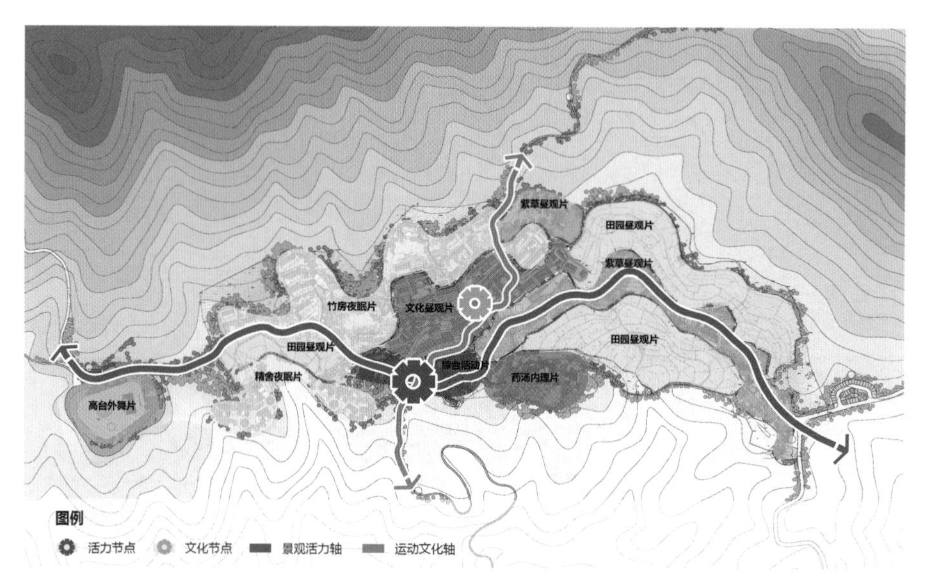

图7-52　居民点空间结构

二点：活力节点与文化节点。活力节点位于村落主要车行路与古道交叉的路口，以原有休憩小平台为中心，结合北侧紫草景观坪、西侧与北侧的休闲活力街，形成村落活力集聚点；文化节点以文化大礼堂（李氏宗祠）为中心，结合多个高低错落的平台与文化功能植入的合院，形成融“眺望观景”和“入室阅史”于一体的文化集聚点。

二轴：景观活力轴与运动文化轴。景观活力轴以村庄车行道为主线，串联包澳上社、紫草景观、幽静水塘、活力平台、休闲活力街、休憩平台、古波映竹、沙马亭等景观点，也是村落最具活力的轴线；运动文化轴以穿村古道为主线，沿线布置多类休憩、餐饮等户外运动设施及重要传统建筑，满足休憩需求的同时又能领略村落古韵。

十一片：包括1个综合活动片、1个文化昼观片、2个紫草昼观片、3个田园昼观片、1个竹房夜眠片、1个精舍夜眠片、1个高台外舞片、1个药汤内理片。

（2）动静分区

基于文化、运动主题划分动静业态并进行动静分区布局。静功能片包括药汤内理片、竹房夜眠片、精舍夜眠片；动功能片包括高台外舞片、综合活动片、文化昼观片、田园昼观片及紫草昼观片。动静功能区之间均有以竹林为主的乔木林作自然阻隔，保证静功能区的幽静氛围和动功能区的景观背景。

（3）公共服务设施配套

规划紫草公共服务设施的配套完善综合了使用者（居民和公众）的多元需求，主要包括行政管理、文化体育、娱乐设施、商业设施和医疗保健设施等（表7–3）。

表 7–3　紫草村公共服务设施规划

<table>
<tr><th>服务对象</th><th>类型</th><th>设施名称</th><th>备注</th></tr>
<tr><td rowspan="8">村民</td><td>行政管理</td><td>村委会</td><td>与大礼堂合并使用</td></tr>
<tr><td rowspan="3">文化体育</td><td>老年人照料中心</td><td>与私塾文化馆合并使用</td></tr>
<tr><td>村史文化馆</td><td>现有房屋改建</td></tr>
<tr><td>演武平台</td><td>锻炼健身场地</td></tr>
<tr><td rowspan="2">娱乐设施</td><td>活动场所</td><td>包括观景平台、文化平台、活力平台、休憩平台若干</td></tr>
<tr><td>文化大礼堂</td><td>棋牌、交流、集会</td></tr>
<tr><td>商业设施</td><td>休闲活力街</td><td>以旅游产品为主，少量店铺经营业态为日常生活用品零售</td></tr>
<tr><td rowspan="16">公众</td><td rowspan="4">文化体育</td><td>非遗展示院落</td><td>现有房屋改建</td></tr>
<tr><td>传统建筑展示点</td><td>现有房屋改建</td></tr>
<tr><td>私塾文化展示馆</td><td>现有房屋改建</td></tr>
<tr><td>登山驿站</td><td>规划新建，为登山爱好者提供休憩、餐饮等服务</td></tr>
<tr><td rowspan="4">医疗保健</td><td>静心馆</td><td rowspan="4">规划新建，结合中药养生主题打造的特色化旅游体验区</td></tr>
<tr><td>吐纳馆</td></tr>
<tr><td>竹林汤药</td></tr>
<tr><td>禅茶馆</td></tr>
<tr><td rowspan="2">娱乐设施</td><td>24 小时书吧</td><td rowspan="2">规划新建，为健身和户外活动爱好者提供的运动演练场馆</td></tr>
<tr><td>演武望古馆</td></tr>
<tr><td rowspan="5">商业设施</td><td>紫草竹房</td><td>中高端民宿</td></tr>
<tr><td>驿客栈</td><td>平价级民宿</td></tr>
<tr><td>望谷精舍</td><td>商端民宿</td></tr>
<tr><td>休闲活力街</td><td>以旅游产品为主，少量店铺经营业态为日常生活用品零售</td></tr>
<tr><td>吊脚披屋餐饮店</td><td>提供农家饭菜的特色餐饮场所</td></tr>
</table>

（4）文化保护

主要包括保护区划、传统建筑保护、历史环境要素保护及非物质文化遗产保护四方面内容。保护区划是对划定的核心保护区与建设控制地带进行整体建设控制；传统建筑保护是对现状建筑采用修缮、保留、改善、改造、拆除五种模式；历史环境要素保护包括对传统街巷格局、古井古水塘、围墙照壁、古道以及古树名木的保护；非物质文化遗产保护注重对非物质文化活动的组织与活动空间的保护维系（图7-53）。

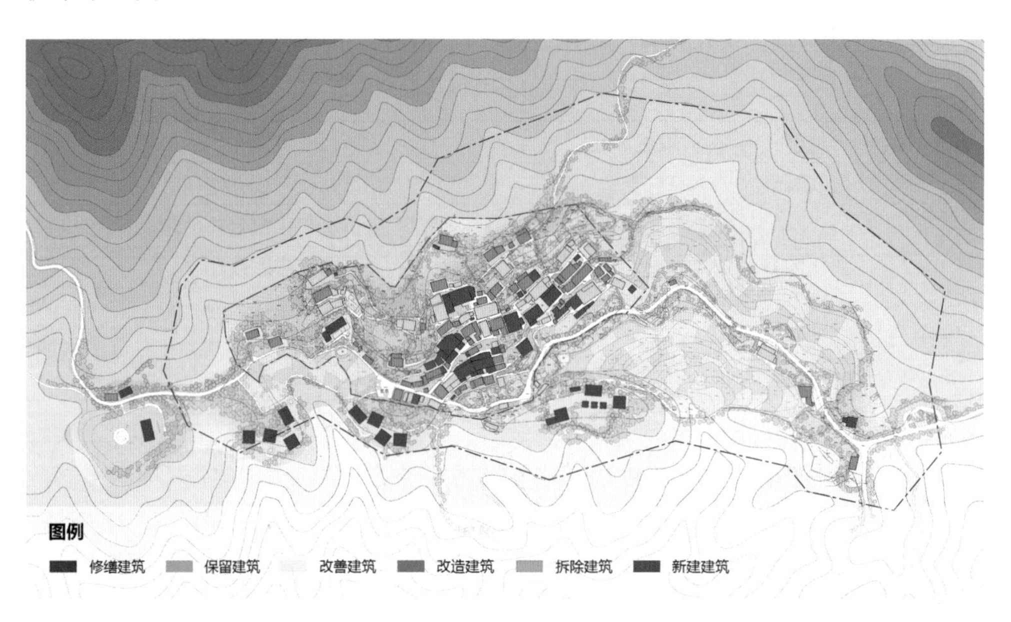

图7-53　保护区划与建筑分类

4. 村庄设计

（1）印象空间设计

包括节点空间三个——文化空间节点、村口空间节点、田园空间节点；场景空间六个——台阶院落、古道休闲平台、紫草幽径、古韵巷弄、休闲活力街、清风林影（表7-4、图7-54~59）。

表 7-4　紫草印象空间设计

紫草印象	空间类型	重点区域	
印象空间	节点空间	1	文化节点空间
		2	村口节点空间
		3	田园节点空间
	生活场景	4	台阶院落
		5	古道休闲平台
		6	紫草幽径
		7	古韵巷弄
		8	休闲活力街
		9	清风林影

续表

紫草印象	空间类型	重点区域	
印象建筑	传统建筑	10	文化大礼堂
		11	私塾文化馆
		12	合院民居
	新建建筑	13	望谷精舍
印象环境	整体环境		
	标识标牌系统		
	街巷家具		
	主题器物用具		
	旅游产品		

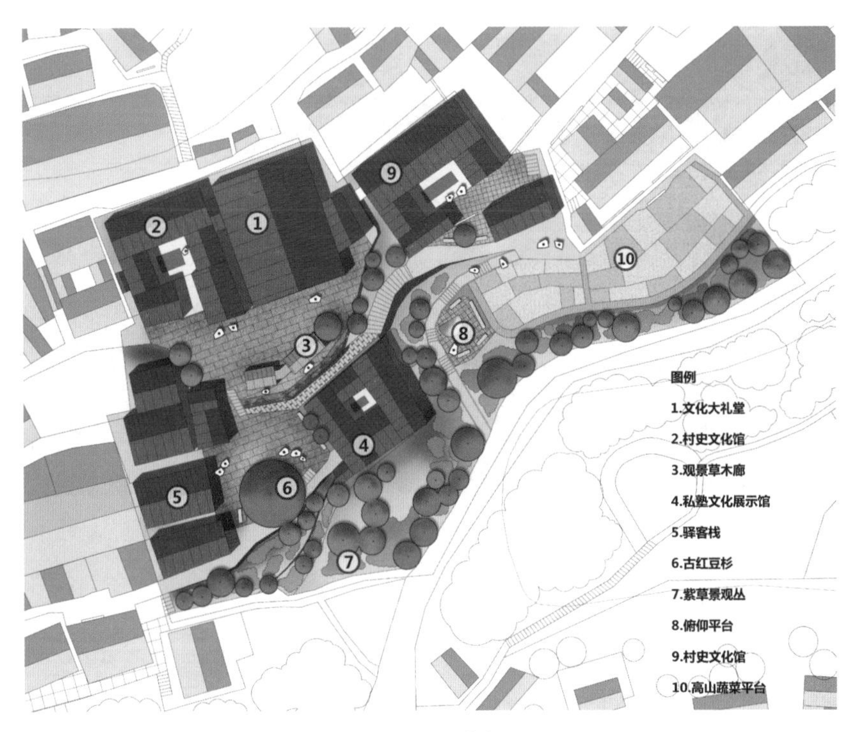

图7-54　文化节点平面

整体设计措施包括以下内容：周边建筑突出建筑外貌与空间周边环境的协调，主要表现在墙面粉刷、门窗加固等；空间梳理强调恢复空间原有肌理，关注空间规模、乡土性；道路梳理保证空间可达性与道路乡土性。道路过窄、过陡、过弯以及路面高低不平的予以改造；空间家具关注完善空间内各类家具设施，包括桌、椅、凳、灯、墙、栏等。

图7-55 文化节点整治效果

图7-56 村口节点整治效果

（2）印象建筑设计

提炼建筑形态意象为古韵朴素，概括建筑形态为陶瓦土墙，并从屋顶、墙体、院落、装饰四个方面总结建筑形态特征。综上进行整村风貌整治指引与建筑分类整治引导，整村风貌整治指引以药汤内理片的观村平台为视角，分析18个对整村风貌影响较大的建筑所存在的问题，提出相应具体的整治措施；建筑分类整治引导分别从传统公共建筑、传统民居建筑及新建建筑三个方面进行区别引导。

（3）印象环境设计

概括整体环境印象为“云山雾海、黄墙黛瓦、清风竹影、紫草环村”。

从三个方面进行印象环境强化。一是结合优质面景观点进行重点设计，打造

图7-57　田园节点整治效果

图7-58　台阶院落场景效果

图7-59　紫草幽径场景效果

村庄形象窗口；保障重要视线廊道的通透开敞，选取适宜观景点；二是村庄环境风貌整治，包括建筑形象整治和外部环境洁净美化等；三是印象环境要素的选择和广泛运用，夯土黄墙与青黑砖瓦的组合搭配宜衍生至村庄形象标识和标牌的设计中；选取毛竹和紫草作为村庄特色植物，竹影婆娑、姿态如画、紫草摇曳、暗香浮动，烘托塑造出千年古村的悠然宁静和超凡脱俗。通过与其他植物的优化配置丰富村庄环境景观，增强村庄的特色和可识别度。

（五）规划特色与创新

1. 文化凝聚——深化传统村落保护框架，构建紫草文化印象体系

规划首先从“闻、通、活、绿、蕴、栖、居、行、荫、聚”十个方面分区域、村域、居民点三个层面细致分析总结出村落的紫草核心文化，其次结合紫草文化在传统村落原保护框架——传统格局保护、建筑风貌整治、历史要素梳理、非遗活动传承的基础上，加入传统环境特质恢复、双重文化业态策划、文化标识

系统设计等框架内容并构建紫草文化印象体系，从印象空间、印象建筑、印象标识三个方面进行演绎与体现（图7-60）。

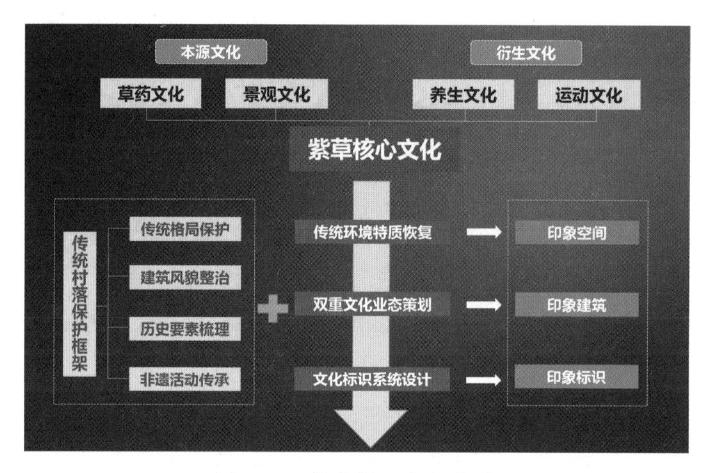

图7-60 紫草核心文化体系

2. 系统定位——多维度区域分析研究，差异化资源挖掘定位

规划分别从长三角、松阳县域、三都乡域等多层面进行系统分析（图7-61）。

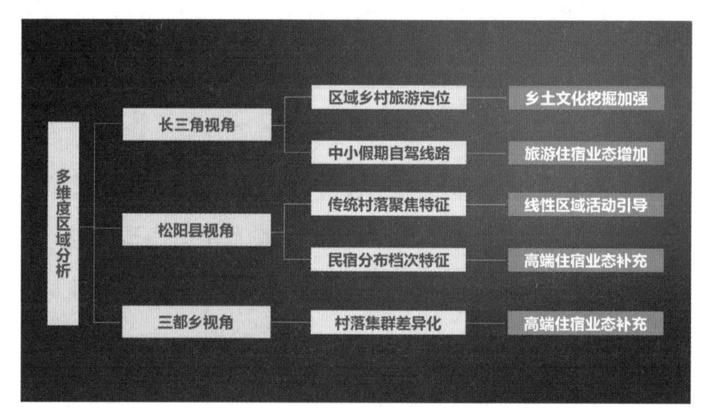

图7-61 多维度区域分析

长三角视角以区域乡村旅游定位、中小假期自驾线路为研究点，总结出生态型乡村旅游及自驾线路驻留点特征，提出乡土挖掘加强、住宿业态增加的应对策略；松阳县域视角以传统村落聚集特征、民宿分布档次特征为研究点，总结村落群线性联系密切、民宿档次过低的特征，提出线性活动引导、高端民宿补充的应对策略；三都乡域视角以村落群功能差异化为研究点，总结紫草村为运动旅游型传统村落，提出运动业态延伸的应对策略。规划综合多层面的差异化特征及应对

策略，认为三都乡传统村落集群应以“文化、运动”为区域共性主题，紫草村应以“古韵养生、健康文动”为自身个性定位，并最终形成源溯传统道家养生体系与现代户外运动体系的业态体系。

3. 集群引领——突出群落联动主题发展，打造多元空间乡土布局

规划依据村落集群“文化、运动”两大主题进行多元空间布局。其中，运动主题应强化面状联动性，文化主题应突出点状差异化。

规划针对两大区域主题构建“村落集群—村域—居民点”的多元空间布局。一方面，面状联动性考虑运动主题融入村落集群联动与村域功能布局，村落集群联动中组织紫草村为中心系统布局涉及周边十余个村落的九条户外运动线路、多个运动配套服务点及休闲驿站，村域功能布局中考虑“三产为主，一产为辅”的产业结构，以村庄支撑服务，以村域支撑活动；另一方面，点状差异化考虑将养生文化融入村落布局，依据主导性原则将道家养生体系以动静区分。

（六）实施效果

在规划指导下，村民、政府、开发商已达成共识，这将逐渐推动村庄活态化保护，解决人口流失、村落衰败等多方面问题。

首先是空间节点打造方面，近期实施节点如村口节点、文化节点、台阶院落节点以及相关项目配套已明确，在规划提出的项目规模、资金测算、实施时间的基础上，正在进行下一步的深化设计和实施（图7-62）。

图7-62 紫草村鸟瞰效果

其次是建筑方面，规划提出的18个影响整村风貌的建筑正在整治中；紫草竹房项目已经落点并启动，部分建筑整治已初见成效，规划设计在后续将给予进一步的提升引导（图7-63）。

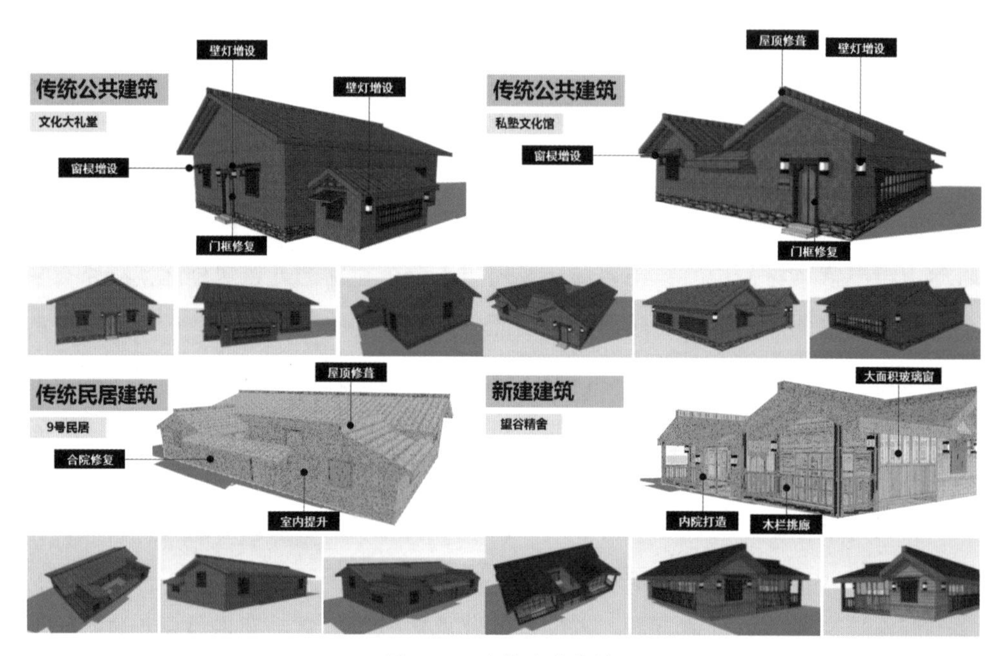

图7-63　建筑改造效果

第二节　特色产业型——台州市后岸村、衢州市长风村

一、台州市天台县后岸村村庄规划设计

（一）村庄概况

后岸村位于台州市天台县街头镇东南，紧邻国家级风景名胜区、全国首批4A级旅游区——天台山寒岩—明岩景区，风景秀丽、山峦叠翠，为国家3A级旅游景区，并入选浙江省首批国家级美丽宜居示范村试点村（图7-64）。

后岸村2012年户籍人口1 068人，常住人口1 268人，村庄面积3.56平方千米，耕地面积837亩。依托“景中村”优越的资源环境禀赋，后岸村探索形成了从发展采石经济到特色农家乐的山区经济转型之路的“后岸模式”。

图7-64　村庄外围环境

（二）特点与问题

经过多年的经营建设，后岸村面貌日新月异，农家乐发展如火如荼，但也出现了规划引领缺失、景村融合不足、文化内涵未显、乡村风貌无序、产业业态单一等问题，其所面临的问题，也正是浙江美丽宜居示范村的一个缩影。

1. 规划引领不足

美丽宜居示范村的发展基础与条件较好，但普遍存在村庄规划层次体系缺乏系统性，村庄规划与土地、生态等相关规划的融合不够，部分村庄规划前瞻性不足、操作性较差等问题。后岸村早期编制的村庄规划在空间布局、项目落地等方面就存在不接地气的情况，造成了规划难以实施。

2. 产业培育不够

现状产业优势强是美丽宜居示范村的主要特点之一，但也容易造成村庄在产业发展中故步自封，不能及时拓展思路。后岸村产业的第一次转型是依托十里铁甲龙——明岩寺旅游景区，从采石向兴办农家乐发展，在发展前期取得了成功和带动作用，但并未及时意识到农家乐主要体现在吃与住层面，产业业态与收入增长点相对单一，也就造成了中后期发展潜力的弱化。

3. 文化挖掘不深

美丽宜居示范村的乡土文化特色挖掘、保护与传承至关重要，但多数村庄空有厚重的文化资源特色，却缺乏有效保护和合理利用，尚未很好地与村庄的规划建设相结合，导致村庄发展内涵不足。后岸村拥有底蕴深厚的和合文化和石文化资源，但在早期的村庄建设中，出现了和合文化的挖掘和利用不足，石文化的保护与传承浮于表面等问题。

4. 风貌特色不显

风貌特色是美丽宜居示范村建设的主要抓手和重点，同时也是目前村庄建设存在问题最多的方面。在前期浙江省农房改造示范村工作的推进过程中，出现了部分村庄急功近利的情况，在没有合理评估村庄风貌和传统建筑特色的基础上，进行大拆大建，同时在村居设计和建设中又缺乏有效的控制和引导，使得村庄整体风貌遭到了不可逆转的破坏，特色丧失。后岸村在规划建设中也出现了类似情况，以当地石板为主要建材，极具地域风貌特色的古村遭到大面积的拆除和破坏，村居设计和新村建设控制引导不足，整体风貌杂乱无序。所幸的是仍有包括文化礼堂、和合文化园在内的传统建筑得以保留并加以保护（图7-65）。

图7-65 后岸村现状

（三）规划思路

从发展特征和资源禀赋来看，如何把握好旅游发展的机遇，在满足景村和谐发展的同时，合理谋划、科学布局，以满足村庄长远发展需要，是本次规划需要解决的问题。与此同时，针对天台县后岸村发展过程中出现的规划引领不足、产业培育不够、文化挖掘不深、风貌特色不显等问题，本次规划构建“村庄布点规划（村庄群落研究）—村庄规划—村庄设计（整治设计）—村居设计”的村庄规划编制体系，深化村庄设计，保证村庄规划落地实施，以统筹景村发展为导向，突出功能空间融合一体，重点凸显乡土文化，提升乡村发展核心内涵，同时展现风貌特色，建构乡村营造策略体系。

（四）规划主要内容

1. 村域规划

（1）规划定位

规划定位为以“寒山夕照，和合田园”为主题特色的美丽宜居示范村。依托寒岩—明岩景区开发契机，以十里铁甲龙、始丰溪流等自然特色与寒山子和合文化为基础，通过乡村旅游资源整合及产业引导，打造景区核心功能服务区及和合文化旅游度假村落。

景区核心功能服务区——延续景区山水生态、寒山神隐的意境，多业态组合开发的景区核心服务功能区。

和合文化旅游度假村落——以和合文化与石文化为基础，农家休闲、生态观光以及度假养生为主要特色的乡村特色文化旅游度假村落。

（2）产业引导

规划确定后岸村产业结构为“三产为主，一产为辅”。三产主要为旅游及相关配套服务业，依托寒岩—明岩景区自然、人文双重资源，构建精品旅游线路；拓展旅游产业链条，助推村庄经济发展。一产主要是以杨梅、蜜桃、梨、葡萄、枇杷等为主的果品种植，重点发展生态农业，构建品质农业，同时加强现代农业与旅游度假养老产业结合，优化提升观光与体验农业，推动农业品牌创建，提高农产品知名度与美誉度。

规划确定后岸四大产业片区：沿始丰溪围绕居民点打造形成以旅游服务配套为主的旅游服务产业片，始丰溪南侧地块为桃梨种植产业片，沿成洲路南侧为枇杷葡萄产业片，北侧与西侧山体为杨梅种植产业片。

（3）空间管制

通过GIS多因子分析评价，按照“保护优先、合理布局、控管结合、分级保护、相对稳定”的原则，规划结合后岸村的特色资源环境、承载能力和发展潜力，将村域划分为优化建设区、适宜建设区和禁止建设区三类空间管制区，并制定不同的空间管制策略。同时划定绿线、蓝线、紫线和黄线，作为村庄建设管理的依据，形成生活、生产、生态“三生”相融的村域空间发展框架（图7-66）。

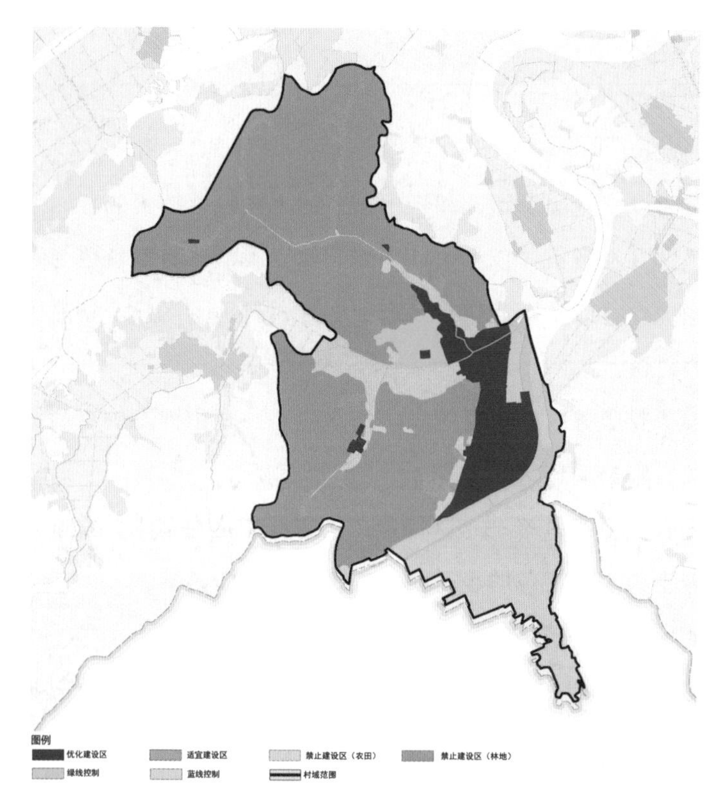

图7-66 空间管制规划

2. 村庄规划

（1）用地布局

村庄规划建设用地面积29.32万平方米，以“景村一体、融合发展”的布局思路为导向，形成“一心两轴两点九片”的空间结构（图7-67、图7-68）。

一心：以和合文化广场为核心，布局村庄公共活力中心。

两轴：滨水公共活力轴——以滨水空间串联公共活动空间的活力轴线，提升后岸村的活力；和合文化魅力轴——寒山子、和合文化为主题的文化轴线，提升后岸村的文化魅力。

两点：石文化游览节点、桃林体验观光节点。

九片：公共服务综合片、传统风俗农居片、溪畔生态农居片、采石文化游览片、高端健康养生度假片、两个果林体验观光片、两个生态山体景观片。

（2）公共服务设施

公共服务设施：规划在后岸村设置村委会、文化礼堂、卫生室、祠堂、幼儿

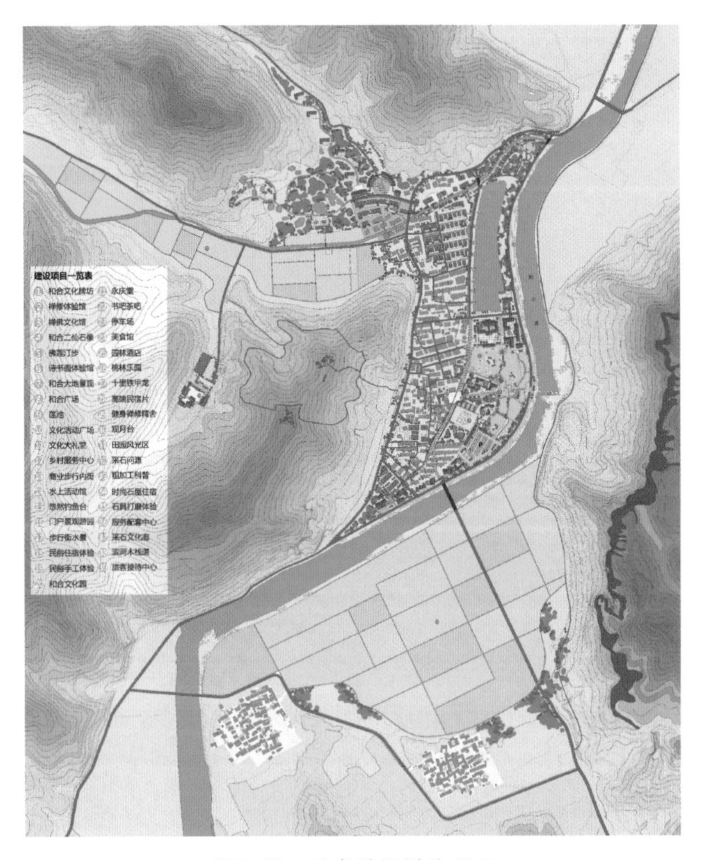

图7-67　后岸村规划总平面

园、老年人活动中心、体育健身等公共服务设施。其中，增加宗祠空间并将其与未来的村庄公共用地进行整合改建，同时结合原有的文化礼堂，形成村庄的公共活动中心。

公共场地：规划在村域内梳理出四处公共场地，总计面积约5.57万平方米，相比现状增加1.7万平方米，为村民聚会、活动、健身提供充足的开放空间，也成为整个村庄重要的景观节点。

商业服务业设施：规划在后岸村设置旅游接待中心、风情博物馆、风情商业街、百货商店等旅游休闲及生活性商业设施，为游客提供丰富多样的商业服务业设施，其乡村旅游发展配套的商业服务业设施结合始丰路、寒山路中段设置。

（3）道路交通

规划干路—支路—巷道的三级交通体系（图7-69）。其中，干路为村庄的

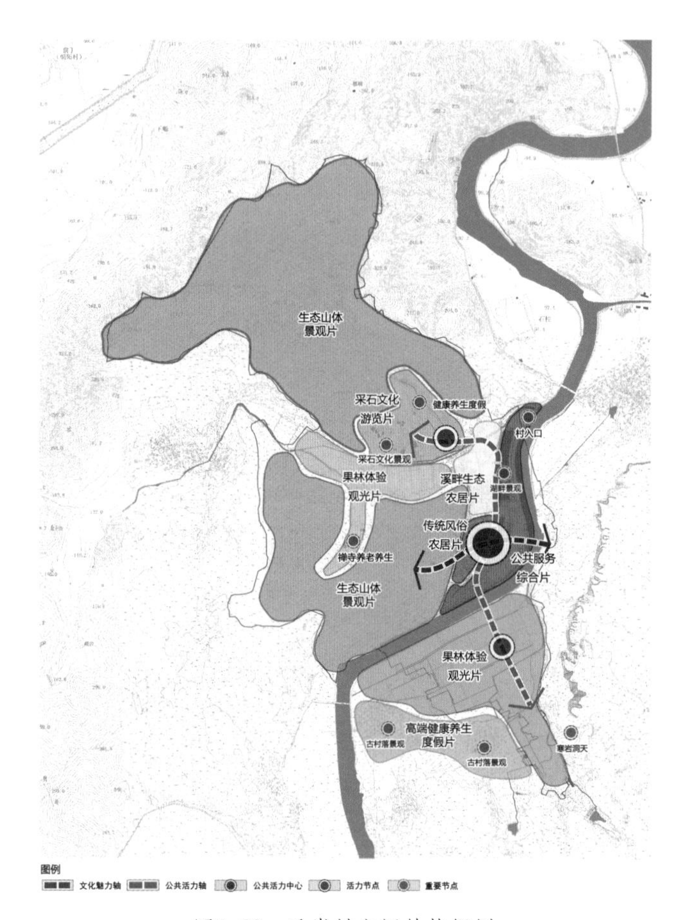

图7-68　后岸村空间结构规划

主要车行道路，同时承担村庄对外交通的车行道路，并为主要游览道路。支路为村庄内部的主要车行道路，与干路结合，形成网状游览线，将各功能区中的各个景点串联为一个整体。巷道主要为步行道路，主要形式为栈道、石板小路等；路面材料与相应景区特色协调，采用毛石、卵石、原木等乡土材料，体现人性关怀。

3. 村庄整治设计

本次村庄设计（整治设计）融村居建筑布置、村庄环境整治（美丽乡村综合整治）、景观风貌特色控制指引、基础设施配置布局、公共空间节点设计等内容为一体。规划主要结合浙江省美丽宜居示范村庄建设现场会主要考察线路，进行了包括村入口、文化礼堂、茶话时光、余荫广场、重要节点建筑在内的整治设计，很好地提升了村庄形象与景观风貌。

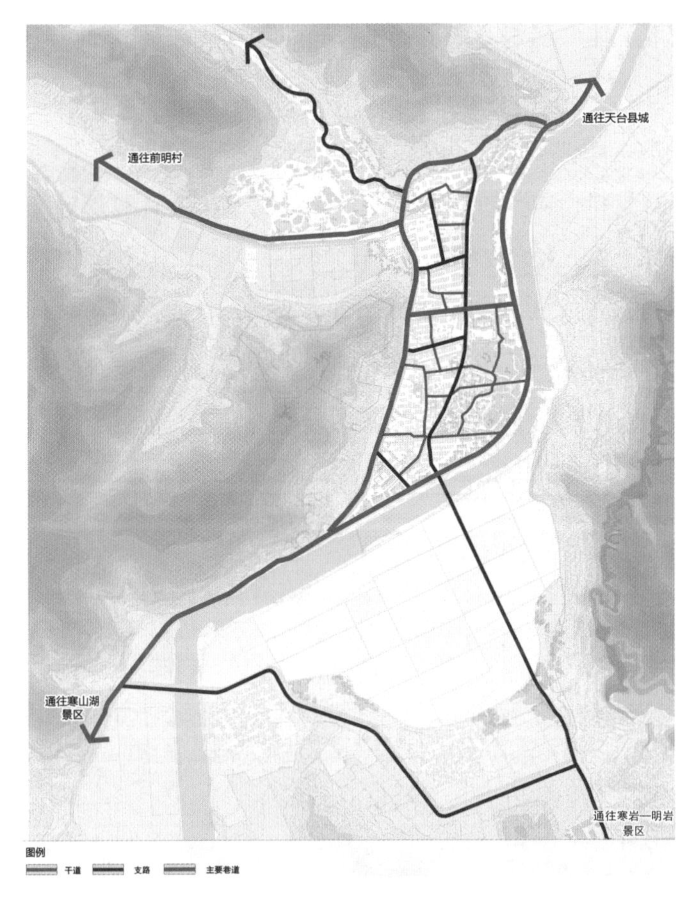

图7-69　后岸村道路交通规划

（五）规划特色与创新

1. 深化村庄设计，保证村庄规划落地实施

构建“村庄布点规划（村庄群落研究）—村庄规划—村庄设计（整治设计）—村居设计”的村庄规划编制体系，村庄群落研究侧重区域条件分析、相关规划解读与群落发展导向，明确后岸“寒山夕照、和合田园”的发展主题；村庄规划侧重两规衔接、产业发展、历史文化、景观风貌、基础设施与公共服务设施、近期建设，指导后岸村可持续发展；村庄设计侧重总体形态、公共空间及环境提升，提升后岸整体形象与景观风貌；村居设计侧重体现地方乡土气息，尊重农民生产生活习惯，挖掘、梳理、展示后岸村的浙派民居特色。

2. 统筹景村发展，突出功能空间融合一体

一是突出大景区村庄群落的功能统筹。从村庄群落发展视角出发，对景区与

村庄功能差异化、活动差异化等方面进行判断，打造环景区乡村旅游休闲带。策划农事体验、主题运动等功能区段，明确后岸村发展主题，提出与景区相配套的乡村旅游产品与设施要求。

二是突出“景村一体”的空间布局统筹（图7-70）。针对景村“空间割裂”问题，提出“景村一体、融合发展”的空间策略。一方面以保护东部核心景区景点为前提，确定“东游西居”“东动西静”的发展蓝图，打造“一心两轴两点九片”的“景村一体”空间结构；另一方面，优化村域空间格局，缓解景区配套需求，建立景村交通环线，设置景村视线通廊，强调景村融合发展。

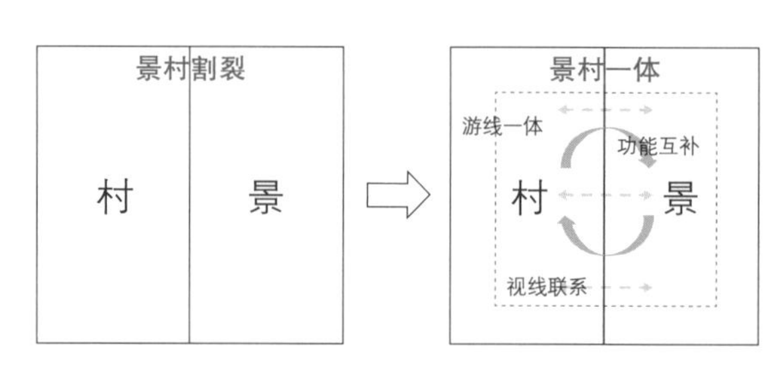

图7-70　景村一体空间布局

3. 凸显乡土文化，提升乡村发展核心内涵

一是乡土文化传承，提升村庄发展内涵的品质。构建乡村乡土文化保护与传承的体系框架（图7-71），弘扬“和文化”，以寒山冥想台、和合文化广场、和合文化园等景点为核心，将文化精粹充分渗透到旅游要素与村庄空间中，打造和合

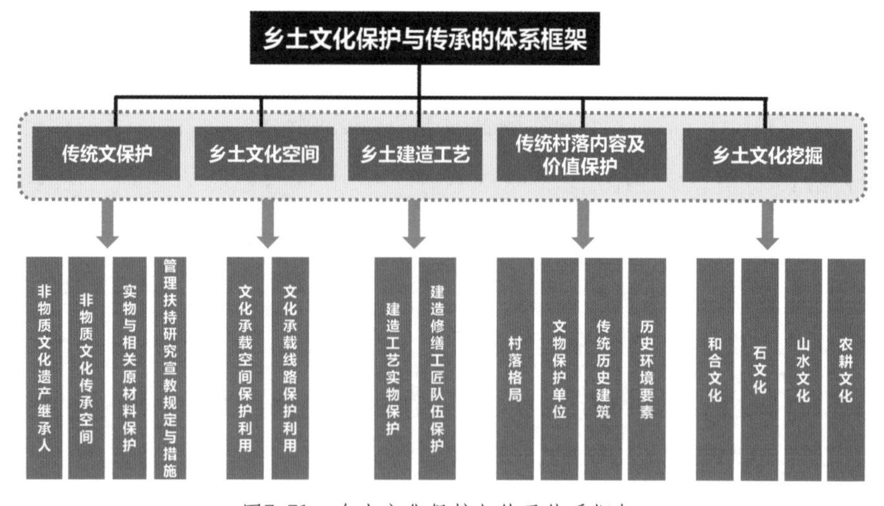

图7-71　乡土文化保护与传承体系框架

文化魅力体验游线路；突出“石文化”，谋划石文化公园、“石文化”一条街、采石问源景点等项目，打造独特的石文化体验节点；做足“农文化”，发展七彩观光农业，开辟“开心农场”，建设乡村大食堂，再现传统民俗风情，打造富于乐趣的农耕文化体验（图7-72）。

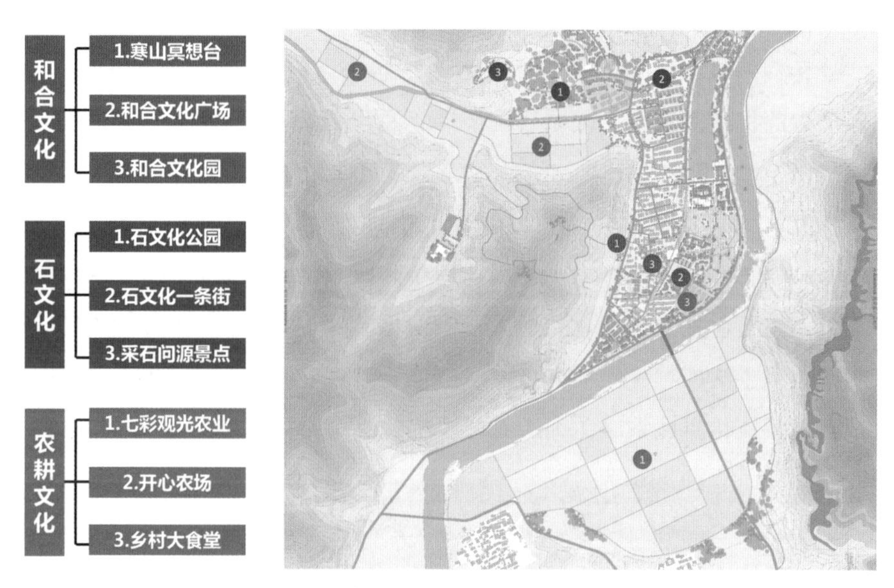

图7-72　文化空间布局

二是乡村旅游升级，推进产业业态功能培育。从乡村旅游产品业态（图7-73）、乡村旅游发展模式、乡村旅游经营模式、乡村旅游活动形式四个方面进行乡村旅游发展策划，确定后岸村“核心+配套+扩展”的旅游产品领域，“田园生态+民俗文化+

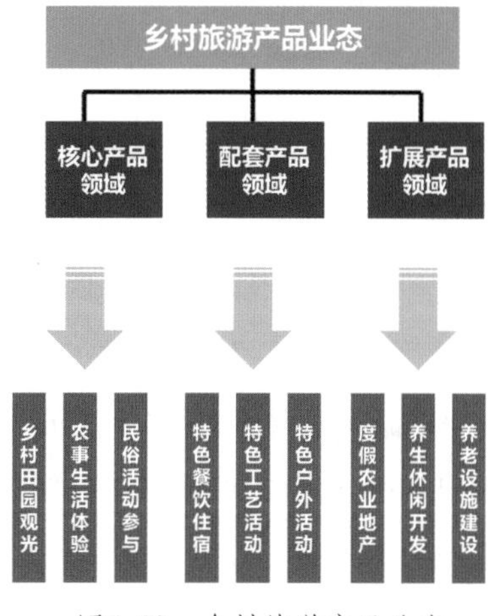

图7-73　乡村旅游产品业态

休闲度假”的综合发展模式，“个体作坊经营+合作社经营+商业项目经营”的旅游经营模式，以及多样化的旅游活动形式；同时，加强产业联动融合发展，明确后岸的旅游配套要求，结合乡土文化打造桃林乐园、健身禅修精舍等特色功能项目。

4. 展现风貌特色，建构乡村营造策略体系

规划以景村相融的整体格局、依山就势的建筑布置、乡土气息的传统风貌为前提，建构后岸乡村营造的策略体系（图7–74）。一是最小化干预策略，以乡村肌理保护为前提，对和合文化园后院节点、文化礼堂节点、水车人家节点等进行“恢复”性设计，并对街、巷、院落等进行适度干预；二是差异化复制策略，通过原型衍化和大同小异手法进行复制；三是地方性材料策略，充分尊重原生环境，强调石、竹、木、草等乡土材料运用于建筑及环境景观小品中；四是生态型技术策略，主要包括立体绿化和通风遮阳，借鉴深出檐、垂竹帘、格栅窗等传统建筑遮阳通风手法，提炼出横向披檐、竖向百叶、花格窗、木板窗等生态型技术手段；五是低技化自建策略，为所有村民提供一个共同缔造的实践机会。

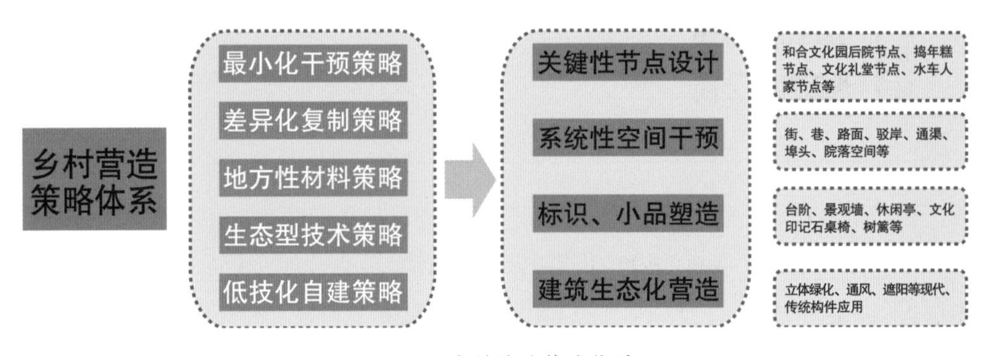

图7–74　乡村营造策略体系

（六）实施效果

在规划指导下，后岸村的村容村貌、文化内涵、产业发展得到了进一步的改善和提升，主要体现在以下两个方面。

一是人居环境显著改善，风貌特色得以彰显。后岸村的旧村整治与新村建设稳步推进，公共服务设施与基础设施、绿化景观、水环境等得到了明显提升；较好地保护与恢复了村庄整体风貌和传统街巷格局，修缮和新建了文化礼堂、和合广场、和合文化园等一批文化景观设施，整治和提升了村入口、入村景观道、水车人家、余荫广场等重要公共空间节点。

二是旅游产业加快发展，经济效益明显提高。通过农家乐规模、档次、品质

的提升，各类功能设施的完善，以及农事体验、主题运动、休闲娱乐、文化体验等活动项目的丰富，后岸村的经济效益得到较大增长，已成为浙江乡村旅游发展的典范（图7-75）。

图7-75　后岸村改造实施效果

二、衢州市常山县长风村村庄规划设计

（一）村庄概况

1. 地理位置与自然环境

长风村，位于衢州市常山县西北端，距县城15千米，北邻开化县，是常山县

北部门户。常山县，位于浙西，处在上海三小时交通圈内，素有“四省通衢，两浙首站”之称，边界区位优势明显，是浙江对内开放的主要地区。常山港与205国道蜿蜒贯穿而过，整个村庄坐落于典型的河谷地貌之中，依山傍水，景色优美，滨水田园特色突出，拥有大山水格局的常山港与小山水格局的石门溪，开阔与幽静兼具，“十里长风吹破石”是其最原真的写照（图7-76、图7-77）。

图7-76 长风村山水格局

图7-77 长风村标志——月亮湾

2. 社会经济与村庄建设

2015年年末，村域户籍人口1 685人，488户。2014年实现地区生产总值1.17亿元，全社会固定资产投资2.98亿元，财政收入1 672万元，农民人均纯收入9 800元，主要来源于渔家乐、木材加工及外出务工。长风行政村下辖溪东、文图、石门坑三个基层村，基层村共辖长风、溪东、文图、石门坑四个自然村。村域总面积1 672万平方米，其中村庄建设用地面积35万平方米。

近年来，长风村大力发展乡村旅游，依托省界区位交通、山水景观资源以及长风水库清水鱼等优势，205国道沿线的渔家乐一条街逐步形成，八方食客慕名而来，2007年石门坑自然村被省农办评为浙江省农家乐发祥地，长风也走出了一条从发展伐木经济到特色渔家乐的山区经济转型之路（图7-78）。

图7-78　长风渔家乐经济

（二）特点与问题

长风既有鲜明的渔家乐与水文化特色，同时也是当下浙江村庄最普遍、最现实的写照，主要有三个方面的共性特征。

一是跨度大。行政区划调整后下辖三个基层村、四个居民点，村庄建设空间跨度大，这正是快速城镇化背景下村庄撤并的普遍结果。

二是风貌弱。虽然具有一定的历史文化底蕴，但在发展过程中逐渐消失，建筑风貌也呈现普遍村民审美下的“欧式小洋房”风格，自身特色可识别度不强。

三是层次低。具有一定的乡村旅游基础，但仍停留在农家乐乡村游的初级阶段。

因此，在渔家乐发展如火如荼、村容村貌日新月异的同时，我们更需要结合美丽乡村建设和乡村旅游智慧化的趋势，认真审视长风发展所面临的文化内涵未显、乡村风貌无序、产业业态单一、村域联动不足等问题，这也是本次规划设计的重点所在。

（三）规划思路

通过对规划要求的解读、特征印象的把握、现状要素的梳理、民意民声的听取，规划认为长风已经具备“吸引人”的产业与资源基础，但如何利用山水资源“留住人”是解决问题的关键。因此，本次规划认为长风发展的突破点在于“做好水文章”（图7-79）。

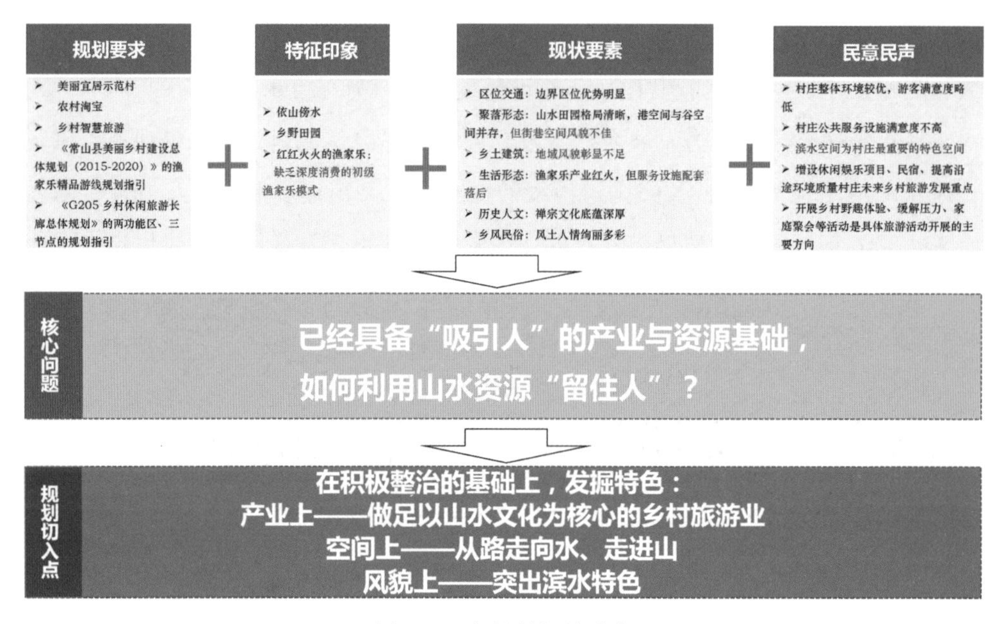

图7-79　长风村规划思路

（四）规划主要内容

1. 村域规划

（1）主题定位

规划通过对长风及区域的自然环境、乡村生活、历史人文、乡风民俗、聚落形态等现状资源的梳理与特色提取，依托常山港、月亮湾、石门溪、名人赵鼎、黄冈禅宗，构建以水文化为核心，田园文化与禅宗文化为补充的长风文化体系，并落实到乡村旅游资源整合及产业升级中，建设以“十里长风，石门寻真”为主题特色的美丽宜居示范村，将长风打造成：

浙西渔家乐特色村——依托现有的“渔家乐一条街”产业基础，多元业态组合开发，实现乡村旅游产业的转型升级，打造浙西渔家乐特色村；

乡村禅修养生度假基地——依托名人赵鼎、“观音坐莲”之传说、黄冈禅宗文化区等凸显“禅修文化”，丰富长风的乡村旅游业态，建设具有山水文化底蕴的乡村禅修养生度假基地。

（2）空间结构

规划形成“两心两带两片四区”的空间结构（图7-80）。

两心：常山港—石门坑滨水功能景观核心、长风旅游服务中心。

两带：十里长风美丽乡村风景线——依托常山港与205国道，以滨水空间串联公共活动空间，与钱塘村区域联动，构建常山县域内的“十里长风”美丽乡村风景线；石门坑禅修文化休闲带——依托石门溪，以滨水空间串联历史文化资源，与黄冈村区域联动，构建何家乡域内的“石门寻真”禅修文化休闲带。

两片：位于常山港西侧的禅修乐活度假片、位于常山港东侧的生态农业观光片。

四区：依托常山港滨水空间，结合现状居民点发展基础，形成“田园观光体验区”“月亮湾休闲度假区”“渔家乐特色旅游区”“旅游配套服务区”四个特色旅游区。

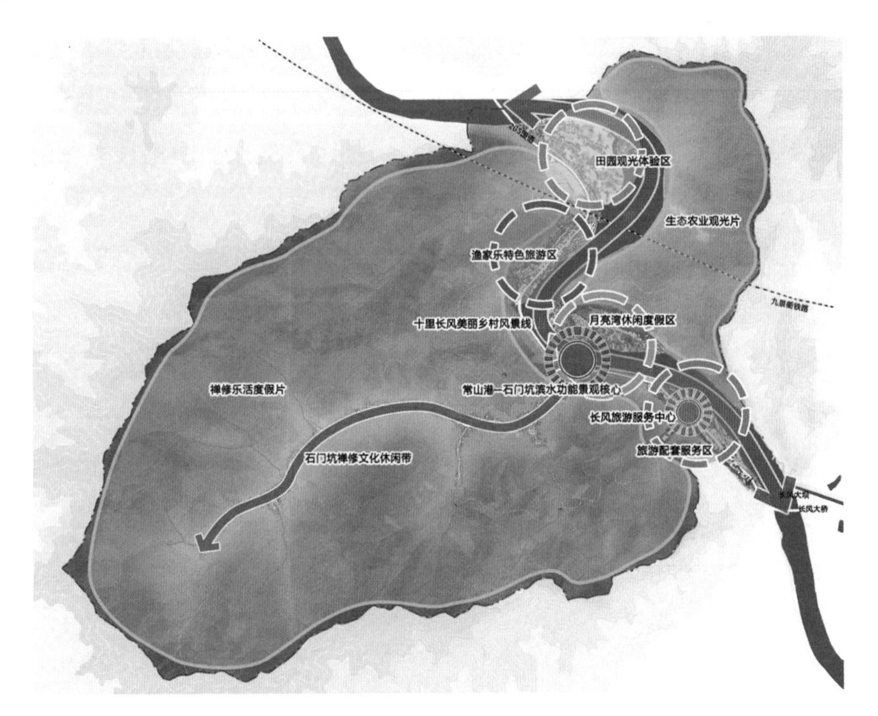

图7-80　长风村空间结构规划

（3）产业发展

规划确定“三产为核、一产为补充”的“3+1”产业结构。其中，三产主要为旅游及相关配套服务业；一产以海马茶、云雾茶、杉木、毛竹、娃娃鱼等为主的农林渔业。现状木材加工逐渐转移至乡镇产业集中区，按照建设需要，有选择地拆除或整治现有的木材加工厂。

空间布局上，整体形成“T”形主要产业带。沿常山港、石门溪围绕居民点形成三大主题旅游产业区——田园度假旅游产业区、渔家乐特色旅游产业区、禅修主题旅游产业区以及为旅游配套服务的旅游服务产业片区；在与开化交界处规划农业观光体验区；村域外围规划杉木、毛竹、茶叶种植区，为乡村的绿色发展提供生态环境保障。

（4）旅游产业发展

在“十里长风，石门寻真”两大乡村发展主题指引下，围绕渔家乐、名人赵鼎、山水、杉木林、山村五类核心要素，规划形成六大板块、五条游线、十五景点、六类设施的长风旅游产业体系，长风村与黄冈村、钱塘村三村区域联动，共同打造黄冈景区。

六大板块：沿常山港的滨水娱乐区、水岸度假区、鱼味美食区；沿石门溪的戏水寻真区、水畔闲居区、静水养心区。

五条游线：依托205国道道路交通及常山港水上交通的十里长风旅游主线；依托石门坑—黄冈通村道路的石门寻真旅游主线；突出“禅修”主题的石门坑—长风山道旅游次线；突出“杉林”主题的石门坑—文图山道旅游次线；突出“竹林”主题的溪东环山道旅游次线。

十五景点：规划形成“渔家乐一条街”“娃娃鱼科普基地”“渔人码头”“市民农园”“水岸人家（集装箱民宿）”“半山小舍”“生态茶庄”“月亮湾”“水畔渔趣”“石门书院”“石门佳气”“观音坐莲”“忠简孤冢”“溪畔农家”及“蕉坞迷踪”。

六类设施：构筑由25个点支撑的“吃、住、行、游、购、娱”六大类设施齐全的旅游服务设施体系。

2. 村庄规划

（1）用地布局

2015年，村庄现有建设用地规模35.44万平方米，规划2030年建设用地规模控制在38~40万平方米，增量用地主要用于预留1.5万平方米的村民住宅用地，满足村民分户建房需求；新增1.5~3.5万平方米的共公共服务设施及基础设施用地，满足增加人口服务的需求。2018年建设用地规模为36~38万平方米，主要结合滨水空间，建设旅游公共服务设施与基础设施（图7-81）。

（2）公共服务设施

长风村公共服务设施采用“行政村—基层村”两级体系，集中布置。主要涉

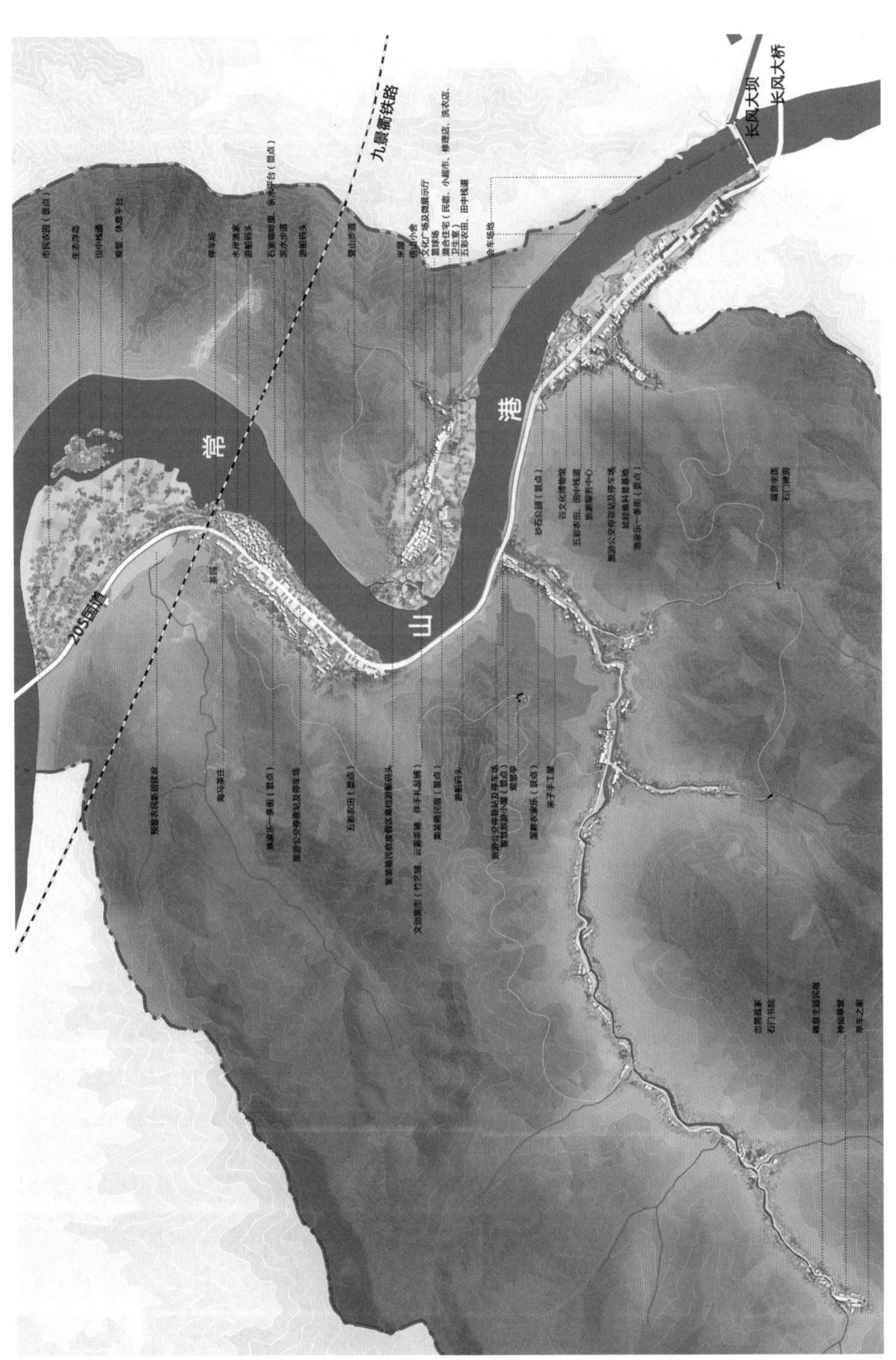

图7-81　长风村规划平面布局

及行政管理及综合服务、文化体育、商业服务、旅游服务四类，教育及医疗卫生纳入何家乡集镇配置。

行政村级公共服务设施：包括长风村委会、长风游客接待中心、文化礼堂、文化活动中心、文化活动广场、体育活动场地。其中，长风村委会、长风游客接待中心设于长风自然村，文化礼堂、文化活动中心、文化活动广场、体育活动场地设于溪东自然村。

基层村级公共服务设施：在各基层村分设村委会、体育活动场地、商店、邮政服务点、金融服务点。其中，溪东基层村的村委会与长风村委会建筑合设，分开办公。

（3）道路交通

规划形成“对外交通—通村道路—绿道—水上交通”四级交通体系。规划重点依托常山港水系资源，通过水上交通组织及码头设计，有效实现文图、溪东与石门坑的交通联系。规划文图新增两处码头，整治溪东现有的两处码头，并结合石门坑口设计，改造位于常山港与石门溪交汇处的码头，增加桥下步道，实现水上通道与205国道的立体交叉，以创造由文图、溪东直接进入石门坑的水上通道联系，解决现状横穿205国道的交通安全隐患。同时也形成相对完整的水上游览线路，完善长风旅游配套设施，促进长风旅游发展。

（五）规划特色与创新

为做好“水文章”，规划具体提出三方面的特色创新。

1. 凸显乡土文化，提升乡村发展核心内涵

一是突显水文化发展主题脉络。水是长风形成与发展的灵魂所在，规划从聚落形态、乡土建筑、土地利用、生活形态、历史人文、乡风民俗以及民意民声等方面进行深入细致的分析与挖掘，构建“以水文化为核心、以禅文化为补充”的长风乡土文化体系，提出“十里长风，石门寻真”的发展脉络。突出“水文化”，打造“野味悠游，十里长风”主题，谋划滨水娱乐、水岸度假、鱼味美食等功能板块，丰富水文化活动体验；衍生“禅文化”，打造“禅宗归隐，石门寻真”主题，谋划戏水寻真、傍水闲居、静水养心等功能板块，融入黄冈山禅文化区（图7-82）。

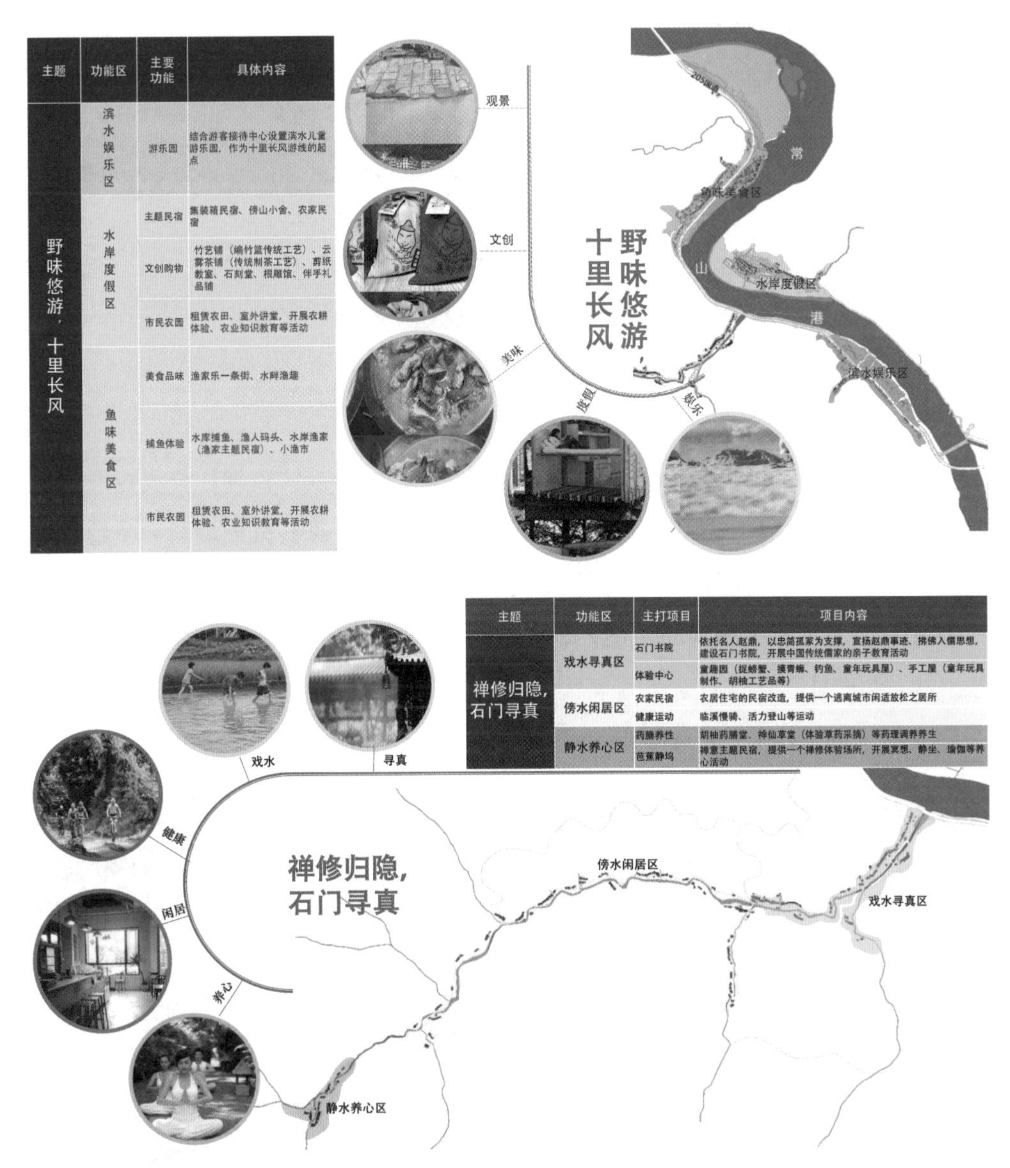

主题	功能区	主要功能	具体内容
野味悠游，十里长风	滨水娱乐区	游乐园	结合游客接待中心设置滨水儿童游乐园，作为十里长风游线的起点
	水岸度假区	主题民宿	集装箱民宿、傍山小舍、农家民宿
		文创购物	竹艺铺（编竹篮传统工艺）、云雾茶铺（传统制茶工艺）、剪纸教室、石刻堂、根雕馆、伴手礼品铺
		市民农园	租赁农田、室外讲堂，开展农耕体验、农业知识教育等活动
	鱼味美食区	美食品味	渔家乐一条街、水畔渔趣
		捕鱼体验	水库捕鱼、渔人码头、水岸渔家（渔家主题民宿）、小渔市
		市民农园	租赁农田、室外讲堂，开展农耕体验、农业知识教育等活动

主题	功能区	主打项目	项目内容
禅修归隐，石门寻真	戏水寻真区	石门书院	依托名人赵鼎，以忠简孤冢为支撑，宣扬赵鼎事迹、拂佛入儒思想，建设石门书院，开展中国传统儒家的亲子教育活动
		体验中心	童趣园（捉螃蟹、摸青蛳、钓鱼、童年玩具屋）、手工屋（童年玩具制作、胡柚工艺品等）
	傍水闲居区	农家民宿	农居住宅的民宿改造，提供一个逃离城市闲适放松之居所
		健康运动	临溪慢骑、活力登山等运动
	静水养心区	药膳养性	胡柚药膳堂、神仙草堂（体验草药采摘）等药理调养养生
		芭蕉静坞	禅意主题民宿，提供一个禅修体验场所，开展冥想、静坐、瑜伽等养心活动

图7-82　水主题旅游活动策划

二是营造特色化滨水空间场所。依托常山港，重点营造文图水岸时光、渔人码头、亲水步道、近水广场等“观水、戏水、亲水、近水”特色空间场所，展示“十里长风——港空间”特色（图7-83）；依托石门溪，重点营造石门会馆、谷口探流、焦坞迷踪等“观水、戏水”特色空间场所，体现“石门寻真——谷空间”特色（图7-84）。

图7-83　常山港滨水节点

图7-84　石门溪滨水节点

2. 展现风貌特色，建构乡村营造策略体系

一是本土化建筑策略。通过对长风民居发展脉络的系统梳理，分类提取传统与现代建筑要素特征，明确黛瓦木门窗、青砖马头墙、砾石黄土墙的乡土建筑特色，对溪东、文图、石门坑“分区引导、重点控制”，明确不同居民点建筑风貌的共性与个性特征（图7-85、图7-86）。同时，采用梳理、嫁接、创造等整治手法，提出205国道沿线渔家乐等现状保留民居，溪东米厂、溪东小学、滨水渔家乐等改造建筑以及文化礼堂等公共建筑的风貌整治引导方案。

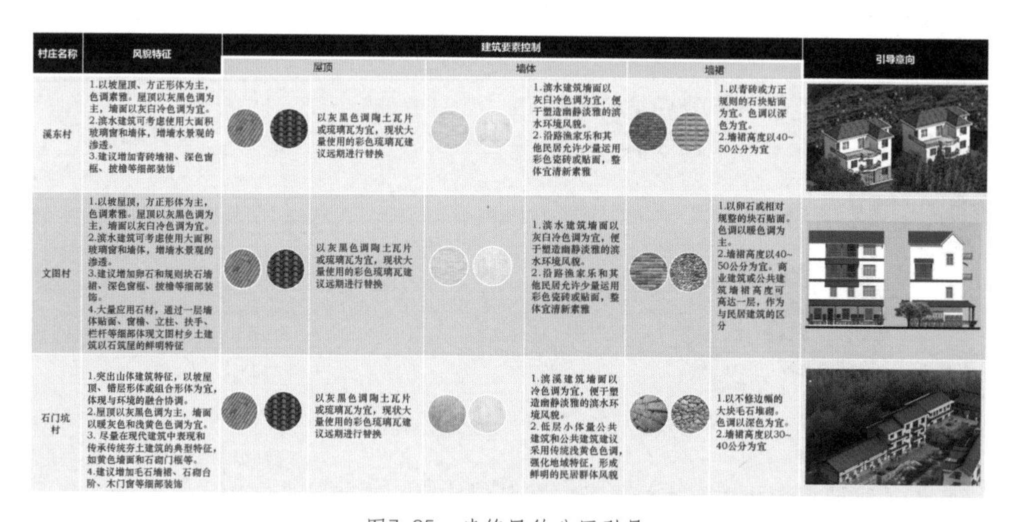

村庄名称	风貌特征	建筑要素控制			引导意向
		屋顶	墙体	墙裙	
溪东村	1.以坡屋顶、方正形体为主，色调素雅。屋顶以灰黑色调为主，墙面以灰白冷色调为宜。 2.滨水建筑可考虑使用大面积玻璃窗和墙体，增墙水景观的渗透。 3.建议增加青砖墙裙、深色窗框、披檐等细部装饰	以灰黑色调陶土瓦片或琉璃瓦为宜，现状大量使用的彩色琉璃瓦建议远期进行替换	1.滨水建筑墙面以灰白冷色调为宜，便于塑造幽静淡雅的滨水环境风貌。 2.沿路渔家乐和其他民居允许少量运用彩色瓷砖或贴面，整体宜清新素雅	1.以青砖或方正规则的石块贴面为宜。色调以深色为宜。 2.墙裙高度以40~50公分为宜	
文图村	1.以坡屋顶，方正形体为主，色调素雅。屋顶以灰黑色调为主，墙面以灰白冷色调为宜。 2.滨水建筑可考虑使用大面积玻璃窗和墙体，增墙水景观的渗透。 3.建议增加卵石和规则块石墙裙、深色窗框、披檐等细部装饰。 4.大量应用石材，通过一层墙体贴面、窗檐、立柱、扶手、栏杆等细部体现文图村乡土建筑以石筑屋的鲜明特征	以灰黑色调陶土瓦片或琉璃瓦为宜，现状大量使用的彩色琉璃瓦建议远期进行替换	1.滨水建筑墙面以灰白冷色调为宜，便于塑造幽静淡雅的滨水环境风貌。 2.沿路渔家乐和其他民居允许少量运用彩色瓷砖或贴面，整体宜清新素雅	1.以卵石或相对规整的块石贴面。色调以暖色调为主。 2.墙裙高度以40~50公分为宜。商业建筑或公共建筑墙裙高度可高达一层，作为与民居建筑的区分	
石门坑村	1.突出山体建筑特征，以坡屋顶、错层形体或组合形体为宜，体现与环境的融合协调。 2.屋顶以灰黑色调为主，墙面以暖灰色和浅黄色色调为宜。 3. 尽量在现代建筑中表现和传承传统夯土建筑的典型特征，如黄色墙面和石砌门框等。 4.建议增加毛石墙裙、石砌台阶、木门窗等细部装饰	以灰黑色调陶土瓦片或琉璃瓦为宜，现状大量使用的彩色琉璃瓦建议远期进行替换	1.滨溪建筑墙面以冷色调为宜，便于塑造幽静淡雅的滨水环境风貌。 2.低层小体量公共建筑和公共建筑建议采用传统浅黄色色调，强化地域特征，形成鲜明的民居群体风貌	1.以不修边幅的大块毛石堆砌。色调以深色为宜。 2.墙裙高度以30~40公分为宜	

图7-85　建筑风貌分区引导

二是地方化特色策略。充分尊重原生环境，强调石、竹、木、草等乡土材料运用于建筑、景观家具、铺装及绿化中。同时，从月亮湾、渔舟、乡村、童趣中提取设计元素，塑造长风标识；以水滴、禅宗抽象图案等为设计元素，创作“长风家具”（图7-87）。

村居功能		整治策略	整治特点	整治内容	现状风貌	整治风貌	同一性
住宅建筑		侧重于要素梳理	传统要素融入	梳理周边环境，拆除乱搭乱建，融入传统元素			在尊重现状形态和功能的前提下，追求艺术和生活的融合，提升建筑风貌和整体环境风貌
渔家乐建筑	G205沿线现状渔家乐						
	常山港滨水新增渔家乐	侧重于功能嫁接	新型功能植入	强调建筑功能和空间布局上的重新组织，融入新型职能			
公共建筑	溪东米厂改造的茶室						
	溪东小学改造的民宿						
	溪东文化礼堂	侧重于环境营造	环境品质优化	考虑公共空间环境的营造及建筑功能的完善			

图7-86　建筑风貌分类整治控制

图7-87　地方化特色

三是文创化增值策略。鼓励开发印有长风标志的陶瓷餐具工艺品、木制鱼形餐具工艺品、伴手礼以及书签等文化产品，丰富与增值长风文旅产业（图7-88）。

3. 升级乡村旅游，助推村域一体转型发展

一是加快区域旅游联动发展。针对长风现状乡村旅游存在的产品单一、层次不高、浅度消费、同质竞争等问题，规划提出区域旅游协作的发展思路，依托黄

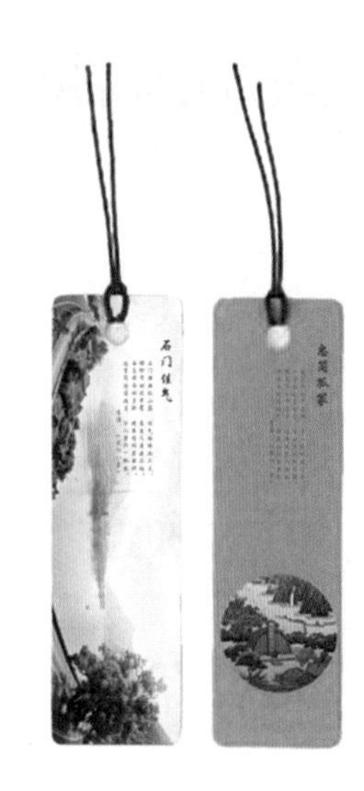

图7-88　旅游产品

冈山及常山港山水资源，整合长风、黄冈等村庄，以禅修养生、渔家乐及滨水休闲为旅游主题，共同打造黄冈3A景区，实现区域联动、错位发展。

二是推进产业业态功能培育。逐步搬迁传统木材加工企业，以乡村生态旅游业为支撑，以渔家乐经营为核心，大力发展休闲农业，培育特色种植业，挖潜农产品加工，推进农产品电商驱动，构建“3+1”的产业结构，实现“农、文、旅、体”四位一体的产业发展态势。明确旅游配套要求，发展智慧乡村旅游，打造智慧旅游小屋等特色功能项目。

三是完善村域旅游空间框架。构筑常山港、石门溪“T”形产业发展带，形成六大板块、五条游线、十五景点、六类设施的长风乡村旅游空间框架，通过水上交通组织、绿道系统建构、旅游活动策划、设施合理配置等，实现村域一体化发展。

（六）实施效果

在规划设计指导下，村民、政府、开发商已凝聚共识，有利于推进长风文化内涵、村容村貌、产业业态的改善和提升。

在文化内涵方面，近期重点建设观水平台、渔人码头、砂石公园、谷口探流、石门会馆等滨水空间节点，进一步彰显水文化特色；在村容村貌方面稳步推进，村庄整治和新建了村口节点、公共绿地、渔家乐一条街等，溪东小学半山小舍改造、溪东加米厂生态茶庄改造等项目正在进行方案深化设计；在产业业态方面，智慧旅游小屋已经实施完成，有助于乡村旅游信息化建设，溪东农家乐已着手改造并开始经营，集装箱民宿项目方案基本确定且即将落地。同时农事体验、文化节庆、休闲娱乐、主题运动等活动项目日益丰富，长风的示范效应逐步显现（图7-89）。

图7-89　长风村规划实施效果

第三节　生态保育型——余姚市唐李张村

一、村庄概况

唐李张村是浙江省余姚市市域首批美丽乡村建设的重点村庄之一，位于余姚市三七市镇东北，大池墩水库上游，距离宁波约15分钟车程；村域面积6.55平方千米，人口不足1 700人，2012年人均收入13 358元，在整个三七市镇中排名偏后；整个村庄由唐村、李村、张方村和叶家湾四个居民点组成。

二、特点与问题

唐李张村具有邻近宁波都市圈、余姚杨梅荸荠种植主产区、峡谷林海山清水秀以及局部具备浙东山村风貌等四个主要特征；同时面临产业缺失、人口下降、少量外来旅居人群出现的发展趋势。

三、规划思路

规划从“唐李张村到底该如何发展”和“本次规划能解决唐李张村哪些问题”两个问题出发，构建以都市近郊休闲旅游为支撑的农村新社区战略，确定挖掘空间、提升环境、治理污染、配套设施的主要策略，进而改变传统村庄规划模式，通过三个专题性规划（以旅游为支撑的农村新社区规划、环境提升规划、设施建设规划）构筑一个既紧扣《浙江省美丽乡村建设行动计划（2011~2015年）》，又切实针对村庄实际问题的规划文本结构。

四、规划主要内容

规划从现有资源和区域协调两个方面出发，确立乡村旅游作为村庄发展的产业支撑；通过对人口、空间和资源三方面的分析，按照适度集聚的原则，将四个居民点中的中间两个确定为人居主空间，将上下两个点尤其是叶家湾确定为旅游主空间；通过实地调研，将村级设施划分为生活配套和旅游服务两大类以及已有、需要建设、急需建设三小类，进而确定需要纳入本次规划的设施内容；规划在此基础上预测人口，在不大拆大建和大规模扩张用地的前提下，对局部用地特别是设施用地进行微调；在原有四个居民点的基础上提升一个特色片区，进一步完善村庄空间格局（图7-90、图7-91）。

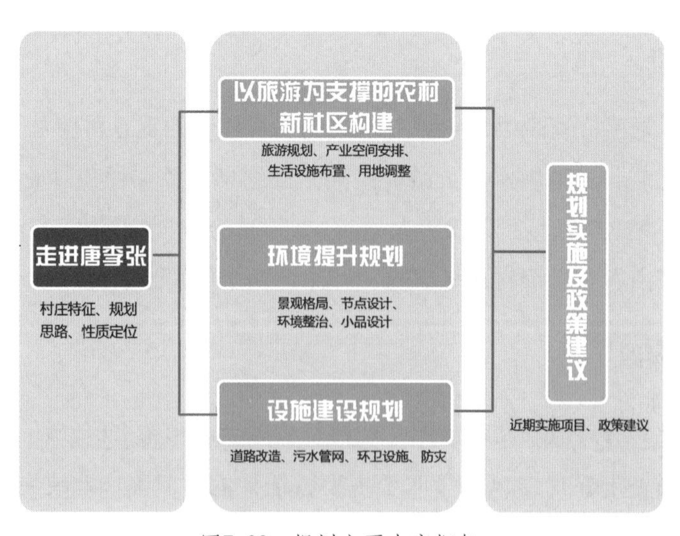

图7-90　规划主要内容框架

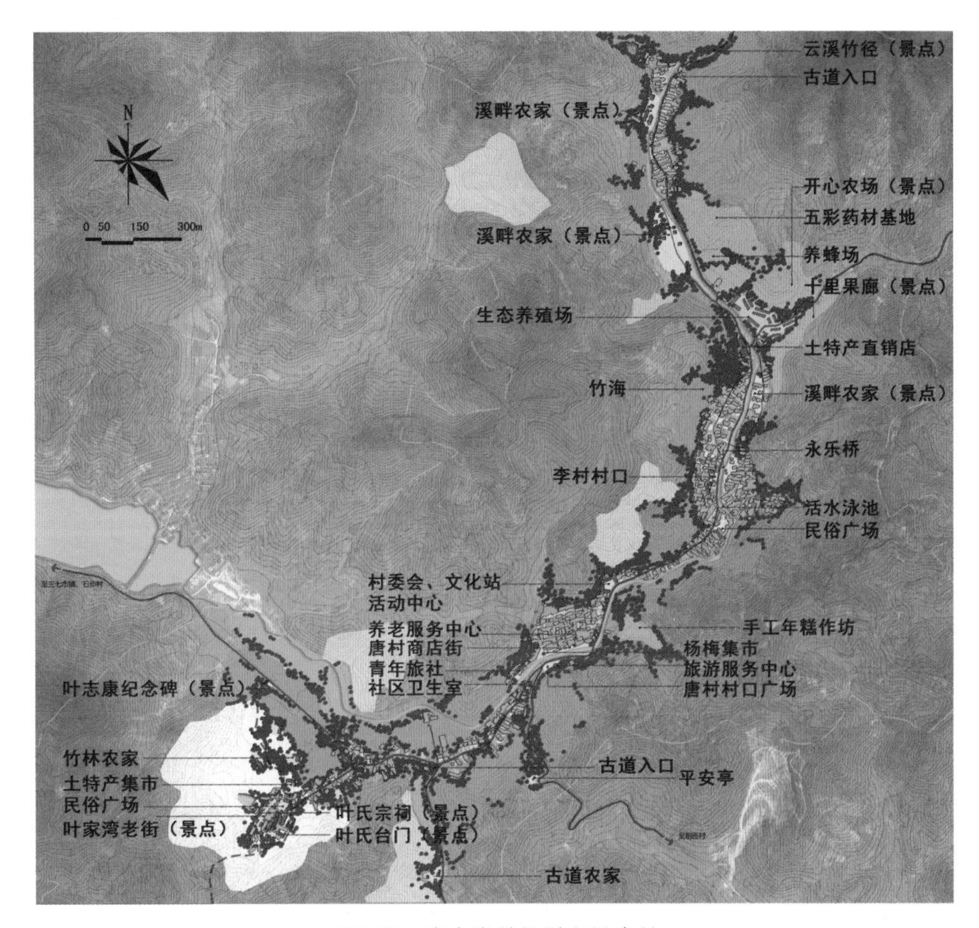

图7–91　唐李张村规划空间布局

规划在村庄整体景观格局研究的基础上，对沿线重要片区、节点、界面进行详细景观设计，提倡清新自然的景观效果。重要界面并不追求风格的严格统一，提倡本地材料和元素的运用，提倡多层次立面与绿化组织，增强公共空间的功能和人气活力。同时对村庄的河道水系、民宅建筑、围墙护栏、绿化植被、古树名木保护、标示标牌、步行古道、污水设施予以建设指导。

规划对重要地块的分步开发策略和整体实施的资金项目进行梳理，明确本次规划的实施路径，安排项目落地时序。

五、规划特色与创新

1. 村民参与和面向村民的规划表达方式

规划采用了近5%抽样率的问卷调查和近十次专题访谈，使村民意愿得以表达，规划中增加的设施绝大部分来源于村民的实际需求。与此同时，规划在表达方式上进行创新，采用文字直接标注于图纸的形式，节点采用同角度改造前后对比并加标注，规划成果装成小册，并对成果进行公示，方便村民阅读；局部设计直接给出施工指导，满足村庄实际需求。

2. 在区域协调中塑造村庄特色

基于城乡统筹和对村庄特色塑造的需要，规划对同属于以杨梅为主题的三七市北部乡村旅游线路进行比较，确立了“山地”特色，通过多条古道衔接周边乡村旅游线路和与慈溪五磊山景区的步行交通联系，开辟环山线路，设置了山地采摘、山地运动、山村旅居等项目；进而深化为包含产品特色、旅游特色、风貌特色和文化特色在内的四个方面的村庄总体特色；突出“梅林、竹海、古道、山居”四要素，树立“梅林古道、好客山村”规划主题。

3. 设置可选择的菜单式景观措施

设置采用可选择的菜单式景观措施可以最大限度地调动村民参与的积极性，满足村民对物质空间多元化的客观需求，又能使规划在整体层面对村庄环境与风貌得以控制。在唐李张村的实践中，村民普遍关注围墙式样，规划在整体景观环境“清新自然”格调研究确立的前提下，通过将其分为公共建筑、居住建筑、景区和特色片区四类，提供若干项可选择的样式，并结合一两个点的改造示意，让村民在实施中自由选择。

4. 运用低成本生态技术

张方村南侧有几处零散的养猪场，由于地处水库上游，给水质、环境和旅游开展带来了挑战。由于养猪是村民一项重要的收入来源，十多年来这个矛盾一直未能有效解决。本次规划除了将这一产业替换为农家乐和乡村旅游业之外，设计了集中的养猪场方案，运用了生态建设和发酵床两种低成本生态技术，消除环境污染，保障水源安全，促成了环保部门与村民之间的相互谅解，有效化解了这方面的矛盾。

5. 强化对特征性农业景观和农耕文化的保护与利用

唐李张村位于峡谷地带，沿线分布有竹林、梅园、茶山、桑园，农居点与农事生产联系密切。规划在景观设计时，强调对这些特征性农业景观的保护和利用：空间布局强调沿线特征景观的分布；旅游规划强调景点与农业景观空间如杨梅林、竹林、果园或优势空间如溪畔、山麓的紧密结合；在细部设计中强调特色农作物和季节性作物如油菜、韭菜、百部、香椿在庭院、路旁、沟边的点缀。在文化层面，规划根据当地传说故事进行考证，形成总体景观格局，恢复古老的杨梅集市和民俗活动，延续和丰富了当地朴素的农耕文化。

6. 深度协调资金与项目安排，构筑符合农村的实施路径

在规划项目实施方面，首先将规划内容分解为基础设施建设、村容村貌整治、公共服务设施以及产业培育四个方面二十余项项目，进行详细的工程量与资金预算，确定大致总资金量；其次将这二十余项项目根据村民需求和投资顺序确定三年行动计划及年度主题；最后将主要的财政补助资金与农办等部门进行更细致的对接，确保每个项目的资金按时准确到位，进而推动规划落地。

六、实施效果

规划自2013年3月开展以来，受到余姚市主要领导以及相关部门、镇、村的重视和高度评价，于2013年年末通过专家评审，完成批复。目前唐村、李村两个村口节点的景观工程已经按照设计方案完成改造，联系周边村庄至五磊山景区的精品旅游线路初步形成（图7-92、图7-93）；叶家湾整体开发进入项目招商阶段，后续详细设计在规划指导下有序开展，总体实施效果较为理想（图7-94）。

李村节点现状

设计效果

实施后

图7-92　李村村庄规划实施效果

唐村节点设计效果

实施后

唐村村口现状

设计效果　　　　实施后

图7-93　唐村村庄规划实施效果

叶家湾村口现状

设计效果

实施后

图7-94　叶家湾村村庄规划实施效果

第八章　平原水乡地区村庄规划

第一节　历史文化型——宁波市新庄村

一、村庄概况

新庄村位于宁波市区西部，高桥镇东南部，紧邻宁波市区，地处高桥镇与集士港镇、古林镇三镇交界地区，辖新庄、张家漕、汪漕头、李家坟桥、吉祥新村五个自然村，村域面积1.17平方千米。新庄村以农田乡野空间为主，居住与村庄工业交错布置。城市建设空间环绕周边，交通便利，是典型的近郊城乡接合部村庄（图8-1、图8-2）。

2013年，村庄总户数544户，在册户籍人口近1 400人，60岁以上人口占比19.8%，老龄化现象较为严重。村庄外来人口众多，达2万人，常住户籍人口约800人，户籍人口近年来呈回流态势。新庄村以工业经济为主、农业为辅，全村人均纯收入2.6万元，主要收入来源为外出务工、经商和房屋出租。

图8-1　新庄村区位：近郊城乡接合部地区

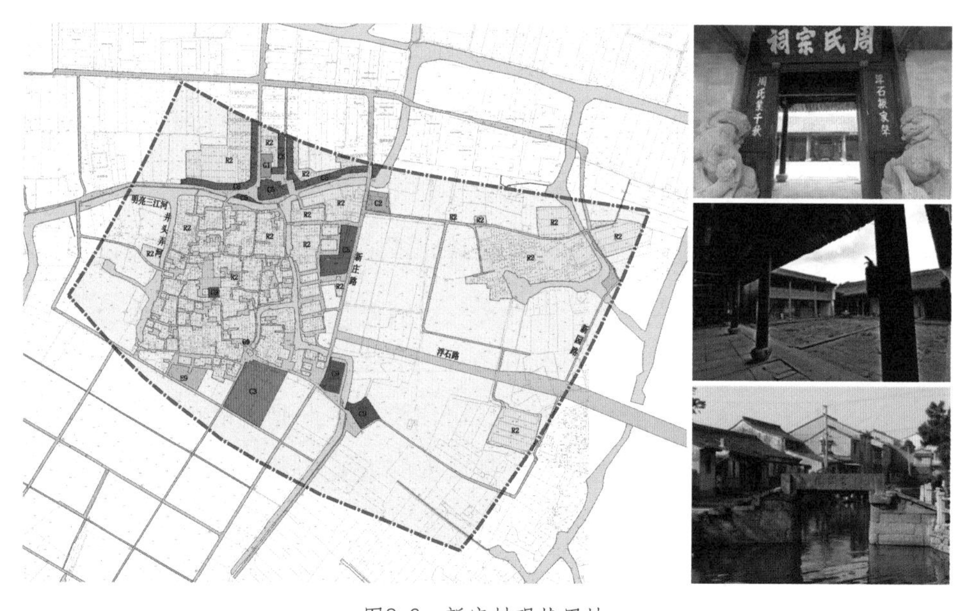

图8-2　新庄村现状用地

二、特点与问题

1. 村庄特点

（1）市级历史文化名村：一千多年的发展历史，村落格局与历史遗产保存较好

新庄村始建于宋代，发展于明代，形成于清代及民国时期，是具有深厚历史积淀的浮石周氏（甬上望族）聚居的传统村落。村落格局完整，巷弄水系结构清晰，历史建筑遗存较多，约占现状建筑的33%，传统风貌尚能连片，有两处市级文物保护单位及两处文物保护点。村落经济经历了由农耕到工业的变化，但原住

民保护意识强，村落格局与遗存仍保存较好，村民仍保留着浓郁的宗族文化习俗。

（2）“都市村落”：近郊平原水乡村庄，主城范围内不可多得的一处传统村落

新庄村地处主城近郊，村落环水而筑，江南水乡风情浓郁，是距离宁波市区最近的一个特色古村。独特的区位赋予了新庄“都市村落”的印记。这是一个不同于传统意义的村庄，村民生产生活方式均已城镇化，同时也不是单纯的传统村落，未来将是城市重要的文化休闲空间。

2. 现状问题

（1）古村破坏现象仍然存在

古村虽整体格局保存较好，但经过20世纪80年代的农房翻建，古村风貌、空间肌理以及历史建筑受到了一定程度的破坏，目前成片历史建筑较少。同时，受制于大量的外来人口居住，违章搭建等现象仍然存在，火灾等安全隐患不容忽视，保护形势依然严峻。

（2）配套设施缺乏，人居环境品质不佳

村庄基础设施条件较差。一方面，排污管道长期缺失，降低了居住的舒适性，且村民自建的全封闭集粪池，容易积聚沼气，存在严重的安全隐患；另一方面，古村内部受街巷宽度限制，消防车无法通行。此外，村庄公共服务设施仍有待提升完善，以进一步改善人居环境品质。

（3）保护与发展存在较多缺口和限制

新庄的保护与发展需要大量资金投入以及土地等政策的配套，但目前存在较多的缺口和限制，处境尴尬。例如，有保护意愿但缺乏资金投入，有资源条件但缺乏政策配套（农房产权置换等），有发展空间但缺乏土地指标等。

三、规划构思

1. 保护古村，建设新村，实现新老村的共荣

规划按历史文化名村保护要求，对古村建立保护框架，提出保护目标，明确保护内容，制定保护与利用措施。同时，依托古村集中建设新村，并与古村相协调。古村控制建设和商业开发，新村进行产业化发展，缓解古村压力，实现新老村的共生共荣。

2. 改善设施，挖掘文化，实现社会经济的再生

规划重点完善公共服务、交通等配套设施，延续改善村民的生产生活，促进社

会的再生。深入挖掘新庄村的农耕文化、隐士文化、书院文化、诗词文化、革命文化，恢复场所，形成展示空间。利用古村特色，以保护促发展，在古村核心保护范围以外，发展休闲旅游、文化创意等产业，促进村民收入水平的提升，复兴地方经济。

四、规划主要内容

1. 村域规划

由于村域范围内涉及城市规划建设用地范围，因此，村域规划在对接城市规划的基础上，突出历史文化名村保护的环境风貌协调等内容（图8-3）。

（1）村域景观环境保护

历史遗存保护。保护村域范围内的姊妹桥和吉祥禅寺等历史遗存，并与古村在空间上、功能上形成有机联系。

河道景观保护。保护村域范围内水系，维持河道自然生态，强化软性活动空间，保持水源地的洁净及物种多样性。主要河道应建设滨水绿地，并维持水质洁净。

田园风光保护。保护新庄古村现有的田园风光环境，保护农田的用地属性，维持古村耕读传家的景观特色。

村域环境治理。对村域范围内水环境、大气环境、声环境、固体废弃物治理等方面提出管控目标及要求。

（2）村域发展引导

产业引导。近期保留村庄现状工业，远期逐步实施退二进三，并以旅游休闲等现代服务业为主导，辅以都市观光农业。旅游休闲重点结合老村周边布置，形成商业休闲、度假养生、文化创意、地方民宿等产业板块；村域南部、西部利用现状农田及古村资源发展休闲观光农业。

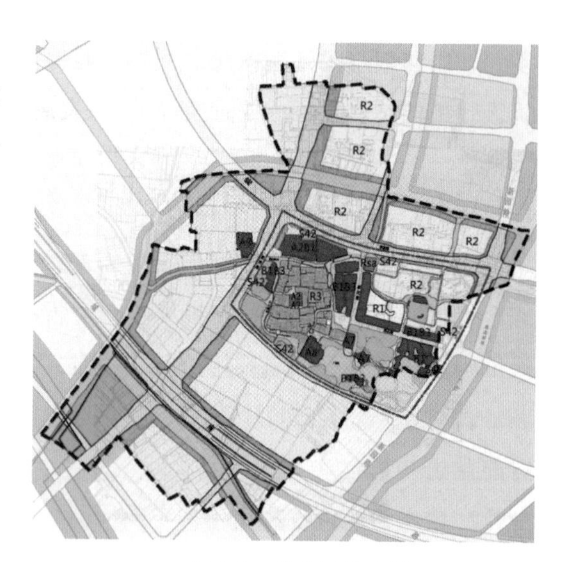

图8-3　村域用地规划

生态空间保护。规划重点保护

庙洪路以西、菱漕路以南的农田，发展生态农业。保留现状河道宽度，局部进行连通、拓宽。

公用设施空间预留。区内与城市基础设施系统关联的设施在空间上进行预留和控制，如高压廊道、消防站等。

2. 村庄规划

（1）目标定位

规划新庄村定位：浙东历史文化名村，融生活居住、历史文化保护、休闲度假于一体的都市村落。未来将致力于打造集历史文化展示、文化创意、商业休闲、度假养生、生态农业体验等功能于一体的乡村旅游综合体。

（2）用地布局

规划建设用地面积28.7万平方米，整体空间布局在保持古村格局完整的前提下向东扩展，新村建设集中在东北部，重点为村民安置用房以及沿街商业用房；古村东南部以恢复浮石塘等乡野历史景观为主，少量建设；古村北部及东侧重点为旅游休闲、文化创意等产业的发展区。古村以西、以南维持农田用地，在一定程度上维持古村的农耕性质（图8-4）。

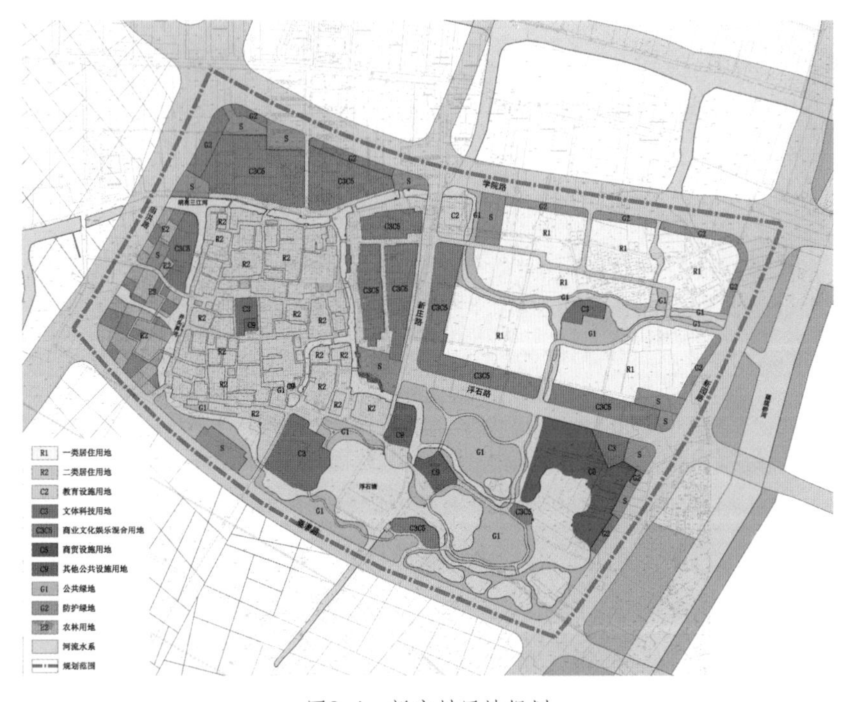

图8-4　新庄村用地规划

区内形成古村核心区、创意文化展示区、慢生活商业街区、商业服务休闲街、隐逸休闲区、田园休闲区和生态新住区七大功能区（图8-5）。

图8-5　新庄村功能分区

（3）公共服务设施

公共服务设施。历史文化展示中心、革命历史纪念馆等文化建筑及文化创意场所；幼儿园、社区服务中心等教育医疗设施。

商业服务设施。商业休闲街、特色旅游品星级购物市场、游客服务中心、度假酒店等设施。

基础设施。社会停车场、公厕、生活垃圾收集点、垃圾箱、街道家具小品以及市政管线等。

（4）道路交通

区内主要城市道路有庙洪路、学院路、新园路、菱漕路、新庄路和浮石路，是新老村对外联系的主要道路。内部街巷呈网络状布局，老村以维持现状街巷尺度为主，局部加以整治拓宽；新村内为新建的小区路，环形布置。

老村内通过街巷整理，形成“一环一横”的机动车交通组织街巷格局，古村内街巷实行机动车限时通行。新村内环形小区道路宽7米，可允许机动车通行。古村内街巷维持现状2~3米尺度，交通保持步行方式，控制机动车通行，营造安全的步行环境。

（5）历史文化保护

规划遵循保持历史文化名村的完整性、真实性和延续性三大基本原则。保护古村传统的建筑环境风貌以及空间格局，凸显新庄的传统风貌特色，反映周氏家族环水而居的生活状态；规划划定核心保护范围、建设控制地带、环境协调区三个层次的古村保护范围，并提出管控要求。保护各类古迹遗存，在保护文物古迹的同时，通过普查确定22处历史建筑，并划定相应的保护范围和建设控制地带。挖掘非物质文化遗产，融入休闲旅游等功能，弘扬新庄极具地方特色的宗族文化、隐逸文化、民俗文化，复兴古村经济社会，促进新庄的可持续发展，在保护中促进民生改善与经济社会发展，实现保护与发展的统一。

（6）展示利用

结合新庄的历史遗存，深入挖掘周氏家族的文化内涵，并通过历史建筑的保护修缮、建筑与景观的恢复以及展示利用场所的开辟等多种途径，组织、重塑新庄的历史文化与自然景观，规划重点形成文化怡情游线、商业游购游线、田园寻幽游线、休闲乐居游线、水上游线五条特色游览路线。

3. 村庄整治设计

图8-6　村庄设计总平面

（1）“保护古村、建设新村、优化空间、提升品质”的整治原则

合理划定保护区划，严格保护古村的传统格局、肌理、风貌和尺度，古村内控制建设和商业开发，外围集中建设新村，进行产业化发展，在尺度、高度、体量、风貌等方面与古村相协调。制定建筑高度控制，保护历史风貌。整理节点空间，形成场所特色，营造古村氛围；优化组织院落空间，重点建筑实施院落空间修复（图8-7）；优化水—街—建筑关系，再现江南古村特色。

图8-7　重点院落修复

（2）分区进行空间特色引导，有针对性地进行设计

为促进七大功能分区的协调有序发展，实现自身的功能规划目标，规划对各功能分区进行整体把握和详细设计，在空间形态、建筑尺度、造型等方面，提出各分区的设计引导方案。

（3）核心保护范围重点整治设计

对于具有古村特色的要素进行梳理，明确保护措施，分析还原院落肌理，修复重要的历史文化场所，保护并修复有价值的历史街巷空间，进行巷弄整治设计（图8-8、图8-9）。

图8-8　巷弄整治措施

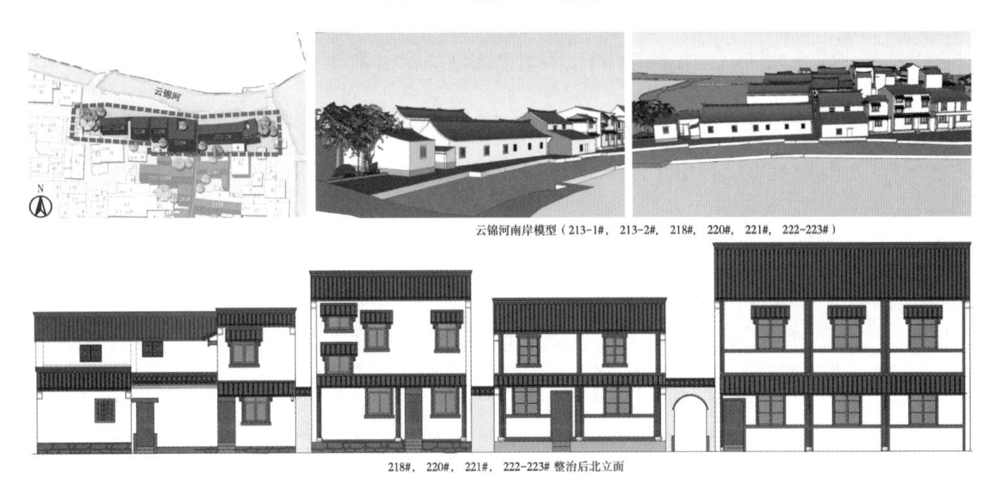

图8-9　云锦河段巷弄立面整治设计

五、规划特色与创新

1. 规划特色

（1）空间上内外有别，注重城乡共融，内部建设新村保护老村，外部突出乡

野景观等方面的协调引导

范围分层：规划范围按道路界定，面积30公顷，按修规深度编制保护规划；研究范围按村域范围，结合分区规划提出管控要求，并纳入相关控规予以落实。

内部规划：建新村，保老村；新村建设与古村保护秉承实际需求，新村建设主要疏散古村人口，缓解古村压力，同时为村庄建设配套各类公共服务设施。

外部引导：环境协调区管控，古村周边在建筑高度、色彩、风貌等方面加以协调；乡村景观维持，村域范围50%控制为非建设空间，保留农田，延续古村“耕读传家”的文化景观特色，保留古村农田掩映、村野交融的都市村庄特色；村庄经济引导，依托古村在周边发展休闲旅游等现代服务业以及都市观光农业和体验农业。

（2）文化上传承有序，注重对村落传统文化以及传统空间的深入分析与解读，把握精神内核，弘扬地方文化

深度挖掘历史文化。对古村的发展演变、历史遗存、浮石周氏家族的名人轶事、地方非物质文化遗产进行挖掘梳理，对历史文化价值进行综合评价。古村在村落布局（环水而居，内外分明）、街巷格局（36条大弄堂，72条小弄堂）、传统院落（历史更迭的合院）、建筑要素（碎瓦墙、木筋内隔墙）等方面颇具特色，规划均加以积极保护与利用。

延续划地而治的宗族文化传统。新庄浮石周氏具有内族外姓划地而治的传统，规划延续这一文化习俗，一方面环通水系，予以进一步强化；另一方面实施古村环水整体保护，并保留周氏家族在古村内永续居住。

恢复历史文化场所及文化景观。周氏原为甬上望族，但家族勤俭持家，目前保存的多进院落非常有限，为更好地修复肌理，规划对古村院落肌理进行复原，依据原有格局重点恢复周薇宅和周应宾故居两处多进院落，以更好地弘扬周氏精神价值，为文化等公共活动提供场所。同时，新庄古村原依水而建，规划参照历史地图恢复莲花塘、浮石塘等水系水塘，并以周氏家族崇文重教、清修隐逸的精神秉性，复建躬耕书院、莲芳堂等文化场所，结合荷塘水系打造隐逸休闲区（图8-10）。

图8-10　历史文化场景再现

保护并修复历史街巷空间。规划系统评价古村各条巷弄，按保存状况分类，开展针对性的保护，重点保护并修复历史界面和主游线上的街巷，进行立面整治设计。

打造文化景观，组织文化线路。在挖掘历史文化的基础上，组织一条文化游览线路，并有机串联各个文化景观和文化展示空间。

（3）功能上协调有机，注重转型发展，打造乡村旅游综合体

新庄在近千年的发展历史中，传统村落的经济社会形态需要适应城市发展需求进行转型。规划从城市功能需求出发，以打造集历史文化展示、文化创意、商业休闲、度假养生、生态农业体验等功能于一体的乡村旅游综合体为目标，统筹功能布局。结合古村资源特色，为避免古村内部的商业化，在周边重点布置功能复合的慢生活街区、文化创意街区、田园休闲区等。项目安排既有社区服务功能，又有旅游接待等功能。如农贸市场既为本地居民服务，也兼有有机农产品、地方特产展销等功能，满足游客需求。

（4）管控上注重实效，虚实结合，建立保护框架，落实保护要求，完善管理机制

规划在管控上注重实效，突出保护的系统性和指导性以及管理的方向性和可

操作性。

对于古村的保护，规划建立系统化的保护框架。一是通过古村保护区划及控制要求进行落实；二是提出保护名录，包括推荐的文保点和历史建筑，并划定相应的保护范围；三是对推荐保护的历史遗存编制保护图则，明确保护修复的内容要求；四是对传统风貌建筑进行建档。

此外，作为都市村落，规划对建筑高度进行严格的控制，按“过白”原理来控制建筑的位置和高度，最终划定不同的高度管控区。

对于古村的实施管理，规划明确了近期的实施内容，制定了实施管理的政策与机制，并鼓励市场参与古村的保护和发展。

2. 规划创新

（1）探索了都市村落的规划编制技术思路

作为历史文化名村规划，新庄村规划除了按照《宁波市历史文化名村保护规划编制导则（试行）》（2015）进行规范编制外，更以都市村落为特色，进行了规划内容、规划思路、技术方法等方面的探索。

都市村落规划精髓应把握“城乡共融、文化传承”的理念，被城镇化的仅仅是空间环境和生活方式，场所精神需要延续，乡愁需要留住。

（2）探索了历史文化名村保护规划的编制内容和方法

作为历史文化名村保护规划，除了按照相应的规范编制外，应针对地方特色和管控要求进行有针对性的保护利用。新庄村规划通过系统梳理新庄的文化特色，提出针对村落格局、街巷肌理、传统院落、特色环境要素等方面的深入保护利用，对建筑高度采用“过白”手法进行控制；同时，对保护规划普遍缺失的保护图则进行重点强化，大大增强了保护规划编制的科学性和可实施性。

第二节　特色产业型——余姚市杨家村

一、村庄概况

杨家村地处余姚市中心城市姚北组团西北向，西接泗门镇，北接余姚滨海产业园，东南接姚北中心区。村域总面积约4平方千米，村庄户籍人口3 041人，合

1 044户，非户籍常住人口约4 500人。

杨家村经济实力较强，主导产业为裘皮加工销售，在余姚市的279个行政村中，排名第15位，在朗霞街道中排名第一。

二、特点与问题

杨家村现状是以裘皮加工和贸易为特色产业的城镇密集地区平原城郊村。其产业发展带来了大量的外来人口集聚，社会阶层分化。在村庄风貌上，“格局不再，片段尚存”，传统景观正在消失。

村庄主要面临两大问题：第一，空间品质与经济发展不匹配，属于典型的半城市化地区；第二，村庄发展受要素制约，尤其是政策要素的制约。问题的本质在于城乡二元分割严重。

三、规划思路

规划围绕杨家村面临的上述两大问题，重点通过产业发展空间、生活公共服务配套设施体系和环境提升三个专题性规划研究，全面提升村庄生产、生活、生态品质，完善村庄功能。具体形成六大规划措施：塑造产业特色空间，构筑和谐活力社区，弥合自然生态环境，保留历史文化记忆，编制项目行动计划和尝试试点政策研究（图8-11）。

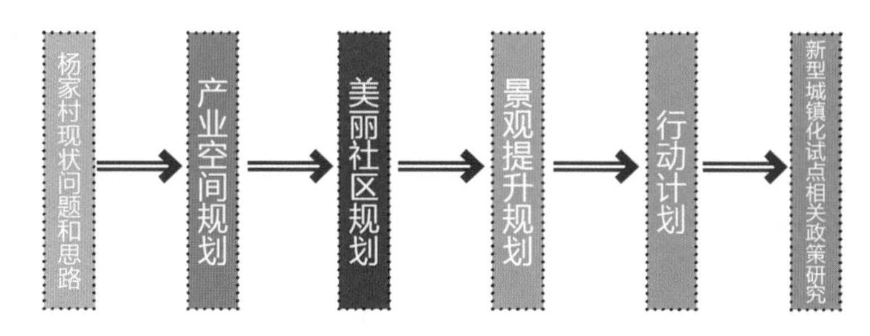

图8-11 规划重点与结构

四、规划主要内容

规划从村域规划、村庄规划和整治设计三个层面对村庄发展做出引导。

1. 村域规划

村域规划主要针对村庄定位、产业引导、空间格局等内容展开。

村庄定位以新型城镇化为机遇，破解城乡二元结构，突出裘皮特色，建立新型社区，形成以“皮草风情小镇+现代家庭农庄+青年活力社区”为特色的余姚市新型城镇化试点区。

在对以裘皮为特色的产业空间进行规划时，通过对产业发展历程回顾、现状产业分析，形成四大产业发展策略：进一步扩张发展裘皮特色产业，构筑为区域服务的第三产业，扶持建立“家庭农庄”以及营造新型生活社区。在空间布局上围绕裘皮城、余姚大道两个要素对既有结构进行优化和调整。

2. 村庄规划

村庄规划以构建幸福活力为导向的社区规划，包括用地布局、公共与市政配套设施、交通规划等主要内容。

通过人口规模的预测和设施需求的问卷调查结果，在公共设施现状评价基础上，参照公共设施配建标准，兼顾服务外来人口需求，对村庄范围内公共设施进行优化配置，并提出近期配建设施计划。同时，对村庄逐步推行公寓及社区物业化管理，有计划地进行“村改居”工程。

3. 村庄整治设计

村庄整治设计以“留住记忆，留下舒心”为主题，在对土地利用、道路交通、河道水系、历史遗存、绿化及公共空间和总体格局等景观要素的分析基础上，总结景观格局特征和存在问题，确定合理的景观线路和节点以及总体主题和各节点空间设计主题，以指导各节点和立面的整治改造（图8-12）。

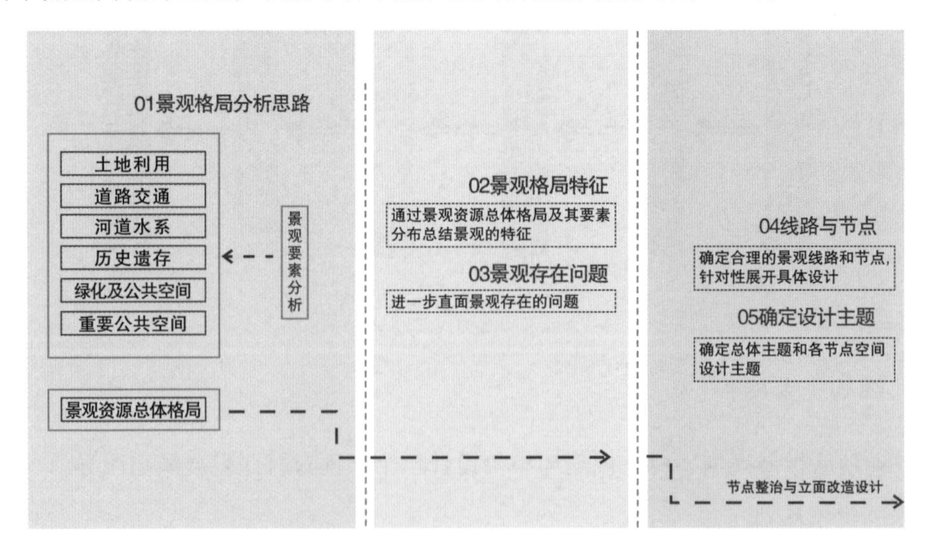

图8-12　村庄整治设计思路

五、规划特色与创新

通过对村域范围内资源的评价，包括产业、用地、景观、水系、农田等的分析，围绕裘皮产业和平原水网的城郊村特征进行村庄规划与设计。

1. 在区域协调中紧扣裘皮产业特色，确定村庄今后的空间发展思路

针对杨家村的现状及邻近裘皮市场和余姚大道的特征，围绕裘皮城，在村庄东部329国道以北区域进行商贸功能区块调整和扩张，包括拼貂生产基地、附属的三产配套功能以及部分村改居项目；视余姚大道两侧的景观需求，对余姚大道至329国道交叉口东北侧进行远景功能调整，拟调整为商务、物流功能，形成支撑西北产业提升的相关形态。通过打造皮草小镇、物流商务区、三产培育区和现代庄园四大特色产业空间，提升竞争力。其中，皮草小镇结合村庄实际形成具有一定特色风貌的购物加工街区，在功能和特色上与裘皮城错位发展，形成良好的互动。

2. 成体系地优化节点和线路，打造平原水网的村庄整体景观格局

规划形成内、外两条线路，串联各个景观节点。外线为329国道，串联皮草小镇和直河旧埠两个节点；内线为村内许家场河，串联起常青新韵、夜色未央、杨家旧影、闲适小憩、西出坦途和应家游园六个节点。以线串点，打造古风新貌的多元景观空间，可供村民全年龄段全天活动，丰富村民的日常生活。

3. 以低成本生态技术进行水环境生态修复

目前村庄环境的主要问题包括缺乏污水处理系统，污水直排入河，河道驳岸以硬质为主，缺乏生态性，建筑侵占水面，造成村庄生态小环境的污染。针对这些问题，首先要通过水环境治理和生态驳岸的改造来治理被污染的环境。杨家村生产污水主要来源于榨菜生产废水，生产和生活污水总的特点是含氮、硫、磷高。因此，规划建议在尽可能沟通水系、变死水为活水的前提下，采用生态护坡技术、生物稳定塘技术、人工景观喷泉曝气法等低成本的工程进行水体修复。

生态护坡技术主要用于现状硬质驳岸的生态化改造。生物稳定塘技术是模仿自然环境中的湿地形态，用细沙、鹅卵石、绿豆石等制成种植槽，种植槽内种植水生植物，形成一个独特的生态体系，有机物去除率可达80%，磷类去除率达80%~85%，氮类去除物为60%~70%。人工景观喷泉曝气法主要是通过向水中重启或机械搅动等方法增加水与空气接触面积，增加水中溶解氧，提高好氧微生物

的活性，可以促进水体循环，净化水质。大型喷水口安装间距为50米，小型喷水口安装间距为12~15米。另需在驳岸安装输电箱统一供给电力。该技术每吨水运行费用为0.05~0.1元。

4. 新型城镇化政策的村庄试点

杨家村作为一个经济实力较强的城郊村，城镇化进程已凸显。在规划中，我们从户籍、土地、产业、区域协调四个方面进行新型城镇化政策的试点工作。杨家村外来人口众多，在户籍上主要针对新杨家村人考虑购房积分落户和民生社保均等化政策，以吸引更多具有专业技能的外来人员融入村庄，提高归属感；产业政策主要针对特色农业和现有的裘皮特色产业进行扶持与配套，加大研发投入，配套相关物流，吸引外来资本和人才。

另外，建立融合村集体、街道、市级管理机构以及裘皮城的股份制公司；并由主要领导担任一把手，有计划地实施整个试点项目。将杨家村试点项目提升到一个战略高度，进行广泛宣传，真正达到全民参与；主动策划和包装项目，引进外来资金。多方筹集落实资金来源，在用足用好政策性资金的基础上争取部分项目可嫁接上级政府主管部门（环保、交通、水利等）项目；部分项目可实施市场化操作；部分可通过认购、认捐、垫资等方式让全社会参与。

第三节 城郊型——金华市龙蟠村

一、村庄概况

龙蟠村位于金华市西郊，紧邻城市西二环路，与桐溪工业园区隔路相望，是一个典型的城市近郊村落（图8-13）。“梢花秋雨香楹陌，杨柳春风絮破烟；缘野四周山霭合，清溪一代水云连”是古时龙蟠村的真实写照。

龙蟠村村域面积131万平方米，居民点用地面积11.33万平方米，总户数476户，人口1 161人。人均收入7 200元/年，其中，务工收入占比高，其次是房租红利和务农收入。一产仍为村庄主导产业，从业人口150人；二、三产从业人口分别为360人和144人，就业去向以桐溪工业园区和金华市区为主。

图8-13　龙蟠村与中心城区的位置关系

二、特点与问题

1. 村庄特点

（1）乡边城缘的地理区位

龙蟠村一侧紧邻城市建成区，距江南商业中心8.1千米，距离婺城区政府2.8千米；另一侧被农田和村庄所包围，呈现出平原地区乡村社区的典型风貌（图8-14）。

图8-14　站在环城西路远眺龙蟠村

（2）亦工亦农的用地布局

现状工业用地位于西二环路东侧，面积15.14万平方米，规划工业用地跨越西二环往村庄南侧延伸，面积48.8万平方米，是一个与工业园区交融共生的园边村。

（3）新旧交融的风貌格局

龙蟠村有700多年历史，现存40余栋房屋建于明清时期，老建筑保存状况欠佳，街巷格局保存较为完好，绝大部分住宅均为现代风貌（图8-15）。

（4）混合多元的服务人群

基于村庄特殊的交通区位，龙蟠村未来势必将承担一定程度的工业园区服务配套职能和市民城郊休闲娱乐职能，因而村庄的发展将面向村民、园区职工和市民三类人群。

图8-15　龙蟠村建筑现状

2. 现状问题

（1）乡村养殖业粗放发展下村庄环境的恶化和生态系统的退化

自20世纪80年代开始，龙蟠村成为远近闻名的奶牛养殖专业村。日益增多的奶牛不断消耗龙蟠的自然生态资源，植被锐减，粪便严重污染水体，昔日美景早已不复存在。

（2）城镇化和工业化迅猛冲击下传统风貌的弱化和乡土文化的没落

龙蟠村是一个生长在乡村中的现代化村庄。最直观的体现为新老民居风貌的强烈对比，新建民居未能延续传统民居要素，形态和颜色迥异，与传统民居格格不入，村庄整体风貌杂乱。村民的生产生活方式逐渐向城市人群靠拢，乡土文化的断代失传日益严重。

（3）村庄建设用地严格控制下住房供需的失衡和服务配套的滞后

金华市人均村庄建设用地指标为90平方米，目前，龙蟠村有新建住房需求的农户80余户。因涉及房屋权属和赔偿安置问题，大量无人居住的废弃房屋无法拆除，相当面积的建设用地被占据，导致村庄建设用地红线内可建设用地所剩无几，民房和公共服务设施的建设难以开展。

此次规划的主要任务如下：一是如何涅槃重生，重塑更具可实施性和可持续性的水环境、绿化环境及空间场所，再现龙蟠昔日美景；二是如何促进园村良性互动、协同发展、交融共生，以实现村庄产业的科学发展、空间的合理布局和建设的有序实施；三是如何协调有限的建设用地供给和激增的农民建房需求之间的矛盾，保障安居，完善配套，解决最根本的民生问题。

三、规划思路

1. 现状研判，问题剖析

对龙蟠村的区位交通、人群特征、环境风貌、人文历史和经济产业五方面展开深入分析，总结出村庄发展所面临的问题。

2. 诉求评估，业态策划

对三类人群进行广泛调研和深入分析，明确人群特质和多元诉求语境下的龙蟠发展主题，在此基础上开展村庄业态策划。

3. 明确目标，蓝图展望

龙蟠村的发展目标为村民延续桑梓文脉的传统村，园区职工重获精神家园的

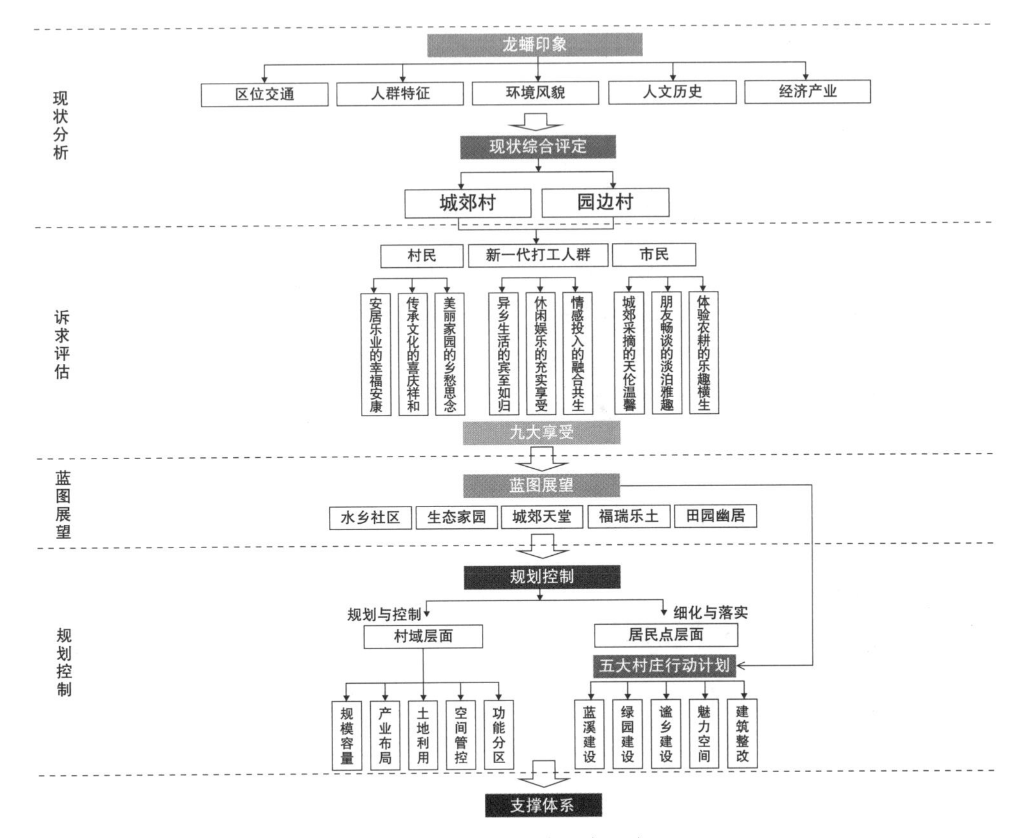

图8-16　龙蟠村规划设计思路

园边村，金华市民悠享田园之乐的城郊村。结合村庄发展的三大难题和困境，从村庄环境提升、景观塑造、格局优化、文化传承、设施完善及村居整治和新建等方面出发提出五大愿景。

4. 规划控制，细化落实

从村域和居民点两个层面提出规划控制要求，并依托五大村庄行动计划，分项落实和细化规划设计的构想（图8-16）。

四、规划主要内容

1. 村域规划

（1）规划定位

规划提出“乡边城缘，时代龙蟠”的口号，致力于将龙蟠村打造为城、园、村和谐共生的新农村建设典范，村庄发展主题定位为以居住功能为主，园区服务配套为辅的服务型村庄和城郊休闲目的地（图8-17）。

（2）空间布局

规划村域范围内形成“一心一轴五区”的空间结构（图8-18）。

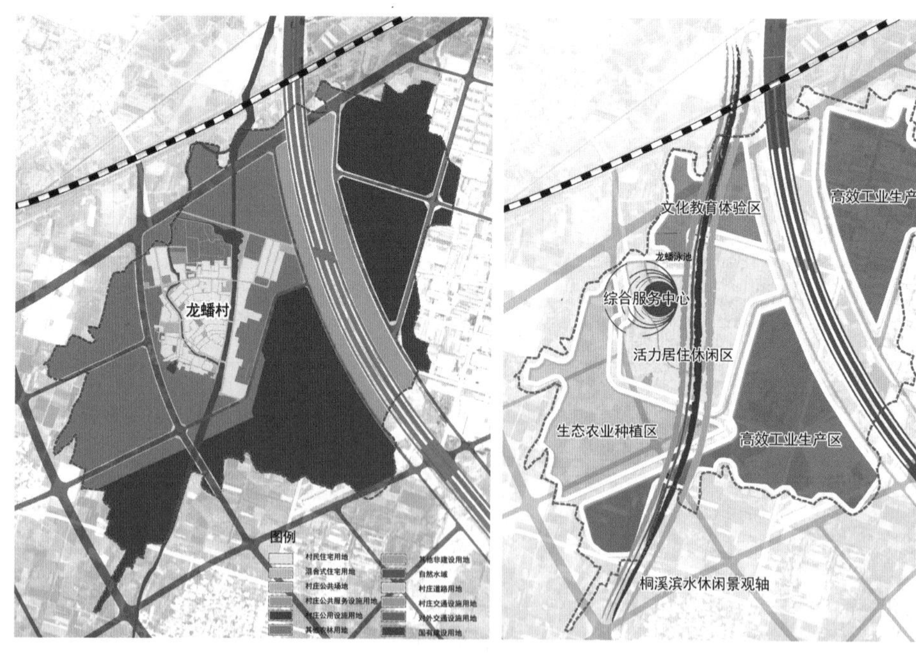

图8-17　村域土地利用规划

图8-18　村域空间格局规划

一心：龙蟠综合服务中心。

一轴：桐溪滨水休闲景观轴。

五区：文化教育体验区，以农耕文化和红色革命文化为主题，结合两座文化展示馆和生态田园，开展户外文教活动；生态农业种植区，在传统农作物生产种植的基础上发展生态农业，植入特色观光园、农业节庆活动等创意农业和休闲农业项目；活力居住休闲区，承载村民和园区职工日常居住、休闲、娱乐等各种功能；两大块高效工业生产区，包括桐溪工业区和二环西路西侧拟纳入工业区的用地。

（3）产业引导

规划确定龙蟠村“延续一产，壮大二产，培育三产”的产业发展思路（图8-19）。一产主要以经济林木为主要种植品种，同时鼓励发展现代农业，加强现代农业与旅游度假养老产业结合，优化提升观光与体验农业，推动农业品牌创建，提升农产品知名度；二产发展以桐溪工业园区为产业平台，成为解决村庄人口就业的重要支撑；三产发展依托现状居民点的服务设施配套，成为培育满足三类人群多元需求的现代服务业。

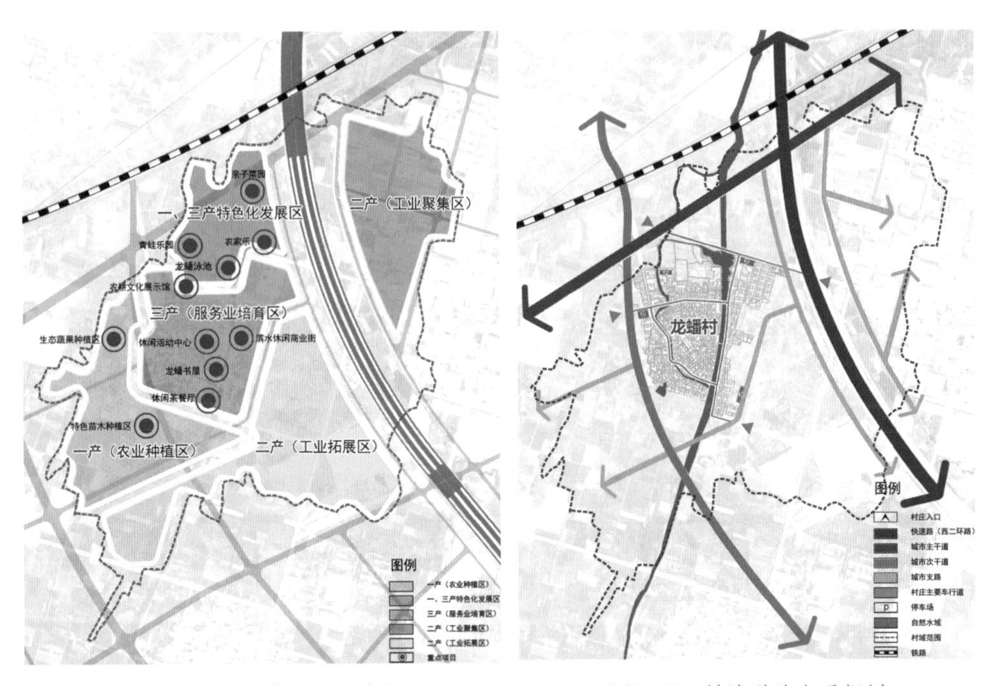

图8-19　村域产业空间布局

图8-20　村域道路交通规划

村域层面划分为四大产业发展片区：农业种植区，以生态农业种植区为依托，发展现代农业；工业聚集区和工业拓展区，现有的桐溪工业园和远期跨越二环路往西发展的工业拓展区；服务业培育区，以村庄居民点为发展据点，以服务村民、方便农村生活为重点，健全完善村庄服务配套功能，选择性开展餐饮、娱乐、休闲等消费群体定位为外来人群的其他商业业态；一、三产特色化发展区，依托文化教育体验区的文化资源和生态田园资源打造主题休闲活动区，引导传统农业向三产延伸拓展。

（4）道路交通

在《桐溪工业园区控制性详细规划》中，未来将有多条城市道路从龙蟠村穿过，极大提升了村庄的交通可达性。村庄与外部城市道路通过四个接入点实现互通（图8-20）。

村庄内部主要车行道沿新老桐溪布局，并通过规划东西向道路实现贯通，形成环状道路骨架。村庄内部鼓励非机动车和步行交通，通过外围四处集中式停车场的布局实现机动车节流，创造宁静、舒适的慢行环境。

2. 居民点规划

（1）用地布局

村庄建设用地红线范围内用地面积12.81公顷，其中村庄建设用地11.33公顷，村庄住宅用地9公顷。为满足村民建房需求，规划拆除破旧废弃房屋，对于连片拆除地段和零星拆除地段分别采用集中规模新建与见缝插针新建两种模式。同时，扩大现状新村规模，延续新村既有肌理，形成整齐的行列式住区。规划村庄公共服务设施用地和公共场地共计1.5公顷，较现状提升0.7公顷，鼓励桐溪东侧住区首层公共化，发展商住混合功能（图8-21、图8-22）。

（2）功能结构

规划居民点形成“一心一环三区多点”的空间结构。

一心：龙蟠综合服务中心。

一环：新老桐溪滨水休闲景观环。

三区：由新老桐溪为界划分的三大居住片区。

多点：村庄中规划设计的多处活动场所。

（3）特色空间

规划打造“活力空间”“传统空间”“自然户外空间”三类特色空间。

活力空间：指对部分公共建筑功能进行置换，通过建筑加固、立面改造、内部装修、环境整治等打造充满活力的新型魅力场所，包括龙蟠书屋、休闲茶餐厅等。

传统空间：整治村庄内传统建筑及其外部空间，提升建筑环境品质，强化社区文化认同，复兴传统文化，包括村口、祠堂、明堂、大礼堂。

自然户外空间：以自然景观和户外活动场所为主的空间，主要包括龙蟠湖、滨水广场等。

3. 村庄整治设计

以“蓝溪建设”“绿园建设”“谧乡建设”“魅力空间”“建筑整治”五大工程为依托，推动村庄河道水系整治、环境整治、道路整治、庭院整治和建筑整治，实现“六化”（道路绿化、村庄绿化、路灯亮化、卫生洁化、河道净化和环境美化）（图8-23）。

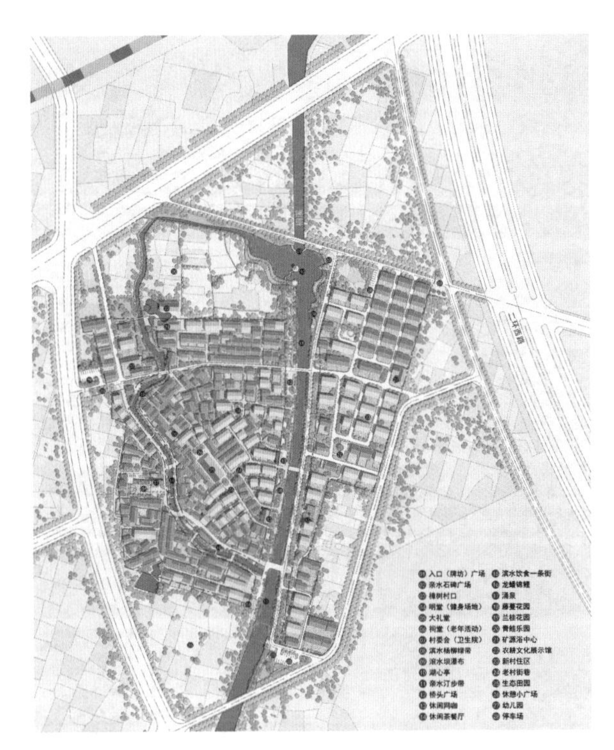

图8-21　居民点规划总平面

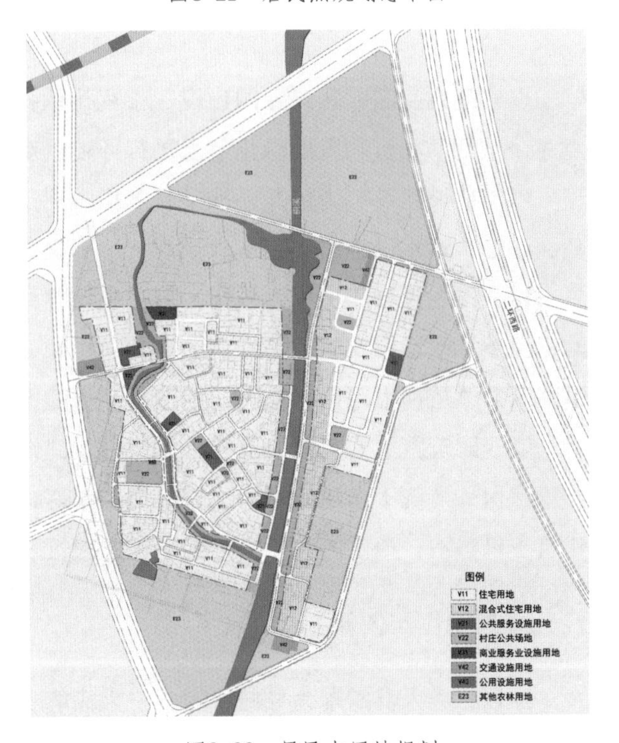

图8-22　居民点用地规划

图8-23 村庄重要节点整治意向

以“魅力空间”和“绿园建设”工程为依托，对农村环境进行综合整治，重点对公共活动场所和重要绿化节点进行环境景观美化优化。

以“蓝溪建设”为依托，推进新老桐溪河道水系整治。针对水体净化、驳岸断面改造、亲水设施布局和滨水景观营造提出具体的措施。

以“谧乡建设”工程为依托，推进道路整治。对过窄、过弯及路面高低不平的道路予以改造，实施道路硬化、亮化、绿化、洁化、美化“五化”工程。通过道路断面改造和道路系统升级，创造高品质的慢行环境和道路景观。

以“建筑整治”工程为依托，推进村庄建筑和庭院整治。对质量较好的建筑予以保留并清洗干净建筑立面；建筑质量尚好，结构及外形与整体环境不协调的建筑予以整治；严重影响村容村貌的违章建筑及危房予以拆除。

五、规划特色与创新

1. 以三类人群需求为导向，完善三大职能

（1）基于龙蟠村民增加收入、美化家园、健全配套、复兴乡村的需求，规划

引导乡村产业多元化发展，结合生态农业区融入体验、教育功能，提升一产附加值，依托园区服务业培育和房租红利，改善村民收入。同时，整治村居环境，完善村庄设施供给，实现村民的安居乐享；重塑宗祠、礼堂、明堂等传统空间，打造延续桑梓文脉的乡土风貌。

（2）基于新生代打工者对居住和休闲娱乐设施的要求，规划结合现有民居改造，植入新型服务职能，如休闲活动中心、茶餐厅、龙蟠书屋等特色项目，让园区职工能够重获精神家园，实现异乡生活的宾至如归。

（3）基于市民对田园生活的向往和对创意休闲农业的期待，规划亲子菜园、龙蟠锦鲤、青蛙乐园、农耕文化展示馆等场所，打造一个市民悠享田园之乐的城郊休闲目的地。

2. 以五大行动计划为依托，实现五大愿景

在明确村庄三大职能的基础上，规划通过五大行动计划来实现空间落实。

以“蓝溪建设”为依托，打造一个清溪连云、枕水而居的水乡社区。围绕“净水、蓄水、亲水、游水”四大措施，提出新老桐溪水体净化、驳岸断面改造、滨水景观营造、亲水设施布局等方面的引导与要求，打造龙蟠滨水景观带。

以“绿园建设”为依托，打造一个用绿色环抱城市、用环境改变心境的生态家园。从绿化的地域化、精致化、多元化和实用化出发，提出乡土植物选择、乡村造景手法、植物配置优化、绿化系统构建等方面的措施，创造多重绿色屏障，促进绿化渗透，在美化乡村环境的同时隔离城市生产生活噪声。

以“谧乡建设”为依托，打造一个闲适怡人、近闹市而远尘嚣的城郊天堂。

在整体空间布局上，明确村庄各片区职能分工，引导“由城到乡、由动到静、由紧到慢”的合理过渡。桐溪以东靠近工业园区，是园区职工居住、消费的主要片区，以建筑首层和庭院的服务功能改造为主；以西靠近农业区，是承载村民居住和活动的主要片区，以住宅环境的提升和公共场所的营造为重点。

在道路交通组织上，通过村庄外环路建设和入村道路沿线停车场建设，疏解村庄内部交通压力；完善街巷系统，提出道路断面改造和慢行环境优化的具体措施，创造人车分流、静谧宜人的出行环境。

以“魅力空间”计划为依托，打造一个古今对话、活力绽放的福瑞乐土。选取村口、宗祠、明堂、文化礼堂四大传统空间节点，进行功能性与景观性改造，

并对龙蟠湖、桥头广场、龙蟠书屋、休闲茶餐厅、农耕文化展示馆和休闲活动中心六大活力场所进行深化设计，激活村庄园区服务型职能，满足园区职工和金华市民的休闲娱乐需求。

以“建筑整治”计划为依托，打造一个古韵新风、舒适怡人的田园悠居。在对现状建筑综合评估的基础上，结合村庄整体布局要求，提出保留、整治、改造、拆除四类措施；基于浙中地区建筑风貌特征的研究，提炼建筑风貌控制引导要素，科学指导民居整治；结合拟改造民房未来的功能和使用要求，提出建筑改造指引；利用拆除废弃房屋后的闲置地进行集中规模式或见缝插针式的新居建设，满足村民新房建设需求。

六、实施效果

为确保项目实施落地，规划对河道治理、道路改造、建筑整治、基础设施完善等内容分别进行了工程项目的分解和投资估算。本次设计成果获得了当地规划主管部门和村民的肯定，并逐步实施。

第九章　滨海海岛地区村庄规划

第一节　历史文化型——温岭市桂岙中心村

一、村庄概况

桂岙中心村位于温岭市石塘镇西南面，村庄三面环山，一面靠海，西临箬山历史文化街区，东接石塘千年曙光园，南眺温岭市中心渔港，规划中的81省道南延从村庄南面穿过。村境内村居依山而建，内部交通以非机动车和步行为主。桂岙中心村由桂岙、庆丰、长海、长征四个自然村合并而成，2012年，全村共有26个村民小组，总户数1 247户，总人口3 715人。

二、特点与问题

1. 资源优势

桂岙中心村背山面海，山海风光秀丽，港湾桅樯林立，白鸥翻飞，自然风光秀美；依山体开垦的梯地为整个村庄环境的营造打下了良好的基础，也为休闲乡村旅游业的发展创造了良好的条件。依山而筑的房屋是石头砌，街是石头铺，路是石头造，巷是石头围，高高低低的石级，蜿蜒曲折，直通大海，独具风采。古诗有“千家石屋鱼鳞叠，半住山腰半水滨”，生动描绘了山海屋天人合一的秀美景色。桂岙中心村居民的祖先是明末从福建惠安等地迁移来的回族渔民，至今仍保留了闽南回族渔民古朴的生活习惯，信奉妈祖文化，形成独特的乡俗民情，有大奏鼓、扛抬阁和七月七小人节等传统节庆活动，古老的渔村风俗和淳朴的渔家生活，让人流连忘返。

2. 存在问题

桂岙中心村村民由于经济收入增加、生活要求提高，新建建筑都采用新型建材，空间格局、建筑层数、建筑风格与原有村落不一致，山海建筑独特韵味有所破坏。由于前期村庄整治对山体开挖、道路拓宽、路面水泥硬化，使得山体破坏，路面风格城市味浓厚，缺少乡土气息。村居建筑布局随山体布置，建筑平均间距较小，内部空间有限，可建设的闲置用地较少，大型的休闲点和景观设施建设缺少用地。村庄内的道路通行能力不够，有待提升；缺乏公共休闲场所和活动中心以及旅游配套服务设施；公厕、路灯、垃圾箱、污水处理池等基础设施配备不足（图9-1）。

图9-1　桂岙中心村SWOT分析

三、规划思路

（1）从发展的角度着眼，强调动态的建设观，正确处理村庄整治与村民生活、旅游开发的关系。

（2）抓住村庄发展的脉络，重点突出、主次分明，突出人、自然、建筑相融的整体空间环境特色，对村庄质朴、厚重、自然的风貌及乡土文化加以保护，同时融入时代特色，强化桂岙中心村特色新农村的感染力。

（3）以科学的态度对现有文化、建筑及其环境现状进行充分的研究，在完全尊重村庄现有发展肌理的基础上进行有机更新。

四、规划主要内容

1. 村域规划

（1）定位

以美丽乡村建设为契机，依托有利的区位、便捷的交通、地域特色和人文景观等优势，发展乡村休闲旅游业，将桂岙中心村打造成为“城市心灵的释放地、闽南民俗的体验场”，建设成为温岭市东部滨海旅游带上的示范村（图9-2）。

（2）产业引导

“山海村寨民宿，乡野梯田石屋”理念下的村庄发展规划，使桂岙中心村经济发展从以渔业为主逐步向以旅游接待为主转变，实现“秀美、宜居、宜业”的市级生态休闲旅游村。为此制定了四条产业发展策略：一是大力发展休闲民宿度假旅游产业；二是合理开发建设艺术创作基地；三是积极开展民风民俗体验活动；四是开发联动旅游模式。

（3）总体布局

规划形成“一心二带四区”的功能结构（图9-3）。整体形成山、海、城共融的总体布局。一心：以天后宫、文化礼堂等为中心，围合而成的中心广场；二带：以麒麟山、瑶半天、狮子山景区等围合而成的山体景观带及以海岸沿线串联而成的沿海景观游憩带；四区：中心渔港石塘港区、石屋群保护区、民宿商业体验区、民俗文化游览区。

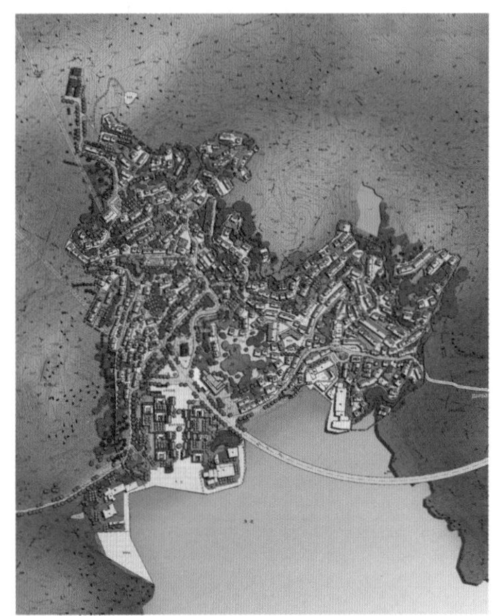

图9-2　桂岙中心村规划总平面

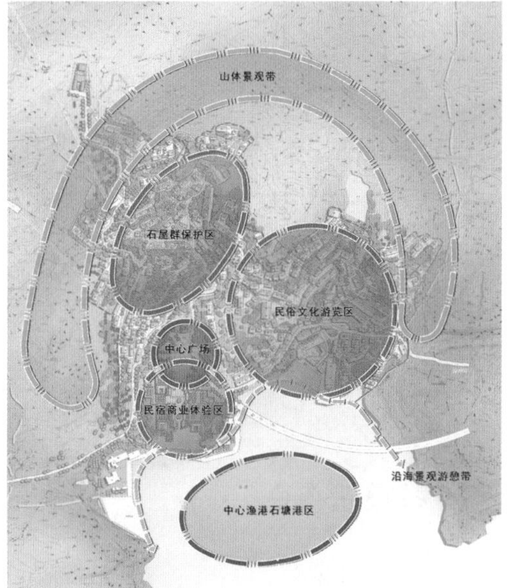

图9-3　桂岙中心村规划功能结构

2. 村庄规划

（1）公共设施配套

按照“管理有序、服务完善、文明祥和”的要求，规划区内公共设施主要包括行政管理、商业金融、文体科技用地。教育和农贸功能主要依靠在规划区外的乡级公共设施，解决本村需求。

行政管理用地——依托原有自然村综合楼作为村庄的行政办公用房，内设村委办公室、会议室、党员活动室、医务室、警务室等功能。

商业金融用地——在妈祖庙南侧，打造一条风情商业民俗街，作为集中的乡村旅游餐饮、购物服务中心。

文体科技用地——规划在妈祖庙东侧拆除原村委办公楼，新建文化礼堂，内设旅游服务等多重功能，增加村庄旅游服务接待能力。

（2）道路交通设计

因地制宜地选择多种形式的交通方式，使内外交通衔接紧密、中转方便，满足各种交通的需求，保证村庄内外交通的畅通，同时可以保护自然环境。构建相对独立的游览观光环线，构建各功能区之间有效的交通连接。

（3）旅游设施规划

在主要的景点布置餐饮、住宿、娱乐、购物等旅游服务设施，在全村范围内建设标识系统，包括道路标牌指示、全景标牌指示、景点标牌指示、服务标牌指示等；在全村范围内进行污水纳管，在主干道设置路灯，在全村范围内布置厕所、垃圾箱、消防设施等。

3. 村庄整治设计

（1）场地设计

民俗风情商业广场——包括妈祖庙、文化礼堂、民俗风情商业街、现代民宿度假区。规划将该场地以旅游线串联为一个系列体验区，主要功能是集中展示桂岙中心村传统村落的特色风貌，为观光游客提供餐饮、购物、体验、住宿等服务内容（图9-4）。古村落民宿区——包括桂岙中心村历史四合院及古屋群等。规划将该区域整合成深度民宿休闲度假区，让游客感受到山海渔村的宽厚及宁静。山地梯田采风创意基地——结合山地梯田及山地跌落式四合院，对梯田进行应季景观植被造景（如油菜），营造创意山地景观。

图9-4　场地设计效果

（2）村居改造

根据现有建筑的层数、风貌及质量对建筑的保护与更新方式，村居整治确定为保留建筑、修缮建筑及整治建筑三大类别。对建筑质量及建筑风貌较好，近代建造的二三层石结构住房，具有较高历史文化价值，需要保留的传统民居及历史文物保护单位，应保持原状。对建筑质量及建筑风貌一般，现在还在使用，具有一定年代的建筑，予以修缮或改建。对建筑质量及建筑风貌较差的破旧房屋，影响环境的一些违章搭建的构筑物，原则上予以拆除。对不符合村落规划肌理，建筑层数为四层及以上的建筑应予以拆除或削层处理。规划还对辅助用房、围墙和庭院提出整治措施，并提出建筑高度控制要求（图9–5）。

（3）道路和环境整治

完善村内路网建设，包括硬化、平整现有村道，加强各自然村之间的道路连接，形成由过境道路、村内车行道、步行道组成的道路交通体系。环境整治主要包括铺装、坐凳、树池、垃圾桶、指示牌、栏杆等，尽量采用具有乡土气息的元素与符号，体现自然风貌（图9–6）。

图9–5　村居改造

图9–6　道路和环境整治

第二节　特色产业型——舟山市黄沙村、宁波市东门岛村

一、舟山市黄沙村村庄规划及设计

（一）村庄概况

嵊泗县位于杭州湾以东，是浙江省最东部，对外交通基本依靠水运。黄沙村位于嵊泗县泗礁岛东部，是五龙乡下辖的四个村庄之一。距离全县中心菜园镇约10千米，距离李柱山客运中心约15千米。全村现状住户531户，现状人口1 403人。村域面积1.24平方千米，居民点面积17.64万平方米。2014年村人均收入2万元，在五龙乡四个村庄中排名第二。其中，渔业产值在嵊泗本岛两个乡镇中位列第一，在全县也位居前列。旅游业刚刚起步，渔家民宿数量居前，但多数只是利用原有民宅，未经改造，整体质量较差。

（二）特点与问题

1. 资源优势

嵊泗县全县处于唯一的国家级列岛型风景名胜区，旅游业是其支柱产业。本村位于岛上民宿旅游的热点区域，旅游业氛围浓厚。村庄布局于背山面海的山坡上，正对沙滩，地形高差大，观景条件好。村域内现有大量国有工厂已停产，用地闲置，发展空间大（图9–7）。

图9–7　黄沙村现状风貌

2. 存在问题

村庄建筑和建筑环境缺乏海岛特色，品质不高。前期缺乏投入，旅游知名度

低。对山体资源的保护不够，南部采石场造成巨大山体创伤面。

（三）规划思路

发展生于传统、兴于当代的新产业、新风貌、新文化。新产业——以乡村休闲旅游业为支柱，以生态化渔业和涉渔产业为特色；新风貌——延续传统空间格局，符合现代使用要求，并与传统有所呼应的新型海岛建筑风格，塑造现代海岛度假风貌；新文化——渔村文化与度假文化相结合的新型海岛文化，村民与游客共守的村规民约。

（四）规划主要内容

1. 村域规划

（1）定位

嵊泗县居住品质优良，公共设施完备，风貌和谐有机，以海岛乡村休闲旅游功能为支柱、以涉渔产业为特色的“生活着的山海度假渔村”。

（2）产业引导

规划以保护发展渔业，丰富旅游业产品类型，促进民宿市场分化完善，提升游客体验，提高人均消费额作为产业发展目标。制定了四条产业发展策略：一是着重发展中高端旅游设施，打造乡村旅游新高地；二是保护发展渔业和涉渔产业，留住渔村文化；三是植入“亮点”功能，激活“夜经济”；四是发挥集体经济作用，提供公共服务功能。形成“四带多点一片区”的产业布局结构，策划了洋家乐精品酒店、海岛主题乐园和闲适生活街三大主导项目，船坞餐厅、民宿服务基地、精品民宿等九个特色项目。

（3）用地布局

规划形成“一街一带、指状交错”的空间结构。一街——闲适生活街。村民与游客彼此融入、闲适交流的村庄生活主街，既有村民日常所需的公共服务功能，又嵌入游客活动，院落相连、闲庭信步。一带——滨海休闲产业带。通过对闲置工业用地、码头、采石场的积极利用，将生态保护与修复、传统渔业振兴、新型旅游业扶持相结合，打造与山海特征紧密相连的村庄休闲产业带。指状交错——村庄建设用地边界与山体、农田指状交错，相互渗透，提升海岛特色的田园风光（图9-8）。

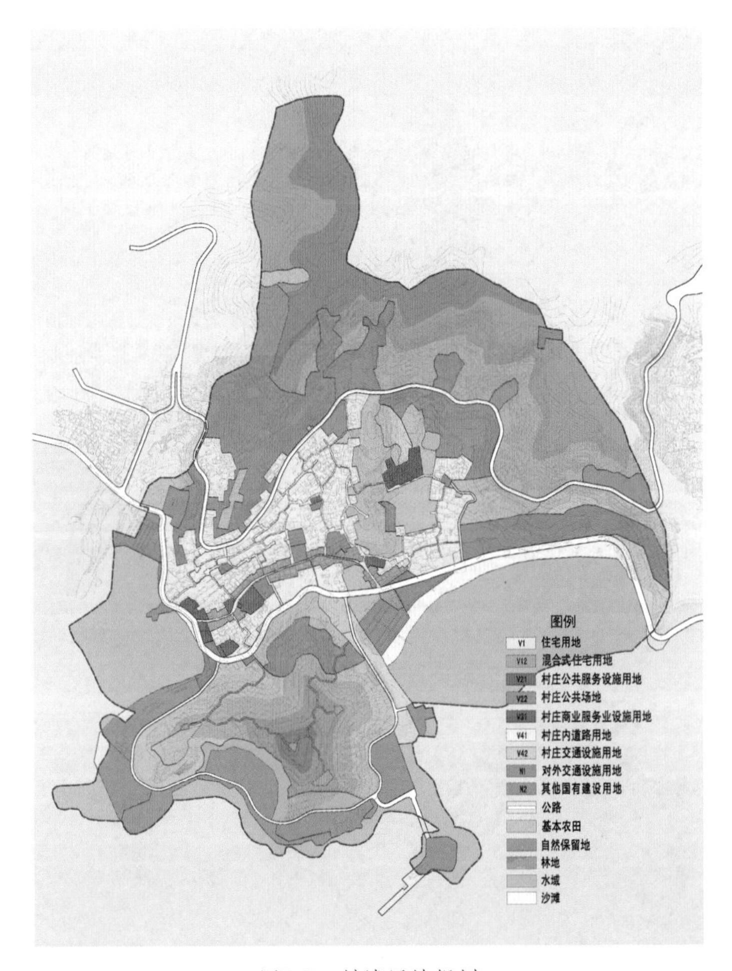

图9-8　村域用地规划

（4）空间管制

适建区主要包括现状宅基地、村庄产业用地、部队用地、码头用地、采石场弃置地等。适建区优先建设。限建区主要包括山体自然保留地、南部山体林地、风景旅游用地等。限建区以保持自然状态为主，允许少量、低密度建设。禁建区主要包括基本农田、北部山体生态林地、沙滩、礁石、海域等。禁建区禁止建设。绿线主要包括基本农田、北部山体生态林地。绿线范围内应保持农田、林地使用功能，禁止建设。蓝线主要是海域，禁止围海造地，但允许布置临时性漂浮设施。紫线村庙所在地，作为历史建筑保护。黄线为两条主要公路，禁止占用（图9-9）。

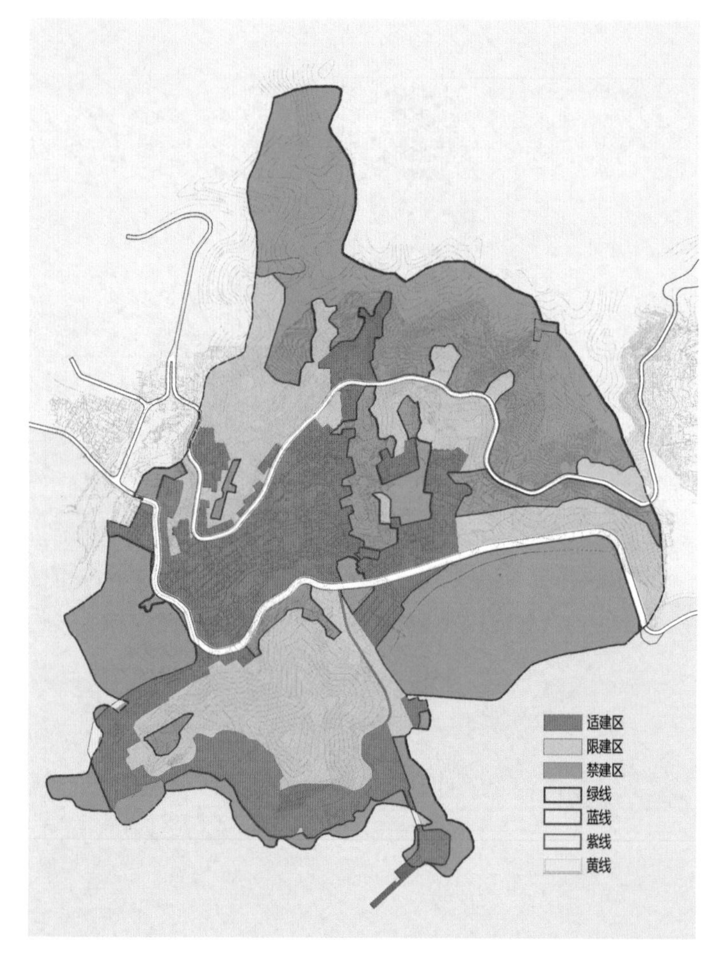

图9–9 “三区四线”规划

（5）道路交通规划

黄沙村现状交通骨架基本成形，本次规划主要在现状基础上增加支路，沟通步行联系，丰富步行体验。规划形成车行主路、车行支路、步行道三级道路体系。

（6）公共设施布局

黄沙村现状公共服务设施较为完善，本次规划在此基础上新增四处公共厕所，一处公共停车场，结合新增公共院落空间增加两处健身设施。同时，为支撑未来旅游业发展，规划新增三处变压器。现状的菜场、老年活动中心和村委会等公共设施建筑风貌一般，景观环境较差，规划拟对其进行风貌改造与环境提升。

2. 村庄规划

风貌景观规划：村庄建设应满足现代生产生活，包括传统渔农业生产和开展旅游度假服务的需求，同时与地方传统在空间格局、尺度、构件、材料、元素等方面有所呼应，体现当代海岛建筑的特征，塑造生于传统、兴于当代的海岛乡村度假新风貌。具体包括四个方面的内容：一是生态自然的村域环境，规划从村域层面对沙滩、礁石、林地、农田、海岸线等分别提出保护提升措施；二是延续传统的空间格局，规划对村庄肌理、场地利用方式、街巷与院落（图9–10）、可共享的屋顶平台等分别提出具体的延续措施；三是海岛特色的现代乡村建筑，规划包括相对统一的建筑色彩、借鉴传统的建筑形式、局部使用传统的材料和工艺、采用适应新产业的新的建筑形式四项内容；四是精心布置的乡土植物，规划给出了具体的植物配置建议。此外，规划还对屋顶、院墙、小路、台阶等风貌要素提出了控制引导要求（图9–11）。

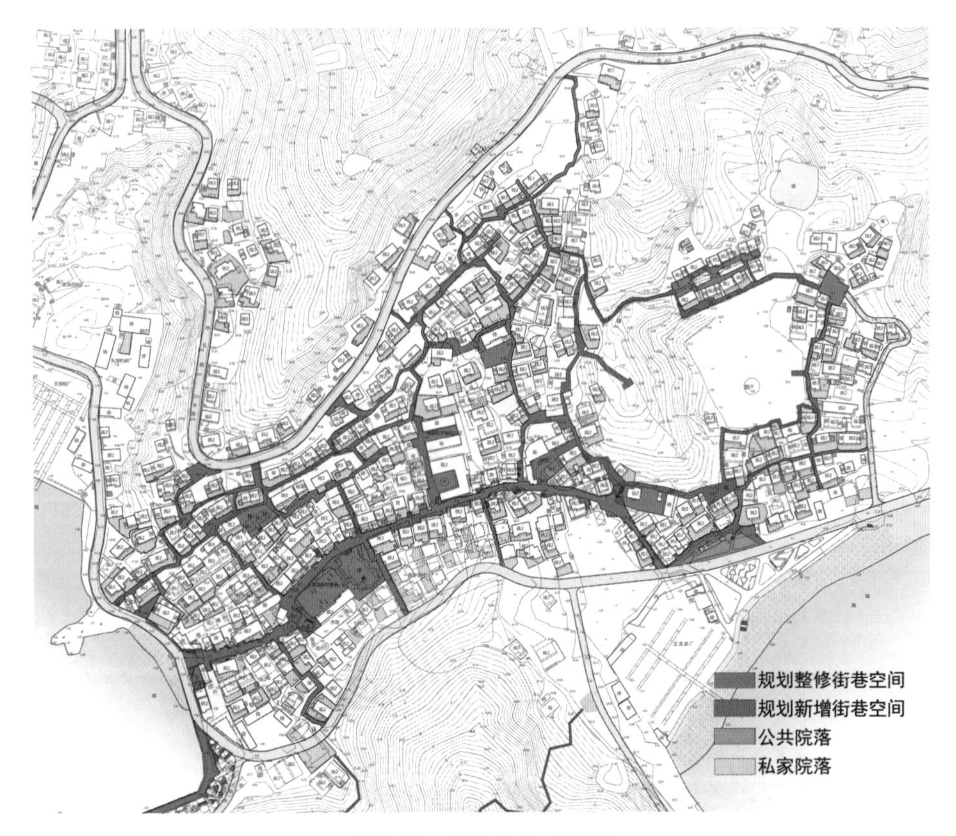

图9–10　街巷与院落规划

图9-11　黄沙村规划总平面

3. 村庄整治设计

以“浪飞黄沙三岙、漫步闲庭渔家”为设计主旨，通过对街道进行环境清理，对原有住宅进行立面改造以适应商业活动，植入激活体增加商业界面激活商

图9-12　重点空间设计效果

业氛围，整合原有庭院空间创造出闲庭漫步的人文体验，最终形成住宅、庭院、街道三个空间层次互相融合、渗透的商业空间（图9-12）。

（五）规划特色与创新

（1）刚弹结合的宅基地管控方式。在满足村民住宅用地边界、宅基地面积标准和村规民约中确定的建设要求的前提下，村民可自由选择宅基地位置和住宅平面形态，见缝插针建设（图9-13）。这种建设方式更接近村庄传统的布局形成过程，通过每个个体自发争取更好的居住条件，自下而上地促进村庄布局更加合理，对阳光、景观、通风等资源的利用更加充分，同时使村庄布局更加灵活有机。

（2）在取得村民共识的前提下，将一部分非法定的村庄建设管理要求纳入村规民约，使其成为法定建设要求的补充，长期坚持，以形成本村的特色。

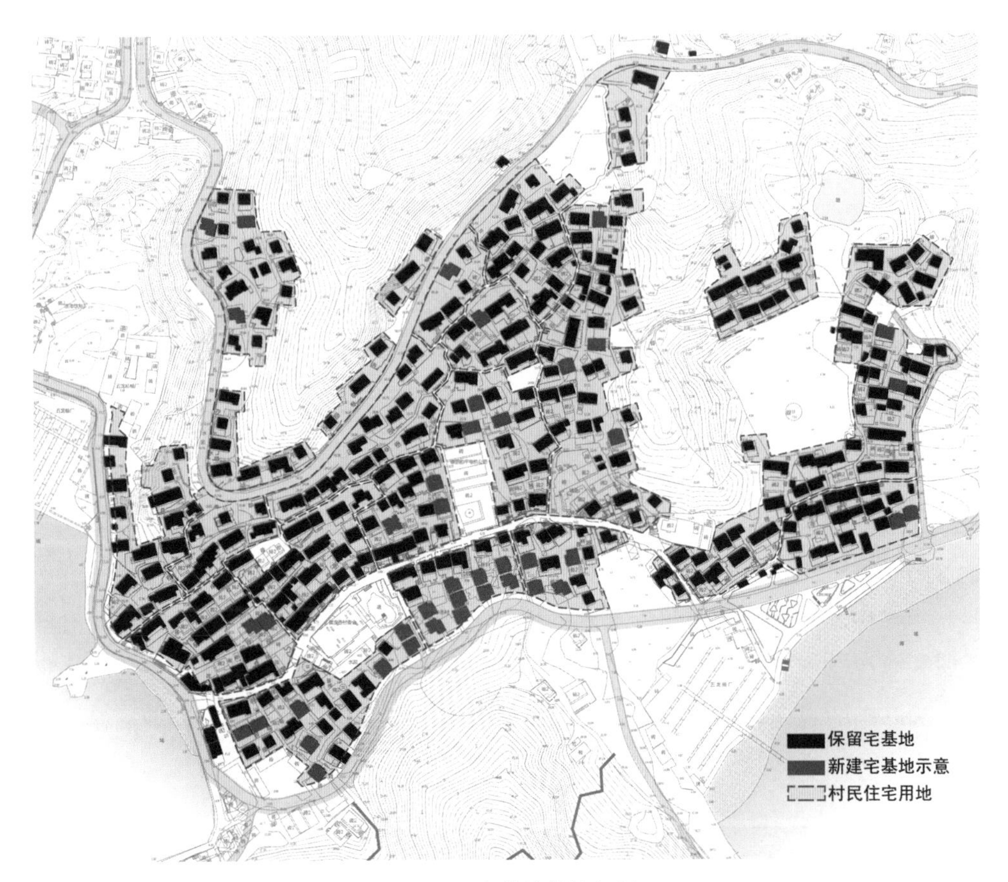

图9-13　宅基地管控规划

二、宁波市东门岛村村庄规划和村庄设计①

（一）村庄概况

东门岛村通过铜瓦门大桥与石浦镇城区隔港相望，是“靠海为生，以渔为业”的海岛。全岛共有三个行政村：东门村（核心村）、东丰村、南汇村。渔港岸线资源丰富，海上航线四通八达。东门岛东西宽900~2 000米，南北长2 100米，面积约2.42平方千米。全岛除西部、南部为围垦沿海塘田外，东部、北部均为山体。现有住户1 200户，人口3 800人。东门岛被称为“浙江渔业第一村”，80%以上村民从事渔业。

（二）特点与问题

1. 资源优势

（1）海洋景观特色鲜明的原生性自然环境

东门岛地形狭长，岬湾相间，集“山、村、海、港、岛”于一体，拥有礁石、山林、门头水道等优美的自然景观，风情独特而浓厚。全岛岸线资源丰富，形态和功能富于变化。其独特的生态环境和自然风貌具有重要的保护开发价值。

（2）海岛生产生活融合的活态人文环境

东门岛历史悠久，特色鲜明，集“渔文化”“海防文化”“妈祖信仰”于一体，是浙东渔业“活”的博览馆和历史书。东门灯塔、古城垣、城隍庙、烽火台、天妃宫等历史建筑均被列为文物保护单位和文物保护点，具有重要的文物保护价值。东门岛上的民俗文化传人有继，活动不绝，文化生态氛围浓郁。

（3）特色资源禀赋结构下的多元经济环境

东门岛以农（渔）业为主、工业为辅、服务业潜力巨大。农业产业基本为渔业，是象山县渔业经济的重要支柱，被誉为“浙江渔业第一村”。工业产业以修造船和海产冷藏加工、运输等辅助渔业的业态为主。同时，近年来以渔业和渔俗文化为基础的观光以及海鲜品尝等休闲旅游业逐渐兴起，兼有部分渔业捕捞技术培训等服务产业。

---

① 本案例来自浙江大学城乡规划设计研究院和浙江大学城市规划系共同编制的《象山县石浦镇东门岛综合规划》，特此感谢提供案例。

2. 发展问题

（1）既有产业的转型升级与特色产业链尚未实现

一是新兴产业未成规模，以乡村休闲体验旅游为例，经营主体小而散，半农半商，专业化程度低；二是产业的融合效应尚未突显，渔业生产、休闲旅游、旅游服务等方面尚未形成合力，各类型产业以各自的目标市场为方向，分散发展，未产生1+1>2的效果。

（2）历史文化遗产与风貌特色的保护和传承欠缺

尚未建立历史文化资源的保护机制，如历史建筑的登录保护制度仅仅局限在表面性的挂牌式保护，未形成一系列的权责界定、利益补偿等机制，配套政策未跟进，缺少实质性的保护。此外，村民个体未认识到文化遗产的价值，缺少对遗产的精细管理，随时间的推移，遗产逐渐破败。

（3）岸线资源、生态景观资源未合理利用

尽管全岛拥有约10千米平缓而又完整的海岸线，但是岸线缺乏整合利用，风貌特色缺少统一的主题性塑造。东面海岸线为东部自然交界岸；从东南东门门头往西往南为以渔业为主轴的人工岸线，包括不同功能的生活、渔业、工业、仓储岸线，岸线功能混杂，过渡处理不佳。

（三）规划思路

规划以“问题—优势—策略”的思路，根据村庄现有的资源，提炼特色，提出功能定位和村庄性质；同时，突出低碳化的新发展目标，识别规划中可控的生态低碳要素，制定规划导控策略（图9-14、图9-15）。

首先，充分挖掘东门岛独特的自然条件、环境资源和深厚的渔俗文化，为东门岛的经济发展、旅游开发、海岸线利用、景观建设提供指引和发展策略；其次，根据村庄现有的资源，挖掘地方传统文化、历史变迁等的物质载体和内容，提炼特色，在规划中提出明确的适宜村庄发展的功能定位和村庄性质；最后，结合村庄改造及土地利用规划，根据生态承载能力和空间管控要求，明确重点开发区域，确定适宜未来发展的规模容量和各类型用地安排的发展方向，形成文化、商业、旅游服务等的规划布局，并通过旅游业带动服务业和多样化的生产。

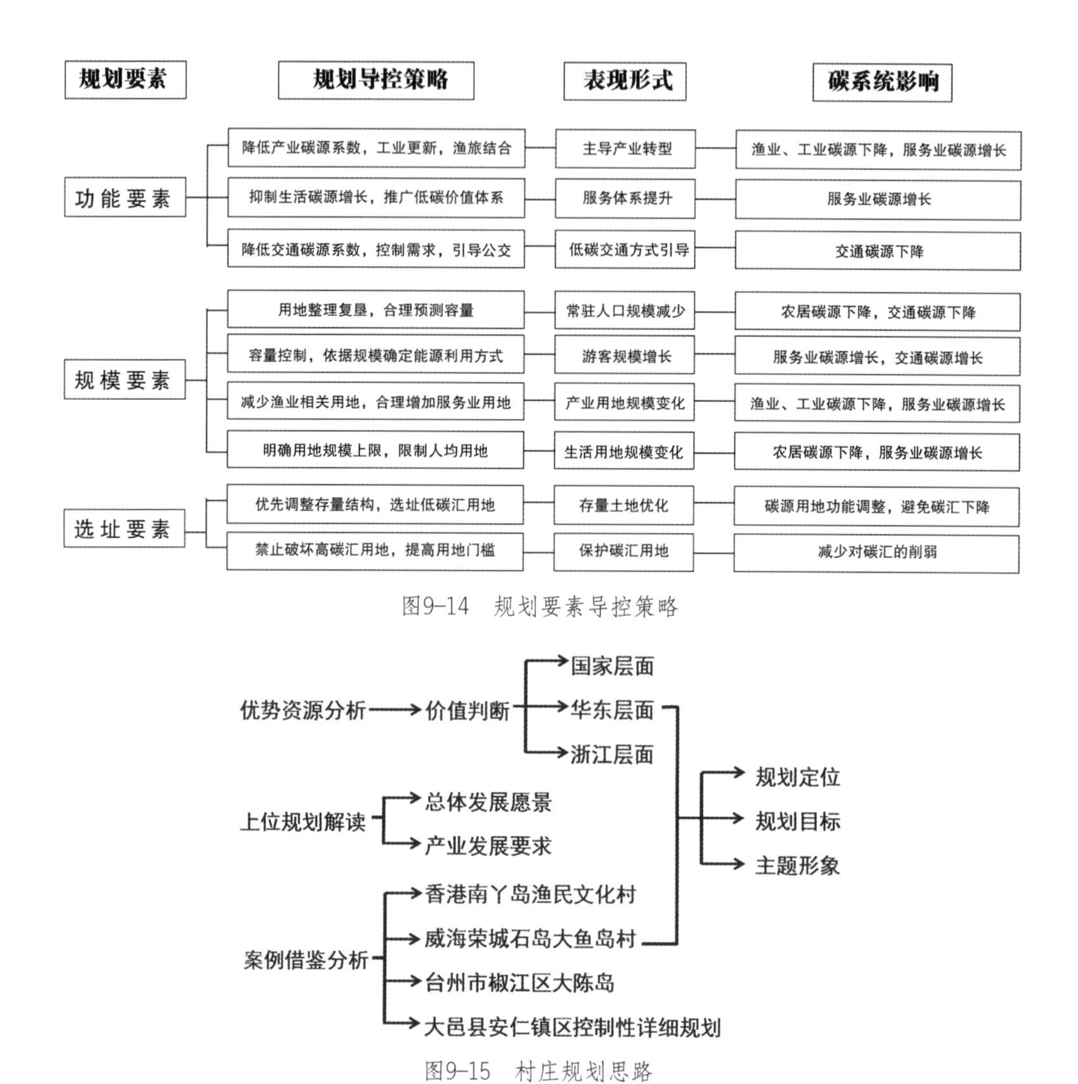

图9-14　规划要素导控策略

图9-15　村庄规划思路

（四）规划主要内容

1. 岛域规划

包括村域发展目标与定位、村域产业发展引导、村域整体空间布局三部分内容。

（1）村域发展定位

以东门岛所处的区位，根据本体的资源禀赋、发展的优劣势，依托丰富的别具一格的文化资源以及与周边区域错位发展的理念，规划建议将东门岛定位为“中国第一渔村，国家传统村落”，成为华东地区最具特色的渔俗文化村，展示海洋渔文化的博览园，集观光、文化体验、海鲜美食、特色购物、休闲娱乐等为一体的休闲渔业基地。总体形象定位为“赏潮连两岸，感敬海歌渔，品水清鱼鲜，访山海遗城”。

（2）村域产业发展引导

从村庄特色出发，制定了以特色文化资源、休闲渔业、渔俗文化等资源导向的休闲体验旅游产业为主导的“旅游兴岛”发展策略，并确定了“渔、工、商、贸、旅游”五位一体的综合发展思路。

村庄特色与产业发展思路：除巩固目前东门岛渔业相关产业的支柱作用外，随着自然、历史等优势资源的保护传承，东门岛将旅游业定位为主力发展产业，通过整合旅游资源和旅游产品，积极构建休闲旅游海岛。规划将主要发展体验旅游，伴随着旅游房产、博览园、培训服务等相关产业。

生活、生产与旅游的关系处理：东门村作为浙江省第一批中国传统村落，规划需要处理好历史遗产保护与旅游开发、居民生活质量提升的关系，形成产、村、景一体化的持续有序的空间格局。

发展渔文化为核心的旅游业：东门岛应积极发挥地域特色，开展文化旅游。通过对宗教文化、传统渔家文化、非物质文化遗产等地域文化的发掘和总结，将提炼形成的具有东门岛本土特色的旅游文化成果加以推广、普及，使文化元素成为旅游产业的核心。开发相关的旅游项目和特色商品、工艺纪念品，开展观光、体验、节庆、购物、娱乐等活动，丰富旅游产品。

港口工业、渔业与旅游业融合：开发港口游项目，开发水上娱乐项目，丰富休闲旅游产品的内容。开发工业旅游、渔村旅游、休闲旅游等多种地方特色旅游形式，配置村庄生活和旅游服务基础设施。

其他产业：东门岛有山、海、村一体的自然地理条件，规划综合利用海岛气候条件、山水环境、渔村历史文化氛围发展休闲博览产业、渔文化鉴赏传习培训产业、养生养老产业等，营造节奏缓慢的岛屿生活。

（3）村域整体布局

规划制定了“一岛六园”的居旅混合、岛屿博览型的空间组织结构；确定了规划期内各类建设用地的规模；制定了岛域整体的“三区四线”的空间管理框架，包括禁建区、限建区、适建区及绿线、蓝线、黄线、紫线（图9-16）。

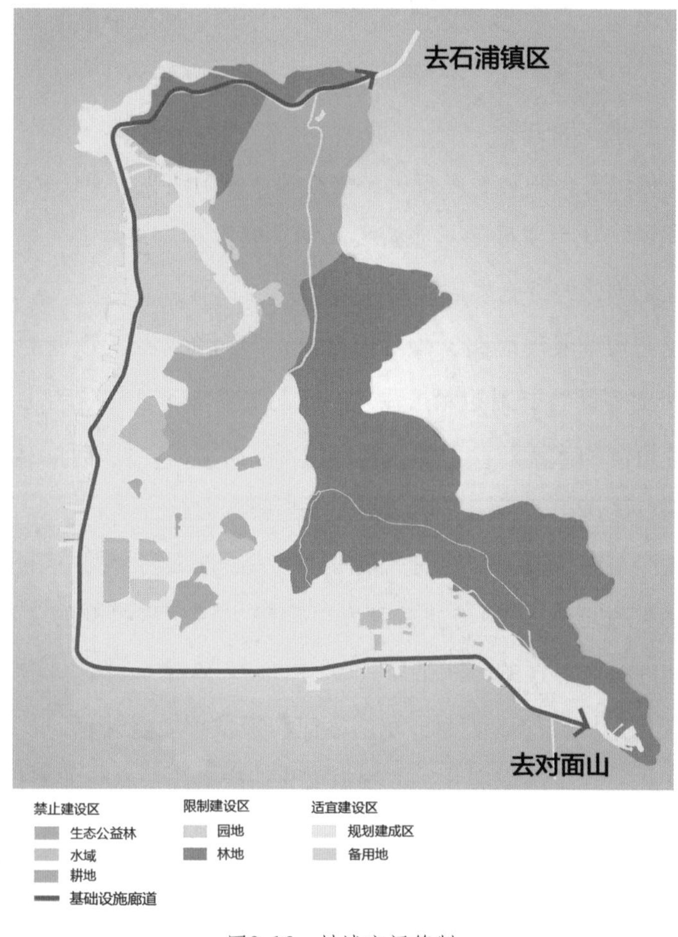

图9-16　村域空间管制

空间结构：将整个规划区划分为“一岛六园”的空间结构。一岛：即将全岛作为开放的博览园。六园：西北侧休闲渔文化度假园和养生园、西部生产工艺展示园、南部渔村风貌生活园、东南部妈祖文化园、南汇山林风貌园。

建设用地总体布局：根据空间功能结构与历史文化及传统风貌的保护要求，确定本次规划的具体用地布局。东门岛人均建设用地124.18平方米。居住、公共服务、工业、道路、绿地五大类主要用地分别占建设用地比例为39.32%、9.17%、3.81%、20.99%、7.22%。居住用地和工业用地较现状略有下降，公建用地和绿地广场大幅增加，道路交通用地比例基本持平（图9-17）。

岛域空间管制：本次规划中空间管制范围主要指东门村保护范围和东门岛“三区四线”控制范围。其中东门村保护范围划分为核心保护范围、建设控制地带和环境协调区三个层次；其保护要求和保护措施应符合传统村落保护要求。“三区四线”划定以全岛生态基底和生态承载力为基础，将空间划分为禁建区、限建区、适建区以及绿线、黄线、蓝线、紫线等区域。

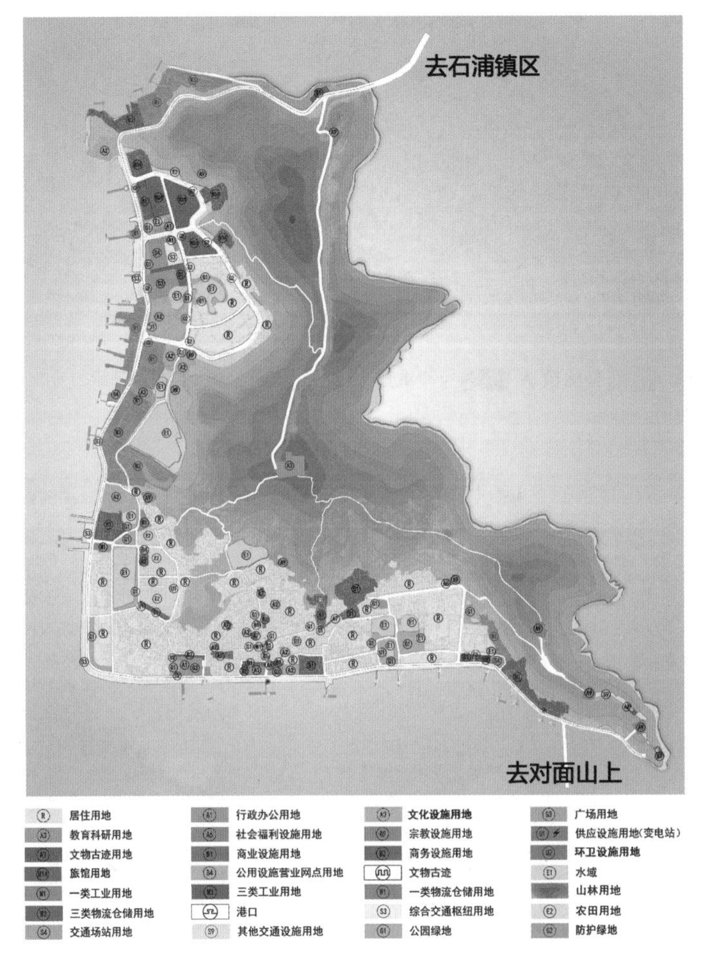

图9–17　村域土地利用规划

2. 村庄历史文化保护规划

规划制定了以保护范围区划及整体风貌与建筑高度控制为核心的村庄整体历史文化保护框架和非物质文化遗产保护传承及利用策略。确定了保护区规划用地布局以及风貌核心区保护与改造规划，包括农房改造与新建房规划控制、街巷系统保护、传统建筑保护以及主要街巷立面改造策略（图9–18、图9–19）。

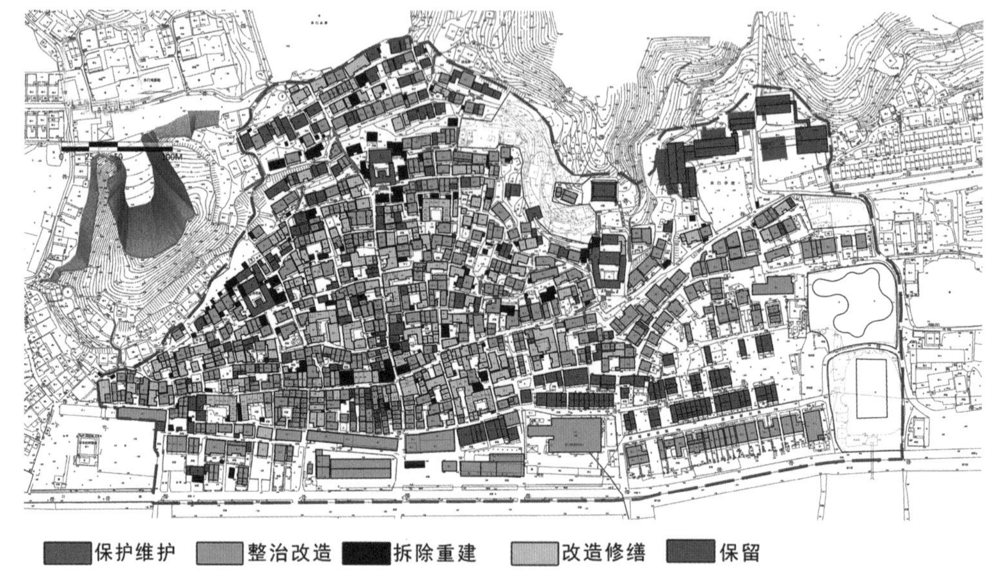

图9–18　村庄保护区建筑修复方案

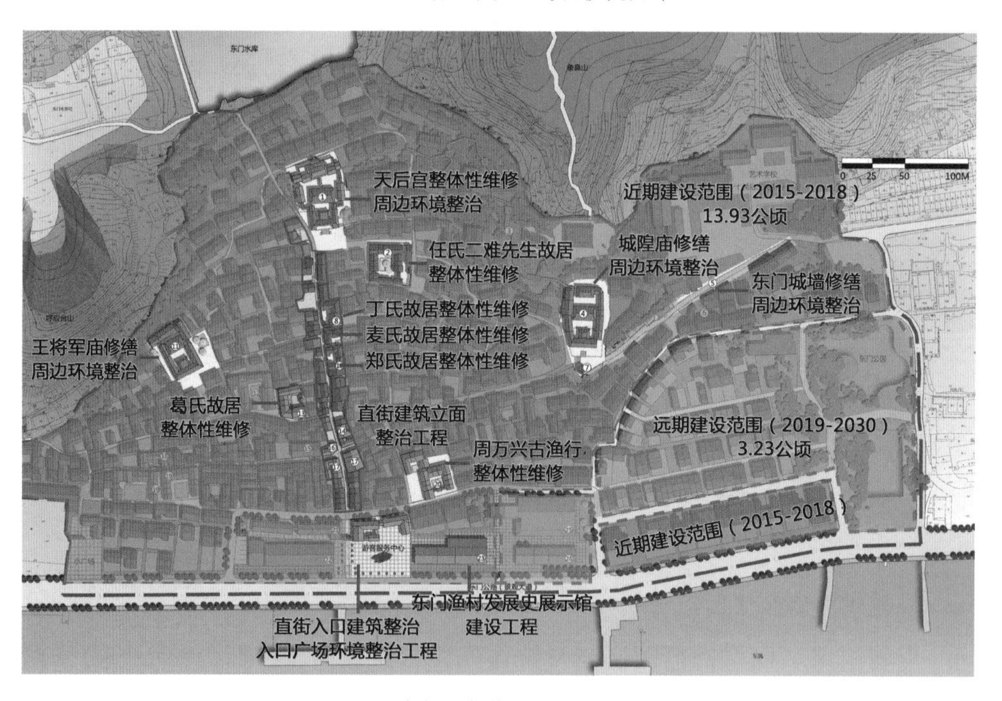

图9–19　村庄重点整治项目和建设时序

首先，将保护范围划分为核心保护范围、建设控制地带范围和环境协调区范围三个层次，提出不同层次的保护力度和策略。其次，突出渔文化、民间信俗文化和海防文化等活态传承的非物质文化遗产保护策略，增强东门岛村的文化软质环境建设；最后，对风貌核心区提出具体的保护和改造策略，如针对农房改造与新建房规划控制、街巷系统保护规划、古建筑保护、主要街巷立面改造等内容提出可操作性和实践性较强的整治管控举措（图9-20、图9-21）。

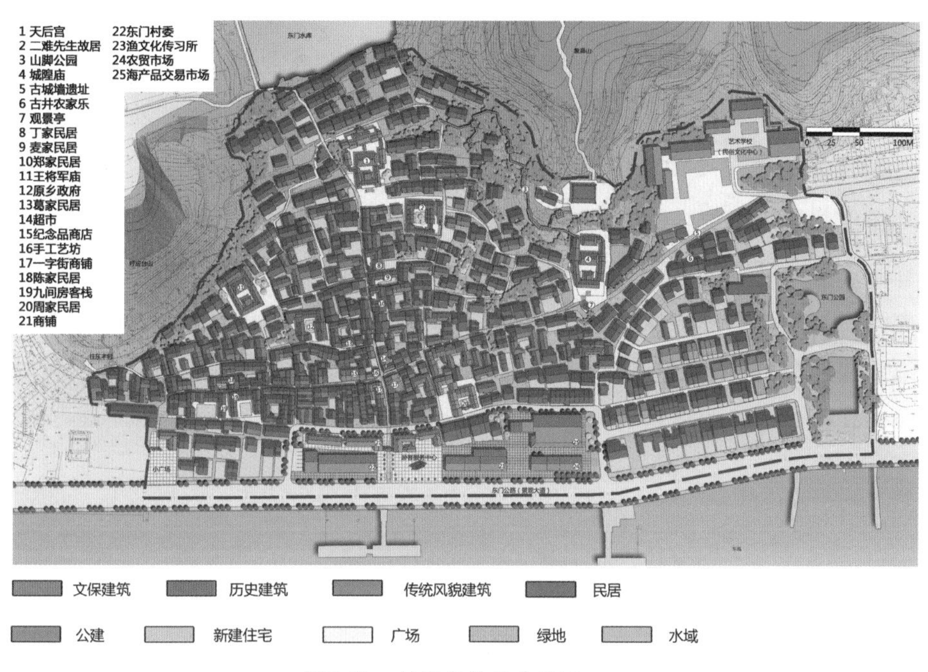

图9-20　村庄保护区总平面

图9-21　入口广场设计

3.村庄片区建设规划

村庄南汇片区层级的建设规划，包括建设现状评价、发展目标与开发策略、片区布局结构及用地布局、交通系统及公共空间规划。将片区层级的基础设施布局规划在村域层面进行统筹安排。

首先，规划综合村民人口、新增养生养老人口和就业人口，科学预测规划近远期人口规模，并配置村庄用地规模。其次提出“两轴六区两心”的主要空间结构。两轴为山海发展轴和滨海风光轴；六区为中部旅游集散区、西部滨海码头区、中南部文化体验区、中北部海鲜美食区、东南部老年养生区及东北部休闲度假区；两心为交通枢纽核心和绿地景观核心。村庄片区规划中重点对居住用地、道路与广场用地、商业服务设施用地、公共服务用地、道路广场用地进行安排，重点对绿地公共空间和基础设施进行统筹考虑，串联山海风貌，满足不同人群使用需求和使用习惯（图9-22、图9-23）。

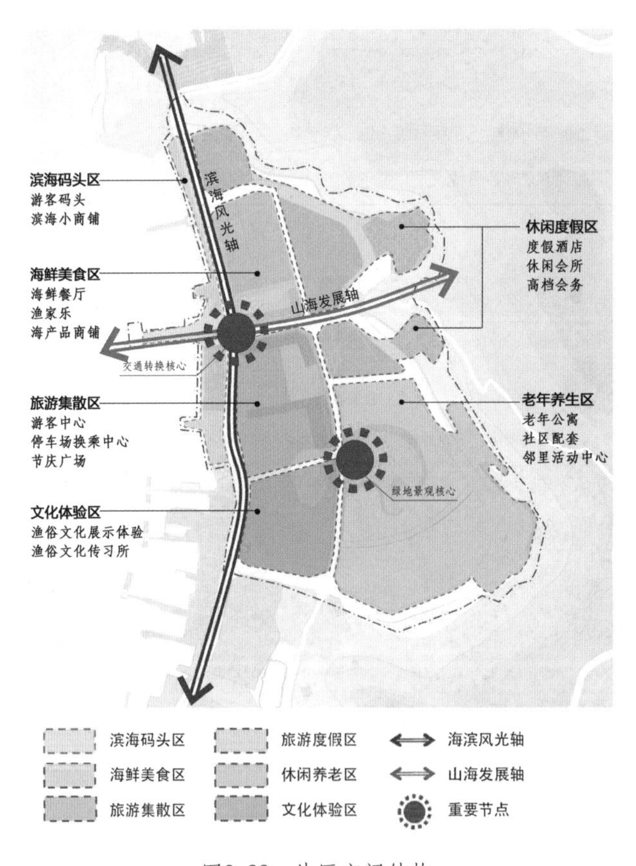

图9-22　片区空间结构

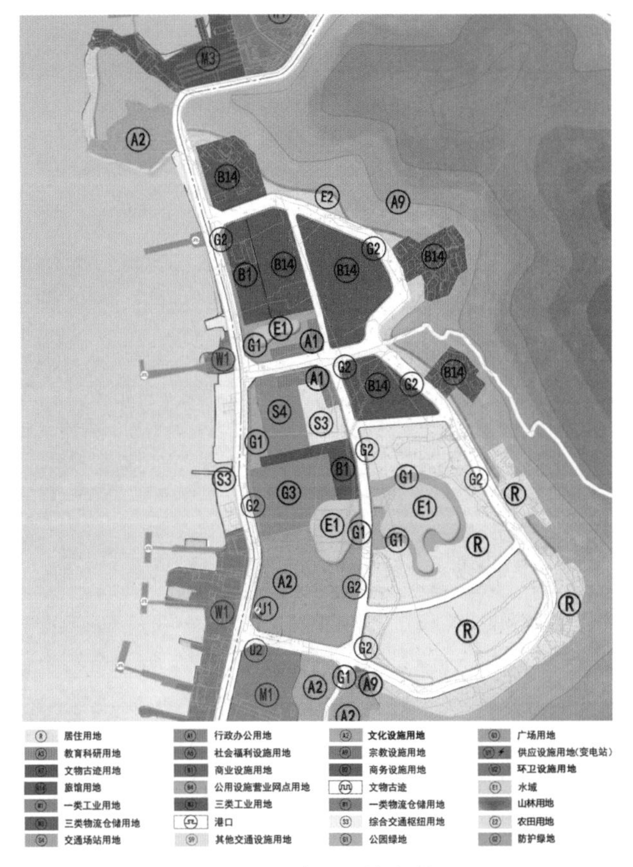

图9-23 片区用地布局

4.村域建设专项规划

村域层面的建设专项规划包括道路交通与岸线规划、绿地系统与景观视廊规划、旅游发展与旅游服务设施规划、市政设施与综合防灾规划。其中，岸线规划部分通过梳理各类型岸线，细分了六类岸线性质（表9-1），明确其开发利用方向。绿地与景观规划部分提出点、线、面的协调发展，形成“一廊多点”的空间结构，并布局了五条景观视廊通道（图9-24、图9-25）。

表 9-1 岸线规划

序列	小类	长度（米）	比例（%）
1	自然岸线	3 871	38.90
2	旅游岸线	1 367	13.73
3	生活岸线	722	7.25
4	生活兼旅游岸线	1 931	19.40

续表

序列	小类	长度（米）	比例（%）
5	渔业生产岸线	1 381	13.87
6	生产兼旅游岸线	681	6.84
	总计	9 953	100

旅游度假区
1 经济酒店
2 度假酒店
海鲜美食区
3 美食街
4 沿街商铺
滨海码头区
5 码头售票亭
6 游客码头
7 小商铺
旅游集散区
8 停车区域
9 换乘中心
10 旅游集散中心
11 集散中心前广场
文化体验区
12 渔俗文化博物馆
休闲养老区
13 养老地产1
14 服务中心
15 养老地产2
16 会所
17 老年公寓
18 污水处理池

图9-24　南汇片区村庄建设总平面

图9-25　南汇片区村庄规划鸟瞰效果

此外，规划中专门突出东门岛的旅游产业和设施布局，提出休闲渔文化度假园、生产工艺展示园、渔村风貌生活园、妈祖文化园、南汇山林风貌园的旅游分区；策划了包括海洋渔文化、渔村民俗文化、海防文化、信俗文化在内的展示与体验项目；为商业设施、接待设施、文化展示设施、交通设施及游览路线的配置提出具体策略（图9–26）。

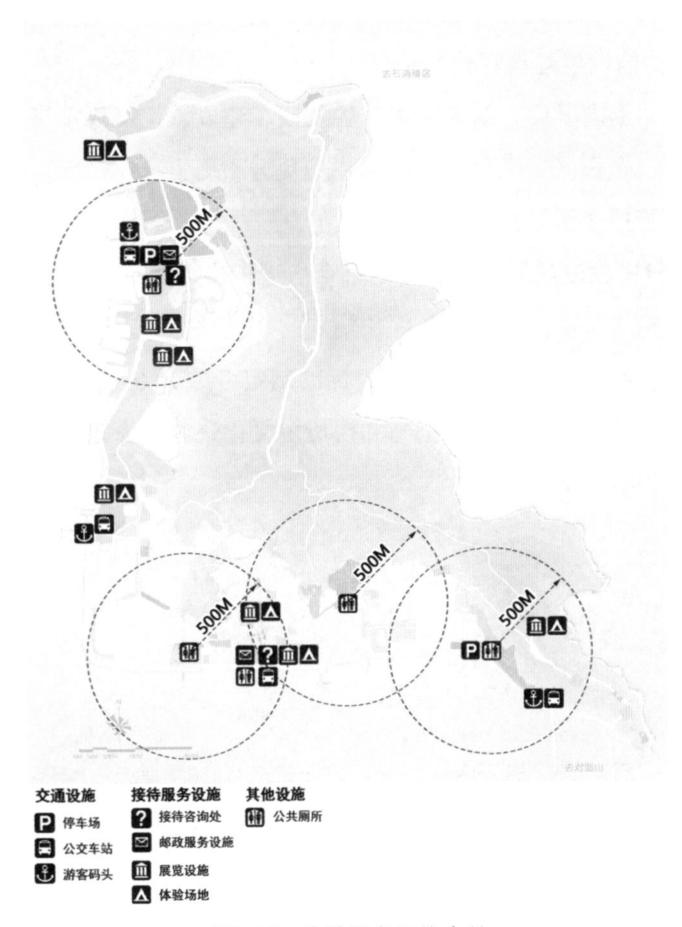

图9–26　旅游服务设施布局

（五）规划特色与创新

1.在综合性价值认知下对海岛型村庄进行创新发展路径构建

规划策略的制定基于对村域自然、人文与经济环境三方面的综合认知，分析了村庄发展的资源要素禀赋结构，明确了村庄发展的比较优势。在此基础上，详细分析村庄发展的现状问题，以村庄发展的存量资源为发展基础，提出存量整合，渐进式地实现村庄创新发展的策略与路径。

2.村庄层面历史文化保护内容全面翔实，实践指导性强

规划制定了“框架—策略—措施”的历史文化保护思路，以历史文化保护范围区划为核心的、风貌核心区保护与整治改造为重点的内容体系，针对性地对各类文物建筑、历史建筑、传统风貌建筑制定保护、整治等措施，对街巷立面、道路沿线立面进行风貌协调、特色塑造、形象建设。

3.分层分类的发展建设管控与引导

规划实行“纵向分层、横向分类”的发展、建设管控引导策略，纵向分为村域层、片区层，在片区层又分为一般居住型片区和历史文化片区，分类安排各项内容，并提出管控和引导具体对策。

4.构建了村庄建设规划与保护规划融合的逻辑体系

本次规划除将村庄建设规划和保护规划的物理性融合之外，也包含着内在紧密的逻辑关系。村庄建设规划中发展目标的制定考虑历史文化资源禀赋的因素，村庄建设内容和设施布局也将保护与利用历史文化资源作为基本原则，协调村庄建设与文化保护的平衡。

参考文献

[1] 陈长青："我国海岛规划浅谈"，《中国建设信息》，2005年第6S期。

[2] 陈鹏、蔡晓琼、廖连招："海岛灾害及其防灾减灾策略"，《海洋开发与管理》，2013年第11期。

[3] 崔丽娜、龚威平、郝惠："利用卫星遥感技术辅助城乡规划督察成果应用研究——以2008~2011年郑州市动态监测成果为例"，《城市发展研究》，2012年第6期。

[4] 冯刚：《社会学》，浙江大学出版社，2004年。

[5] 胡畔、谢晖、王兴平："乡村基本公共服务设施均等化内涵与方法——以南京市江宁区江宁街道为例"，《城市规划》，2010年第7期。

[6] 李芳、李志宏："人口老龄化对城乡统筹发展的影响与对策探析"，《西北人口》，2014年第2期。

[7] 李王鸣、刘吉平："与水共生：浙北水网地区村庄用地布局演变与展望"，《建筑与文化》，2010年第6期。

[8] 梁广炽："《WTO/TBT协定》中技术法规与标准的关系"，《中国技术监督》，2003年第5期。

[9] 刘宇红、梅耀林、陈翀："新农村建设背景下的村庄规划方法研究——以江苏省城市规划设计研究院规划实践为例"，《城市规划》，2008年第10期。

[10] 聂小刚、刘涛："城郊新农村产业发展模式选择——以广州市番禺区钟村镇谢村为例"，《规划师》，2008年第S1期。

[11] 乔家君：《中国乡村社区空间论》，科学出版社，2011年。

[12] 秦杨："浙江省县（市）域村庄布点规划研究"（硕士论文），浙江大学，2007年。

[13] 沈陆澄："生态 · 海岛 · 城市——广东南澳县总体规划探索"，《规划师》，2004年第4期。

[14] 石楠、刘剑："建立基于要素与程序控制的规划技术标准体系"，《城市规划学刊》，2009年第2期。

[15] 宋小冬、吕迪："村庄布点规划方法探讨"，《城市规划学刊》，2010年第5期。

[16] 王富更："村庄规划若干问题探讨"，《城市规划学刊》，2006年第3期。

[17] 温铁军等：《八次危机：中国的真实经验1949~2009》，东方出版社，2013年。

[18] 杨红芳、张高源："村庄地域特色解析及规划保护——以浙江永康为例"，《城乡建设》，2011年第4期。

[19] 俞孔坚："土地伦理学视野中的新农村建设：'新桃源'陷阱与出路"，《科学与社会》，2006年第3期。

[20] 袁镜身等：《中国乡村建设》，中国社会科学出版社，1987年。

[21] 张勇、杨晓光、张静等："有限投入下的普通村庄规划研究与实践"，《城市规划》，2010年第1期。

[22] 赵秀敏、柳骅、王丽芸等："浙江省山地乡村规划建设探讨"，《高等建筑教育》，2009年第3期。

[23] 周春霞："浅析我国海岛社区"，《海洋开发与管理》，2006年第1期。

附录　调查问卷

________村基本资料调查表（表一）

下属自然村	________个			
人口	项目		单位	2012 年数据
	村户籍总人口		人	
	总户数		户	
	外来人口数		人	
	外出人口数		人	
	流动人口数		人	
	现有劳动力总数		人	
经济	GDP 总量		万元	
	其中	农业产值	万元	
		工业产值	万元	
		第三产业产值	万元	
	村集体年收入		万元	
	村集体年收入主要来源	农业	万元	
		工业	万元	
		其他	万元	
	人均年收入 *		万元	

	设施类型	序号	设施名称	占地面积（平方米）	备注	
	中学				____班	____学生
					____班	____学生
	小学				____班	____学生
					____班	____学生
					____班	____学生
					____班	____学生

续表

<table>
<tr><td rowspan="29">公用设施情况（如有其他公用设施，请注明名称、数量）</td><th>设施类型</th><th>序号</th><th>设施名称</th><th>占地面积（平方米）</th><th colspan="2">备注</th></tr>
<tr><td rowspan="3">幼儿园</td><td></td><td></td><td></td><td>____班</td><td>____学生</td></tr>
<tr><td></td><td></td><td></td><td>____班</td><td>____学生</td></tr>
<tr><td></td><td></td><td></td><td>____班</td><td>____学生</td></tr>
<tr><td rowspan="2">敬老院</td><td></td><td></td><td></td><td colspan="2"></td></tr>
<tr><td></td><td></td><td></td><td colspan="2"></td></tr>
<tr><td rowspan="3">卫生所 / 院</td><td></td><td></td><td></td><td colspan="2"></td></tr>
<tr><td></td><td></td><td></td><td colspan="2"></td></tr>
<tr><td></td><td></td><td></td><td colspan="2"></td></tr>
<tr><td rowspan="2">文化站</td><td></td><td></td><td></td><td colspan="2"></td></tr>
<tr><td></td><td></td><td></td><td colspan="2"></td></tr>
<tr><td rowspan="2">农贸市场</td><td></td><td></td><td></td><td colspan="2"></td></tr>
<tr><td></td><td></td><td></td><td colspan="2"></td></tr>
<tr><td rowspan="2">敬老院</td><td></td><td></td><td></td><td colspan="2"></td></tr>
<tr><td></td><td></td><td></td><td colspan="2"></td></tr>
<tr><td rowspan="2">老年活动中心</td><td></td><td></td><td></td><td colspan="2"></td></tr>
<tr><td></td><td></td><td></td><td colspan="2"></td></tr>
<tr><td rowspan="4">寺庙</td><td></td><td></td><td></td><td colspan="2"></td></tr>
<tr><td></td><td></td><td></td><td colspan="2"></td></tr>
<tr><td></td><td></td><td></td><td colspan="2"></td></tr>
<tr><td></td><td></td><td></td><td colspan="2"></td></tr>
<tr><td rowspan="2">教堂</td><td></td><td></td><td></td><td colspan="2"></td></tr>
<tr><td></td><td></td><td></td><td colspan="2"></td></tr>
<tr><td rowspan="2">宗祠</td><td></td><td></td><td></td><td colspan="2"></td></tr>
<tr><td></td><td></td><td></td><td colspan="2"></td></tr>
<tr><td>邮政</td><td></td><td></td><td></td><td colspan="2"></td></tr>
<tr><td>电信和移动通信</td><td></td><td></td><td></td><td colspan="2"></td></tr>
<tr><td>燃气站</td><td></td><td></td><td></td><td colspan="2"></td></tr>
<tr><td>消防设施</td><td></td><td></td><td></td><td colspan="2"></td></tr>
<tr><td>其他</td><td></td><td></td><td></td><td colspan="2"></td></tr>
<tr><td rowspan="5">土地情况</td><td colspan="3">土地存量</td><td></td><td>亩</td><td></td></tr>
<tr><td colspan="3">人均耕地面积</td><td></td><td>分 / 人</td><td></td></tr>
<tr><td colspan="3">土地征用面积</td><td></td><td>亩</td><td></td></tr>
<tr><td colspan="3">土地征用价格</td><td></td><td>万 / 亩</td><td></td></tr>
<tr><td colspan="3">每平方千米基础设施投资</td><td></td><td>亿元</td><td></td></tr>
</table>

______村基本资料调查表（表二）

<table>
<tr><td colspan="3">行政村名</td><td colspan="10">______村</td></tr>
<tr><td rowspan="4">人口和社会状况</td><td colspan="2">文化程度</td><td>小学</td><td></td><td>初中</td><td></td><td>高中</td><td></td><td>大学</td><td></td><td>文盲</td><td></td></tr>
<tr><td colspan="2">邻里关系</td><td colspan="10"></td></tr>
<tr><td colspan="2">宗族情况</td><td colspan="10"></td></tr>
<tr><td colspan="2">治安情况</td><td colspan="4"></td><td colspan="2">专门护村队</td><td colspan="2">有</td><td colspan="2">无</td></tr>
<tr><td rowspan="7">经济情况</td><td colspan="2">村集体经济</td><td colspan="10"></td></tr>
<tr><td colspan="2">福利情况</td><td colspan="10"></td></tr>
<tr><td colspan="2">村民就业</td><td colspan="10"></td></tr>
<tr><td colspan="2">主要产业</td><td colspan="10"></td></tr>
<tr><td rowspan="2">发展要求</td><td>集体</td><td colspan="10"></td></tr>
<tr><td>个体</td><td colspan="10"></td></tr>
<tr><td colspan="2">影响发展的主要困难与问题</td><td colspan="10"></td></tr>
<tr><td rowspan="5">土地情况</td><td colspan="2">征用情况</td><td colspan="10"></td></tr>
<tr><td colspan="2">返还情况</td><td colspan="10"></td></tr>
<tr><td colspan="2">返还方式变化</td><td colspan="6">在合理补偿的情况下，是否接受货币返还</td><td colspan="2">是</td><td colspan="2">否</td></tr>
<tr><td colspan="2">返还土地建设、发展意向</td><td colspan="6">是否接受返还二、三产用地之间相互折算</td><td colspan="2">是</td><td colspan="2">否</td></tr>
<tr><td colspan="2">当前困难和问题</td><td colspan="10"></td></tr>
<tr><td rowspan="6">村庄建设状况</td><td colspan="2" rowspan="2">住宅建造年代</td><td colspan="2">50 年代</td><td colspan="2">61~69</td><td colspan="2">70~79</td><td colspan="2">80~89</td><td>90~99</td><td>2000 年</td></tr>
<tr><td colspan="2">%</td><td colspan="2">%</td><td colspan="2">%</td><td colspan="2">%</td><td>%</td><td>%</td></tr>
<tr><td colspan="2">道路交通情况</td><td colspan="10"></td></tr>
<tr><td colspan="2">给排水、供电设施</td><td colspan="10"></td></tr>
<tr><td colspan="2">配套生活服务设施</td><td colspan="10"></td></tr>
<tr><td colspan="2">当前困难和问题</td><td colspan="10"></td></tr>
<tr><td rowspan="7">农居拆迁改造情况</td><td colspan="2">本村或周边商品房价格（元 / 平方米）</td><td colspan="10"></td></tr>
<tr><td colspan="2">改造急迫性</td><td colspan="10"></td></tr>
<tr><td colspan="2">现有拆迁安置政策</td><td colspan="10"></td></tr>
<tr><td colspan="2">村民要求</td><td colspan="10"></td></tr>
<tr><td colspan="2">当前困难和问题</td><td colspan="10"></td></tr>
<tr><td colspan="2">是否做过旧村改造的规划设计</td><td colspan="2">是</td><td colspan="2">否</td><td colspan="2">是否实施</td><td colspan="2">是</td><td colspan="2">否</td></tr>
<tr><td colspan="2">实施效果（或未实施原因）</td><td colspan="10"></td></tr>
</table>

说 明

1. 表一为定量描述表格，除打“*”栏外，应填写所有数据（公用设施一栏可根据实际情况，选择填写）；表二为定性描述表格，要求填写描述性文字。

2. 表一的各项统计数据除“六普”要求外，以2012年为基准，其中公用设施及数量以现有情况为准。

3. 表二的填写内容要求如下：

（1）“文化程度”一栏：填写大概比例，其中中专计入高中一栏，大专计入大学一栏。

（2）“邻里关系”一栏：填写村民之间、村民与干部之间的关系，是否融洽、有无矛盾等以及矛盾或冲突的原因。

（3）“宗族情况”一栏：填写有无明显大小姓分布，如有，姓氏是哪些；宗族活动有无和频繁程序。

（4）“治安情况”一栏：填写好、较好、一般、较差、差，如是治安示范村，也请注明。

（5）“村集体经济”一栏：填写有无、经济实力情况、组织和运行方式（如股份制公司、企业等）。

（6）“福利情况”一栏：填写村里实行的福利情况，如养老、失业补助、补贴等。

（7）“村民就业”一栏：填写村民就业的几种主要方式，如务农、办厂、经商、打工等。

（8）“主要产业”一栏：填写主要产业的门类，如粮食种植、畜牧、五金制造、二产服务等。

（9）“发展要求”一栏：填写集体和村民对于经济发展提出的要求，如是否开始或者继续开展集体经济、如何发展集体经济等；村民个人如何发展经济等。

（10）“影响发展的主要困难与问题”一栏：填写当前的主要困难，如资金、场地、政策等方面的不足等。

（11）“征用情况”一栏：填写土地征用的数量、用途。

（12）“返还情况”一栏：填写已经返还土地的类型、数量、用途和未返还土地的类型、数量，如“二产用地15亩”。

（13）“返还方式变化”一栏：“是否接受返还二、三产用地之间相互折算”指的是用一定比例的三产用地折算二产用地，或者相反。

（14）“返还土地建设、发展意向”一栏：填写未返还土地以及未来征地返还土地的建设、发展意向。

（15）“当前困难和问题”一栏：填写征地和返还方面的困难与问题。

（16）“住宅建造年代”一栏：填写大概比例，其中1950年以前的计入50年代一栏；2000年以后的，计入2000年一栏。

（17）“道路交通情况”一栏：填写对外交通方便与否、村内道路情况如何。

（18）“给排水、供电设施”一栏：填写设施是否齐全、是否满足使用要求。

（19）“配套生活服务设施”一栏：填写设施是否齐全、是否满足设施等。

（20）“当前困难和问题”一栏：填写在提供设施水平方面遇到的资金、政策等。

（21）“改造急迫性”一栏：填写急迫、较急迫、一般、不急迫。

（22）“现有拆迁安置政策”一栏：填写对现有拆迁安置政策的看法。

（23）“村民要求”一栏：填写村民对拆迁安置的要求、想法等。

（24）“当前困难和问题”一栏：填写在拆迁安置过程中遇到的困难和问题。

（25）“实施效果（或未实施原因）”一栏：如已实施，填写对实施效果的评价；如未实施，填写主要原因。

________镇________村规划调查问卷

（以下内容请如实填写，在您认为合适的答案上面打“√”或画“○”。）

一、答卷人概况

1. 您的性别：（1）男；（2）女

2. 年龄（周岁）：________周岁

3. 您的户口登记地：（1）本镇；（2）市（区）内其他地区；（3）省内其他地区；（4）省外地区

4. 您在本地居住了________年（外来人口答）

5. 您的教育程度：（1）小学及以下；（2）初中；（3）高中（包括中专、职技校）；（4）大专；（5）大学本科及以上

二、家庭基本情况

1. 您家共有________人，是________代人同堂

2. 您家庭的户籍性质：（1）农业户；（2）非农户；（3）农业户口和城镇户口都有；（4）本地户口和外地户口都有

3. 若是农业户，请问您家是否愿意转为非农户：（1）愿意；（2）不愿意，原因是什么？（1）在乡镇企业上班；（2）转户到小城镇没有实质性的好处；（3）不愿意失去承包土地；（4）其他原因或问题________________________________

4. 您家还有______亩承包地，有______亩自留地

5. 家庭平均年收入：（1）1 000元以下；（2）1 000~2 000元；（3）2 000~3 000元；（4）3 000~5 000元；（5）5 000~10 000元；（6）10 000元以上

6. 家庭平均年收入与5年前相比：（1）降低；（2）差不多；（3）稍有增加；（4）明显增加

7. 家庭收入和开支情况与5年前相比：（1）宽裕有余；（2）稍有改善；（3）差不多；（4）明显紧张。原因是什么？（1）小孩上学或参加工作；（2）家庭成员的伤病；（3）物价上涨或工作收入降低；（4）购房或建房；（5）其他原因________________

8. 家庭收入主要来源中，务农收入占总收入的比例：（1）无务农收入；

（2）20%以下；（3）20%~40%；（4）40%~60%；（5）60%~80%；（6）80%以上

9. 工作情况（可选最主要两项）：（1）务农；（2）村内工厂；（3）镇上工厂；（4）经商；（5）农忙时务农，农闲时务工；（6）外地打工；（7）其他____________________

10. 选择现在职业的原因（可选最主要两项原因）：（1）收入高；（2）工作稳定；（3）不愿种地；（4）不影响种地；（5）没有其他合适的工作；（6）感兴趣，喜欢这项工作；（7）其他____________________

三、居住状况

1. 现状居住的住宅建筑面积：（1）50平方米以下；（2）50~100平方米；（3）100~150平方米；（4）150~200平方米；（5）200平方米以上

2. 现状居住住宅的获得方式：（1）租房；（2）购商品房；（3）自建房；（4）拆迁安置房

3. 您现在居住的住宅类型：（1）平房；（2）两到三层的小楼；（3）四到七层的公寓楼；（4）其他____________________

4. 如果有独立的宅基地，面积为：（1）100平方米以下；（2）100~200平方米；（3）200~300平方米；（4）300平方米以上

5. 现在住房的使用状况：（1）比较拥挤；（2）够用了；（3）日常有1~2个房间空闲；（4）日常有2个以上房间空闲

6. 是否与父母辈分居？（1）不是；（2）是

7. 住房拥有情况（村里、镇上、市区）：（1）只在村里有；（2）镇上、村里都有（包括村里的老宅基地）；（3）只在镇区里有；（4）镇区里和市区里都有；（5）其他____________________

8. 您对自己的工作生活状况是否满意：（1）满意；（2）一般；（3）不满意，原因是什么？____

四、交通及市政设施

1. 您日常的交通方式主要是（可选两项）：（1）巴士公交；（2）班车；（3）私家车；（4）出租车；（5）摩托车；（6）自行车；（7）步行；（8）其他____________________

2. 除上班外，您去其他地区的交通方便吗？（1）方便；（2）一般；（3）不太

方便

3. 您认为本镇内部的交通状况：（1）很好；（2）较好；（3）一般；（4）较差；（5）很差

4. 您家用水来源（可选两项）：（1）自来水；（2）自备井；（3）桶装净水；（4）其他______________

5. 您家煮饭、烧水采用（可选两项）：（1）烧柴；（2）烧煤；（3）罐装气；（4）管道气

6. 您家垃圾是否有固定的堆放点：（1）有；（2）没有。是否有统一的垃圾收集处理？（1）有；（2）没有；（3）其他______________

五、公共服务设施

1. 请您对所在地区的小学、中学的质量作一总体评价：

	项目	1.很好	2.较好	3.一般	4.较差	5.很差	6.不知道
A	小学						
B	初中						
C	高中						

2. 您是否需要下列教育及服务项目？（多项选择）（1）知识讲座；（2）法律政策咨询；（3）就业信息指导；（4）投资咨询；（5）专业技术培训

3. 您是否享有医疗保险：（1）有；（2）没有

4. 如果您或者您的家庭成员生一般的疾病，您会：（1）去大医院看病；（2）在小医院看病；（3）在诊所看病；（4）不严重就不去看，为什么？

____

5. 您认为您的居住地周边最需要增加哪些设施（多项选择）：（1）老年活动中心；（2）图书馆；（3）绿化广场；（4）就业信息中心；（5）青少年活动中心；（6）健身馆；（7）儿童游戏设施；（8）其他____________________________

六、其他

1. 如果有可能，您是不是希望居住在城市？（1）不希望；（2）无所谓；（3）希望。如果希望居住在城市，那么更愿意在：（1）大城市；（2）小城市

2. 您是不是希望您的下一代生活在大城市？（1）希望；（2）不希望；（3）无所谓

3. 对本地建设环境最不满意的地方：（1）交通条件；（2）卫生条件；（3）绿化环境；（4）水、电、煤等设施配套；（5）其他：____________________________

填表人：____________；联系电话：____________；填表日期：____________

后　记

2003年6月，在时任浙江省委书记习近平同志亲自谋划、部署、推动下，“千村示范、万村整治”工程拉开历史大幕。2010年12月，浙江省委省政府印发《浙江省美丽乡村建设行动计划（2011~2015年）》，提出“四美三宜两园”的目标要求，持续深化“千村精品、万村美丽”，美丽乡村建设成为“千万工程”的新目标。2021年5月，中共中央、国务院印发《关于支持浙江高质量发展建设共同富裕示范区的意见》，“千万工程”内涵不断深化、外延不断扩展，以未来乡村建设为重点，强化数字赋能，推动乡村从美丽宜居迈向共富共美，进入了“千村未来、万村共富”的新阶段。

从“千万工程”到“美丽乡村”再到“未来乡村”，浙江始终坚持以“八八战略”为指导，贯彻习近平总书记的坚持以问题为导向，把调查研究作为谋事之基、成事之道的行事风格，坚持守正创新，久久为功。“千万工程”全面实施20年来，浙江城乡融合发展深入推进，农村人居环境品质显著提升，乡村产业蓬勃发展，乡村治理机制不断健全，农民精气神持续提振，实现了从“物的新农村”向“人的新农村”迈进。

《从“千万工程”到“美丽乡村”——浙江省乡村规划的实践与探索》一书成书于2018年。从“千万工程”到“美丽乡村”，是“千万工程”从开创启动到加速提升的重要发展阶段，也是乡村建设方方面面取得重大成果的阶段。在这个重要阶段，浙江乡村宜居宜人的农村人居环境日新月异，创业创富的产业发展动能充分释放，和乐和美的人文生活品质显著提升，善治善成的乡村治理水平全面提高。回顾从“千万工程”到“美丽乡村”的经验表明，乡村规划对“千万工程”实施发挥着至关重要的先导和引领作用，因此，系统归纳该阶段乡村规划理的论与方法以及总结各类典型规划案例非常有意义。

跨入“未来乡村”的新阶段，随着乡村建设内涵的不断丰富，各类政策将陆续提出、实施和调整，后续编写组会持续关注，到本书再版修订时，将针对“未来乡村”的规划内容作进一步探索和总结，以不断丰富乡村规划的理论和方法。

本书编写组

2023年7月17日